JN320312

QUANTUM FIELD THEORY

場の量子論

第1巻
量子電磁力学

F. マンドル／G. ショー　著

樺沢　宇紀　訳

丸善プラネット

Quantum Field Theory
2nd Edition

FRANZ MANDL
and
GRAHAM SHAW

School of Physics & Astronomy,
The University of Manchester, Manchester, UK

Copyright © 2010 John Wiley & Sons Ltd.

All rights reserved. Authorised translation from the English language edition published by John Wiley & Sons Ltd. Responsibility for accuracy of the translation rests solely with Maruzen Planet Co., Ltd., and is not the responsibility of John Wiley & Sons Ltd. No part of this book may be reproduced in any form without the written permission of the original copyright holder, John Wiley & Sons Ltd.

Japanese language edition published by Maruzen Planet Co., Ltd., © 2011, 2012, 2016, 2019
Japanese translation rights arranged with John Wiley & Sons Ltd.

PRINTED IN JAPAN

目次

序 　　　　　　　　　　　　　　　　　　　　　　　　　　　　　vii

付記 　　　　　　　　　　　　　　　　　　　　　　　　　　　　ix

第1章　光子と電磁場　　　　　　　　　　　　　　　　　　　　1
- 1.1　粒子と場 1
- 1.2　電荷を含まない空間における電磁場 2
  - 1.2.1　古典的な電磁場 2
  - 1.2.2　調和振動子 6
  - 1.2.3　輻射場の量子化 8
- 1.3　電気双極子相互作用 11
- 1.4　電荷を含む空間における電磁場 16
  - 1.4.1　古典電磁気学 16
  - 1.4.2　量子電磁力学 19
  - 1.4.3　原子における輻射遷移 20
  - 1.4.4　Thomson散乱 21
- 1.5　付録：Schrödinger描像, Heisenberg描像, 相互作用描像 23
- 練習問題 26

第2章　ラグランジアン形式の場の理論　　　　　　　　　　　　29
- 2.1　相対論的な表記法 29
- 2.2　古典的なラグランジアンの場の理論 31
- 2.3　量子化されたラグランジアンの場の理論 35
- 2.4　対称性と保存則 35
- 練習問題 43

第3章　Klein-Gordon場　45
- 3.1　実Klein-Gordon場 45
- 3.2　複素Klein-Gordon場 50
- 3.3　共変な交換関係 53
- 3.4　中間子の伝播関数 56
- 練習問題 61

第4章　Dirac場　65
- 4.1　フェルミオン系における占有数表示 . . . 65
- 4.2　Dirac方程式 67
- 4.3　第二量子化 71
  - 4.3.1　スピン-統計定理 77
- 4.4　フェルミオンの伝播関数 78
- 4.5　電磁的相互作用とゲージ不変性 82
- 練習問題 84

第5章　光子：共変な理論　87
- 5.1　古典電磁場 87
- 5.2　共変な量子化 92
- 5.3　光子の伝播関数 96
- 練習問題 99

第6章　S行列展開　101
- 6.1　自然単位系 101
- 6.2　S行列展開 104
- 6.3　Wickの定理 109

第7章　QEDのダイヤグラム規則　115
- 7.1　座標空間におけるFeynmanダイヤグラム . . . 115
- 7.2　運動量空間におけるFeynmanダイヤグラム . . 128
  - 7.2.1　1次の項 $S^{(1)}$ 129
  - 7.2.2　Compton散乱 131
  - 7.2.3　電子-電子散乱 135
  - 7.2.4　閉じたループ 136
- 7.3　QEDに対するFeynman規則 137
- 7.4　レプトン 141

	練習問題	145

第8章　最低次のQED過程　　147

- 8.1 断面積 148
- 8.2 スピン状態の和 151
- 8.3 光子の偏極状態の和 154
- 8.4 e^+e^- 衝突によるレプトン対の生成 156
- 8.5 Bhabha散乱 160
- 8.6 Compton散乱 164
- 8.7 外場による散乱 170
- 8.8 制動放射 176
- 8.9 赤外発散 179
- 練習問題 182

第9章　輻射補正　　185

- 9.1 QEDにおける2次の輻射補正 186
- 9.2 光子の自己エネルギー 192
- 9.3 電子の自己エネルギー 197
- 9.4 外線の繰り込み 202
- 9.5 結節点補正 205
- 9.6 応用 211
  - 9.6.1 異常磁気能率 211
  - 9.6.2 Lambシフト 215
- 9.7 赤外発散 220
- 9.8 高次の輻射補正 222
- 9.9 繰り込み可能性 228
- 練習問題 231

第10章　正則化　　233

- 10.1 数学的な準備 234
  - 10.1.1 標準的な積分 234
  - 10.1.2 Feynmanのパラメーター積分 235
- 10.2 切断法による正則化：電子質量のずれ 236
- 10.3 次元正則化 237
  - 10.3.1 次元正則化の導入 237

| 10.3.2　次元正則化に用いる一般的な技法 240
| 10.4　真空偏極 242
| 10.5　異常磁気能率 245
| 練習問題 248

付録A　Dirac方程式　　　　249

| A.1　Dirac方程式 249
| A.2　縮約の公式 251
| A.3　対角和の公式 251
| A.4　平面波解 253
| A.5　エネルギー射影演算子 254
| A.6　ヘリシティ射影演算子・スピン射影演算子 255
| A.7　相対論的な性質 257
| A.8　γ行列の具体的な表示 259
| 練習問題 262

序

第2版への序

　本書の初版はQEDと電弱統一理論への馴染みやすい入門を目的としていた．第2版ではQCDの入門と，QCDを理解するために必要な方法，特に径路積分と繰り込み群を紹介するために5つの章を新たに追加した．それとともに電弱相互作用の取扱いを，より最近までの実験を念頭に置いて更新した．1984年に初版を出版した時点では，WボソンとZボソンのごく限られた事象が観測されていただけで，高エネルギーにおける電弱相互作用の実験的な研究は揺籃期にあった．今でも究極的なHiggs（ヒッグス）ボソンとニュートリノの本性の問題に関する解答は得られていないが，それでも電弱相互作用の研究は精緻な科学へと発展を遂げた．

　本書の構成は次のようになっている．前半の10章は正準形式によってQEDを扱っており，この部分は初版からあまり変更を施していない．後半では，まず簡単にゲージ理論を紹介してから（第11章），QCDに関係した話題を扱う部分（第12-15章）と，電弱統一理論を扱う部分（第16-19章）を与えてある．これらは互いに独立した部分として読むことができる．

　悲しむべきことに，親しい友人であり共同研究者であったFranz Mandlは，長い闘病の末2009年2月4日に亡くなった．しかし彼は物理学への情熱を保持し続け，本書の改訂の計画にもほとんど最後まで積極的に関わった．彼との共同作業は私にとって特恵であったし，彼の感化は彼を知るすべての人々に残り続けるであろう．

2009年11月　　　　　　　　　　　　　　　　　　　　　　　　　GRAHAM SHAW

初版への序

　本書の目的は，理論物理や実験物理の研究を開始する学生たちに相応しい場の量子論の簡明な紹介を与えることにある．主要な課題は(i) 場の量子論の基本的な物理とその定式化を説明すること，(ii) 読者にFeynman（ファインマン）ダイヤグラムを用いた摂動計算に完全に習熟してもらうこと，(iii) 素粒子物理において中心的な役割を演じているゲージ理論を紹介すること，の3点である．

相対論的な場の量子論は、主に2つの分野への応用において成果を挙げている。本書の前半の部分では、早くから場の量子論が勝利を収めた量子電磁力学 (QED) を扱う。最後の4つの章では弱い相互作用を取り上げて非 Abel（アーベル）ゲージ群や自発的な対称性の破れ、Higgs（ヒッグズ）機構の概念を導入し、Weinberg-Salam（ワインバーグ サラム）の電弱標準理論に到達する。本書では記述分量の都合により、純粋なレプトン過程だけに話題を限定したが、この理論は強粒子（ハドロン）の電弱相互作用も扱えるように拡張され、レプトン過程と同様に成功を収めている。最近 $W^{\pm}$ ボソンと Z^0 ボソンが発見されて、その質量が理論の予想と合致していたという事実は、この理論に対して強い支持を与えており、この理論が電弱相互作用に関する基礎理論となり得ることには、十二分に期待が持てる。

本書の入門書としての性格と、分量をあまり多くしたくないという要望から、本書が扱う題材や取扱いの水準は制約を受けている。我々は場の量子論を、非可換な演算子を用いて定式化した。このアプローチは非相対論的な量子力学を習得している読者には馴染み易いものであるし、粒子の生成・消滅演算子を導入することによって、定式化の物理的な意味が最も明確に表現されることになる。本書で取り上げる応用に必要とされる以上の定式的な展開は行わず、応用例は概ね最低次の摂動計算に限定した。断面積や崩壊頻度、スピンや偏極の和を計算するための技法を詳しく説明し、様々な過程への応用を示したが、それらの応用例の中には、現在行われている電弱相互作用の研究において関心が持たれるものも多い。本書を読み終えた読者は、どのような過程に関しても、最低次の計算については自信を持って行えるようになっているはずである。

本書における繰り込みや輻射補正の取扱いは完全なものではない。我々は正則化と繰り込みの一般的な概念を説明した。QED に関しては、最低次の輻射補正の計算方法を、次元正則化と、より古い切断（カットオフ）の技法の両方によっていくらか詳しく示した。赤外発散と、その輻射補正との関係も、同様に最低次のみの議論を与えた。本書執筆の本来の意図に基づき、QED における高次の補正や、電弱理論における繰り込みなどを本格的に取り上げることはしていない。後者の問題を論じるには Feynman が与えた場の量子論の径路積分による定式化が不可欠と思われるが、残念ながら我々はこの話題について簡単な短い解説を用意することはできなかった。

本書は、著者たちが多年にわたり行ってきた講義から生まれたものである。我々は学生たちや同僚たちとの議論から多くの恩恵を受けており、また一部の人々には原稿に目を通してもらった。我々は彼ら全員に対して感謝しているが、とりわけ我々のこの共同作業を後押ししてくれた Sandy Donnachie には特別に謝意を表したい。

1984年1月

FRANZ MANDL
GRAHAM SHAW

付記

謝辞

この改訂版を準備する過程においても，我々は多くの同僚たちとの議論から恩恵を受けた．彼ら全員に感謝したい．特に Jeff Forshaw は新たに設けた章全体に目を通し，有益な提案をしてくれた．また Brian Martin にも感謝を申し上げたい．15.1節と 15.3.3項は，我々の一方 (G.S.) が彼と共同で行った仕事に多くを依拠している．多くの新しい図を準備する作業においても，彼には多大な協力をいただいた．

図

本書で用いた図の一部は，他の出版物からも恩恵を受けており，既存の出版物の図をそのまま正確に再現したものも少々含まれている．図には著作権元を銘記したが，転載を許諾いただいた関係する方々に感謝を申し上げる．

データ

特に文中で断らない限り，本書で用いたデータとその引用元は，"Review of Particle Physics", *Journal of Physics* **G33** (2006) 1 と，Particle Data Group のウエブサイト http:pdg.lbl.gov に与えられている．ただし後者は常に内容が更新される．

ウエブページ

本書のためのサイト www.hep.manchester.ac.uk/u/graham/qftbook.html も開設してある．我々が気付いたミスプリントや修正が必要な箇所などについて，このページにリストを掲載する予定である．他にも本書に関してコメントを頂けるならば著者としては歓迎する．

第 1 章　光子と電磁場

1.1　粒子と場

　電磁場の量子にあたる光子の概念の起源は 20世紀の初頭にまで遡る．Planck(ブランク)は1900年に，黒体輻射のスペクトルを説明するために，原子が電磁波を放射したり吸収したりする過程が，エネルギー量子の単位で不連続に起こることを仮定した．Einstein(アインシュタイン)は 1905年までに，さらに劇的な解釈にたどり着いた．Planckの輻射則に対する統計力学的な解析と，光電効果に関するエネルギー授受の考察から，彼は原子が電磁波を放射・吸収する機構だけが量子化されているのではなく，電磁輻射場そのものが光子によって構成されていると結論した．Compton(コンプトン)効果の観測により，彼の解釈は実験的にも支持された．

　1927年にDirac(ディラック)が発表した有名な論文 'The Quantum Theory of the Emission and Absorption of Radiation' (輻射の放出と吸収の量子論)によって，体系的な場の量子論の基礎が築かれた．電磁場の量子化の技法が示されたことにより，人々はいろいろな古典場を量子化することに導かれ，その結果，場の量子は一般に粒子としての性質を持ち，その量子的な性質を明確に規定し得ることが示された．粒子の間に生じる相互作用もまた他の場によってもたらされ，その場の量子は別の粒子と見なされる．たとえば電子や陽電子のような荷電粒子の間の相互作用を考える場合，電磁場が荷電粒子間の相互作用を引き起こすと考える代わりに，荷電粒子同士が互いに光子をやり取りすることによって荷電粒子間の相互作用が生じていると見なすことができる．電子や陽電子自体も，電子-陽電子場の量子と考えられる．このように粒子を場の量子として捉え直すことは，粒子数が変化する過程，たとえば電子-陽電子対(つい)の生成や消滅過程などを扱えるようになるという点において重要である．

　上に挙げた過程や，その他の一般の過程ももちろん，場の相互作用を通じて起こる．相互作用を持つ量子化された場の方程式を解くことは一般には著しく困難である．しかし相互作用が充分に弱ければ，摂動論を利用することができる．摂動論は量子電磁力学において驚異的な成功を収めており，理論値と実験値は信じられないほど高い精度で一致する．摂動論は弱い相互作用への応用においてもかなりの成果を上げてお

り，また強い相互作用についても，その作用が比較的弱くなる短距離の問題に応用されている．

現代において最も重要な摂動論の技法は，Feynman ダイヤグラムを用いるものである．ダイヤグラムの技法は，相対論的な場の量子論以外の多くの分野においても著しく有用である．我々は後から Feynman ダイヤグラムの技法を展開し，これを電磁相互作用，弱い相互作用，強い相互作用の問題へと応用する予定である．しかし，これを行うためには，その前提として Lorentz 共変な形式の導入が不可欠である．

この導入の章では，より単純に非共変な形式を採用するが，これで事の足りる応用例も多く，ここから場の量子化に関わるいろいろな概念を導き出すこともできる．ここでは完全な古典論——Maxwell 理論——が存在する電磁力学の問題を考察する．後から再び正式に量子電磁力学を導くので，本章に限り，すべての手続きを正当化して議論を進めるのではなく，時折もっともらしく見える通念に頼ることにする．

1.2 電荷を含まない空間における電磁場

1.2.1 古典的な電磁場

古典電磁気学の理論は，Maxwell の方程式に集約されている．電荷密度 $\rho(\mathbf{x},t)$ と電流密度 $\mathbf{j}(\mathbf{x},t)$ が存在する場合，電場 $\mathbf{E}$ と磁場 $\mathbf{B}$ は次の方程式を満たす．

$$\boldsymbol{\nabla}\cdot\mathbf{E} = \rho \tag{1.1a}$$

$$\boldsymbol{\nabla}\times\mathbf{B} = \frac{1}{c}\mathbf{j} + \frac{1}{c}\frac{\partial \mathbf{E}}{\partial t} \tag{1.1b}$$

$$\boldsymbol{\nabla}\cdot\mathbf{B} = 0 \tag{1.1c}$$

$$\boldsymbol{\nabla}\times\mathbf{E} = -\frac{1}{c}\frac{\partial \mathbf{B}}{\partial t} \tag{1.1d}$$

本書全体にわたり，Gauss(c.g.s.) 有理化単位を採用する[1])．

Maxwell 方程式の後ろの2本の式 (式(1.1c)と式(1.1d)) から，次のようにスカラーポテンシャル $\phi(\mathbf{x},t)$ とベクトルポテンシャル $\mathbf{A}(\mathbf{x},t)$ を定義できることが分かる．

$$\mathbf{B} = \boldsymbol{\nabla}\times\mathbf{A}, \quad \mathbf{E} = -\boldsymbol{\nabla}\phi - \frac{1}{c}\frac{\partial \mathbf{A}}{\partial t} \tag{1.2}$$

ただし，式(1.2) を満たすようなポテンシャルが一意的に決まるわけではない．任意関数 $f(\mathbf{x},t)$ を用いて，これらのポテンシャルに，

---

[1] Lorentz-Heaviside 有理化単位系とも呼ばれる．この単位系において微細構造定数は $\alpha = e^2/(4\pi\hbar c) \approx 1/137$ である．有理化していない (unrationalized) 通常の Gauss 単位系では $\alpha = e_{\mathrm{unrat}}^2/\hbar c$. よって $e = e_{\mathrm{unrat}}\sqrt{4\pi}$, これに対応して $\mathbf{E} = \mathbf{E}_{\mathrm{unrat}}/\sqrt{4\pi}$, etc. である．

1.2. 電荷を含まない空間における電磁場

$$\phi \to \phi' = \phi + \frac{1}{c}\frac{\partial f}{\partial t}, \quad \mathbf{A} \to \mathbf{A}' = \mathbf{A} - \boldsymbol{\nabla} f \tag{1.3}$$

という変換を施しても $\mathbf{E}$ と $\mathbf{B}$ に変更はない．式(1.3)のような変換は第2種ゲージ変換として知られる．観測可能な量はすべて $\mathbf{E}$ と $\mathbf{B}$ を用いて表すことができるので，ポテンシャルを用いて定式化される理論への基本的な要請として，ゲージ不変性が求められる．すなわち観測される量の予言は，上述のようなゲージ変換の下で変更を受けてはならない．

基本方程式をこれらのポテンシャルによって表現するならば，Maxwell方程式の後ろの2本(式(1.1c)と式(1.1d))は自動的に満たされるので不要となり，残る前の2本の式(式(1.1a)と式(1.1b))は，次のようになる．

$$-\boldsymbol{\nabla}^2\phi - \frac{1}{c}\frac{\partial}{\partial t}(\boldsymbol{\nabla}\cdot\mathbf{A}) = \Box\phi - \frac{1}{c}\frac{\partial}{\partial t}\left(\frac{1}{c}\frac{\partial\phi}{\partial t} + \boldsymbol{\nabla}\cdot\mathbf{A}\right) = \rho \tag{1.4a}$$

$$\Box\mathbf{A} + \boldsymbol{\nabla}\left(\frac{1}{c}\frac{\partial\phi}{\partial t} + \boldsymbol{\nabla}\cdot\mathbf{A}\right) = \frac{1}{c}\mathbf{j} \tag{1.4b}$$

ここで，"$\Box$"は次のように定義されている．

$$\Box \equiv \frac{1}{c^2}\frac{\partial^2}{\partial t^2} - \boldsymbol{\nabla}^2 \tag{1.5}$$

ここから自由場，すなわち電荷と電流のない場合 ($\rho = 0, \mathbf{j} = 0$) の場について考察する．ポテンシャルに対するゲージ条件として，たとえば，

$$\boldsymbol{\nabla}\cdot\mathbf{A} = 0 \tag{1.6}$$

を採用することができる．式(1.6)をCoulombゲージ，もしくは輻射ゲージ (radiation gauge) の条件と称する．式(1.6)を満たすような，すなわち発散が(空間内のどの位置でも)ゼロになるようなベクトル場を，横波の場 (transverse field) と呼ぶ．何故なら，

$$\mathbf{A}(\mathbf{x},t) = \mathbf{A}_0 e^{i(\mathbf{k}\cdot\mathbf{x}-\omega t)}$$

を式(1.6)に代入すると，

$$\mathbf{k}\cdot\mathbf{A} = 0 \tag{1.7}$$

が得られ，$\mathbf{A}$ が波の伝播方向 $\mathbf{k}$ と直交するからである．本章では，このCoulombゲージを採用する．

電荷が存在しなければ，このゲージの下で式(1.4a)は $\boldsymbol{\nabla}^2\phi = 0$ となり，無限遠でゼロになるという境界条件の下で許容される解は $\phi \equiv 0$ である．そうすると，式(1.4b)は次の波動方程式に帰着する．

$$\Box\mathbf{A} = 0 \tag{1.8}$$

このポテンシャルに対応する電場と磁場は，式(1.2)により，次のように与えられる．

$$\mathbf{B} = \nabla \times \mathbf{A}, \quad \mathbf{E} = -\frac{1}{c}\frac{\partial \mathbf{A}}{\partial t} \tag{1.9}$$

$\mathbf{A}$と同様に，これらも横波の場になっている．式(1.8)の解は自由空間における横波電磁場である．これらの波はしばしば輻射場(radiation field)と呼ばれる．輻射場のエネルギーは次式で与えられる．

$$H_{\rm rad} = \frac{1}{2}\int (\mathbf{E}^2 + \mathbf{B}^2)\,{\rm d}^3\mathbf{x} \tag{1.10}$$

量子化を施すために，場が含む各自由度に対して(非相対論的な量子力学におけるxとp_xのように)正準共役な変数の組を導入し，それぞれに交換関係を設定することを試みてみよう．ある時刻tを決めたとき，ベクトルポテンシャル$\mathbf{A}$の値は空間内のすべての点$\mathbf{x}$において特定されなければならない．この観点に立つと，電磁場は連続無限個の自由度を備えていることになる．しかし一辺L，体積$V = L^3$の立方体領域を考え，領域の端面に周期境界条件の制約を課せば問題は簡単になる．ベクトルポテンシャル場はFourier（フーリエ）級数で表され，可付番のFourier展開係数によって特定できる．つまり有限領域内のベクトルポテンシャル場を，無限個ではあるが可付番の自由度によって記述できることになる．このFourier解析は，輻射場が含むそれぞれの基準モード(normal mode)を見出すことに対応する．各モードは調和振動子の運動方程式によって記述され，異なるモードは互いに独立である．(これらの事情はすべて，振動する弦のFourier解析と同様のことである．) この措置により，我々は非相対論的な量子力学における調和振動子の量子化の手続きにならって，輻射場を量子化することが可能となる．

周期境界条件，

$$\mathbf{A}(0,y,z,t) = \mathbf{A}(L,y,z,t), \quad {\rm etc.} \tag{1.11}$$

の下で，基本関数，

$$\frac{1}{\sqrt{V}}\varepsilon_r(\mathbf{k})e^{i\mathbf{k}\cdot\mathbf{x}}, \quad r = 1, 2 \tag{1.12}$$

は，横波ベクトル場が形成する関数空間において，完全正規直交系を構成することができる．ベクトル場(1.12)が周期境界条件(1.11)を満たすという制約から，波数ベクトル$\mathbf{k}$は，

$$\mathbf{k} = \frac{2\pi}{L}(n_1, n_2, n_3), \quad n_1, n_2, n_3 = 0, \pm 1, \ldots \tag{1.13}$$

という離散的な値を取る．偏極ベクトル $\varepsilon_1(\mathbf{k})$ と $\varepsilon_2(\mathbf{k})$ は互いに直交する単位ベクトルであり，それぞれが $\mathbf{k}$ とも直交している．

$$\varepsilon_r(\mathbf{k}) \cdot \varepsilon_s(\mathbf{k}) = \delta_{rs}, \quad \varepsilon_r(\mathbf{k}) \cdot \mathbf{k} = 0, \quad r,s = 1,2 \tag{1.14}$$

後の方の条件により，ベクトル場 (1.12) が横波の場であることが保証され，Coulombゲージ条件の式 (1.6) や式 (1.7) が満たされることになる[2]．

上の基本関数を用いて，Coulombゲージ下での一般のベクトルポテンシャル場 $\mathbf{A}(\mathbf{x},t)$ を，Fourier 級数に展開することができる．

$$\mathbf{A}(\mathbf{x},t) = \sum_{\mathbf{k}} \sum_r \left(\frac{\hbar c^2}{2V\omega_{\mathbf{k}}}\right)^{1/2} \varepsilon_r(\mathbf{k}) \left[a_r(\mathbf{k},t) e^{i\mathbf{k}\cdot\mathbf{x}} + a_r^*(\mathbf{k},t) e^{-i\mathbf{k}\cdot\mathbf{x}} \right] \tag{1.15}$$

ここで $\omega_{\mathbf{k}} = c|\mathbf{k}|$ である．和の計算は，$\mathbf{k}$ については周期境界条件の下で許容されるすべての波数 $\mathbf{k}$ (式 (1.13)) について，r については (それぞれの $\mathbf{k}$ の下での) 両方の偏極状態 $r = 1,2$ について実行する．$\varepsilon_r(\mathbf{k})$ の左にある因子は，後の都合のために挿入してある．級数の形を式 (1.15) のようにしておくことで，ベクトルポテンシャルが実数であること ($\mathbf{A} = \mathbf{A}^*$) が保証される．式 (1.15) は $\mathbf{A}(\mathbf{x},t)$ を，決まった時刻 t において展開したものである．各Fourier展開係数の時間依存性は，$\mathbf{A}$ が波動方程式 (1.8) を満たすという要請によって決まる．式 (1.15) を式 (1.8) に代入して，そのFourier成分として個別の振幅を抜き出すと，次式が得られる．

$$\frac{\partial^2}{\partial t^2} a_r(\mathbf{k},t) = -\omega_{\mathbf{k}}^2 a_r(\mathbf{k},t) \tag{1.16}$$

これらの式は，輻射場の各基準モード $(\mathbf{k},r)$ に対応する (仮想的な) 調和振動子の運動方程式になっている．解の形を次のように置くと都合がよい．

$$a_r(\mathbf{k},t) = a_r(\mathbf{k}) \exp(-i\omega_{\mathbf{k}} t) \tag{1.17}$$

$a_r(\mathbf{k})$ は $t = 0$ における振幅の初期値である．

ベクトルポテンシャルの式 (1.15) に対して，a_r には式 (1.17) を，a_r^* には式 (1.17) の複素共役を取った式を代入すると，古典論における最終的な結果が得られる．輻射場のエネルギーは式 (1.10) によって表されるが，式 (1.9) と式 (1.15) を式 (1.10) に代入して系の体積 V にわたる積分を実行すると，輻射場のエネルギーを基準モードの各振幅によって表すことができる．その結果は次式になる．

$$H_{\text{rad}} = \sum_{\mathbf{k}} \sum_r \hbar \omega_{\mathbf{k}} a_r^*(\mathbf{k}) a_r(\mathbf{k}) \tag{1.18}$$

---

[2] このように $\varepsilon_r(\mathbf{k})$ を選ぶことで，式 (1.12) は線形偏極 (線形偏光) 場を表すことになる．ε_1 と ε_2 の適当な複素線形結合を用いるならば，円偏光場や，一般には楕円偏光場が得られる．

この輻射場のエネルギーが時間に依存しないことに注意してもらいたい．これは系が電荷や電流を含まない（これらとエネルギーの授受がない）という仮定から予想されることである．式(1.18)における各振幅を時間に依存する振幅(1.17)によって置き換えてもよいが，a_r と a_r^* の時間依存性は互いに相殺する．

既に予告したように，これから個別の基準振動モードを量子化することによって，輻射場の量子化を行う．量子化された輻射場を光子系として解釈することは，基準モードの調和振動子としての取扱いと密接にかかわっているが，これについては後で述べることにする．

1.2.2 調和振動子

調和振動子のハミルトニアンを，通常の記法で書く．

$$H_{\rm osc} = \frac{p^2}{2m} + \frac{1}{2} m\omega^2 q^2$$

q と p は交換関係 $[q,p] = i\hbar$ を満たす．次のような演算子を導入する．

$$\left.\begin{array}{c} a \\ a^\dagger \end{array}\right\} = \frac{1}{(2\hbar m\omega)^{1/2}} (m\omega q \pm ip)$$

これらの演算子は，次の交換関係を持つ．

$$[a, a^\dagger] = 1 \tag{1.19}$$

そして，ハミルトニアンを a と $a^\dagger$ によって書き直すと，次のようになる．

$$H_{\rm osc} = \frac{1}{2}\hbar\omega\left(a^\dagger a + a a^\dagger\right) = \hbar\omega\left(a^\dagger a + \frac{1}{2}\right) \tag{1.20}$$

ハミルトニアンの本質的な部分は，

$$N \equiv a^\dagger a \tag{1.21}$$

という演算子であり，この演算子は正定値性を持つ．すなわち任意の状態 $|\Psi\rangle$ に関して，

$$\langle\Psi|N|\Psi\rangle = \langle\Psi|a^\dagger a|\Psi\rangle = \langle a\Psi|a\Psi\rangle \geq 0$$

となる．よって N は非負の最低固有値，

$$\alpha_0 \geq 0$$

を持たなければならない．

固有値方程式，

$$N|\alpha\rangle = \alpha|\alpha\rangle$$

と，交換関係 (1.19) により，

$$Na|\alpha\rangle = (\alpha-1)a|\alpha\rangle, \quad Na^\dagger|\alpha\rangle = (\alpha+1)a^\dagger|\alpha\rangle \tag{1.22}$$

となる．すなわち $a|\alpha\rangle$ と $a^\dagger|\alpha\rangle$ はどちらも N の固有関数で，固有値はそれぞれ $(\alpha-1)$ および $(\alpha+1)$ である．α_0 が最低の固有値であれば，(α_0-1) が固有値になるということはあり得ず，

$$a|\alpha_0\rangle = 0 \tag{1.23}$$

でなければならない．そして，

$$a^\dagger a|\alpha_0\rangle = \alpha_0|\alpha_0\rangle$$

なので，式 (1.23) は $\alpha_0 = 0$ を意味することになる．式 (1.19) と式 (1.22) により，N の固有値は整数 $n = 0, 1, 2, \ldots$ であり，$\langle n|n\rangle = 1$ と仮定して，

$$a|n\rangle = n^{1/2}|n-1\rangle, \quad a^\dagger|n\rangle = (n+1)^{1/2}|n+1\rangle \tag{1.24}$$

のように $|n\pm 1\rangle$ を定義すると，これらもノルムが 1 に規格化されたベクトルになる．$\langle 0|0\rangle = 1$ とすると，規格化された N の一連の固有関数は，次のように表される．

$$|n\rangle = \frac{(a^\dagger)^n}{\sqrt{n!}}|0\rangle, \quad n = 0, 1, 2, \ldots \tag{1.25}$$

これらはそのまま調和振動子のハミルトニアン (1.20) に対する固有関数でもあり，そのエネルギー固有値は，次のように与えられる．

$$E_n = \hbar\omega\left(n + \frac{1}{2}\right), \quad n = 0, 1, 2, \ldots \tag{1.26}$$

演算子 $a^\dagger$ と a は，式 (1.24) の性質から昇降演算子と呼ばれている．我々は後で，この $|n\rangle$ が，場の量子論において n 個の量子(粒子)がある状態を表すことを見る予定である．演算子 a は量子をひとつ消滅させ($|n\rangle$ を $|n-1\rangle$ に変える)，同様に演算子 $a^\dagger$ は量子をひとつ生成する作用を持つ．

ここまで我々は，ある時刻 ($t=0$) のことだけを考察してきた．ここで Heisenberg 描像における運動方程式を論じてみよう[3]．この描像の下では，演算子が時間に依存する．a について考えるならば，運動方程式は，

$$\mathrm{i}\hbar\frac{\mathrm{d}a(t)}{\mathrm{d}t} = [a(t), H_{\mathrm{osc}}] \tag{1.27}$$

であり，これを初期条件 $a(0) = a$ を与えて解かなければならない．H_{osc} は時間に依存し，$a(t)$ と $a^\dagger(t)$ (同時刻の昇降演算子) も a と $a^\dagger$ の交換関係 (1.19) と同じ交換関係を持つので，Heisenberg の運動方程式 (1.27) は，

$$\frac{\mathrm{d}a(t)}{\mathrm{d}t} = -\mathrm{i}\omega a(t)$$

となり，解は次のように与えられる．

$$a(t) = a\mathrm{e}^{-\mathrm{i}\omega t} \tag{1.28}$$

1.2.3 輻射場の量子化

前項で導いた調和振動子に関する結果を，輻射場にも即座に適用することができる．輻射場のハミルトニアン (1.18) は，独立な調和振動子のハミルトニアン (1.20) の重ね合わせ (集合体) と等価な形をしている．(式 (1.18) では，まだ a_r と a_r^* が古典的な振幅なので，これらの順序を入れ換えてもよい．) そこで量子化の手続きとして，式 (1.19) と類似の交換関係を設定する．

$$\begin{aligned}[a_r(\mathbf{k}), a_s^\dagger(\mathbf{k}')] &= \delta_{rs}\delta_{\mathbf{k}\mathbf{k}'} \\ [a_r(\mathbf{k}), a_s(\mathbf{k}')] &= [a_r^\dagger(\mathbf{k}), a_s^\dagger(\mathbf{k}')] = 0\end{aligned} \tag{1.29}$$

量子化されたハミルトニアン (1.18) は，次のよう表される．

$$H_{\mathrm{rad}} = \sum_{\mathbf{k}}\sum_{r} \hbar\omega_{\mathbf{k}}\left(a_r^\dagger(\mathbf{k})a_r(\mathbf{k}) + \frac{1}{2}\right) \tag{1.30}$$

新たに，演算子，

$$N_r(\mathbf{k}) = a_r^\dagger(\mathbf{k})a_r(\mathbf{k})$$

を導入すると，これは固有値 $n_r(\mathbf{k}) = 0, 1, 2, \ldots$ を持ち，固有関数は式 (1.25) と同じ形で与えられる．

---

[3] Schrödinger 描像，Heisenberg 描像，相互作用描像については，本章の付録 (1.5 節) に簡単な説明を与えてある．

1.2. 電荷を含まない空間における電磁場

$$|n_r(\mathbf{k})\rangle = \frac{\left[a_r^\dagger(\mathbf{k})\right]^{n_r(\mathbf{k})}}{\sqrt{n_r(\mathbf{k})!}}|0\rangle \tag{1.31}$$

輻射ハミルトニアン(1.30)の固有関数は，上式のような状態の積として与えられる．

$$|\ldots, n_r(\mathbf{k}), \ldots\rangle = \prod_{\mathbf{k}_i}\prod_{r_i}|n_{r_i}(\mathbf{k}_i)\rangle \tag{1.32}$$

これに対応する固有エネルギーは，次のように決まる．

$$\sum_{\mathbf{k}}\sum_{r}\hbar\omega_{\mathbf{k}}\left(n_r(\mathbf{k}) + \frac{1}{2}\right) \tag{1.33}$$

これらの式の含意は，ひとつの調和振動子から，互いに独立な調和振動子群への一般化という観点で解釈することができる．各振動子は各輻射モード $(\mathbf{k}, r)$ に対応する．$a_r(\mathbf{k})$ を状態(1.32)に作用させると，モード $(\mathbf{k}, r)$ における量子の"占有数" (occupation number) $n_r(\mathbf{k})$ がひとつ減り，他のモードの占有数は変わらない．すなわち式(1.24)と同様に，

$$a_r(\mathbf{k})|\ldots, n_r(\mathbf{k}), \ldots\rangle = \left[n_r(\mathbf{k})\right]^{1/2}|\ldots, n_r(\mathbf{k}) - 1, \ldots\rangle \tag{1.34}$$

となる．これに対応してエネルギー(1.33)は $\hbar\omega_{\mathbf{k}} = \hbar c|\mathbf{k}|$ だけ減る．我々は $a_r(\mathbf{k})$ を消滅演算子と解釈する．すなわちこれを，モード $(\mathbf{k}, r)$ を占有している運動量 $\hbar\mathbf{k}$，エネルギー $\hbar\omega_{\mathbf{k}}$，偏極ベクトル $\varepsilon_r(\mathbf{k})$ の光子をひとつ減らす演算子と見なすことにする．同様に $a_r^\dagger(\mathbf{k})$ は，そのような光子をひとつ増やす作用を持つ生成演算子と見なされる．$a_r(\mathbf{k})$ と $a_r^\dagger(\mathbf{k})$ がそれぞれ運動量 $\hbar\mathbf{k}$ を持つ光子の消滅演算子と消滅演算子であるという主張は，輻射場の運動量を評価することで正当化される．我々は後から，輻射場の運動量演算子が，

$$\mathbf{P} = \sum_{\mathbf{k}}\sum_{r}\hbar\mathbf{k}\left(N_r(\mathbf{k}) + \frac{1}{2}\right) \tag{1.35}$$

となることを見る予定であるが，この演算子の形は上述の解釈に整合している．我々は光子の角運動量に関する複雑な議論には立ち入らないが，次のような線形結合によって得られる円偏光状態だけには，ここで言及しておくのが適当であろう．

$$-\frac{1}{\sqrt{2}}\left[\varepsilon_1(\mathbf{k}) + i\varepsilon_2(\mathbf{k})\right], \quad \frac{1}{\sqrt{2}}\left[\varepsilon_1(\mathbf{k}) - i\varepsilon_2(\mathbf{k})\right] \tag{1.36}$$

$(\varepsilon_1(\mathbf{k}), \varepsilon_2(\mathbf{k}), \mathbf{k})$ が右手系を構成することを念頭に置くと，上の2通りの組合せは，$\mathbf{k}$ の向きの角運動量が $\pm\hbar$ の状態に対応することが分かる (これは球面調和関数 $Y_1^{\pm 1}$ の性質と類似関係にある)．すなわち上の2つの複素単位ベクトルは右回りの円偏光

状態と左回りの円偏光状態を表す．光子はスピン1を持つ粒子のように振舞う．スピンの第3成分は，光子場の横波の性質のために現れない．

輻射場の最低エネルギー状態は真空状態$|0\rangle$であるが，これはすべての占有数$n_r(\mathbf{k})$がゼロの状態を表す．式(1.30)もしくは式(1.33)によれば，この状態はエネルギー$\frac{1}{2}\sum_{\mathbf{k}}\sum_r \hbar\omega_{\mathbf{k}}$を持つ．これは無限大の"定数"であり，物理的には重要性を持たない．したがって我々はエネルギーを計る基準を，真空$|0\rangle$のエネルギーがゼロになるように変更して，定数をすべて省いてもよい．この措置により，ハミルトニアン(1.30)は，次式に置き換わる．

$$H_{\mathrm{rad}} = \sum_{\mathbf{k}}\sum_r \hbar\omega_{\mathbf{k}} a_r^\dagger(\mathbf{k}) a_r(\mathbf{k}) \tag{1.37}$$

(式(1.35)の余分な定数項も同時に省かれることになるが，運動量に関しては$\mathbf{k}$の和の対称性により，元々結果的に定数項の寄与が残らない．)

式(1.32)のように，系の状態を各モードの量子(粒子)の占有数$n_r(\mathbf{k})$によって指定する表示の方法を"占有数表示"と呼ぶ．この表示は，よく定義された各モードに確定した数の光子が存在するような始状態と終状態を想定した(おそらくは中間状態を介しての)遷移過程の計算をするために，実用的にも多大な重要性を持っている．これらの概念は，もちろん光子系だけに限定されるものではなく，一般の場に量子化を施した量子系に適用できるものである．我々は光子の占有数$n_r(\mathbf{k})$がゼロ以上のすべての整数$0, 1, 2, \ldots$を取り得ることを既に見た．したがって光子はBose-Einstein（ボーズ アインシュタイン）統計に従う．つまり光子は"ボゾン"である．Fermi-Dirac（フェルミ ディラック）統計に従う電子やミュー粒子のような"フェルミオン"の系を記述する場合には，占有数が0か1だけに制約されるように，扱い方に修正を施す必要がある．

我々はベクトルポテンシャル(1.15)における古典的な振幅a_rとa_r^*を演算子に置き換えることによって電磁場に量子化を施したが，それに伴ってベクトルポテンシャル自身も電場や磁場も演算子になる．ベクトルポテンシャル(1.15)は，Heisenberg描像において(式(1.28)，式(1.17)参照)時間に依存する演算子となり，次のように表される．

$$\mathbf{A}(\mathbf{x}, t) = \mathbf{A}^+(\mathbf{x}, t) + \mathbf{A}^-(\mathbf{x}, t) \tag{1.38a}$$

$$\mathbf{A}^+(\mathbf{x}, t) = \sum_{\mathbf{k}}\sum_r \left(\frac{\hbar c^2}{2V\omega_{\mathbf{k}}}\right)^{1/2} \boldsymbol{\varepsilon}_r(\mathbf{k}) a_r(\mathbf{k}) e^{i(\mathbf{k}\cdot\mathbf{x}-\omega_{\mathbf{k}}t)} \tag{1.38b}$$

$$\mathbf{A}^-(\mathbf{x}, t) = \sum_{\mathbf{k}}\sum_r \left(\frac{\hbar c^2}{2V\omega_{\mathbf{k}}}\right)^{1/2} \boldsymbol{\varepsilon}_r(\mathbf{k}) a_r^\dagger(\mathbf{k}) e^{-i(\mathbf{k}\cdot\mathbf{x}-\omega_{\mathbf{k}}t)} \tag{1.38c}$$

演算子 $\mathbf{A}^+$ は消滅演算子だけを含み，$\mathbf{A}^-$ は生成演算子だけを含む．$\mathbf{A}^+$ は $\mathbf{A}$ の正振動数部分，$\mathbf{A}^-$ は $\mathbf{A}$ の負振動数部分と呼ばれる[4]．$\mathbf{E}(\mathbf{x},t)$ や $\mathbf{B}(\mathbf{x},t)$ の演算子は，式(1.9)に従って与えられる．場の量子論と非相対論的な量子力学との間には重要な違いがある．前者においては場(の振幅)が演算子となり，位置と時刻を表す座標 $(\mathbf{x},t)$ は通常の数である．後者においては位置座標が演算子になる(時刻は演算子ではないが)．

最後に，全光子数 ν が確定している状態(全光子数演算子 $N = \sum_{\mathbf{k}}\sum_r N_r(\mathbf{k})$ の固有状態)は，たとえ $\nu \to \infty$ の極限を考えても古典的な場と見なし得ないことに注意を促しておく．このことは $\mathbf{E}$ が $\mathbf{A}$ と同様に，生成演算子に関しても消滅演算子に関しても1次であることからの帰結である．すなわち光子数が確定した状態において $\mathbf{E}$ の期待値はゼロになってしまう．しかし $\langle c|\mathbf{E}|c\rangle$ が横波を表し，光子数の"期待値" $\langle c|N|c\rangle$ を無限大にすると相対的なゆらぎ $\Delta E/\langle c|\mathbf{E}|c\rangle$ がゼロに近づくような，いわゆる可干渉的な状態 $|c\rangle$ を，光子数が確定していない状態として構築することは可能であり，このような状態の極限が古典場に帰着する[5]．

1.3 電気双極子相互作用

前節では輻射場の量子化を行った．占有数演算子 $a_r^\dagger(\mathbf{k})a_r(\mathbf{k})$ は輻射場のハミルトニアン(1.37)と可換なので，自由場において占有数 $n_r(\mathbf{k})$ は運動の定数(保存量)である．何事かが"起こる"ためには，輻射場が電荷や電流と相互作用をして，光子が吸収されて消滅したり，生成して放射されたり，散乱されたりする必要がある．

荷電粒子から構成される系(たとえばひとつの原子，ひとつの原子核など)と電磁場の相互作用の完全な記述は，大変複雑なものになる．本節では単純で実際的でもある特例として，荷電粒子の系が双極子能率を通じて輻射場と相互作用する問題を考察する．1.4節では，より完全な取扱い(非共変ではあるが)を提示し，本節で主張するいくつかの点を正当化する予定である．

N 個の電荷 $e_1, e_2, \ldots, e_N$ から成る系を考える．これを非相対論的に扱い，時刻 t における電荷 e_i ($i=1,\ldots,N$) の位置が $\mathbf{r}_i = \mathbf{r}_i(t)$ のように古典的に与えられるものと見なす．決められた状態から，別の決められた状態への遷移(たとえば原子の，ある定常状態から別の定常状態への遷移)を考える．以下に示す2つの近似が正当であれば，遷移は電気双極子相互作用によって引き起こされるものと見てよい．

第1の近似として，磁場との相互作用を無視できるものとする．

---

[4] 非相対論的な量子力学において，正エネルギー状態の時間依存因子が $\mathrm{e}^{-i\omega t}$ ($\omega = E/\hbar > 0$) となる状況と似ている．

[5] コヒーレント状態に関する議論については，R. London, *Quantum Theory of Light*, Clarendon Press, Oxford, 1973, pp.148-153 を参照されたい．問題1.1も参照のこと．

第2の近似として，対象とする荷電粒子系の空間範囲(たとえば原子の径の範囲)において，遷移を起こす電場の空間分布を無視する．これらの条件下では，輻射場の横波ベクトルポテンシャル(1.38)から導かれる電場，

$$\mathbf{E}_\mathrm{T}(\mathbf{r},t) = -\frac{1}{c}\frac{\partial \mathbf{A}(\mathbf{r},t)}{\partial t} \tag{1.39}$$

だけを(ここでも Coulomb ゲージ $\nabla\cdot\mathbf{A} = 0$ を採用する)各電荷の位置において計算する代わりに"1点"において計算すればよい[6]．この点を原点 $\mathbf{r} = 0$ に選ぶと，遷移を引き起こす電気双極子相互作用 H_I は次のように表される．

$$H_\mathrm{I} = -\mathbf{D}\cdot\mathbf{E}_\mathrm{T}(0,t) \tag{1.40}$$

電気双極子能率 $\mathbf{D}$ は，次のように定義される．

$$\mathbf{D} = \sum_i e_i \mathbf{r}_i \tag{1.41}$$

相互作用(1.40)による1次摂動から生じる遷移は"電気双極子遷移"と呼ばれている．$\mathbf{E}_\mathrm{T}$ は $\mathbf{A}$ (式(1.38))と同様に光子の消滅演算子と生成演算子それぞれについて1次であり，H_I も同様である．電気双極子遷移においては，後から見るように，ひとつの光子の吸収，もしくはひとつの光子の放射が起こる．次節において，電気双極子近似が妥当となるのは，遷移に伴って放射もしくは吸収される光の波長 $\lambda = 2\pi/k$ が，荷電粒子系の寸法 R よりもはるかに長い場合 $(\lambda \gg R)$ であることを示す予定である．たとえば原子の光学的遷移において R は1Åのオーダーであるのに対し，λ は 4000-7500 Å の範囲にある．また原子核からのガンマ線の放射では R は数f $(1\mathrm{f} = 10^{-15}\,\mathrm{m})$，$E$ MeV のガンマ線の波長は $\lambda/2\pi = [197/(E\,\mathrm{in\,MeV})]$ f で，ガンマ線のエネルギーが非常に高くならない限り，電気双極子近似が成立する．

電気双極子近似の下で選択則によって禁じられる遷移があるとしても，そのような遷移が磁場の相互作用を通じて起こったり，電気双極子近似では無視されているような電場の相互作用の一部によって引き起こされる可能性はある．H_I (式(1.40))の代わりに正確な相互作用を用いた1次摂動の下で，厳密に禁じられる遷移があるという状況もあり得るが，そのような場合でも，より高次の摂動の下では遷移が生じたり，何らかの全く異なる機構によって遷移が生じるという可能性もある[7]．

---

[6] 式(1.39)の電場を $\mathbf{E}_\mathrm{T}$ と書いたのは，ここでは別に電荷の間にも Coulomb 相互作用があって，そこからも $-\nabla\phi$ の寄与が生じるからである(式(1.2)，式(1.4a)，1.4節参照)．

[7] 原子の輻射遷移における選択則については，H. A. Bethe and R. W. Jackiw, *Intermediate Quantum Mechanics*, 2nd edn, Benjamin, New York, 1968, Chapter 11 を参照．

1.3. 電気双極子相互作用

原子の電気双極子遷移による光子の放射と吸収を考察してみよう．原子は始状態 $|A\rangle$ から終状態 $|B\rangle$ へ遷移し，ひとつの輻射モードにおける光子の占有数が $n_r(\mathbf{k})$ から $n_r(\mathbf{k}) \pm 1$ に変わるものとする．系全体の始状態と終状態は，次のように表される．

$$|A, n_r(\mathbf{k})\rangle = |A\rangle |n_r(\mathbf{k})\rangle$$
$$|B, n_r(\mathbf{k}) \pm 1\rangle = |B\rangle |n_r(\mathbf{k}) \pm 1\rangle \tag{1.42}$$

遷移前後で占有数の変わらない光子モードの占有数は省いて表記してある．双極子演算子(1.41)は次のように表される．

$$\mathbf{D} = -e \sum_i \mathbf{r}_i \equiv -e\mathbf{x} \tag{1.43}$$

座標の和は原子内の電子すべてについて行うが，この総和を $\mathbf{x}$ と略記した．相互作用(1.40)に現れる横波電磁場 $\mathbf{E}_T(\mathbf{0}, t)$ は，式(1.38)により，次のように与えられる．

$$\begin{aligned}\mathbf{E}_T(\mathbf{0}, t) &= -\frac{1}{c}\frac{\partial \mathbf{A}(\mathbf{0}, t)}{\partial t} \\ &= i \sum_{\mathbf{k}} \sum_r \left(\frac{\hbar \omega_{\mathbf{k}}}{2V}\right)^{1/2} \boldsymbol{\varepsilon}_r(\mathbf{k}) \left[a_r(\mathbf{k}) e^{-i\omega_{\mathbf{k}} t} - a_r^\dagger(\mathbf{k}) e^{i\omega_{\mathbf{k}} t}\right]\end{aligned}$$

光子の放射を考えよう．相互作用(1.40)による遷移前後の状態(1.42)の間の行列要素は，次のように与えられる．

$$\begin{aligned}&\langle B, n_r(\mathbf{k})+1 | H_\mathrm{I} | A, n_r(\mathbf{k})\rangle \\ &= i\left(\frac{\hbar \omega_{\mathbf{k}}}{2V}\right)^{1/2} \langle n_r(\mathbf{k})+1 | a_r^\dagger(\mathbf{k}) | n_r(\mathbf{k})\rangle \langle B | \boldsymbol{\varepsilon}_r(\mathbf{k}) \cdot \mathbf{D} | A \rangle e^{i\omega_{\mathbf{k}} t} \\ &= i\left(\frac{\hbar \omega_{\mathbf{k}}}{2V}\right)^{1/2} [n_r(\mathbf{k})+1]^{1/2} \langle B | \boldsymbol{\varepsilon}_r(\mathbf{k}) \cdot \mathbf{D} | A \rangle e^{i\omega_{\mathbf{k}} t}\end{aligned} \tag{1.44}$$

最後の行の導出には，式(1.24)を用いた．

始状態から終状態への単位時間における遷移確率は，時間に依存する摂動論によって，次のように与えられる．

$$w = \frac{2\pi}{\hbar} \left|\langle B, n_r(\mathbf{k})+1 | H_\mathrm{I} | A, n_r(\mathbf{k})\rangle\right|^2 \delta(E_A - E_B - \hbar\omega_{\mathbf{k}}) \tag{1.45}$$

E_A と E_B はそれぞれ，原子の始状態 $|A\rangle$，原子の終状態 $|B\rangle$ のエネルギーである[8]．δ関数によって，遷移前後のエネルギー保存が保証される．すなわち放射される光子

---

[8] 時間に依存する摂動論については，たとえば次の文献を参照されたい．A. S. Davydov, *Quantum Mechanics*, 2nd edn, Pergamon, Oxford, 1976, Section 93 (Eq.(93.7)); E. Merzbacher, *Quantum Mechanics*, 2nd edn, John Wiley & Sons, Inc., New York, 1970, Section 18.8; L. I. Schiff, *Quantum Mechanics*, 3rd edn, McGraw-Hill, New York, 1968, Section 35.

のエネルギー $\hbar\omega_\mathbf{k}$ はBohr(ボーア)の振動数条件を満たさなければならない.

$$\omega_\mathbf{k} = \omega \equiv \frac{E_A - E_B}{\hbar} \tag{1.46}$$

式(1.45)における δ 関数は，通常の方法で狭い範囲内の光子の終状態のグループについて積分を施し，消すことができる．区間 $(\mathbf{k}, \mathbf{k}+\mathrm{d}\mathbf{k})$ における，同じ偏極状態 ($\varepsilon_1(\mathbf{k})$ もしくは $\varepsilon_2(\mathbf{k})$ の一方) の状態数は，次のように与えられる[9]．

$$\frac{V\mathrm{d}^3\mathbf{k}}{(2\pi)^3} = \frac{Vk^2 \mathrm{d}k \mathrm{d}\Omega}{(2\pi)^3} \tag{1.47}$$

式(1.44)-(1.47)により，単位時間あたりに原子が遷移 $|A\rangle \to |B\rangle$ を起こして，波数ベクトル範囲 $(\mathbf{k}, \mathbf{k}+\mathrm{d}\mathbf{k})$ に偏極 $\varepsilon_r(\mathbf{k})$ の光子を放射する確率が得られる．

$$w_r \mathrm{d}\Omega = \int \frac{Vk^2 \mathrm{d}k \mathrm{d}\Omega}{(2\pi)^3} \frac{2\pi}{\hbar} \delta(E_A - E_B - \hbar\omega_\mathbf{k}) \left(\frac{\hbar\omega_\mathbf{k}}{2V}\right) [n_r(\mathbf{k})+1] \left|\langle B|\varepsilon_r(\mathbf{k})\cdot\mathbf{D}|A\rangle\right|^2 \tag{1.49}$$

$k\ (=\omega_\mathbf{k}/c)$ に関する積分を実行し，$\mathbf{D}$ に式(1.43)を代入して，次の結果を得る．

$$w_r \mathrm{d}\Omega = \frac{e^2\omega^3 \mathrm{d}\Omega}{8\pi^2\hbar c^3} [n_r(\mathbf{k})+1] \left|\varepsilon_r(\mathbf{k})\cdot\mathbf{x}_{BA}\right|^2 \tag{1.50}$$

ここで $\mathbf{x}_{BA}$ は，次の行列要素を表す．

$$\mathbf{x}_{BA} \equiv \langle B|\mathbf{x}|A\rangle = \langle B|\sum_i \mathbf{r}_i|A\rangle \tag{1.51}$$

式(1.50)において最も興味深い点は，因子 $[n_r(\mathbf{k})+1]$ が現れたことである．$n_r(\mathbf{k})$ は始状態においてモード $(\mathbf{k}, r)$ を占有していた光子の数なので，式(1.50)において $n_r(\mathbf{k})$ に比例する部分は誘導放射，すなわち原子に入射した輻射に起因する遷移の頻度を表している．これは古典的には電子が振動を強いられることによる放射過程と解釈され，半古典的な輻射の理論からも，この項を導出できる[10]．しかしながら，始状態において輻射が存在しないとしても ($n_r(\mathbf{k}) = 0$)，遷移確率(1.50)はゼロにはなら

---

[9] 有限の規格化体積 V を採用しているので，許容される波数ベクトル $\mathbf{k}$ についての総和を取らなければならない(式(1.13))．V が大きければ(厳密には $V \to \infty$)，和は積分に置き換わる．

$$\frac{1}{V}\sum_\mathbf{k} \to \frac{1}{(2\pi)^3}\int \mathrm{d}^3\mathbf{k} \tag{1.48}$$

もちろん規格化体積 V は結果的に，たとえば遷移頻度のような物理的に意味のある量には影響を及ぼさない．

[10] たとえば L. I. Schiff, *Quantum Mechanics*, 3rd edn, McGraw-Hill, New York, 1968, Chapter 11 や，先ほど挙げた Bethe and Jackiw (p.12脚註) の Chapter 10 を参照．

1.3. 電気双極子相互作用

ない．これは原子からの自発的な光子放射過程に対応しており，この部分は半古典的な理論から導くことができない．

式(1.50)-(1.51)は電気双極子遷移による光子の放射頻度を表している．ここから得られるいくつかの結果を簡単に示してみる．

指定された $\mathbf{k}$ に関する2つの偏極状態の和を取るために，$\varepsilon_1(\mathbf{k})$ と $\varepsilon_2(\mathbf{k})$ と $\hat{\mathbf{k}} = \mathbf{k}/|\mathbf{k}|$ が正規直交系を形成することに注意しよう．そうすると，

$$\sum_{r=1}^{2}\left|\varepsilon_r(\mathbf{k})\cdot\mathbf{x}_{BA}\right|^2 = \mathbf{x}_{BA}\cdot\mathbf{x}_{BA}^* - (\hat{\mathbf{k}}\cdot\mathbf{x}_{BA})(\hat{\mathbf{k}}\cdot\mathbf{x}_{BA}^*)$$

$$= (\mathbf{x}_{BA}\cdot\mathbf{x}_{BA}^*)(1-\cos^2\theta)$$

$$= |\mathbf{x}_{BA}|^2\sin^2\theta$$

となる．最後の行は，複素ベクトル $\mathbf{x}_{BA}$ と $\hat{\mathbf{k}}$ のなす角 θ の定義を与えている．よって式(1.50)により，次の結果が得られる．

$$\sum_{r=1}^{2} w_r\,\mathrm{d}\Omega = \frac{e^2\omega^3}{8\pi^2\hbar c^3}\,\mathrm{d}\Omega[n_r(\mathbf{k})+1]|\mathbf{x}_{BA}|^2\sin^2\theta \tag{1.52}$$

単位時間あたりに自発放射を起こす全確率は，最後の式において $n_r(\mathbf{k})=0$ と置き，全方向にわたる積分を行えばよい．ここで，

$$\int \sin^2\theta\,\mathrm{d}\Omega = \frac{8\pi}{3}$$

を利用すると，次の結果が得られる．

$$w_{\text{total}}(A\to B) = \frac{e^2\omega^3}{3\pi\hbar c^3}|\mathbf{x}_{BA}|^2 \tag{1.53}$$

励起された原子状態 $|A\rangle$ の寿命 τ は，"すべての"可能な終状態 $|B_1\rangle, |B_2\rangle, \ldots$ への単位時間あたりの全遷移確率の逆数である．

$$\frac{1}{\tau} = \sum_n w_{\text{total}}(A\to B_n) \tag{1.54}$$

もし原子が状態 $|A\rangle$ から全角運動量がゼロでない状態へ緩和できるならば，式(1.54)はそれに対応する磁気量子数に関する和を含む必要がある．

電気双極子遷移の選択則は行列要素(1.51)から生じる．たとえば $\mathbf{x}$ はベクトルなので，状態 $|A\rangle$ と状態 $|B\rangle$ は反対のパリティを持たなければならず，原子の全角運動量量子数 J とその z 成分の量子数 M は，次の選択則を満たさなければならない．

$$\Delta J = 0, \pm 1, \quad \text{not } J=0 \to J=0, \quad \Delta M = 0, \pm 1$$

2番目の選択則 (not $J=0 \to J=0$) は，電気双極子近似を離れても，1光子過程において厳密に成立する．これは角運動量がゼロの1光子状態が存在しないという事実に因っている．光子自身のスピン1と単位量の軌道角運動量を相殺させて角運動量ゼロの状態をつくるためには，スピン角運動量が3成分をすべて持たなければならないが，輻射場の横波としての性質のために，スピン成分は2つしかない(式(1.36)参照)．

最後に，電気双極子遷移による光子の吸収に関して成立する同様の式を示しておく．行列要素，

$$\langle B, n_r(\mathbf{k})-1|H_I|A, n_r(\mathbf{k})\rangle$$

を表す式(1.44)に対応する式は，因子 $[n_r(\mathbf{k})+1]^{1/2}$ の代わりに $[n_r(\mathbf{k})]^{1/2}$ を含む．結果としては，式(1.50)において $[n_r(\mathbf{k})+1]$ を $[n_r(\mathbf{k})]$ で置き換えたものが得られる．$d\Omega$ は入射する輻射場の立体角であり，行列要素 $\mathbf{x}_{BA}$ は式(1.51)であるが，ここではエネルギーの関係が $E_B > E_A$ となるような状態 $|A\rangle$ から $|B\rangle$ への遷移が起こる．振動数 ω は式(1.46)の代わりに $\hbar\omega = E_B - E_A$ によって決まる．

1.4　電荷を含む空間における電磁場

前節では特別な例として電気双極子遷移を調べたが，本節では移動する電荷の系と電磁場の相互作用を一般的に考察したい．この問題は後から相対論的に共変な形で扱う予定なので，ここでは完全に厳密な導出を与えることはせず，むしろ物理的な解釈面を強調する．各電荷の運動は，前節と同様に非相対論的に記述されるものと考える．まず1.4.1項でハミルトニアン(Hamilton関数)を用いた古典論の定式化を示す．これに基づき，1.4.2項において量子化された理論へ容易に移行することができる．1.4.3項と1.4.4項では，量子化された理論を輻射遷移とThomson散乱へ応用してみる．

1.4.1　古典電磁気学

原子のように運動する電荷から成る粒子系が電磁場の中にある場合，ハミルトニアンは3つの部分から構成されるものと考えられる．物質(荷電粒子)を表す部分，電磁場を表す部分，および物質と電磁場の相互作用を表す部分である．系が含む各荷電粒子の質量をそれぞれ m_i $(i=1,\ldots,N)$，電荷を e_i，位置座標を $\mathbf{r}_i$ とすると，通常のハミルトニアンは，

1.4. 電荷を含む空間における電磁場

$$H_{\mathrm{m}} = \sum_i \frac{\mathbf{p}_i^2}{2m_i} + H_{\mathrm{C}} \tag{1.55a}$$

と表される．H_{C} は Coulomb 相互作用のエネルギー，

$$H_{\mathrm{C}} \equiv \frac{1}{2} \sum_{\substack{i,j \\ (i \neq j)}} \frac{e_i e_j}{4\pi |\mathbf{r}_i - \mathbf{r}_j|} \tag{1.55b}$$

であり，$\mathbf{p}_i = m_i \, d\mathbf{r}_i/dt$ は i 番目の粒子の運動エネルギーを表す．このハミルトニアンは，原子物理などにおいてよく用いられるものである．

電荷と相互作用をする電磁場は Maxwell の方程式 (式(1.1)) によって記述される．ここでも Coulomb ゲージ $\nabla \cdot \mathbf{A} = 0$ を採用し，電場(1.2) を横波成分 $\mathbf{E}_{\mathrm{T}}$ と縦波成分 $\mathbf{E}_{\mathrm{L}}$ に分解する．

$$\mathbf{E} = \mathbf{E}_{\mathrm{T}} + \mathbf{E}_{\mathrm{L}}$$
$$\mathbf{E}_{\mathrm{T}} = -\frac{1}{c} \frac{\partial \mathbf{A}}{\partial t}, \quad \mathbf{E}_{\mathrm{L}} = -\nabla \phi$$

(縦波の場の定義は，$\nabla \times \mathbf{E}_{\mathrm{L}} = 0$ を満たす場ということである．) 磁場は $\mathbf{B} = \nabla \times \mathbf{A}$ によって与えられる．

電磁場の全エネルギー，

$$\frac{1}{2} \int (\mathbf{E}^2 + \mathbf{B}^2) d^3\mathbf{x}$$

を，次のようにも書ける．

$$\frac{1}{2} \int (\mathbf{E}_{\mathrm{T}}^2 + \mathbf{B}^2) d^3\mathbf{x} + \frac{1}{2} \int \mathbf{E}_{\mathrm{L}}^2 d^3\mathbf{x}$$

後ろの積分は，Poisson 方程式 $\nabla^2 \phi = -\rho$ を利用すると，次のように変換される．

$$\frac{1}{2} \int \mathbf{E}_{\mathrm{L}}^2 d^3\mathbf{x} = \frac{1}{2} \int \frac{\rho(\mathbf{x},t)\,\rho(\mathbf{x}',t)}{4\pi |\mathbf{x}-\mathbf{x}'|} d^3\mathbf{x} d^3\mathbf{x}' \tag{1.56}$$

したがって縦波場に関係するエネルギーは，電荷間に"同時刻"(instantaneous) に働く(遅延のない) 相互作用である．ここで，

$$\rho(\mathbf{x},t) = \sum_i e_i \delta\bigl(\mathbf{x} - \mathbf{r}_i(t)\bigr)$$

を式(1.56) に代入すると，次のようになる．

$$\frac{1}{2} \int \mathbf{E}_{\mathrm{L}}^2 d^3\mathbf{x} = \frac{1}{2} \sum_{i,j} \frac{e_i e_j}{4\pi |\mathbf{r}_i - \mathbf{r}_j|}$$
$$= \frac{1}{2} \sum_{\substack{i,j \\ (i \neq j)}} \frac{e_i e_j}{4\pi |\mathbf{r}_i - \mathbf{r}_j|} \equiv H_{\mathrm{C}} \tag{1.57}$$

最後の式では，点電荷自身に付随する無限大の自己エネルギーを省いた．H_C は既に ハミルトニアン H_m の式(1.55)に含まれているので，輻射場のエネルギーの電場成分に関しては横波に起因する部分だけを考慮すればよい．

$$H_\mathrm{rad} = \frac{1}{2}\int (\mathbf{E}_\mathrm{T}^2 + \mathbf{B}^2)\,\mathrm{d}^3\mathbf{x} \tag{1.58}$$

式(1.55)は電荷間に同時刻の Coulomb 相互作用が起こることを許容している．運動する電荷と電磁場の相互作用を考慮するためには，物質のハミルトニアン(1.55a)を，次のように置き換える必要がある．

$$H'_\mathrm{m} = \sum_i \frac{1}{2m_i}\left(\mathbf{p}_i - \frac{e_i}{c}\mathbf{A}_i\right)^2 + H_\mathrm{C} \tag{1.59}$$

$\mathbf{A}_i = \mathbf{A}(\mathbf{r}_i, t)$ は時刻 t に電荷 e_i が占める位置 $\mathbf{r}_i$ におけるベクトルポテンシャルを表す．式(1.59)における $\mathbf{p}_i$ は，解析力学に基づく含意としては，位置座標 $\mathbf{r}_i$ と正準共役な運動量を表しており，これは i 番目の粒子の速度 $\mathbf{v}_i = \mathrm{d}\mathbf{r}_i/\mathrm{d}t$ と次のように関係する．

$$\mathbf{p}_i = m_i\mathbf{v}_i + \frac{e_i}{c}\mathbf{A}_i$$

この正準運動量が運動学的運動量 $m_i\mathbf{v}_i$ と一致するのは $\mathbf{A} = 0$ の場合に限られる．H'_m の形が式(1.59)であることを正当化する根拠は，ここから正しい電荷の運動方程式が導かれることにある(問題1.2参照)．

$$m_i\frac{\mathrm{d}\mathbf{v}_i}{\mathrm{d}t} = e_i\left[\mathbf{E}_i + \frac{\mathbf{v}_i}{c}\times\mathbf{B}_i\right] \tag{1.60}$$

$\mathbf{E}_i$ と $\mathbf{B}_i$ は，i 番目の電荷がその時刻に存在する位置における電場および磁場である[11]．

式(1.59)に含まれる各項の分け方を，次のように変更してみる．

$$H'_\mathrm{m} = H_\mathrm{m} + H_\mathrm{I} \tag{1.61}$$

H_I は物質と電磁場の相互作用ハミルトニアンであり，次のように与えられる．

$$\begin{aligned}
H_\mathrm{I} &= \sum_i \left\{-\frac{e_i}{2m_i c}(\mathbf{p}_i\cdot\mathbf{A}_i + \mathbf{A}_i\cdot\mathbf{p}_i) + \frac{e_i^2}{2m_i c^2}\mathbf{A}_i^2\right\} \\
&= \sum_i \left\{-\frac{e_i}{m_i c}\mathbf{A}_i\cdot\mathbf{p}_i + \frac{e_i^2}{2m_i c^2}\mathbf{A}_i^2\right\}
\end{aligned} \tag{1.62}$$

---

[11] ここで用いた古典的なハミルトニアンによる解析力学の定式化については，たとえば H. Goldstone, *Classical Mechanics*, 2nd edn, Addison-Wesley, Reading, Mass, 1980 の，特に pp.21-23 および p.346 を参照．

1.4. 電荷を含む空間における電磁場

量子論において，$\mathbf{r}_i$ と正準共役関係にある運動量 $\mathbf{p}_i$ は演算子 $-i\hbar\nabla_i$ になる．それにもかかわらず式(1.62)の2行目の式において $\mathbf{p}_i \cdot \mathbf{A}_i$ と $\mathbf{A}_i \cdot \mathbf{p}_i$ に置き換えたことは，ゲージを $\nabla_i \cdot \mathbf{A}_i = 0$ に選んだことから正当化される．式(1.62)は，運動する電荷と電磁場の一般的な相互作用を (H_C を除いて) 表している．このハミルトニアンは電子自体の磁気能率を含まないので，スピンと磁場の相互作用のようなものは扱えない．

式(1.55), (1.58), (1.59), (1.62) をまとめると，全ハミルトニアンは次のように表される．

$$H = H'_m + H_{rad} = H_m + H_{rad} + H_I \tag{1.63}$$

このハミルトニアンからは，電荷に関して正しい運動方程式(1.60) が導かれるのと同様に，ポテンシャルに関しても $\nabla \cdot \mathbf{A} = 0$ と置いた正しい波動方程式 (式(1.4)) を導くことができる[12]．

1.4.2 量子電磁力学

ハミルトニアン(1.63) によって記述される系の量子化は，粒子の座標 $\mathbf{r}_i$ と，それに正準共役な運動量 $\mathbf{p}_i$ に通常の交換関係を設定し (たとえば座標表示では $\mathbf{p}_i \to -i\hbar\nabla_i$)，同時に輻射場を 1.2.3 項のように量子化すればよい．電場の縦波成分 $\mathbf{E}_L$ は，電荷だけから Maxwell の第1方程式 $\nabla \cdot \mathbf{E}_L = \rho$ を通じて完全に決まってしまうので，系の自由度には寄与を持たない．

式(1.63)における相互作用 H_I は，摂動として扱われ，非摂動ハミルトニアン，

$$H_0 = H_m + H_{rad} \tag{1.64}$$

の下での異なる固有状態の間に遷移を引き起こす．H_0 の固有状態は，ここでも，

$$|A, \ldots, n_r(\mathbf{k}), \ldots\rangle = |A\rangle |\ldots, n_r(\mathbf{k}), \ldots\rangle$$

と与えられる．$|A\rangle$ は H_m の固有状態，$|\ldots, n_r(\mathbf{k}), \ldots\rangle$ は H_{rad} の固有状態である．

相互作用(1.62)を電気双極子相互作用(1.40) と比較すると，ベクトルポテンシャルの2次の項を含む点が異なっている．このことから，1次摂動においても2光子過程 (2光子の放射，2光子の吸収，光子の散乱) が関わることになる．さらに式(1.62)の第1項は磁気的な相互作用と，$\mathbf{A}(\mathbf{x}, t)$ の空間変化による高次の効果を含む．これらは電気双極子相互作用(1.40)には含まれていない．その含意については，この後の輻射遷移や Thomson 散乱への応用において示してゆく．

---

[12] W. Heitler, *The Quantum Theory of Radiation*, 3rd edn, Clarendon Press, Oxford, 1954, pp.48-50 を参照．

1.4.3 原子における輻射遷移

ひとつの光子の放射もしくは吸収を伴う原子の状態間遷移を考察しよう．この問題は 1.3 節では電気双極子近似によって扱ったが，ここでは相互作用として (1.62) を用いる．

始状態と終状態が式 (1.42) のように表される光子放射の過程を考える．ベクトルポテンシャルの展開式 (1.38) を利用すると，この遷移の行列要素が次のように表される (式 (1.62) における $\mathbf{A}$ の 1 次の項による)．

$$\langle B, n_r(\mathbf{k})+1|H_\mathrm{I}|A, n_r(\mathbf{k})\rangle$$
$$= -\frac{e}{m}\left(\frac{\hbar}{2V\omega_\mathbf{k}}\right)^{1/2}[n_r(\mathbf{k})+1]^{1/2}\langle B|\varepsilon_r(\mathbf{k})\cdot\sum_i e^{-i\mathbf{k}\cdot\mathbf{r}_i}\mathbf{p}_i|A\rangle e^{i\omega_\mathbf{k} t} \quad (1.65)$$

この行列要素を用いて，1.3 節と同様に単位時間あたりの遷移確率を計算することができる．式 (1.50) と式 (1.51) の代わりに次式が得られる．

$$w_r d\Omega = \frac{e^2\omega d\Omega}{8\pi^2 m^2 \hbar c^3}[n_r(\mathbf{k})+1]\left|\varepsilon_r(\mathbf{k})\cdot\langle B|\sum_i e^{-i\mathbf{k}\cdot\mathbf{r}_i}\mathbf{p}_i|A\rangle\right|^2 \quad (1.66)$$

ここでの結果は，式 (1.65) と式 (1.66) の中の行列要素において指数関数を 1 に近似するならば，すなわち，

$$e^{-i\mathbf{k}\cdot\mathbf{r}_i} \approx 1 \quad (1.67)$$

と置くならば電気双極子近似に帰着する．この近似は遷移によって放射される光の波長 $\lambda = 2\pi/k$ が，荷電粒子系 (ここでは原子) の寸法 R に比べて充分に長い $\lambda \gg R$ の場合に妥当となる．原子の波動関数 $|A\rangle$ と $|B\rangle$ において $\mathbf{r}_i$ は $r_i \lesssim R$ に制約されており，$\mathbf{k}\cdot\mathbf{r}_i \lesssim kR \ll 1$ である．この不等関係が一般に原子の光学的遷移において満たされることは 1.3 節において既に言及した．運動方程式 $i\hbar\dot{\mathbf{r}}_i = [\mathbf{r}_i, H]$ と式 (1.46) により，

$$\langle B|\mathbf{p}_i|A\rangle = m\langle B|\dot{\mathbf{r}}_i|A\rangle = -im\omega\langle B|\mathbf{r}_i|A\rangle$$

となるので，式 (1.67) の近似により，式 (1.65) と式 (1.66) は，電気双極子近似の式 (1.44) と式 (1.50) に帰着する．

仮に $|A\rangle$ から $|B\rangle$ への遷移が，電気双極子相互作用において禁じられていても，指数関数を展開した高次の項において，その遷移が起こる可能性がある．

$$e^{-i\mathbf{k}\cdot\mathbf{r}_i} = 1 - i\mathbf{k}\cdot\mathbf{r}_i + \ldots$$

第2項を採用すると，式(1.66)の絶対値の中の部分は，次のようになる．

$$\varepsilon_r(\mathbf{k}) \cdot \langle B| \sum_i (-i\mathbf{k} \cdot \mathbf{r}_i)\mathbf{p}_i |A\rangle = -i \sum_{\alpha=1}^{3} \sum_{\beta=1}^{3} \varepsilon_{r\alpha}(\mathbf{k}) k_\beta \langle B| \sum_i r_{i\beta} p_{i\alpha} |A\rangle$$

$\alpha, \beta\,(=1,2,3)$ は，直交直線座標の下で ε_r, $\mathbf{k}$, $\mathbf{r}_i$ および $\mathbf{p}_i$ の各成分を表すための添字である．行列要素を，2階の反対称テンソルと対称テンソルの和の形に書くことができる．

$$\langle B| \sum_i r_{i\beta} p_{i\alpha} |A\rangle$$
$$= \frac{1}{2}\left\{ \langle B| \sum_i (r_{i\beta} p_{i\alpha} - r_{i\alpha} p_{i\beta}) |A\rangle + \langle B| \sum_i (r_{i\beta} p_{i\alpha} + r_{i\alpha} p_{i\beta}) |A\rangle \right\}$$

第1項は反対称な角運動量演算子を含み，磁気双極子相互作用に対応する(実際にはスピン部分の効果も加わる)．対称な項は電気四重極子相互作用に対応している．これらの行列要素に起因する遷移前後のパリティと角運動量に関する選択則は，式の形から簡単に決定できる．このような方法で，我々は展開項から電気多極子や磁気多極子，すなわち光子のパリティと角運動量が決まっている相互作用を得ることができる．展開項の取扱いは，簡単な低次項以外では，一般に直交直線座標よりも3次元極座標を採用した方が都合がよい[13]．ここでも光子放射の式(1.66)に対して，$[n_r(\mathbf{k})+1]$ を $n_r(\mathbf{k})$ に置き換え，行列要素の解釈などを適切に変更すれば，光子の吸収過程の式になる．

1.4.4　Thomson散乱

2番目の例としてThomson散乱を考える．これはエネルギー $\hbar\omega$ の光子が原子内の電子によって散乱される過程であるが，$\hbar\omega$ が電子の束縛エネルギーに比べて充分に高く，電子は自由電子として扱えるものとする．一方 $\hbar\omega$ は電子の静止エネルギー mc^2 に比べれば充分に低いという仮定も同時に採用する．反跳運動量が小さければ反跳エネルギーを無視できるので，この場合は散乱前後で光子エネルギーに変更のない $\hbar\omega' = \hbar\omega$ の過程と見なしてよい．

始状態において運動量 $\hbar\mathbf{k}$, 偏極 $\varepsilon_\alpha(\mathbf{k})$ ($\alpha=1\,\text{or}\,2$) の光子がひとつあり，終状態において運動量 $\hbar\mathbf{k}'$, 偏極 $\varepsilon_\beta(\mathbf{k}')$ ($\beta=1\,\text{or}\,2$) の光子がひとつあるという遷移は，1次摂動においては，式(1.62)の $\mathbf{A}^2$ の項を通じて起こり得る．式(1.62)における $\mathbf{A}$

---
[13] A. S. Davydov, *Quantum Mechanics*, 2nd edn, Pergamon, Oxford, 1976, Section 81 と Section 95 を参照．

の 1 次の項が，2 次摂動の下でこのような遷移を起こすことも可能であるが，我々の想定する条件下では，2 次過程の寄与を無視してよい[14]．式 (1.38) により，演算子 $\mathbf{A}^2(\mathbf{0}, t)$ は次のように書かれる．

$$\mathbf{A}^2(\mathbf{0}, t) = \sum_{\mathbf{k}_1, \mathbf{k}_2} \sum_{r,s} \frac{\hbar c^2}{2V(\omega_1 \omega_2)^{1/2}} \left(\boldsymbol{\varepsilon}_r(\mathbf{k}_1) \cdot \boldsymbol{\varepsilon}_s(\mathbf{k}_2)\right)$$
$$\times \left[a_r(\mathbf{k}_1) e^{-i\omega_1 t} + a_r^\dagger(\mathbf{k}_1) e^{+i\omega_1 t}\right] \left[a_s(\mathbf{k}_2) e^{-i\omega_2 t} + a_s^\dagger(\mathbf{k}_2) e^{+i\omega_2 t}\right]$$
(1.68)

振動数は $\omega_r \equiv c|\mathbf{k}_r|$ $(r = 1, 2)$ と見なす．この演算子は始状態 $|\mathbf{k}, \alpha\rangle$ から終状態 $|\mathbf{k}', \beta\rangle$ への遷移 (記法を少々簡略化しているが，曖昧な点はないはずである) を，2 通りの方法によって起こすことができる．すなわち 2 つの $[\cdots]$ のどちらか一方において始状態の光子を消滅させる演算子の項を選び，もう一方において終状態の光子を生成させる演算子の項を選べばよい．相互作用 (1.62) による，この遷移の行列要素は，次のように与えられる．

$$\langle \mathbf{k}', \beta | \frac{e^2}{2mc^2} \mathbf{A}^2(\mathbf{0}, t) | \mathbf{k}, \alpha \rangle = \frac{e^2 \hbar}{2mV(\omega\omega')^{1/2}} \boldsymbol{\varepsilon}_\alpha(\mathbf{k}) \cdot \boldsymbol{\varepsilon}_\beta(\mathbf{k}') e^{i(\omega' - \omega)t}$$

ここでも $\omega = c|\mathbf{k}|$, $\omega' = c|\mathbf{k}'|$ である．始状態において $|\mathbf{k}, \alpha\rangle$ の状態にある光子が，$\mathbf{k}'$ の向きの立体角範囲 $d\Omega$ に，偏極 $\boldsymbol{\varepsilon}_\beta(\mathbf{k}')$ を持った状態で単位時間あたりに散乱される確率は，次のように与えられる．

$$w_{\alpha \to \beta}(\mathbf{k}') d\Omega = \frac{2\pi}{\hbar} \int \frac{V k'^2 dk' d\Omega}{(2\pi)^3} \delta(\hbar\omega' - \hbar\omega) \left(\frac{e^2 \hbar}{2mV}\right)^2 \left(\frac{1}{\omega\omega'}\right) \left[\boldsymbol{\varepsilon}_\alpha(\mathbf{k}) \cdot \boldsymbol{\varepsilon}_\beta(\mathbf{k}')\right]^2$$
$$= \frac{c}{V} \left(\frac{e^2}{4\pi mc^2}\right)^2 \left[\boldsymbol{\varepsilon}_\alpha(\mathbf{k}) \cdot \boldsymbol{\varepsilon}_\beta(\mathbf{k}')\right]^2 d\Omega$$

ただしここでは $|\mathbf{k}'| = |\mathbf{k}|$ の関係がある．この遷移頻度を入射する光子の流束密度 (c/V) で割ると，微分断面積が求まる．

$$\sigma_{\alpha \to \beta}(\mathbf{k}') d\Omega = r_0^2 \left[\boldsymbol{\varepsilon}_\alpha(\mathbf{k}) \cdot \boldsymbol{\varepsilon}_\beta(\mathbf{k}')\right]^2 d\Omega \tag{1.69}$$

ここで導入した r_0 は古典電子半径と呼ばれており，次のように定義される．

$$r_0 = \frac{e^2}{4\pi mc^2} = 2.818 \, \mathrm{f} \tag{1.70}$$

光子の入射ビームが非偏極であり，散乱光の検出も偏極を区別しない場合の微分断面積は，式 (1.69) を終状態の偏極に関して足し合わせ，始状態の偏極に関して平均化

---

[14] J. J. Sakurai, *Advanced Quantum Mechanics*, Addison-Wesley, Reading, Mass., 1967, p.51.

1.5 付録：Schrödinger描像，Heisenberg描像，相互作用描像

することで求められる．偏極ベクトルついて $\varepsilon_\alpha \equiv \varepsilon_\alpha(\mathbf{k})$, $\varepsilon'_\beta \equiv \varepsilon_\beta(\mathbf{k}')$ のような略記を採用する．ε_1 と ε_2 と $\hat{\mathbf{k}} = \mathbf{k}/|\mathbf{k}|$ は直交座標系を構成するので，

$$\sum_{\alpha=1}^{2} \left(\varepsilon_\alpha \cdot \varepsilon'_\beta\right)^2 = 1 - \left(\hat{\mathbf{k}} \cdot \varepsilon'_\beta\right)^2$$

であり，また入射する光子の向き $\mathbf{k}$ と散乱後の光子の向き $\mathbf{k}'$ のなす角度，すなわち散乱角を θ とすると，

$$\sum_{\beta=1}^{2} \left(\hat{\mathbf{k}} \cdot \varepsilon'_\beta\right)^2 = 1 - \left(\hat{\mathbf{k}} \cdot \hat{\mathbf{k}}'\right)^2 = \sin^2\theta$$

である．これらの2本の式により，次の関係が得られる．

$$\frac{1}{2} \sum_{\alpha=1}^{2} \sum_{\beta=1}^{2} \left(\varepsilon_\alpha \cdot \varepsilon'_\beta\right)^2 = \frac{1}{2}\left(2 - \sin^2\theta\right) = \frac{1}{2}\left(1 + \cos^2\theta\right) \tag{1.71}$$

したがって散乱角 θ の非偏極微分断面積は，式(1.69)により，次のようになる．

$$\sigma(\theta)\mathrm{d}\Omega = \frac{1}{2}r_0^2\left(1 + \cos^2\theta\right)\mathrm{d}\Omega \tag{1.69a}$$

散乱角に関する積分を実行すると，Thomson散乱の全断面積が得られる．

$$\sigma_{\text{total}} = \frac{8\pi}{3}r_0^2 = 6.65 \times 10^{-25}\,\mathrm{cm}^2 \tag{1.72}$$

1.5 付録：Schrödinger描像，Heisenberg描像，相互作用描像

これらの3種類の描像(picture)は，系の時間発展を記述するための3通りの方法である(それぞれS.P., H.P., I.P.と略記する)．この付録では，これらの描像の関係を導く．3種類の描像それぞれによって表されている量に，添字 S, H, I を付けて表記を区別する．

S.P.では，状態ベクトルが時間発展を担い，その時間依存性はSchrödinger方程式によって与えられる．

$$\mathrm{i}\hbar \frac{\mathrm{d}}{\mathrm{d}t} |A, t\rangle_{\mathrm{S}} = H |A, t\rangle_{\mathrm{S}} \tag{1.73}$$

H は S.P. で表した系のハミルトニアンである．任意の基準時刻 t_0 を設定して，この方程式を形式的に解くと，解の形は，

$$|A, t\rangle_{\mathrm{S}} = U_{\mathrm{S}}(t) |A, t_0\rangle_{\mathrm{S}} \tag{1.74}$$

と表され，$U_\text{S}(t)$ は次のユニタリー演算子となる．

$$U_\text{S}(t) = \mathrm{e}^{-\mathrm{i}H(t-t_0)/\hbar} \tag{1.75}$$

この演算子 $U_\text{S}(t)$ を利用して，状態ベクトルと演算子 (O) を S.P. から H.P. に変換することができる．

$$|A\rangle_\text{H} = U_\text{S}^\dagger(t)|A,t\rangle_\text{S} = |A,t_0\rangle_\text{S} \tag{1.76}$$

$$O^\text{H}(t) = U_\text{S}^\dagger(t) O^\text{S} U_\text{S}(t) \tag{1.77}$$

$t=t_0$ において，2 つの描像による状態ベクトルと演算子は，それぞれ互いに一致する．式(1.76)-(1.77) から看取されるように，H.P. において状態ベクトルは時間依存性を持たず，代わりに演算子の方が時間依存性を担う．しかし式(1.77)により，ハミルトニアン演算子については，

$$H^\text{H} = H^\text{S} \equiv H \tag{1.78}$$

であって，(保存量に対応する演算子なので) H.P. の下でも時間に依存しない．S.P. から H.P. への変換はユニタリーであり，対応する行列要素はどちらの描像の下で評価しても互いに等しい．

$$_\text{S}\langle B,t|O^\text{S}|A,t\rangle_\text{S} = {}_\text{H}\langle B|O^\text{H}(t)|A\rangle_\text{H} \tag{1.79}$$

交換関係も保持され，$[O^\text{S}, P^\text{S}] = \text{const}$ であれば，$[O^\text{H}(t), P^\text{H}(t)]$ も同じ定数になる．

式(1.77)の微分を取ると，Heisenberg(ハイゼンベルク)の運動方程式を得る．

$$\mathrm{i}\hbar \frac{\mathrm{d}}{\mathrm{d}t} O^\text{H}(t) = [O^\text{H}(t), H] \tag{1.80}$$

S.P. において時間依存性を持つような演算子 (時間にあらわに依存する外部ポテンシャルなどに対応する) を対象とする場合には，式(1.80)を次のように変更する必要がある．

$$\mathrm{i}\hbar \frac{\mathrm{d}}{\mathrm{d}t} O^\text{H}(t) = \mathrm{i}\hbar \frac{\partial}{\partial t} O^\text{H}(t) + [O^\text{H}(t), H] \tag{1.81}$$

しかし我々は，このような演算子を扱わないことにする．

I.P. は，ハミルトニアンを 2 つの部分に分けることが前提になる．

$$H = H_0 + H_\text{I} \tag{1.82}$$

場の量子論では，たとえば H_0 によって 2 種類の自由場を記述し，H_I によってそれらの場の間の相互作用を記述する．(H_I の下付き添字 I は単に 'interaction' すなわ

1.5. 付録：Schrödinger描像, Heisenberg描像, 相互作用描像

ち相互作用を表しており，描像を区別する添字ではない．式(1.82)は任意の描像の下で成立する．) I.P.は S.P.と次のユニタリー変換によって関係づけられている．

$$U_0(t) = e^{-iH_0(t-t_0)/\hbar} \tag{1.83}$$

(H_0は S.P.の演算子としておく．) I.P.と S.P.の状態ベクトルと演算子の関係は，

$$|A,t\rangle_I = U_0^\dagger(t)|A,t\rangle_S \tag{1.84}$$

$$O^I(t) = U_0^\dagger(t) O^S U_0(t) \tag{1.85}$$

と規定される．すなわち I.P.と S.P.の関係は，H.P.と S.P.の関係に似ているが，前者の変換行列 U_0 が含んでいる演算子は非摂動ハミルトニアン H_0 であって，全ハミルトニアン H ではない(式(1.75)参照)．式(1.85)により，

$$H_0^I = H_0^S \equiv H_0 \tag{1.86}$$

となる．式(1.85)に微分を施すと，I.P.の演算子に関する運動方程式が得られる．

$$i\hbar \frac{d}{dt} O^I(t) = [O^I(t), H_0] \tag{1.87}$$

また，式(1.84)を Schrödinger方程式(1.73) に代入すると，I.P.における状態ベクトルの運動方程式が得られる．

$$i\hbar \frac{d}{dt} |A,t\rangle_I = H_I^I(t)|A,t\rangle_I \tag{1.88}$$

上式に用いるべき I.P.の相互作用ハミルトニアンは，次のように与えられる．

$$H_I^I(t) = e^{iH_0(t-t_0)/\hbar} H_I^S e^{-iH_0(t-t_0)/\hbar} \tag{1.89}$$

最後に，ここまでに示した関係を踏まえて，I.P.と H.P.の関係を導く．

$$O^I(t) = U(t) O^H(t) U^\dagger(t) \tag{1.90}$$

$$|A,t\rangle_I = U(t)|A\rangle_H \tag{1.91}$$

上の変換式に用いるべきユニタリー演算子 $U(t)$ は，次のように決まる．

$$U(t) = e^{iH_0(t-t_0)/\hbar} e^{-iH(t-t_0)/\hbar} \tag{1.92}$$

I.P.の下で，状態ベクトルの時間発展は，式(1.91)に従う．式(1.91)を2回用いると，次式が得られる．

$$|A,t_1\rangle_I = U(t_1)|A\rangle_H = U(t_1) U^\dagger(t_2)|A,t_2\rangle_I$$

すなわち I.P. の下で，異なる時刻 t_1 と t_2 における状態ベクトルの関係は，

$$|A, t_1\rangle_I = U(t_1, t_2)|A, t_2\rangle_I \tag{1.93}$$

という形で書かれ，両者を関係づけるユニタリー演算子 $U(t_1, t_2)$ は，

$$U(t_1, t_2) = U(t_1)U^\dagger(t_2) \tag{1.94}$$

と定義される．この演算子は，次の関係を満たす．

$$U^\dagger(t_1, t_2) = U(t_2, t_1) \tag{1.95a}$$
$$U(t_1, t_2)U(t_2, t_3) = U(t_1, t_3) \tag{1.95b}$$

練習問題

1.1 電荷を含まない立方体領域の内部における輻射場の状態が，次のように与えられている．

$$|c\rangle = \exp\left(-\frac{1}{2}|c|^2\right)\sum_{n=0}^{\infty}\frac{c^n}{\sqrt{n!}}|n\rangle$$

$c = |c|e^{i\delta}$ は任意の複素数を表し，$|n\rangle$ は波数 $\mathbf{k}$，偏極 $\boldsymbol{\varepsilon}_r(\mathbf{k})$ のモードに n 個の光子がある状態(1.31)を表す．他のモードの光子はないものとする．状態 $|c\rangle$ について，以下の性質を導け．

(i) $|c\rangle$ は規格化されている：$\langle c|c\rangle = 1$．

(ii) $|c\rangle$ は消滅演算子 $a_r(\mathbf{k})$ の固有関数であり，その固有値は c である．

$$a_r(\mathbf{k})|c\rangle = c|c\rangle$$

(iii) 領域内における光子の平均数 $\bar{N}$ は，

$$\bar{N} = \langle c|N|c\rangle = |c|^2 \tag{A}$$

となる．N は全光子数演算子である．

(iv) 状態 $|c\rangle$ において，領域内の光子数のゆらぎの自乗平均平方根を ΔN とすると，これは次のように与えられる．

$$(\Delta N)^2 = \langle c|N^2|c\rangle - \bar{N}^2 = |c|^2 \tag{B}$$

(v) 状態 $|c\rangle$ における電場 $\mathbf{E}$ の期待値は，次のように与えられる．

$$\langle c|\mathbf{E}|c\rangle = -\boldsymbol{\varepsilon}_r(\mathbf{k})2\left(\frac{\hbar\omega_\mathbf{k}}{2V}\right)^{1/2}|c|\sin(\mathbf{k}\cdot\mathbf{x} - \omega_\mathbf{k}t + \delta) \tag{C}$$

V は立方体領域の体積である．

(vi) 状態 $|c\rangle$ における電場のゆらぎの自乗平均平方根 ΔE は，次式によって与えられる．

$$(\Delta E)^2 = \langle c|\mathbf{E}^2|c\rangle - \langle c|\mathbf{E}|c\rangle^2 = \frac{\hbar\omega_{\mathbf{k}}}{2V} \tag{D}$$

我々は 1.2.3 項において，光子数が確定している状態は $\mathbf{E}$ の期待値が必ずゼロになってしまい，光子数を多くしても古典場を表現できないことに言及した．これとは対照的に，式 (A)-(D) により，状態 $|c\rangle$ の光子数の相対ゆらぎは，

$$\frac{\Delta N}{\bar{N}} = \bar{N}^{-1/2}$$

であって，これは $\bar{N} \to \infty$ とするとゼロに近づく．そして電場のゆらぎ ΔE も，電場が強ければ無視できるようになる．すなわち状態 $|c\rangle$ は $\bar{N} \to \infty$ において，電場の挙動が，よく定義された古典場の挙動に帰着する．$|c\rangle$ はコヒーレント状態と呼ばれ，古典電磁場に最も近い量子力学的な状態を表現している．(完全な議論は 1.2 節の末尾に引用した London の本に見られる．)

1.2 電磁場の中で運動している質量 m，電荷 q の粒子を表すラグランジアンは，次のように与えられる．

$$L(\mathbf{x},\dot{\mathbf{x}}) = \frac{1}{2}m\dot{\mathbf{x}}^2 + \frac{q}{c}\mathbf{A}\cdot\dot{\mathbf{x}} - q\phi$$

$\mathbf{A} = \mathbf{A}(\mathbf{x},t)$ および $\phi = \phi(\mathbf{x},t)$ は，時刻 t の粒子位置 $\mathbf{x}$ における電磁場のベクトルポテンシャルおよびスカラーポテンシャルをそれぞれ表す．

(i) $\mathbf{x}$ に対して正準共役な運動量が，次式で与えられることを示せ．

$$\mathbf{p} = m\dot{\mathbf{x}} + \frac{q}{c}\mathbf{A} \tag{A}$$

(すなわち正準運動量 $\mathbf{p}$ は一般に運動学的運動量 $m\dot{\mathbf{x}}$ とは異なる．) そして Lagrange の運動方程式が，次の電磁場中の荷電粒子の運動方程式に帰着することを示せ (式 (1.60) 参照)．

$$m\frac{\mathrm{d}}{\mathrm{d}t}\dot{\mathbf{x}} = q\left[\mathbf{E} + \frac{1}{c}\dot{\mathbf{x}}\times\mathbf{B}\right] \tag{B}$$

$\mathbf{E}$ と $\mathbf{B}$ は，その時刻に粒子がある位置における電場と磁場である．

(ii) 対応するハミルトニアンを導け (式 (1.59) 参照)．

$$H = \frac{1}{2m}\left(\mathbf{p} - \frac{q}{c}\mathbf{A}\right)^2 + q\phi$$

このハミルトニアンも式 (A) や式 (B) と整合することを示せ．

1.3 非偏極の光子ビームを用いた Thomson 散乱について，散乱角が θ で，その偏極方向を特定した場合の微分断面積を求めよ．その結果から，互いに直交する偏極成分を用いて，非偏極の光子検出をする場合の微分断面積 (1.69a) を再び導け．

散乱角が $\theta = 90°$ の場合，散乱ビームの偏極は，散乱面に直交する方向の線形偏極が 100 % となることを示せ．

第 2 章　ラグランジアン形式の場の理論

　前章では，古典的な電磁場から Fourier 解析によって基準モードを抽出し，その変数に調和振動子の交換関係を設定することによって，電磁場の量子化を行った．ここでは空間における各点の場を力学変数と捉えて，それらを直接に量子化してみる．このアプローチは，粒子の古典力学とその量子化を，連続系すなわち場の量子化へと一般化する作業にあたる[1])．最初に我々はラグランジアンを (正しくは，後から見るようにラグランジアン密度であるが) を導入し，そこから Hamilton の原理によって場の方程式を導く．それから場の変数に対する正準共役運動量を導入し，これらに対して直接，正準共役交換関係を設定する．この定式化によって，ラグランジアンから導くことのできる如何なる古典場についても，それらを系統的に量子化する手続きが与えられる．このアプローチは前章のそれと等価なので，この方法で得られるのはボゾン系に限られ，フェルミオンを扱う場合には異なる定式化が必要とされる．

　第1章とのもうひとつの違いは，相対論的な共変性が明白な形で理論を展開する点にある．2.1節では相対論的な記法を定義する．2.2節において古典的なラグランジアンによる場の理論を展開し，それを 2.3節で量子化する．ラグランジアンの場の理論の重要な特徴は，系の持つ対称性や，その結果として現れる保存則の情報が，ラグランジアン密度にすべて含まれることである．このような性質のいくつかを 2.4節において考察する．

2.1　相対論的な表記法

　時空内の4元座標を x^μ ($\mu = 0, 1, 2, 3$) と書くことにする．時刻を $x^0 = ct$ によって表し，3次元空間内の座標を x^j ($j = 1, 2, 3$) とする．すなわち $x^\mu = (ct, \mathbf{x})$ である．4元ベクトルの成分を表す添字にはギリシャ文字を用い，3次元空間内のベクトルの成分の添字にはラテン字を用いる．

---

[1])ラグランジアンやハミルトニアンの古典力学については，たとえば H. Goldstein, *Classical Mechanics*, 2nd edn, Addison-Wesley, Reading, Mass., 1980, Chapter 2, Chapter 8 や，L. D. Landau and E. M. Lifshitz, *Mechanics*, Pergamon, Oxford, 1960, Sections 1-7, Section 40 などを参照．

計量テンソル (metric tensor) $g_{\mu\nu}$ を，次のように定義する.

$$g_{00} = -g_{11} = -g_{22} = -g_{33} = +1$$
$$g_{\mu\nu} = 0 \text{ if } \mu \neq \nu \tag{2.1}$$

計量テンソルを用いて，反変ベクトル (contravariant vector) x^μ に対して，これに対応する共変ベクトル (covariant vector) x_μ を定義する.

$$x_\mu = \sum_{\nu=0}^{3} g_{\mu\nu} x^\nu \equiv g_{\mu\nu} x^\nu \tag{2.2}$$

後ろの式は，繰り返されて用いられている添字に関して自動的に和の計算を施すという規約に従った表記であり，ここではひとつの共変添字 ($_\nu$) とひとつの反変添字 ($^\nu$) を一緒に変更して総和を計算することが含意されている. 式(2.1)と式(2.2)により，$x_\mu = (ct, -\mathbf{x})$ である.

反変計量テンソル $g^{\lambda\mu}$ を，次式によって定義する.

$$g^{\lambda\mu} g_{\mu\nu} = g^\lambda_\nu = \delta^\lambda_\nu \tag{2.3}$$

δ^λ_ν は Kronecker のデルタを表し，$\delta^\lambda_\nu = 1$ $(\lambda = \nu)$, $\delta^\lambda_\nu = 0$ $(\lambda \neq \nu)$ である. 式(2.1)と式(2.3)により，$g^{\mu\nu} = g_{\mu\nu}$ となる.

Lorentz変換,

$$x^\mu \rightarrow x'^\mu = \Lambda^\mu{}_\nu x^\nu \tag{2.4}$$

を考えると,

$$x^\mu x_\mu = (x^0)^2 - \mathbf{x}^2 \tag{2.5}$$

は不変量となる. すなわち $x'^\mu x'_\mu = x^\mu x_\mu$ はスカラー量である. したがって,

$$\Lambda^{\lambda\mu} \Lambda_{\lambda\nu} = \delta^\mu_\nu \tag{2.6}$$

となる (付言すると，時空座標の実数性を保証するために $\Lambda^{\lambda\mu}$ も実数に制約される).

ある4成分量 s^μ (s_μ) が，Lorentz変換の下で x^μ (x_μ) と同じように変換し，その結果 $s^\mu s_\mu$ が不変となっているならば，その量は反変 (共変) 4元ベクトルと見なされる. 4元座標以外の4元ベクトルの例として，エネルギー-運動量ベクトル $p^\mu = (E/c, \mathbf{p})$ がある. 誤解が生じない場合には，ベクトルやテンソルが添字を省いて表記されることもしばしばある. たとえば x^μ や x_μ の代わりに単に x と書く場合もある.

2つの4元ベクトル a と b のスカラー積は，いろいろな書かれ方をする．

$$ab = a^\mu b_\mu = a_\mu b^\mu = g_{\mu\nu}a^\mu b^\nu = \cdots = a^0 b^0 - \mathbf{a}\cdot\mathbf{b} \tag{2.7}$$

$x^2 = x^\mu x_\mu$ と同様に，スカラー積 ab も Lorentz 変換の下で不変である．

勾配演算子 ∇ を4次元へと一般化した演算子も，4元ベクトルのように変換する．$\phi(x)$ をスカラー関数とすると，その変分は，

$$\delta\phi = \frac{\partial\phi}{\partial x^\mu}\delta x^\mu$$

と表されるので，

$$\frac{\partial\phi}{\partial x^\mu} \equiv \partial_\mu\phi \equiv \phi_{,\mu} \tag{2.8a}$$

という4元量は，共変4元ベクトルである．同様に，

$$\frac{\partial\phi}{\partial x_\mu} \equiv \partial^\mu\phi \equiv \phi^{,\mu} \tag{2.8b}$$

は反変4元ベクトルである．コンマの後の添字は，4元座標による微分を意味する．最後に，演算子 $\square$ はスカラーであることを注意しておく．

$$\partial^\mu\partial_\mu = \frac{1}{c^2}\frac{\partial^2}{\partial t^2} - \nabla^2 \equiv \square \tag{2.9}$$

2.2 古典的なラグランジアンの場の理論

状態を特定するために，いくつかの場 $\phi_r(x)$ $(r=1,\ldots,N)$ を決めなければならないような系を考える．添字 r は同じ場の成分を意味する場合もあり得るし（たとえばベクトルポテンシャル $\mathbf{A}(x)$ の各成分など），異なる種類の場を区別する場合もあり得る．我々は，ラグランジアン密度，

$$\mathcal{L} = \mathcal{L}(\phi_r, \phi_{r,\alpha}) \tag{2.10}$$

が与えられており，これを含む作用積分に対する変分原理から導くことのできるような理論だけを考察の対象とする．微分量 $\phi_{r,\alpha}$ は式(2.8a)によって定義される．ラグランジアン密度(2.10)を，場とその1階微分だけを含んだ形で与えるが，これは理論的に最も一般的な形というわけではない．しかし，この形のラグランジアン密度によって本書において論じるすべての理論を包含することが可能であり，この制限の下では定式化が著しく容易になるという利点もある．

4次元時空間内の任意の連続領域 Ω における作用積分 $S(\Omega)$ を，次のように定義する．

$$S(\Omega) = \int_\Omega \mathrm{d}^4 x \mathcal{L}(\phi_r, \phi_{r,\alpha}) \tag{2.11}$$

$\mathrm{d}^4 x$ は4次元時空における体積要素 $\mathrm{d}x^0 \mathrm{d}^3 \mathbf{x}$ を意味する．

次に，運動方程式，すなわち場の従う方程式が，以下に示す変分原理から得られることを仮定する．この変分原理は，力学における Hamilton の原理に対応している．任意の領域 Ω において，仮想的な場の変分を考える．

$$\phi_r(x) \rightarrow \phi_r(x) + \delta\phi_r(x) \tag{2.12}$$

変分は，領域 Ω の境界表面 $\Gamma(\Omega)$ においてゼロになるものと仮定しておく．

$$\delta\phi_r(x) = 0 \text{ on } \Gamma(\Omega) \tag{2.13}$$

場 ϕ_r として実数場を想定しても，複素数場を想定してもよい．ただし $\phi(x)$ が複素数場の場合，たとえば $\phi(x)$ と $\phi^*(x)$ を2つの互いに独立な場として扱うか，あるいは $\phi(x)$ を2つの実数場に分解して，それらを独立な場として扱う必要がある．ここで任意の領域 Ω における任意の場の変分(式(2.12)-(2.13))の下で，作用積分(2.11)が停留しなければならないという要請，すなわち，

$$\delta S(\Omega) = 0 \tag{2.14}$$

という制約を置くことにする．

式(2.11)から $\delta S(\Omega)$ を計算すると，次のようになる[2]．

$$\begin{aligned}\delta S(\Omega) &= \int_\Omega \mathrm{d}^4 x \left\{ \frac{\partial \mathcal{L}}{\partial \phi_r} \delta\phi_r + \frac{\partial \mathcal{L}}{\partial \phi_{r,\alpha}} \delta\phi_{r,\alpha} \right\} \\ &= \int_\Omega \mathrm{d}^4 x \left\{ \frac{\partial \mathcal{L}}{\partial \phi_r} - \frac{\partial}{\partial x^\alpha}\left(\frac{\partial \mathcal{L}}{\partial \phi_{r,\alpha}}\right) \right\} \delta\phi_r + \int_\Omega \mathrm{d}^4 x \frac{\partial}{\partial x^\alpha}\left(\frac{\partial \mathcal{L}}{\partial \phi_{r,\alpha}} \delta\phi_r\right) \end{aligned} \tag{2.15}$$

2行目の導出には，

$$\delta\phi_{r,\alpha} = \frac{\partial}{\partial x^\alpha} \delta\phi_r$$

であることに基づき，部分積分を利用した．式(2.15)の最後の項は，4次元における Gauss の発散定理によって，領域境界 $\Gamma(\Omega)$ の表面積分に変換することができる．Γ

---

[2] 式(2.15)以降，積の中で重複して用いられている添字 r, α について和を取ることが含意されている．

において $\delta\phi_r = 0$ なので，この積分はゼロになる．したがって式(2.15)の $\delta S(\Omega)$ が任意の領域 Ω の任意の変分 $\delta\phi_r$ においてゼロになることを要請する結果として，次の Euler-Lagrange 方程式が得られる．

$$\frac{\partial \mathcal{L}}{\partial \phi_r} - \frac{\partial}{\partial x^\alpha}\left(\frac{\partial \mathcal{L}}{\partial \phi_{r,\alpha}}\right) = 0, \quad r = 1, \ldots, N \tag{2.16}$$

これが，場の運動方程式となる．

この古典論を，非相対論的な正準形式の量子力学と同様の方法で量子化するためには，共役な変数を導入する必要がある．我々が扱うべき系において，時刻と空間内の任意の点 $\mathbf{x}$ の関数である場 ϕ_r は，連続無限個の自由度を含んでいる．しかしここでも，まずは可算無限個の自由度を持つ系の近似を採用し，最後に連続極限を考える．

ある指定した時刻 t において，系を3次元空間において分割することを考える．すなわち4次元時空の中で $t = \mathrm{const}$ の空間的な"平面"を，等しい体積要素の胞 $\delta\mathbf{x}_i$ に分割し，番号 $i = 1, 2, \ldots$ を付ける．各胞内における場の値を，たとえば胞の中心 $\mathbf{x} = \mathbf{x}_i$ における値で代表させる近似を行う．そうすると系は，離散的な座標によって記述されることになる．

$$q_{ri}(t) \equiv \phi_r(i, t) \equiv \phi_r(\mathbf{x}_i, t), \quad r = 1, \ldots, N, \quad i = 1, 2, \ldots \tag{2.17}$$

体積要素を立方体にすると，これは離散的な格子点 $\mathbf{x}_i$ における場の値を列挙したものにあたる．場の空間的な微分を，隣接する胞の差分係数に置き換えるならば，この離散系のラグランジアンは，次のように書かれる．

$$L(t) = \sum_i \delta\mathbf{x}_i \mathcal{L}_i\big(\phi_r(i,t), \dot{\phi}_r(i,t), \phi_r(i',t)\big) \tag{2.18}$$

数量文字の上に打った点は，時間に関する微分を表す．i 番目の胞におけるラグランジアン密度 $\mathcal{L}_i$ は，空間的な微分に対する近似の部分のために，着目する胞の周囲に隣接する各胞 i' における場の値にも依存する．q_{ri} に対して共役な運動量を，通常の方法に従って，次のように定義する．

$$p_{ri}(t) = \frac{\partial L}{\partial \dot{q}_{ri}} \equiv \frac{\partial L}{\partial \dot{\phi}_r(i,t)} \equiv \pi_r(i,t)\delta\mathbf{x}_i \tag{2.19}$$

ここで，

$$\pi_r(i,t) \equiv \frac{\partial \mathcal{L}_i}{\partial \dot{\phi}_r(i,t)} \tag{2.20}$$

であり，離散系におけるハミルトニアンは，次のように表される．

$$H = \sum_i p_{ri}\dot{q}_{ri} - L$$
$$= \sum_i \delta\mathbf{x}_i \{\pi_r(i,t)\dot{\phi}_r(i,t) - \mathcal{L}_i\} \tag{2.21}$$

ここで $\delta\mathbf{x}_i \to 0$ の極限, すなわち胞(セル)の大きさを縮めて格子間隔をゼロに近づけた極限を想定し, $\phi_r(x)$ に対する共役量(共役な場)を, 次のように定義する.

$$\pi_r(x) = \frac{\partial \mathcal{L}}{\partial \dot{\phi}_r} \tag{2.22}$$

$\delta\mathbf{x}_i \to 0$ とすると $\pi_r(i,t)$ は $\pi_r(\mathbf{x}_i,t)$ に近づき, 離散系のラグランジアン(2.18)と離散系のハミルトニアンは(2.21)は, 以下のような形へと移行する.

$$L(t) = \int \mathrm{d}^3\mathbf{x}\, \mathcal{L}(\phi_r, \phi_{r,\alpha}) \tag{2.23}$$

$$H = \int \mathrm{d}^3\mathbf{x}\, \mathcal{H}(x) \tag{2.24}$$

ハミルトニアン密度 $\mathcal{H}(x)$ の定義は,

$$\mathcal{H}(x) = \pi_r(x)\dot{\phi}_r(x) - \mathcal{L}(\phi_r, \phi_{r,\alpha}) \tag{2.25}$$

であり, 式(2.23)と式(2.24)の積分は, ある時刻 t における全空間にわたる積分である. 我々が扱うラグランジアン密度は, 時間にあらわには依存しないものと仮定してあるので, ハミルトニアン H はもちろん時間に依存しない定数になる. 2.4節ではエネルギー保存則を証明する予定であるが, そこでハミルトニアンの式(2.24)-(2.25)を再び導出することになる.

例として, 単一の実数場 $\phi(x)$ に関する次のラグランジアン密度を考えよう.

$$\mathcal{L} = \frac{1}{2}\left(\phi_{,\alpha}\phi^{,\alpha} - \mu^2\phi^2\right) \tag{2.26}$$

μ は定数で, (長さ)$^{-1}$ の次元を持つ. 次章において, この場の量子が換算Compton波長 μ^{-1} すなわち質量 $(\hbar\mu/c)$ で, スピンがゼロの中性ボゾンとなることを見る予定である. $\phi(x)$ に関する運動方程式(2.16)は, Klein-Gordon(クライン ゴルドン)方程式,

$$\left(\Box + \mu^2\right)\phi(x) = 0 \tag{2.27}$$

となる. $\phi(x)$ と共役な場(2.22)は, この例では,

$$\pi(x) = \frac{1}{c^2}\dot{\phi}(x) \tag{2.28}$$

であり, ハミルトニアン密度(2.25)は次のようになる.

$$\mathcal{H}(x) = \frac{1}{2}\left[c^2\pi^2(x) + (\boldsymbol{\nabla}\phi)^2 + \mu^2\phi^2\right] \tag{2.29}$$

2.3 量子化されたラグランジアンの場の理論

離散的な格子近似を施した系において,古典論から量子論へ移行することは,もはや容易である.共役な座標(2.17)と運動量(2.19)を Heisenberg 演算子と解釈し直して,これらに対して通常の正準交換関係を設定すればよい.

$$[\phi_r(j,t), \pi_s(j',t)] = i\hbar \frac{\delta_{rs}\delta_{jj'}}{\delta \mathbf{x}_j}$$
$$[\phi_r(j,t), \phi_s(j',t)] = [\pi_r(j,t), \pi_s(j',t)] = 0 \tag{2.30}$$

格子の間隔をゼロに近づけると,式(2.30)は場の交換関係に移行する.

$$[\phi_r(\mathbf{x},t), \pi_s(\mathbf{x}',t)] = i\hbar \delta_{rs}\delta(\mathbf{x}-\mathbf{x}')$$
$$[\phi_r(\mathbf{x},t), \phi_s(\mathbf{x}',t)] = [\pi_r(\mathbf{x},t), \pi_s(\mathbf{x}',t)] = 0 \tag{2.31}$$

これは $\delta \mathbf{x}_j \to 0$ の極限において, $\delta_{jj'}/\delta \mathbf{x}_j$ が3次元の Dirac δ 関数 $\delta(\mathbf{x}-\mathbf{x}')$ になるからである ($\mathbf{x}, \mathbf{x}'$ はそれぞれ j 番目, j' 番目の胞の中の点である).正準交換関係(2.31)が,同時刻の共役な場に対して設定されていることに注意してもらいたい.次章では,異なる時刻の場の交換関係を得る予定である.

上の一般的な共役場の交換関係を,式(2.26)によって規定される Klein-Gordon 場に適用すると,次の交換関係が得られる.

$$[\phi(\mathbf{x},t), \dot{\phi}(\mathbf{x}',t)] = i\hbar c^2 \delta(\mathbf{x}-\mathbf{x}')$$
$$[\phi(\mathbf{x},t), \phi(\mathbf{x}',t)] = [\dot{\phi}(\mathbf{x},t), \dot{\phi}(\mathbf{x}',t)] = 0 \tag{2.32}$$

Klein-Gordon 場については,次章で詳しく考察する.

2.4 対称性と保存則

演算子 $O(t)$ に関する Heisenberg の運動方程式は(時間にあらわに依存しない演算子を考えるならば),

$$i\hbar \frac{dO(t)}{dt} = [O(t), H]$$

であり,ここから,もし,

$$[O, H] = 0$$

であれば,O は運動における保存量ということになる.

一般に運動における保存量は，変換群の下で系が持つ不変性から生じている．たとえば系が連続並進対称性を持つならば，そこから運動量保存則が導かれ，また系が回転対称性を持つならば，そこから角運動量保存則が導かれる．系に対するこのような対称変換は，系に対して互いに等価な別の記述を可能とする．たとえばLorentz変換によって関係づけられる2組の座標系それぞれを用いた系の記述は，互いに等価な内容を含んでいる．量子力学的には，等価な2通りの記述がユニタリー変換Uによって関係づけられ，対称変換の下で状態ベクトルと演算子は，一般に次のように変換する．

$$|\Psi\rangle \rightarrow |\Psi'\rangle = U|\Psi\rangle, \quad O \rightarrow O' = UOU^\dagger \tag{2.33}$$

変換のユニタリー性によって，2つのことが保証される．第1に，演算子が従う式は共変である．すなわち元の演算子を用いても，変換後の演算子を用いても，式は同じ形になる．特に場の交換関係と運動方程式が共変となることは重要である．たとえばMaxwellの方程式は，Lorentz変換の下で共変である．第2に，ユニタリー変換の前後で，各振幅は不変であり，したがって観測可能量の予測にも変更は生じない．

連続的な変換を扱う場合には，ユニタリー演算子Uが次のように書かれる．

$$U = \mathrm{e}^{i\alpha T} \tag{2.34}$$

ここで$T = T^\dagger$ (Tはエルミート演算子)であり，連続変換のパラメーターαは実数の連続変数である．$\alpha = 0$のときにはUは単位演算子になる．無限小変換を表す演算子は，

$$U \approx 1 + i\delta\alpha T$$

と与えられ，式(2.33)の第2式は，

$$O' = O + \delta O = (1 + i\delta\alpha T)O(1 - i\delta\alpha T)$$

となる．すなわち次式を得ることになる．

$$\delta O = i\delta\alpha[T, O] \tag{2.35}$$

理論がこの変換の下で不変であれば，ハミルトニアンHは不変で$\delta H = 0$である．式(2.35)において$O = H$と置くと，$[T, H] = 0$が得られる．すなわちこの場合，Tは運動の保存量に対応する演算子になると結論される．

ラグランジアン密度$\mathcal{L}$から導かれる場の理論に関しては，$\mathcal{L}$の変換の下での不変性(対称性)から運動の保存量を構築することができる．そのような理論において，一般的な$\mathcal{L}$の不変性から，次の形の式(連続の方程式)が得られる(具体例は後述)．

$$\frac{\partial f^\alpha}{\partial x^\alpha} = 0 \tag{2.36}$$

ここで導入する4元ベクトル量 f^α は，場の演算子とその微分量の関数として与えられる．この関数の全空間にわたる積分として，次の量を定義する．

$$F^\alpha(t) = \int d^3\mathbf{x}\, f^\alpha(\mathbf{x}, t) \tag{2.37}$$

そうすると，連続の方程式(2.36)を次のように書き直せる．

$$\frac{1}{c}\frac{dF^0(t)}{dt} = -\int d^3\mathbf{x} \sum_{j=1}^{3} \frac{\partial}{\partial x^j} f^j(\mathbf{x}, t) = 0 \tag{2.36a}$$

最後の等式関係では，積分を Green の発散定理によって表面積分に変換し，常套的な仮定として，無限遠において場が(そして f^j も)充分に速くゼロに近づくものとして結果を得ている[3)]．したがって，

$$F^0 = \int d^3\mathbf{x}\, f^0(\mathbf{x}, t) \tag{2.38}$$

は保存量となるはずである．この保存量に対応するユニタリー変換の演算子は，式(2.34)において $T = F^0$ と置いたものになる．

4元ベクトル f^α の解釈は，式(2.36)-(2.38)から与えられる．f^0/c と f^j は，保存量 F^0/c の3次元体積密度と3次元流束密度を表す．式(2.36a)を有限の体積 V を持つ領域に適用し，その領域の表面を S とすると，V の領域内における F^0/c の時間あたりの減少は，同じ時間あたりに S を過って流出する F^0/c の総量に等しい．このことに相応して，連続の式(2.36)を満たすような4元ベクトル $f^\alpha(x)$ は，保存する流れ(厳密には'4元流束密度')と呼ばれる．このようにラグランジアン密度 $\mathcal{L}$ がひとつの連続変数によって指定される変換群の下で不変であることが，ひとつの保存量の存在に対応するという普遍的な結果は，Noether の定理として知られている．

上述の概念について，まず場に変分を付与する変換，

$$\phi_r(x) \to \phi'_r(x) = \phi_r(x) + \delta\phi_r(x) \tag{2.39}$$

を例に取り上げて考えてみよう(これを $\mathcal{L}$ の対称変換と仮定する)．$\mathcal{L}$ の変分は，次のように表される．

$$\delta\mathcal{L} = \frac{\partial \mathcal{L}}{\partial \phi_r}\delta\phi_r + \frac{\partial \mathcal{L}}{\partial \phi_{r,\alpha}}\delta\phi_{r,\alpha} = \frac{\partial}{\partial x^\alpha}\left(\frac{\partial \mathcal{L}}{\partial \phi_{r,\alpha}}\delta\phi_r\right)$$

後ろの式は，$\phi_r(x)$ が場の方程式(2.16)を満たし，繰り返された添字 r と α に関する和の計算が含意されていることに基づいて導かれる．変換(2.39)の下で $\mathcal{L}$ が不変，

[3)] 前章のように有限の規格化体積を採用するならば，表面積分は周期境界条件からゼロになる．

すなわち $\delta\mathcal{L} = 0$ であるとするならば，最後の式は，4元ベクトル場を，

$$f^\alpha = \frac{\partial \mathcal{L}}{\partial \phi_{r,\alpha}} \delta\phi_r$$

と置いた連続の方程式(2.36)にあたる．式(2.38)と式(2.22)から得られる運動の保存量は，次のようになる．

$$F^0 = c\int \mathrm{d}^3\mathbf{x}\, \pi_r(x)\delta\phi_r(x) \tag{2.40}$$

上式のような保存量の重要な例は，複素場 ϕ_r を扱う際に現れる．すなわち量子論において ϕ_r はエルミート演算子ではなく，すでに言及したように，ϕ_r と $\phi_r^\dagger$ が互いに独立に扱われる．$\mathcal{L}$ が次の変換の下で不変であると仮定しよう．

$$\left.\begin{aligned}\phi_r &\to \phi_r' = \mathrm{e}^{\mathrm{i}\varepsilon}\phi_r \approx (1+\mathrm{i}\varepsilon)\phi_r \\ \phi_r^\dagger &\to \phi_r^{\dagger\prime} = \mathrm{e}^{-\mathrm{i}\varepsilon}\phi_r^\dagger \approx (1-\mathrm{i}\varepsilon)\phi_r^\dagger\end{aligned}\right\} \tag{2.41}$$

ε は実数のパラメーターであり，それぞれの変換後の近似式は，ε が極めて小さい場合に成立する．式(2.41)により，

$$\delta\phi_r = \mathrm{i}\varepsilon\phi_r, \quad \delta\phi_r^\dagger = -\mathrm{i}\varepsilon\phi_r^\dagger$$

であり，式(2.40)は次のようになる．

$$F^0 = \mathrm{i}\varepsilon c \int \mathrm{d}^3\mathbf{x}\left[\pi_r(x)\phi_r(x) - \pi_r^\dagger(x)\phi_r^\dagger(x)\right]$$

F^0 に任意の定数を掛けた量も保存量となるはずなので，F^0 の代わりに，

$$Q = -\frac{\mathrm{i}q}{\hbar}\int \mathrm{d}^3\mathbf{x}\left[\pi_r(x)\phi_r(x) - \pi_r^\dagger(x)\phi_r^\dagger(x)\right] \tag{2.42}$$

を考える．q は定数であるが，この複素場 ϕ_r によって表される粒子の持つ電荷が $\pm q$ となることが後から明らかになる．

交換子 $[Q, \phi_r(x)]$ を評価しよう．ϕ_r と $\phi_r^\dagger$ が独立な場なので，ϕ_r は π_r 以外のすべての場と可換である（式(2.31)参照）．同時刻 $(x')^0 = x^0 = ct$ の交換関係として，

$$[Q, \phi_r(x)] = -\frac{\mathrm{i}q}{\hbar}\int \mathrm{d}^3\mathbf{x}'[\pi_s(x'), \phi_r(x)]\phi_s(x')$$

であるが，式(2.31)を用いると，次の結果が得られる．

$$[Q, \phi_r(x)] = -q\phi_r(x) \tag{2.43}$$

2.4. 対称性と保存則

この関係から容易に次のことを証明できる．$|Q'\rangle$ が Q の固有状態で，その固有値が Q' であれば，$\phi_r(x)|Q'\rangle$ も Q の固有状態で，その固有値は $(Q'-q)$ となり，同様に $\phi_r^\dagger(x)|Q'\rangle$ は固有値 $(Q'+q)$ の固有状態になる．次章において，この結果と整合する形で，ϕ_r が消滅演算子に比例し $\phi_r^\dagger$ が生成演算子に比例することを示す予定である．すなわち ϕ_r は電荷 $(+q)$ を消滅させるか，もしくは電荷 $(-q)$ を生成する作用を持ち，$\phi_r^\dagger$ は電荷 $(-q)$ を消滅させるか，もしくは電荷 $(+q)$ を生成する作用を持つ．したがって我々は式(2.42)の演算子 Q を，電荷に対応する演算子と解釈する．すなわちラグランジアン密度 $\mathcal{L}$ が変換(2.41)の下で不変ならば電荷保存則 $(\mathrm{d}Q/\mathrm{d}t = 0, [Q, H] = 0)$ が成立する，という命題が証明されたことになる．式(2.41)の変換は (ε が x に依存しないことから) 大域的な位相変換(グローバル)と呼ばれたり，第1種ゲージ変換と呼ばれたりする．Q の式(2.42)を見ると，電荷を持つ粒子系を表す場は複素数，演算子としては非エルミートでなければならないことが分かる．実数の場，すなわちエルミート場は電荷を持たない中性粒子を表す．式(2.42)を演算子として解釈しようとすると，演算子積の順序に付随する曖昧さが生じる．これは粒子をまったく含まない真空状態 $|0\rangle$ において $Q|0\rangle = 0$ となるように選んでおくべきであるが，この問題については次章で考察する．

位相変換(2.41)に対応するユニタリー変換は，式(2.34)に従って，次のように書かれる．

$$U = e^{i\alpha Q} \tag{2.44}$$

α が無限小であれば，場の変換は，式(2.33)により，

$$\begin{aligned}\phi_r' &= e^{i\alpha Q}\phi_r e^{-i\alpha Q} \\ &= \phi_r + i\alpha[Q, \phi_r] = (1 - i\alpha q)\phi_r\end{aligned} \tag{2.45}$$

となる．2行めでは式(2.43)を用いた．式(2.45)と式(2.41)を比べると，$\varepsilon = -\alpha q$ と置けば両者は整合することが分かる．

上述の議論では，我々にとって馴染み深い電気的な電荷に言及したが，この解析は他の種類の"荷(チャージ)"にも同じように適用することが可能である．たとえば超電荷(ハイパーチャージ)なども同様に扱える．

次の例として，時空座標の変換に付随する保存則を考察しよう．エネルギーと運動量の保存則は $\mathcal{L}$ の時空内における連続並進操作の下での不変性に起因し，角運動量保存則は $\mathcal{L}$ の回転操作の下での不変性に起因している．これらの変換操作は連続群を形成しているので，無限小変換だけを考察すれば性質が分かる．任意の有限変換を，無限小変換の繰り返しによって構築することができるからである．4次元時空内での

無限小変換は，次式で表される.

$$x_\alpha \to x'_\alpha \equiv x_\alpha + \delta x_\alpha = x_\alpha + \varepsilon_{\alpha\beta} x^\beta + \delta_\alpha \tag{2.46}$$

δ_α は時空内の無限小変位である．$\varepsilon_{\alpha\beta}$ としては反対称テンソル $\varepsilon_{\alpha\beta} = -\varepsilon_{\beta\alpha}$ を選ぶ必要があるが，これによって斉次 Lorentz 変換 ($\delta_\alpha = 0$ の変換) の下で $x_\alpha x^\alpha$ の不変性が保証される.

式 (2.46) の下で生じる場の変換が，次のように表されるものと仮定する.

$$\phi_r(x) \to \phi'_r(x') = \phi_r(x) + \frac{1}{2}\varepsilon_{\alpha\beta} S_{rs}^{\alpha\beta} \phi_s(x) \tag{2.47}$$

本節では Lorentz 添字 α, β などと同様に，場の成分に付ける添字 r, s などについても，積を構成する因子において重複して用いられている添字については，それらを一緒に変更して和を取るという計算が含意されるものと見なす．x と x' は，異なる 2 つの座標系から見た時空内の"同じ点"を表しており，ここでの ϕ_r と ϕ'_r は 2 つの座標系から見た，その"同じ点"における場の成分である．式 (2.47) の第 2 項に現れる場の成分変換性を表す係数 $S_{rs}^{\alpha\beta}$ は，$\varepsilon_{\alpha\beta}$ と同様に α と β に関して反対称であり，対象とする場が持つ変換性から決定される．たとえばベクトルポテンシャルの成分 $A_\alpha(x)$ の場合には，式 (2.47) はベクトルの変換則になる.

座標変換 (2.46)-(2.47) に関する系の不変性とは，ラグランジアン密度の式が，変換前の座標と場によって表しても，変換後の座標と場によって表しても，同じ形を持つという意味である.

$$\mathcal{L}\big(\phi_r(x), \phi_{r,\alpha}(x)\big) = \mathcal{L}\big(\phi'_r(x'), \phi'_{r,\alpha}(x')\big) \tag{2.48}$$

($\phi'_{r,\alpha}(x') \equiv \partial \phi'_r(x')/\partial x'^\alpha$) 式 (2.48) が成立していれば，場の方程式の共変性などもそこから導かれる．つまりラグランジアン密度から導かれるあらゆる式は，変換前の座標と場によって書いても，変換後の座標と場によって書いても，同じ形になるはずである.

ここで証明したい保存則に対応する連続の方程式は，式 (2.48) の右辺を，式 (2.46)-(2.47) を通じて変換前の座標と場によって表すことによって導かれる．結果を先に示してその含意を指摘し，導出は後から (本節の末尾で) 行うことにする.

並進変換 (すなわち $\varepsilon_{\alpha\beta} = 0$) に関して，4 本の連続の方程式が得られる.

$$\frac{\partial \mathcal{T}^{\alpha\beta}}{\partial x^\alpha} = 0 \quad (\beta = 0, 1, 2, 3) \tag{2.49}$$

ここで，

$$\mathcal{T}^{\alpha\beta} \equiv \frac{\partial \mathcal{L}}{\partial \phi_{r,\alpha}} \frac{\partial \phi_r}{\partial x_\beta} - \mathcal{L} g^{\alpha\beta} \tag{2.50}$$

2.4. 対称性と保存則

であり，4つの保存量は，次のように与えられる．

$$cP^\alpha \equiv \int d^3\mathbf{x}\, \mathcal{T}^{0\alpha} = \int d^3\mathbf{x} \left\{ c\pi_r(x) \frac{\partial \phi_r(x)}{\partial x_\alpha} - \mathcal{L} g^{0\alpha} \right\} \tag{2.51}$$

P^α はエネルギー-運動量4元ベクトルである．$\alpha = 0$ の成分，

$$cP^0 = \int d^3\mathbf{x} \left\{ \pi_r(x) \dot{\phi}_r(x) - \mathcal{L}(\phi_r, \phi_{r,\alpha}) \right\}$$
$$= \int d^3\mathbf{x}\, \mathcal{H} = H \tag{2.51a}$$

は，場のハミルトニアン(式(2.24)-(2.25))にあたり，残りの3成分，

$$P^j = \int d^3\mathbf{x}\, \pi_r(x) \frac{\partial \phi_r(x)}{\partial x_j} \tag{2.51b}$$

は，場の運動量成分である．この解釈の妥当性は，これらの演算子を占有数演算子を用いて表すことによって確認される．$\mathcal{T}^{\alpha\beta}$ はエネルギー-運動量テンソルと呼ばれる．

次に，回転変換(すなわち $\delta_\alpha = 0$)に関しては，式(2.46)-(2.48)により，次の連続の方程式が導かれる．

$$\frac{\partial \mathcal{M}^{\alpha\beta\gamma}}{\partial x^\alpha} = 0 \tag{2.52}$$

ここで，

$$\mathcal{M}^{\alpha\beta\gamma} \equiv \frac{\partial \mathcal{L}}{\partial \phi_{r,\alpha}} S^{\beta\gamma}_{rs} \phi_s(x) + \left[x^\beta \mathcal{T}^{\alpha\gamma} - x^\gamma \mathcal{T}^{\alpha\beta} \right] \tag{2.53}$$

であり，6つの保存量が次のように決まる($\mathcal{M}^{\alpha\beta\gamma} = -\mathcal{M}^{\alpha\gamma\beta}$ であることに注意)．

$$cM^{\alpha\beta} = \int d^3\mathbf{x}\, \mathcal{M}^{0\alpha\beta}$$
$$= \int d^3\mathbf{x} \left\{ \left[x^\alpha \mathcal{T}^{0\beta} - x^\beta \mathcal{T}^{0\alpha} \right] + c\pi_r(x) S^{\alpha\beta}_{rs} \phi_s(x) \right\} \tag{2.54}$$

添字として2つとも空間的成分の添字 ($i, j = 1, 2, 3$) を選ぶと，M^{ij} は場の角運動量演算子を表す(M^{12} は z 成分，など)．$\mathcal{T}^{0i}/c$ が場の運動量密度であること(式(2.51))を念頭に置くと，式(2.54)において $[\cdots]$ の部分は軌道角運動量を表し，その後ろの項は固有スピン角運動量を表すものと解釈される．

連続の方程式(2.49)および(2.52)を導出する問題に戻ろう[4]．引数座標を仮想的に(変換に従わせずに)固定したときの $\phi_r(x)$ の変分は，式(2.39)と同じ形で，

$$\delta \phi_r(x) \equiv \phi'_r(x) - \phi_r(x) \tag{2.55a}$$

---

[4] この導出の詳細が後の章で必要となることはないので，読者は本節のこれ以降の部分をとばして読んでも支障はない．

と定義される．これとは別に，ここで必要となる変分は，

$$\delta_\mathrm{T}\phi_r(x) \equiv \phi'_r(x') - \phi_r(x) \tag{2.55b}$$

と定義される．これは場の成分の変換性と，参照座標点の変更の両方の影響を合わせた場の変更を表す．これらの変分に関して，次の関係が得られる．

$$\begin{aligned}\delta_\mathrm{T}\phi_r(x) &= \left[\phi'_r(x') - \phi_r(x')\right] + \left[\phi_r(x') - \phi_r(x)\right] \\ &= \delta\phi_r(x') + \frac{\partial\phi_r}{\partial x_\beta}\delta x_\beta\end{aligned} \tag{2.56}$$

δx_β は式(2.64)に与えられている．微小量の1次までしか考えないならば，これを次のように書き直してもよい．

$$\delta_\mathrm{T}\phi_r(x) = \delta\phi_r(x) + \frac{\partial\phi_r}{\partial x_\beta}\delta x_\beta \tag{2.57}$$

同様に考えて，式(2.48)を書き直す．

$$\begin{aligned}0 &= \mathcal{L}\bigl(\phi'_r(x'), \phi'_{r,\alpha}(x')\bigr) - \mathcal{L}\bigl(\phi_r(x), \phi_{r,\alpha}(x)\bigr) \\ &= \delta\mathcal{L} + \frac{\partial\mathcal{L}}{\partial x^\alpha}\delta x^\alpha\end{aligned} \tag{2.58}$$

$\delta\mathcal{L}$ は，$\phi_r(x)$ が場の方程式(2.16)を満たすことにより，次のようになる．

$$\begin{aligned}\delta\mathcal{L} &= \frac{\partial\mathcal{L}}{\partial\phi_r}\delta\phi_r + \frac{\partial\mathcal{L}}{\partial\phi_{r,\alpha}}\delta\phi_{r,\alpha} \\ &= \frac{\partial}{\partial x^\alpha}\left\{\frac{\partial\mathcal{L}}{\partial\phi_{r,\alpha}}\delta\phi_r\right\} = \frac{\partial}{\partial x^\alpha}\left\{\frac{\partial\mathcal{L}}{\partial\phi_{r,\alpha}}\left[\delta_\mathrm{T}\phi_r - \frac{\partial\phi_r}{\partial x_\beta}\delta x_\beta\right]\right\}\end{aligned} \tag{2.59}$$

式(2.58)と式(2.59)を組み合わせると，連続の方程式が得られる．

$$\frac{\partial f^\alpha}{\partial x^\alpha} = 0 \tag{2.60}$$

$$f^\alpha \equiv \frac{\partial\mathcal{L}}{\partial\phi_{r,\alpha}}\delta_\mathrm{T}\phi_r - \mathcal{T}^{\alpha\beta}\delta x_\beta \tag{2.61}$$

$\mathcal{T}^{\alpha\beta}$ は式(2.50)に与えてある．

まず，並進操作すなわち $\varepsilon_{\alpha\beta} = 0$ の場合を考えると，式(2.46)と式(2.47)より $\delta x_\beta = \delta_\beta$, $\delta_\mathrm{T}\phi_r = 0$ となる．式(2.61)は $f^\alpha = -\mathcal{T}^{\alpha\beta}\delta_\beta$ になり，4つの変位 δ_β は互いに独立なので，式(2.60)は4本の連続の方程式(2.49)に帰着し，そこからエネルギーと運動量の保存則が得られる．

最後に，回転操作すなわち $\delta_\alpha = 0$ の場合を考える．δx_β および $\delta_T \phi_r$ を式(2.46)と式(2.47)によって与え，$\varepsilon_{\alpha\beta}$ の反対称性を利用すると，式(2.61)は，

$$f^\alpha = \frac{1}{2}\varepsilon_{\beta\gamma}\mathcal{M}^{\alpha\beta\gamma} \tag{2.62}$$

となる．$\mathcal{M}^{\alpha\beta\gamma}$ は式(2.53)のテンソルである．回転操作 $\varepsilon_{\beta\gamma}$ は互いに独立なので，式(2.60)は連続の式(2.52)に帰着する．

練習問題

2.1 ラグランジアン密度 $\mathcal{L} = \mathcal{L}(\phi_r, \phi_{r,\alpha})$ を，

$$\mathcal{L}' = \mathcal{L} + \partial_\alpha \Lambda^\alpha(x)$$

に置き換えることを考える．$\Lambda^\alpha(x)$ ($\alpha = 0, 1, 2, 3$) は $\phi_r(x)$ の任意関数である．この変更によって運動方程式が変わらないことを示せ．

2.2 実数の Klein-Gordon 場は，ハミルトニアン密度(2.29)によって記述される．交換関係(2.31)を用いて，次を証明せよ．

$$[H, \phi(x)] = -i\hbar c^2 \pi(x), \quad [H, \pi(x)] = i\hbar\left(\mu^2 - \boldsymbol{\nabla}^2\right)\phi(x)$$

H は場のハミルトニアンを表す．

この結果と，演算子 $\phi(x)$, $\pi(x)$ に関する Heisenberg の運動方程式から，次式を示せ．

$$\dot{\phi}(x) = c^2 \pi(x), \quad \left(\Box + \mu^2\right)\phi(x) = 0$$

2.3 実数ベクトル場 $\phi^\alpha(x)$ に関するラグランジアン密度，

$$\mathcal{L} = -\frac{1}{2}\left[\partial_\alpha \phi_\beta(x)\right]\left[\partial^\alpha \phi^\beta(x)\right] + \frac{1}{2}\left[\partial_\alpha \phi^\alpha(x)\right]\left[\partial_\beta \phi^\beta(x)\right] + \frac{\mu^2}{2}\phi_\alpha(x)\phi^\alpha(x)$$

から，場の方程式，

$$\left[g_{\alpha\beta}\left(\Box + \mu^2\right) - \partial_\alpha \partial_\beta\right]\phi^\beta(x) = 0$$

を導き，また $\phi^\alpha(x)$ が次の Lorentz 条件を満たすことを示せ．

$$\partial_\alpha \phi^\alpha(x) = 0$$

2.4 交換関係(2.31)を利用して，場の運動量演算子，

$$P^j = \int d^3\mathbf{x}\, \pi_r(x)\frac{\partial \phi_r(x)}{\partial x_j} \tag{2.51b}$$

が，次式を満たすことを示せ．

$$[P^j, \phi_r(x)] = -i\hbar\frac{\partial \phi_r(x)}{\partial x_j}, \quad [P^j, \pi_r(x)] = -i\hbar\frac{\partial \pi_r(x)}{\partial x_j}$$

そして，任意の演算子 $F(x) = F(\phi_r(x), \pi_r(x))$ が，次式を満たすことを示せ ($F(x)$ が $\phi_r(x)$ と $\pi_r(x)$ によって展開可能であると仮定する)．

$$[P^j, F(x)] = -i\hbar \frac{\partial F(x)}{\partial x_j}$$

これらの式を，$F(x)$ に関する Heisenberg の運動方程式,

$$[H, F(x)] = -i\hbar c \frac{\partial F(x)}{\partial x_0}$$

と組み合わせると，共変な次の方程式 ($P^0 = H/c$ である) が得られることに注意してもらいたい．

$$[P^\alpha, F(x)] = -i\hbar \frac{\partial F(x)}{\partial x_\alpha}$$

2.5 座標の変換,

$$x_\alpha \to x'_\alpha = x_\alpha + \delta_\alpha \quad (\delta_\alpha \text{は4元ベクトルの定数})$$

の下で，あるスカラー場 $\phi(x_\alpha)$ が不変であるとする．

$$\phi'(x'_\alpha) = \phi(x_\alpha), \quad \text{i.e.} \quad \phi'(x_\alpha) = \phi(x_\alpha - \delta_\alpha)$$

これに対応するユニタリー変換,

$$\phi(x) \to \phi'(x) = U\phi(x)U^\dagger$$

は $U = \exp[-i\delta_\alpha P^\alpha/\hbar]$ と与えられることを示せ．P^α は式(2.51)のエネルギー-運動量4元ベクトルである．(前問の結果が役に立つかも知れない．)

第 3 章 Klein-Gordon場

　我々は第1章において，電磁ポテンシャルのFourier展開係数に調和振動子の交換関係を課することによって電磁場の量子化を行い，このアプローチから自然に光子を導いた．前章ではこれとは異なり，正準量子化の形式に基づいて，直接に場の演算子を導いた．本章では量子化された場の演算子に対してFourier解析を施し，得られるFourier係数 (これもあらかじめ演算子である) が，占有数表示における消滅演算子と生成演算子と同じ交換関係を満たすことを示す．この方法においても，場の量子としての粒子の概念が再現される．

　本章では，スピンがゼロで有限の固有質量を持つ相対論的な物質粒子を考察する．光子を扱うことは，横偏極の性質のためにはるかに複雑になってしまうが，これは第5章で取り上げることになる．

3.1　実Klein-Gordon場

　静止質量が m の粒子において，エネルギーと運動量は次のように関係する．

$$E^2 = m^2 c^4 + c^2 \mathbf{p}^2 \tag{3.1}$$

今，対象とする粒子が単一のスカラー場 $\phi(x)$ によって記述されるものと仮定する．非相対論的な量子力学からの類推により，

$$\mathbf{p} \rightarrow -i\hbar \boldsymbol{\nabla}, \quad E \rightarrow i\hbar \frac{\partial}{\partial t} \tag{3.2}$$

という置き換えを施すと，Klein-Gordon方程式(2.27) が得られる．

$$(\Box + \mu^2)\phi(x) = 0 \tag{3.3}$$

ここで $\mu \equiv mc/\hbar$ である．式(3.3) を1粒子の方程式と解釈しようとすると困難が生じる．この困難は粒子密度の正定値性 (の欠如) と，式(3.1) に起因する E の2通りの符号に関係している．この困難について論じることはしないが，これが相対論的な1粒子の方程式に特有の問題であることだけを，ここで指摘しておく．Klein-Gordon

場 $\phi(x)$ のような場を量子化[1]することによって得られる多体の理論において，そのような困難が生じることはないのである．

式(2.54)を見ると，スカラー場は軌道角運動量を持ち得るけれども，スピン角運動量は持ち得ないこと，すなわちスピンがゼロの粒子を表すことが分かる(スカラー量は成分変換の性質がないので $S_{rs}^{\alpha\beta} \to 0$)．よって Klein-Gordon 方程式は，スピンがゼロの π 中間子や K 中間子を記述することができる．

まず，Klein-Gordon 方程式(3.3)を満たす単一の実スカラー場 $\phi(x)$ を考察しよう．そのような場は電気的に中性の粒子に対応する．荷電粒子は複素場によって記述されるが，これは次節において扱う．

2.2節より，Klein-Gordon 方程式(3.3)は，ラグランジアン密度，

$$\mathcal{L} = \frac{1}{2}\left(\phi_{,\alpha}\phi^{,\alpha} - \mu^2\phi^2\right) \tag{3.4}$$

から導かれ，ϕ に対して共役な場は，

$$\pi(x) = \frac{\partial \mathcal{L}}{\partial \dot{\phi}} = \frac{1}{c^2}\dot{\phi}(x) \tag{3.5}$$

であることが既に分かっている．量子化を施すと，実場 ϕ はエルミート演算子 $\phi\,(=\phi^\dagger)$ になり，同時刻交換関係(2.32)を満たす．

$$[\phi(\mathbf{x},t),\dot{\phi}(\mathbf{x}',t)] = i\hbar c^2 \delta(\mathbf{x}-\mathbf{x}')$$
$$[\phi(\mathbf{x},t),\phi(\mathbf{x}',t)] = [\dot{\phi}(\mathbf{x},t),\dot{\phi}(\mathbf{x}',t)] = 0 \tag{3.6}$$

粒子(量子)との関係性を確立するために，$\phi(x)$ を Klein-Gordon 方程式の基本解の完全系を用いて，次のように展開する．

$$\phi(x) = \phi^+(x) + \phi^-(x) \tag{3.7a}$$

$$\phi^+(x) = \sum_{\mathbf{k}} \left(\frac{\hbar c^2}{2V\omega_{\mathbf{k}}}\right)^{1/2} a(\mathbf{k})e^{-ikx} \tag{3.7b}$$

$$\phi^-(x) = \sum_{\mathbf{k}} \left(\frac{\hbar c^2}{2V\omega_{\mathbf{k}}}\right)^{1/2} a^\dagger(\mathbf{k})e^{ikx} \tag{3.7c}$$

これらの式は，光子場に関する式(1.38)と類似のものである．和の計算は周期境界条件の下で許容されるすべての波数ベクトル $\mathbf{k}$ について行うが，ここでは k^0 と $\omega_{\mathbf{k}}$ が，次のように与えられる．

$$k^0 = \frac{1}{c}\omega_{\mathbf{k}} = +\left(\mu^2 + \mathbf{k}^2\right)^{1/2} \tag{3.8a}$$

---

[1] 式(3.2)のような置き換えによって1粒子の波動方程式を導出する手続き(言わば '第一' 量子化)と対比して，場の量子化の手続きを第二量子化と呼ぶことも多い．

$k = (k^0, \mathbf{k})$ は，質量 $m = \mu\hbar/c$ で，運動量が $\hbar\mathbf{k}$，エネルギーが，

$$E = \hbar\omega_{\mathbf{k}} = +\left[m^2c^4 + c^2(\hbar\mathbf{k})^2\right]^{1/2} \tag{3.8b}$$

の粒子の4元波数ベクトルを表している．式(3.7)において，演算子 $a(\mathbf{k})$ の項と，共役な演算子 $a^\dagger(\mathbf{k})$ の項とが組になっていることにより，ϕ のエルミート性が保証されている．

式(3.7)と交換関係(3.6)から，演算子 $a(\mathbf{k})$ と $a^\dagger(\mathbf{k})$ の交換関係も容易に得られる．導出の詳細は読者に任せることにして(問題3.1)結果を示す．

$$\begin{aligned}[a(\mathbf{k}), a^\dagger(\mathbf{k}')] &= \delta_{\mathbf{k}\mathbf{k}'} \\ [a(\mathbf{k}), a(\mathbf{k}')] &= [a^\dagger(\mathbf{k}), a^\dagger(\mathbf{k}')] = 0 \end{aligned} \tag{3.9}$$

これは調和振動子における昇降演算子の交換関係(式(1.19)および式(1.29))と全く同じ関係であり，ここから1.2節において交換関係から得た結果を共有することができる．特に，

$$N(\mathbf{k}) = a^\dagger(\mathbf{k})a(\mathbf{k}) \tag{3.10}$$

という演算子は，その固有値として粒子の占有数，

$$n(\mathbf{k}) = 0, 1, 2, \ldots \tag{3.11}$$

を持ち，$a(\mathbf{k})$ と $a^\dagger(\mathbf{k})$ はそれぞれ運動量が $\hbar\mathbf{k}$，エネルギーが式(3.8b)によって決まる $\hbar\omega_{\mathbf{k}}$ の粒子を消滅もしくは生成する演算子と解釈される．

Klein-Gordon場のハミルトニアンと運動量演算子は，式(2.51)，式(3.4)，式(3.5)により，次のように与えられる．

$$H = \int d^3\mathbf{x} \frac{1}{2}\left[\frac{1}{c^2}\dot\phi^2 + (\boldsymbol{\nabla}\phi)^2 + \mu^2\phi^2\right] \tag{3.12}$$

$$\mathbf{P} = -\int d^3\mathbf{x} \frac{1}{c^2}\dot\phi\boldsymbol{\nabla}\phi \tag{3.13}$$

場の展開式(3.7)を上の2つの式に代入すると，以下の式が得られる．

$$H = \sum_{\mathbf{k}} \hbar\omega_{\mathbf{k}}\left(a^\dagger(\mathbf{k})a(\mathbf{k}) + \frac{1}{2}\right) \tag{3.14}$$

$$\mathbf{P} = \sum_{\mathbf{k}} \hbar\mathbf{k}\left(a^\dagger(\mathbf{k})a(\mathbf{k}) + \frac{1}{2}\right) \tag{3.15}$$

これらの式から，$a^\dagger(\mathbf{k})a(\mathbf{k})$ が波数 $\mathbf{k}$ を持つ粒子の占有数演算子であるという解釈が是認される．また，これらの式において，運動量 $\mathbf{P}$ が自由Klein-Gordon場にお

いて，運動の保存量となっていることを，直接に見て取ることができる．(しかしながら 2.4 節の議論の方が，基本的かつ一般的な対称性と保存則の関係を表しているという意味において好ましい.)

式(3.14)から，Klein-Gordon場においてエネルギーが最も低い状態，すなわち基底状態は，粒子が全くない(すなわち$n(\mathbf{k})$がすべてゼロの)真空状態$|0\rangle$であることが分かる．この真空状態は，

$$a(\mathbf{k})|0\rangle = 0, \quad \text{all } \mathbf{k} \tag{3.16a}$$

という条件で特定することもできるし，あるいは場の演算子(3.7)を用いて，

$$\phi^+(x)|0\rangle = 0, \quad \text{all } x \tag{3.16b}$$

と表現してもよい．

真空状態は，無限大のエネルギー $\frac{1}{2}\sum_{\mathbf{k}}\hbar\omega_{\mathbf{k}}$ を持つ．しかし輻射場に関しても論じたように，観測の対象となり得るのはエネルギーの差だけである．したがって，この無限大の定数を省いてしまい，真空状態を基準としてエネルギーを計ることにしたほうが都合がよい．

このような無限大の定数に付随する曖昧さの問題は，演算子積に正規順序化を施すという措置によって避けることができる．"正規積"(normal product)においては，その演算子積の中ですべての消滅演算子が，すべての生成演算子よりも右側に配置されているものとする．正規積を$\text{N}(\cdots)$と表記するならば，正規化(正規順序化)の措置は，たとえば次のようになる．

$$\text{N}\big(a(\mathbf{k}_1)a(\mathbf{k}_2)a^\dagger(\mathbf{k}_3)\big) = a^\dagger(\mathbf{k}_3)a(\mathbf{k}_1)a(\mathbf{k}_2) \tag{3.17}$$

$$\begin{aligned}
\text{N}\big[\phi(x)\phi(y)\big] &= \text{N}\big[\big(\phi^+(x)+\phi^-(x)\big)\big(\phi^+(y)+\phi^-(y)\big)\big] \\
&= \text{N}\big[\phi^+(x)\phi^+(y)\big] + \text{N}\big[\phi^+(x)\phi^-(y)\big] \\
&\quad + \text{N}\big[\phi^-(x)\phi^+(y)\big] + \text{N}\big[\phi^-(x)\phi^-(y)\big] \\
&= \phi^+(x)\phi^+(y) + \phi^-(y)\phi^+(x) + \phi^-(x)\phi^+(y) + \phi^-(x)\phi^-(y)
\end{aligned} \tag{3.18}$$

式(3.18)の例では，第2項において演算子の順序の入れ換えが施されており，その結果として，すべての項において，その項に含まれるすべての正振動数部分 ϕ^+ (消滅演算子だけを含む)が，必ずその項に含まれるすべての負振動数部分 ϕ^- (生成演算

3.1. 実 Klein-Gordon 場

子だけを含む) の右側にある,という条件を満たす形になっている[2]. 正規順序化は, 消滅演算子同士の順序や,生成演算子同士の順序を固定するものではないが,それらは可換なので,その順序を違えたとしても正規積としては等価のものと見なせる. たとえば式 (3.17) の右辺を $a^\dagger(\mathbf{k}_3) a(\mathbf{k}_2) a(\mathbf{k}_1)$ と書いても同じことである. したがって Klein-Gordon 場の演算子積に正規順序化を施す場合には,すべての演算子が可換であるかのように考えて,順序変更だけを施せばよい.

任意の正規積について,その真空期待値が必ずゼロになることは明らかである. 我々はラグランジアン密度 $\mathcal{L}$ や,場のエネルギー-運動量,場の角運動量などのあらゆる観測量を,正規化を施した演算子の形で再定義することにする. 量子化の前には積を構成する因子の順序を任意に選べるので,正規化措置の導入によって,古典論との対応関係に支障が生じることはない. 正規積の形で定義された観測量については,その真空期待値がゼロになる. エネルギー (式 (3.14)) と運動量 (式 (3.15)) は,次のようになる.

$$P^\alpha = (H/c, \mathbf{P}) = \sum_{\mathbf{k}} \hbar k^\alpha a^\dagger(\mathbf{k}) a(\mathbf{k}) \tag{3.19}$$

真空状態 $|0\rangle$ を基調として,粒子が存在する状態を 1.2 節の光子の場合と同じ方法で構築することができる. たとえば任意の 1 粒子状態は,

$$a^\dagger(\mathbf{k})|0\rangle, \quad \text{all } \mathbf{k} \tag{3.20a}$$

の線形の重ね合わせによって表される. また 2 粒子状態は,

$$a^\dagger(\mathbf{k}) a^\dagger(\mathbf{k}')|0\rangle, \quad \text{all } \mathbf{k} \text{ and } \mathbf{k}' \neq \mathbf{k} \tag{3.20b}$$

と,

$$\frac{1}{\sqrt{2}} \left[a^\dagger(\mathbf{k}) \right]^2 |0\rangle, \quad \text{all } \mathbf{k} \tag{3.20c}$$

の線形の重ね合わせで表される,等々である. 真空状態を規格化してあれば ($\langle 0|0\rangle = 1$),式 (3.20) の各状態も規格化された状態になる. 式 (3.20c) における $1/\sqrt{2}$ は,規格化のために付けた因子であり,粒子数が 3 個以上の場合にも,同様の考え方に基づく規格化因子が必要となる.

Klein-Gordon 場によって記述される粒子はボゾンであり,占有数はゼロ以上の任意の整数値を取り得る ($n(\mathbf{k}) = 0, 1, 2, \ldots$). 式 (3.20b) はボゾン状態のもうひとつの

---

[2] 正規積の定義は,フェルミオンを導入する際には修正を加える必要がある. 正規積を $N(AB\ldots L)$ の代わりに : $AB\ldots L$: と表記する文献もある.

側面を表している.すなわち同種ボゾン系は,粒子間の入れ換え操作に関して対称である.生成演算子同士は必ず可換なので,

$$a^\dagger(\mathbf{k})a^\dagger(\mathbf{k}')|0\rangle = a^\dagger(\mathbf{k}')a^\dagger(\mathbf{k})|0\rangle \tag{3.21}$$

である.

3.2 複素Klein-Gordon場

前節の議論を拡張して,複素Klein-Gordon場を扱うことにしよう.ここで現れる新たな性質は,既に2.4節でも言及したように,場が保存する電荷と関係づけられるということである.実場によって電荷を扱うことは不可能である.本節では,この保存する電荷という論点を集中的に扱う.他の面において実場と複素場はよく似ているので,主要な結果だけを紹介して,その証明を読者に任せることができる.

複素Klein-Gordon場のラグランジアン密度は,式(3.4)の代わりに,

$$\mathcal{L} = \mathrm{N}\bigl(\phi^\dagger_{,\alpha}\phi^{,\alpha} - \mu^2 \phi^\dagger \phi\bigr) \tag{3.22}$$

と与えられる.ここではあらかじめ量子化された場の演算子を,正規積の形で用いている.場ϕと,そのエルミート共役場$\phi^\dagger$を互いに独立な場として扱うと,Klein-Gordon方程式が得られる.

$$(\Box + \mu^2)\phi(x) = 0, \quad (\Box + \mu^2)\phi^\dagger(x) = 0 \tag{3.23}$$

ϕと$\phi^\dagger$それぞれに対して正準共役な場は,

$$\pi(x) = \frac{1}{c^2}\dot{\phi}^\dagger(x), \quad \pi^\dagger(x) = \frac{1}{c^2}\dot{\phi}(x) \tag{3.24}$$

であり,同時刻交換関係(2.31)は,次のようになる.

$$\begin{aligned}
&[\phi(\mathbf{x},t), \dot{\phi}^\dagger(\mathbf{x}',t)] = i\hbar c^2 \delta(\mathbf{x}-\mathbf{x}') \\
&[\phi(\mathbf{x},t), \phi(\mathbf{x}',t)] = [\phi(\mathbf{x},t), \phi^\dagger(\mathbf{x}',t)] = 0 \\
&[\dot{\phi}(\mathbf{x},t), \dot{\phi}(\mathbf{x}',t)] = [\dot{\phi}(\mathbf{x},t), \dot{\phi}^\dagger(\mathbf{x}',t)] = [\phi(\mathbf{x},t), \dot{\phi}(\mathbf{x}',t)] = 0
\end{aligned} \tag{3.25}$$

これらの場のFourier展開を,式(3.7)と似た形で行う.

$$\phi(x) = \phi^+(x) + \phi^-(x) = \sum_\mathbf{k}\left(\frac{\hbar c^2}{2V\omega_\mathbf{k}}\right)^{1/2}\bigl[a(\mathbf{k})e^{-ikx} + b^\dagger(\mathbf{k})e^{ikx}\bigr] \tag{3.26a}$$

$$\phi^\dagger(x) = \phi^{\dagger+}(x) + \phi^{\dagger-}(x) = \sum_\mathbf{k}\left(\frac{\hbar c^2}{2V\omega_\mathbf{k}}\right)^{1/2}\bigl[b(\mathbf{k})e^{-ikx} + a^\dagger(\mathbf{k})e^{ikx}\bigr] \tag{3.26b}$$

3.2. 複素Klein-Gordon場

($\phi^{\dagger +}$ と $\phi^{\dagger -}$ はそれぞれ $\phi^\dagger$ の正振動数部分と負振動数部分である．)

式(3.25)と式(3.26a)から，次の交換関係が得られる．

$$[a(\mathbf{k}), a^\dagger(\mathbf{k}')] = [b(\mathbf{k}), b^\dagger(\mathbf{k}')] = \delta_{\mathbf{k}\mathbf{k}'} \tag{3.27a}$$

そして，そのほかの演算子の組合せは可換である．

$$[a(\mathbf{k}), a(\mathbf{k}')] = [b(\mathbf{k}), b(\mathbf{k}')] = [a(\mathbf{k}), b(\mathbf{k}')] = [a^\dagger(\mathbf{k}), b(\mathbf{k}')] = 0 \tag{3.27b}$$

式(3.27)の交換関係により，$a(\mathbf{k})$ と $a^\dagger(\mathbf{k})$ および $b(\mathbf{k})$ と $b^\dagger(\mathbf{k})$ は，2種類の粒子——a粒子，b粒子と呼ぶことにする——に関する消滅演算子と生成演算子の組になっているものと解釈される．そして，やはりこれらに対応する占有数演算子を，

$$N_a(\mathbf{k}) = a^\dagger(\mathbf{k})a(\mathbf{k}), \quad N_b(\mathbf{k}) = b^\dagger(\mathbf{k})b(\mathbf{k}) \tag{3.28}$$

と置くと，固有値として $0, 1, 2, \ldots$ を取り得る．真空状態 $|0\rangle$ に対して a粒子および b粒子の生成演算子 $a^\dagger$ と $b^\dagger$ を必要に応じて作用させることによって，占有数表示が構築される．真空状態 $|0\rangle$ は，

$$a(\mathbf{k})|0\rangle = b(\mathbf{k})|0\rangle = 0, \quad \text{all } \mathbf{k} \tag{3.29a}$$

によって定義される．これは次のように書いても等価である．

$$\phi^+(x)|0\rangle = \phi^{\dagger +}(x)|0\rangle = 0, \quad \text{all } x \tag{3.29b}$$

式(2.51)に対応する複素Klein-Gordon場のエネルギー-運動量演算子を，消滅・生成演算子によって表すと，次の形になることが容易に推察される．

$$P^\alpha = (H/c, \mathbf{P}) = \sum_{\mathbf{k}} \hbar k^\alpha \left(N_a(\mathbf{k}) + N_b(\mathbf{k}) \right) \tag{3.30}$$

電荷の問題を考えよう．ラグランジアン密度(3.22)の，位相変換(2.41)の下での不変性から電荷 Q の保存則が導かれ，電荷の式(2.42)は，ここでは次式で表される．

$$Q = \frac{-iq}{\hbar c^2} \int d^3\mathbf{x}\, N\left[\dot{\phi}^\dagger(x)\phi(x) - \dot{\phi}(x)\phi^\dagger(x)\right] \tag{3.31}$$

これに対応する電荷-電流密度(電磁カレント)は，

$$s^\alpha(x) = \left(c\rho(x), \mathbf{j}(x)\right) = \frac{-iq}{\hbar} N\left[\frac{\partial \phi^\dagger}{\partial x_\alpha}\phi - \frac{\partial \phi}{\partial x_\alpha}\phi^\dagger\right] \tag{3.32}$$

と与えられるが，これが次の連続の方程式を満たすことは明らかである．

$$\frac{\partial s^\alpha(x)}{\partial x^\alpha} = 0 \tag{3.33}$$

式(3.31)を，占有数表示の記法で書き直すと，

$$Q = q \sum_{\mathbf{k}} \bigl[N_a(\mathbf{k}) - N_b(\mathbf{k}) \bigr] \tag{3.34}$$

となるが，これがハミルトニアン $H = cP^0$ (式(3.30)参照) と可換であることは明白である．

　式(3.34)により，電荷 $+q$ を a 粒子に，電荷 $-q$ を b 粒子に対応させる必要がある．電荷の符号を除き，a 粒子と b 粒子は同じ性質を備えている．式(3.26)-(3.34)を見て明らかなように，理論の構造は両者の粒子に関して完全に対称的である．a と b の入れ換えは，単に Q の符号を変更するに過ぎない．このような粒子・反粒子の対応関係はスピンがゼロのボゾンの場合だけに制約されるものではなく，一般に成立する．電荷がゼロでないあらゆる粒子 (a 粒子) に対して必ず反粒子 (b 粒子) が存在するという性質は，相対論的な場の量子論において基本的なものであり，実験結果も完全にこのことを支持している．

　粒子-反粒子の組合せの例として，荷電 π 中間子の対がある．$q = e\ (>0)$ と置くと，π^+ 中間子と π^- 中間子を複素Klein-Gordon場の a 粒子と b 粒子にそれぞれ同定することができる．他方において，実場に関して電荷 Q の演算子(3.31)や(3.34)は恒等的にゼロになるので，実場は π^0 のような電気的に中性の中間子に対応する．

　上述の考察は，電荷の議論だけに限られたものではない．ラグランジアン密度 $\mathcal{L}$ が何らかの位相変換の下で不変であれば，それは必ずしも通常の電荷とは限らない，何らかの"荷"が保存されることを意味する．上と同様の考察を繰り返せば，2種類の粒子 (粒子と反粒子) が現れ，それらは新たに導入される"荷"の符号だけが異なることになる．このことにより電気的には中性のボゾンにも，それに対応する反粒子が存在する可能性が考えられる．自然界において，このことは近似的な (不完全な) 形で実現している．電気的に中性の擬スカラー K^0 中間子には，反粒子にあたる $\bar{K}^0$ 中間子が存在し，やはりこれも電気的には中性である．K^0 と $\bar{K}^0$ は反対の超電荷（ハイパーチャージ）$Y = \pm 1$ を持っており，複素Klein-Gordon場 ϕ によって表される．超電荷は電気的な電荷とは違って常に正確に保存されるわけではないが，ほとんど保存されると言ってもよいので，このような超電荷の概念も有用と見なされている．詳しく言うと超電荷は，核力や奇妙な（ストレンジ）粒子の生成に関わる"強い相互作用"の下では保存されるが，これとは別の奇妙な粒子の崩壊などに関わる"弱い相互作用"(強い相互作用に比べて 10^{12} 分の1程度の強さしかない) の下では保存されない．

　複素Klein-Gordon場を，そのまま ϕ と $\phi^\dagger$ を独立な場として扱う代わりに，2つの実Klein-Gordon場 ϕ_1 と ϕ_2 を次のように定義して，これらを独立な場として扱ってもよい．

$$\phi = \frac{1}{\sqrt{2}}(\phi_1 + i\phi_2), \quad \phi^\dagger = \frac{1}{\sqrt{2}}(\phi_1 - i\phi_2) \tag{3.35}$$

しかし，2つの実場を用いた取扱いは，ϕ と $\phi^\dagger$ による取扱いと良く似たものになるので，ここでは論じない．ϕ_1 も ϕ_2 も実場なので，これらに関わる消滅・生成演算子は，荷電粒子を表すことができない．式(3.35)のように両者を線形結合させた場だけが，荷電粒子を記述できる．したがって，保存する電荷を扱う際には，複素場を直接に利用するのが自然な措置となる．

3.3 共変な交換関係

ラグランジアン形式を利用して得た運動方程式は，共変性が明らかな形をしているが，正準形式に基づいて導入する場の交換関係は同時刻において設定されるので，共変性が自明ではない．実Klein-Gordon場を典型的な例として取り上げ，任意の2つの時空点 x と y における場から作られる交換子 $[\phi(x), \phi(y)]$ を計算して，交換関係の共変性を調べることにする．この交換子はスカラーなので，これは不変な関数に等しくなければならない．

$\phi = \phi^+ + \phi^-$ と書き，ϕ^+ (ϕ^-) が消滅(生成)演算子だけを含むものとして，

$$[\phi^+(x), \phi^+(y)] = [\phi^-(x), \phi^-(y)] = 0 \tag{3.36}$$

という自明の関係に注意すると，求めたい交換子は，

$$[\phi(x), \phi(y)] = [\phi^+(x), \phi^-(y)] + [\phi^-(x), \phi^+(y)] \tag{3.37}$$

となり，右辺の第1項を評価すれば充分である．式(3.7)により，次式が得られる．

$$\begin{aligned}
[\phi^+(x), \phi^-(y)] &= \frac{\hbar c^2}{2V} \sum_{\mathbf{k},\mathbf{k}'} \frac{1}{(\omega_\mathbf{k} \omega_{\mathbf{k}'})^{1/2}} [a(\mathbf{k}), a^\dagger(\mathbf{k}')] e^{-ikx + ik'y} \\
&= \frac{\hbar c^2}{2(2\pi)^3} \int \frac{d^3\mathbf{k}}{\omega_\mathbf{k}} e^{-ik(x-y)}
\end{aligned} \tag{3.38}$$

2行目では $V \to \infty$ の極限操作を施した(式(1.48)参照)．被積分関数に現れる $k = (k_0, \mathbf{k})$ において $k_0 = \omega_\mathbf{k}/c$ である．次のように新たな関数を定義する．

$$\Delta^+(x) \equiv \frac{-ic}{2(2\pi)^3} \int \frac{d^3\mathbf{k}}{\omega_\mathbf{k}} e^{-ikx}, \quad k_0 = \frac{\omega_\mathbf{k}}{c} \tag{3.39}$$

この関数や，これに関連した関数が後から頻繁に現れることになる[3]．式(3.38)は次のように書かれる．

$$[\phi^+(x), \phi^-(y)] = i\hbar c \Delta^+(x-y) \tag{3.40}$$

また，

$$[\phi^-(x), \phi^+(y)] = -i\hbar c \Delta^+(y-x) \equiv i\hbar c \Delta^-(x-y) \tag{3.41}$$

のように $\Delta^-(x)$ も定義しておく．式(3.40), (3.41), (3.37)から，実Klein-Gordon場の一般的な交換関係を，次のように書くことができる．

$$[\phi(x), \phi(y)] = i\hbar c \Delta(x-y) \tag{3.42}$$

$$\Delta(x) \equiv \Delta^+(x) + \Delta^-(x) = \frac{-c}{(2\pi)^3} \int \frac{d^3\mathbf{k}}{\omega_\mathbf{k}} \sin kx \tag{3.43}$$

$\Delta(x)$ は実数であり，奇関数となることが見て取れるが，この性質は交換関係(3.42)から要請される通りのものである．そしてこの関数は ($\Delta^\pm$ もそうであるが) Klein-Gordon方程式を満たす．

$$\left(\Box_x + \mu^2\right)\Delta(x-y) = 0 \tag{3.44}$$

Δ 関数を，次のように書き直すこともできる．

$$\Delta(x) = \frac{-i}{(2\pi)^3} \int d^4k \, \delta\left(k^2 - \mu^2\right) \varepsilon(k_0) e^{-ikx} \tag{3.45}$$

ここで $d^4k = d^3\mathbf{k} dk_0$ であり，k_0 に関する積分は $-\infty < k_0 < \infty$ の範囲で行う．また $\varepsilon(k_0)$ は次のように定義される．

$$\varepsilon(k_0) = \frac{k_0}{|k_0|} = \begin{cases} +1 & \text{if } k_0 > 0 \\ -1 & \text{if } k_0 < 0 \end{cases} \tag{3.46}$$

定義式(3.43)と式(3.45)の等価性は容易に確認できる．たとえば，式(3.45)における δ 関数を，

$$\delta\left(k^2 - \mu^2\right) = \delta\left[k_0^2 - \left(\frac{\omega_\mathbf{k}}{c}\right)^2\right] = \frac{c}{2\omega_\mathbf{k}}\left[\delta\left(k_0 + \frac{\omega_\mathbf{k}}{c}\right) + \delta\left(k_0 - \frac{\omega_\mathbf{k}}{c}\right)\right] \tag{3.47}$$

と書いて，k_0-積分を実行すればよい．

---

[3] Δ 関数として，一般に受け入れられている共通の定義は存在せず，定係数の付け方がいろいろあるので，他の文献を見るときには注意が必要である．

3.3. 共変な交換関係

$\Delta(x)$ が固有Lorentz変換 (空間反転や時間反転を含まないLorentz変換) の下で不変であることは，式(3.45)から明白である．つまり被積分関数の各因子がLorentz不変量となっている．(固有Lorentz変換は過去と未来を入れ換えないので，$\varepsilon(k_0)$ もこの変換の下で不変である．)

$\Delta(x)$ のLorentz不変性により，場の交換関係に新たな解釈を与えることが可能となる．まず同時刻において，

$$[\phi(\mathbf{x},t), \phi(\mathbf{y},t)] = i\hbar c \Delta(\mathbf{x}-\mathbf{y}, 0) = 0 \tag{3.48}$$

であるが，この交換子がゼロになることは既に見ている (式(3.6))[4]．$\Delta(x-y)$ の不変性は，次の関係を意味する．

$$[\phi(x), \phi(y)] = i\hbar c \Delta(x-y) = 0, \quad \text{for } (x-y)^2 < 0 \tag{3.49}$$

すなわち，互いに空間的(スペースライク)に隔たっている任意の2つの時空点 x と y における場は互いに可換だということである．したがって，もしこの場が物理的な観測量であれば，空間的(スペースライク)に隔たった2箇所における測定は，互いに干渉を及ぼすことはない(不確定性関係を持たない)．このことは微視的因果律 (microcausality) として知られている．何故なら，仮に空間的(スペースライク)に隔たった時空点の間に干渉が生じるならば，その干渉を起こすための信号は，特殊相対論に反して光速を超える速さで伝わらなければならないからである．4.3節の末尾においてスピンと統計の関係を論じる際に，微視的因果律の制約(3.49)は，場自身が観測量ではない場合においても基本的な重要性を持つことを見る予定である．

Δ 関数を表す特に便利な表式は，複素 k_0 平面における閉路積分の形で与えられる．$\Delta^\pm(x)$ は次のように表される．

$$\Delta^\pm(x) = \frac{-1}{(2\pi)^4} \int_{C^\pm} \frac{d^4 k\, e^{-ikx}}{k^2 - \mu^2} \tag{3.50}$$

Δ^+ と Δ^- に用いるそれぞれの積分路 C^+ と C^- を図3.1に示してあるが，このように複素積分において $k_0 = \pm \omega_{\mathbf{k}}/c$ における極のどちらかの留数を拾い上げると，上の積分は $\Delta^\pm(x)$ の元々の定義式(3.39)および(3.41)に帰着する．また同じ積分式を図3.1における外側の積分路 C に沿って実行すれば，式(3.43)の関数 $\Delta(x)$ に帰着する．他の Δ 関数も，異なる積分路を選ぶことによって表現できる．

---

[4] この結果は式(3.43)から直接導くこともできる．すなわち $x^0 = 0$ では被積分関数が $\mathbf{k}$ の奇関数である．

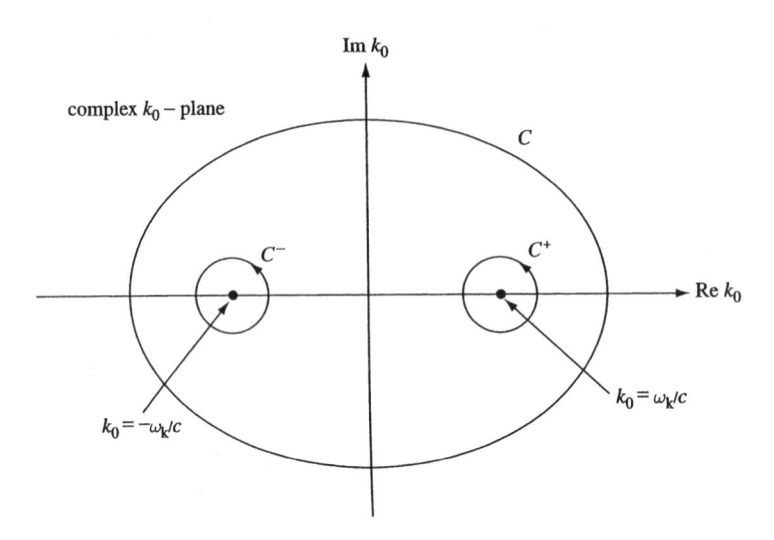

図3.1 関数 $\Delta^{\pm}(x)$ と $\Delta(x)$ を表す複素積分式(3.50)に適用する積分路.

3.4 中間子の伝播関数

場の量子論において著しく重要となる Δ_F 関数を導出して，考察を行うことにしよう．この関数が共変な摂動論の体系的な展開のために，特別に強力な威力を発揮することを最初に完全に理解したのは Feynman (ファインマン) であった．ここでも実 Klein-Gordon 場を対象とする．

まず Δ^+ 関数が，2つの場の演算子の積に関する真空期待値として書けることに注意する．式(3.40)により，次のようになる．

$$i\hbar c \Delta^+(x-x') = \langle 0|[\phi^+(x), \phi^-(x')]|0\rangle = \langle 0|\phi^+(x)\phi^-(x')|0\rangle$$
$$= \langle 0|\phi(x)\phi(x')|0\rangle \tag{3.51}$$

ここで新たに，次のように "時間順序化積" (time-ordered product) もしくは "T積" を定義する．

$$T\{\phi(x)\phi(x')\} = \begin{cases} \phi(x)\phi(x') & \text{if } t > t' \\ \phi(x')\phi(x) & \text{if } t' > t \end{cases} \tag{3.52}$$

($t \equiv x^0/c$ etc.) つまり演算子積を構成する演算子は，時刻の順序が右から左になるように並べ替えられ，T積を状態ベクトルに作用させる場合には，"より早い時刻

の"演算子が"先に"作用を及ぼす形になる[5]. 段差関数,

$$\theta(t) = \begin{cases} 1 & \text{if } t > 0 \\ 0 & \text{if } t < 0 \end{cases} \tag{3.53}$$

を用いるならば，T積は次のように表される．

$$\mathrm{T}\bigl\{\phi(x)\phi(x')\bigr\} = \theta(t-t')\phi(x)\phi(x') + \theta(t'-t)\phi(x')\phi(x) \tag{3.54}$$

FeynmanのΔ_F関数は，実Klein-Gordon場同士のT積の真空期待値を用いて定義される．

$$\mathrm{i}\hbar c \Delta_\mathrm{F}(x - x') \equiv \langle 0 | \mathrm{T}\bigl\{\phi(x)\phi(x')\bigr\} | 0 \rangle \tag{3.55}$$

式(3.51)と式(3.41)により，Δ_Fは，

$$\Delta_\mathrm{F}(x) = \theta(t)\Delta^+(x) - \theta(-t)\Delta^-(x) \tag{3.56a}$$

である．すなわち，次のように書いてもよい．

$$\Delta_\mathrm{F}(x) = \pm \Delta^\pm(x) \quad \text{if } t \gtrless 0 \tag{3.56b}$$

式(3.55)のΔ_Fの意味を視覚化して示してみよう．$t > t'$の場合，この真空期待値は$\langle 0|\phi(x)\phi(x')|0\rangle$となる．この式は，中間子が$x'$において生成され，$x$へと伝播して，$x$において消滅する過程を表すものと考えられる．他方，$t' > t$の場合の$\langle 0|\phi(x')\phi(x)|0\rangle$も同様にして，中間子が$x$において生成され，それが$x'$へ伝播してから，そこで消滅する過程を表すものと解釈される．これらの2通りの過程を模式的に図3.2に示す．破線は中間子の矢印方向への伝播を表し，(a)ではx'からxへ，(b)ではxからx'へ伝播する．したがってΔ_Fもしくは式(3.55)の真空期待値は"中間子のKlein-Gordon場に関するFeynman伝播関数"(プロパゲーター)として言及される．我々はこれを簡単に"中間子の伝播関数"と呼んで，後から導入するフェルミオンの伝播関数や光子の伝播関数と区別をする．

このような伝播関数の必要性を理解するために，核子-核子散乱を定性的に考察してみよう．この過程では，始状態と終状態(すなわち散乱前と散乱後)において2つの核子だけがあって，定在的な中間子は存在しない．散乱すなわち相互作用は，核子間における仮想中間子の交換過程に対応している．そのような過程の中で最も単純なものは，図3.3に模式的に示すような1-中間子の交換(1回の放出 → 1回の吸収)である．実線は核子を表し，破線は中間子を表す．図3.2と同様に，$t > t'$か$t' > t$かに

---

[5] 式(3.52)の定義は，フェルミオン場を扱う場合には修正が施されることになる．

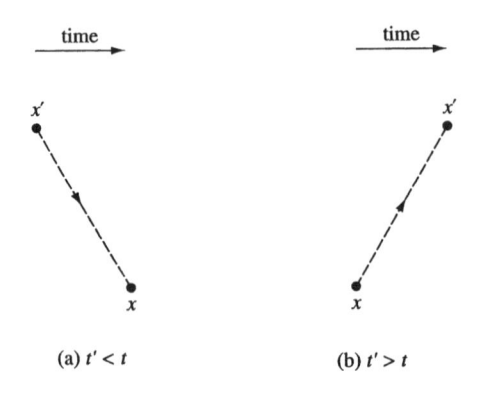

図3.2 中間子の伝播関数(3.55)を表すグラフ.

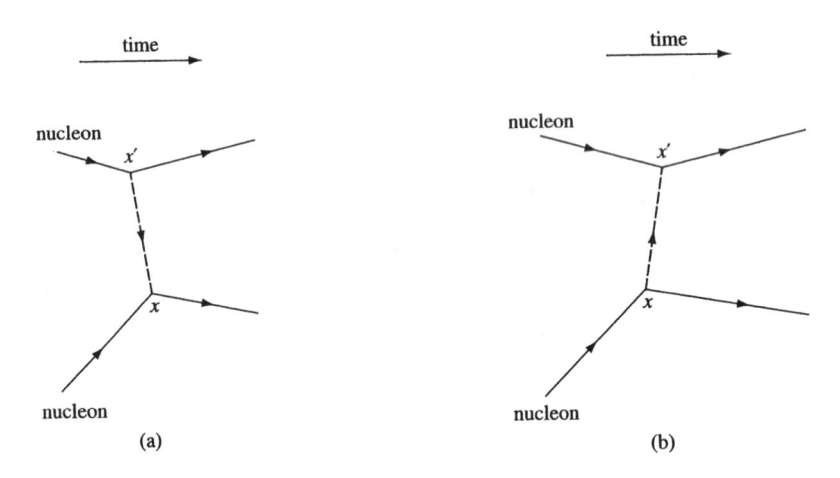

図3.3 核子-核子散乱に対する1-中間子交換からの寄与. (a) $t' < t$. (b) $t' > t$.

よって2通りの状況が生じている．実際の計算では，中間子の放出と吸収がそれぞれに任意の時空点で起こる可能性をすべて考えて，x と x' に関して全時空にわたる積分を行うことになる．

興味深いことを指摘しておくと，中間子の放出と吸収が起こる2つの時空点が空間的(スペースライク)に隔たっている場合，図3.3において $t > t'$ か $t' < t$ かによって過程を分けている措置は $(x - x')$ に関して Lorentz 不変な扱い方ではない．この場合，どちらの時刻が"前"か"後"かは，観測者の座標系に依存することになる．これに対して両方の場合

3.4. 中間子の伝播関数

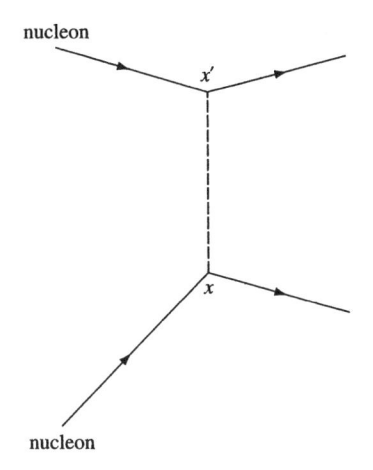

図3.4 1-中間子交換による核子-核子散乱を表す Feynman グラフ.

を"一緒に"考えれば,共変な Feynman 伝播関数 (3.55) が得られる.これを図 3.4 のような単一のダイヤグラムによって表すことにしよう.このダイヤグラムは,内部において時間順序に関する制約を含んでおらず,そのことに伴って中間子線からは伝播方向を表す矢印が除かれている.

ここで我々は "Feynman グラフ"(もしくは Feynman ダイヤグラム)の概念を導入したことになる.これに関する十全な解説は後から与えることにするが,これは素粒子の力学を視覚化して把握するための最も有用な方法を供することになる.しかし読者は,この視覚化された力学的な記述を,額面通りにそのような過程が起こるものとして見てはならないので注意が必要である.たとえば空間的(スペースライク)に隔たった 2 点 x と x' を結ぶ中間子の伝播関数をそのまま素朴に解釈すると,中間子がその 2 点の間を光速を超える速さで伝播することになってしまう.これを具体的に起こり得る過程として解釈するためには,中間子が x と x' の間を直接にそのまま伝播するのではなく,核子から放出された中間子が放出時空点から見て適切な 4 次元領域において消滅し,もう一方の核子に吸収されるべき中間子が,吸収時空点から見て適切な 4 次元領域において生成されるということが,量子力学的な確率過程として起こっているものと考えなければならない[6].

今後,我々は中間子の伝播関数を,座標表示ではなく,運動量空間における表示で

---

[6] G. Källén in *Encyclopedia of Physics*, vol. V, part 1, Springer, Berlin, 1958, Section 23 を参照.この文献の英訳は *Quantum Electrodynamics* として,Springer, New York, 1972 および Allen & Unwin, London, 1972 から出版されている.

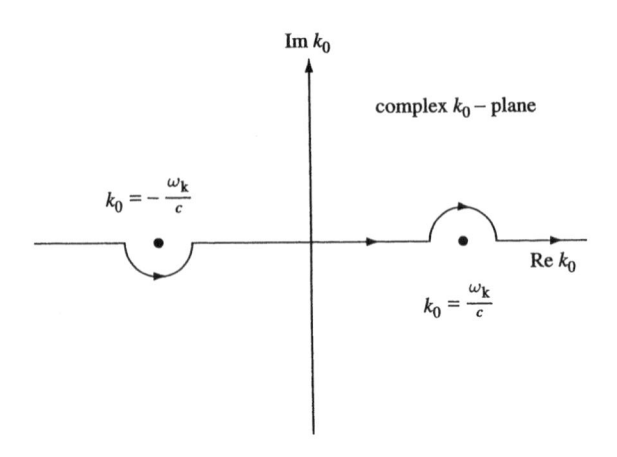

図3.5 中間子の伝播関数 Δ_F を表す積分式(3.57)に用いる積分路 C_F.

扱うことが頻繁に必要となる．これは $\Delta^\pm(x)$ の式(3.50)と同様の，次の積分式において見出される．

$$\Delta_\mathrm{F}(x) = \frac{1}{(2\pi)^4} \int_{C_\mathrm{F}} \frac{d^4k\, e^{-ikx}}{k^2 - \mu^2} \tag{3.57}$$

積分路 C_F は図3.5に示してある．式(3.57)を証明するために，積分路に沿った積分を評価してみる．$x^0 > 0$ の場合は，積分路を複素 k_0 面の下半面側を周回させて閉じなければならず（$k_0 \to -i\infty$ において $\exp(-ik_0 x^0) \to 0$），式(3.57)と式(3.50)を比較すると $\Delta_\mathrm{F}(0) = \Delta^+(x)$ を得る．これは式(3.56b)と整合している．$x^0 < 0$ の場合は，積分路を複素 k_0 面の上半面側を周回させて閉じなければならないが，やはり式(3.56b)と整合することを確認できる．

図3.5のように実軸に沿った積分路を変形させる代わりに，図3.6に示すように極の方を無限小量 η だけ実軸から離すように動かして，積分路は k_0 の実軸全体を含むようにして積分を実行してもよい．すなわち，式(3.57)を次のように書き換えてもよい．

$$\begin{aligned}
\Delta_\mathrm{F}(x) &= \frac{1}{(2\pi)^4} \int \frac{d^4k\, e^{-ikx}}{k_0^2 - \left(\frac{\omega_\mathbf{k}}{c} - i\eta\right)^2} \\
&= \frac{1}{(2\pi)^4} \int \frac{d^4k\, e^{-ikx}}{k^2 - \mu^2 + i\varepsilon} \equiv \frac{1}{(2\pi)^4} \int d^4k\, \Delta_\mathrm{F}(k,\mu)\, e^{-ikx}
\end{aligned} \tag{3.58}$$

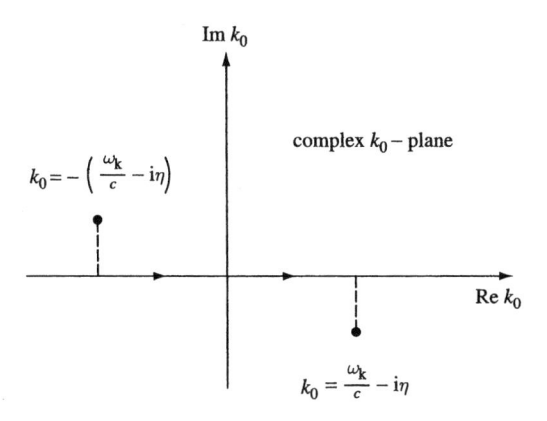

図3.6 中間子伝播関数 Δ_F を表す式(3.58)における，実軸から逸らした極と実軸上の積分路．

ここで $\varepsilon = 2\eta\omega_\mathbf{k}/c$ は微小な正数で，積分を実行した後はゼロにすればよい．式(3.58)において4つの変数 $k_0, \ldots, k_3$ に関する積分は，全実軸 $(-\infty, \infty)$ にわたって行う．

本節の議論を，3.2節において論じた複素スカラー場へと即座に一般化することができる．荷電中間子の伝播関数は，次のように与えられる．

$$\langle 0|\mathrm{T}\{\phi(x)\phi^\dagger(x')\}|0\rangle = \mathrm{i}\hbar c\,\Delta_\mathrm{F}(x - x') \tag{3.59}$$

$\Delta_\mathrm{F}(x)$ は実場に関して用いた関数と同じものである (式(3.56)-(3.58))．式(3.59)の真空期待値を $t' < t$ と $t' > t$ の場合について，粒子や反粒子の放出・再吸収の観点から解釈する作業は，読者に委ねることにする．

練習問題

3.1 実 Klein-Gordon 場 $\phi(x)$ の展開式(3.7)から，消滅演算子 $a(\mathbf{k})$ に関する次の式を導け．

$$a(\mathbf{k}) = \frac{1}{(2\hbar c^2 V\omega_\mathbf{k})^{1/2}} \int \mathrm{d}^3 \mathbf{x}\, \mathrm{e}^{\mathrm{i}kx}\left(\mathrm{i}\dot\phi(x) + \omega_\mathbf{k}\phi(x)\right)$$

そして，場の演算子の交換関係(3.6)から消滅・生成演算子の交換関係(3.9)を導け．

3.2 複素 Klein-Gordon 場 $\phi(x)$ と $\phi^\dagger(x)$ を，式(3.35)の2つの独立な実 Klein-Gordon 場 $\phi_1(x)$ と $\phi_2(x)$ で表し，これらの展開式，

$$\phi_r(x) = \sum_\mathbf{k} \left(\frac{\hbar c^2}{2V\omega_\mathbf{k}}\right)^{1/2}\left[a_r(\mathbf{k})\mathrm{e}^{-\mathrm{i}kx} + a_r^\dagger(\mathbf{k})\mathrm{e}^{\mathrm{i}kx}\right], \quad r = 1, 2$$

から，次式を示せ．
$$a(\mathbf{k}) = \frac{1}{\sqrt{2}}[a_1(\mathbf{k}) + ia_2(\mathbf{k})], \quad b(\mathbf{k}) = \frac{1}{\sqrt{2}}[a_1(\mathbf{k}) - ia_2(\mathbf{k})]$$
そして式 (3.25) の交換関係を，実場の交換関係から導き，式 (3.27) の交換関係を $a_r(\mathbf{k})$ と $a_r^\dagger(\mathbf{k})$ $(r=1,2)$ の交換関係から導け．

3.3 式 (3.58) を用いて (別の方法でもよいが)，Feynman の Δ_F 関数が次の非斉次 Klein-Gordon 方程式を満たすことを示せ．
$$\left(\Box + \mu^2\right)\Delta_\mathrm{F}(x) = -\delta^{(4)}(x)$$

3.4 荷電中間子の伝播関数 (3.59) を導出し，これを粒子と反粒子の放出と再吸収の観点から解釈せよ．

3.5 複素 Klein-Gordon 場の荷電共役変換は，次のように定義される．
$$\phi(x) \to \mathcal{C}\phi(x)\mathcal{C}^{-1} = \eta_\mathrm{c}\phi^\dagger(x) \tag{A}$$
$\mathcal{C}$ は真空を不変に保つようなユニタリー演算子 $(\mathcal{C}|0\rangle = |0\rangle)$，$\eta_\mathrm{c}$ は位相因子である．

変換 (A) の下でラグランジアン密度 (3.22) が不変であり，電荷-電流密度 (3.32) が符号を変えることを示せ．

消滅演算子に関して，
$$\mathcal{C}a(\mathbf{k})\mathcal{C}^{-1} = \eta_\mathrm{c}b(\mathbf{k}), \quad \mathcal{C}b(\mathbf{k})\mathcal{C}^{-1} = \eta_\mathrm{c}^*a(\mathbf{k})$$
を導出し，次式を証明せよ．
$$\mathcal{C}|a,\mathbf{k}\rangle = \eta_\mathrm{c}^*|b,\mathbf{k}\rangle, \quad \mathcal{C}|b,\mathbf{k}\rangle = \eta_\mathrm{c}|a,\mathbf{k}\rangle$$
ここで $|a,\mathbf{k}\rangle$ は，運動量が $\mathbf{k}$ 状態の a 粒子がひとつある状態，という表記をしている．($\mathcal{C}$ は荷電共役演算子と呼ばれ，粒子と反粒子の入れ換え $a \leftrightarrow b$ の作用を持つ．位相 η_c は任意であり，通常は $\eta_\mathrm{c} = 1$ と置く．)

3.6 エルミートの Klein-Gordon 場 $\phi(x)$ のパリティ変換 (すなわち空間反転) は，次のように定義される．
$$\phi(\mathbf{x},t) \to \mathcal{P}\phi(\mathbf{x},t)\mathcal{P}^{-1} = \eta_\mathrm{P}\phi(-\mathbf{x},t) \tag{B}$$
パリティ演算子 $\mathcal{P}$ は真空を不変に保つようなユニタリー演算子であり $(\mathcal{P}|0\rangle = |0\rangle)$，$\eta_\mathrm{P} = \pm 1$ は場の固有パリティと呼ばれる．パリティ変換がラグランジアン密度 (3.4) を不変に保つことを示せ．

任意の n 粒子状態について，次式を証明せよ．
$$\mathcal{P}|\mathbf{k}_1,\mathbf{k}_2,\ldots,\mathbf{k}_n\rangle = \eta_\mathrm{P}^n|-\mathbf{k}_1,-\mathbf{k}_2,\ldots,-\mathbf{k}_n\rangle$$

任意の演算子 A と B について，
$$\mathrm{e}^{i\alpha A}B\mathrm{e}^{-i\alpha A} = \sum_{n=0}^{\infty}\frac{(i\alpha)^n}{n!}B_n$$
$$B_0 = B, \quad B_n = [A, B_{n-1}], \quad n = 1, 2, \ldots$$

が恒等的に成立する．次を証明せよ．

$$\mathcal{P}_1 a(\mathbf{k})\mathcal{P}_1^{-1} = \mathrm{i}a(\mathbf{k}), \quad \mathcal{P}_2 a(\mathbf{k})\mathcal{P}_2^{-1} = -\mathrm{i}\eta_\mathrm{P} a(-\mathbf{k})$$

ただし $a(\mathbf{k})$ は場の消滅演算子で，$\mathcal{P}_1$ と $\mathcal{P}_2$ は次のように与えられる．

$$\mathcal{P}_1 = \exp\left[-\mathrm{i}\frac{\pi}{2}\sum_{\mathbf{k}} a^\dagger(\mathbf{k})\,a(\mathbf{k})\right], \quad \mathcal{P}_2 = \exp\left[\mathrm{i}\frac{\pi}{2}\eta_\mathrm{P}\sum_{\mathbf{k}} a^\dagger(\mathbf{k})\,a(-\mathbf{k})\right]$$

そして演算子 $\mathcal{P} = \mathcal{P}_1\mathcal{P}_2$ がユニタリーであり，式(B)を満たすこと，すなわちこれがパリティ変換の演算子 $\mathcal{P}$ を与える式であることを示せ．

第 4 章 Dirac場

本章ではPauli(バウリ)の排他律がはたらく粒子系,すなわちFermi-Dirac(フェルミ ディラック)統計に従ういわゆる"フェルミオン"の系を考察したい.我々は第2章において,正準量子化の手続きからボゾン系が必然的に導かれることを見た.しかし第1章で見た調和振動子の量子化に対して"特別な"修正を加えると,これをFermi-Dirac統計に導くことも可能である.この修正は1928年にJordan(ヨルダン)とWigner(ウィグナー)によって導入されたが,それは消滅演算子と生成演算子の交換関係を,反交換関係に置き換えるという措置であった.このフェルミオン系に関する一般的な定式化を4.1節において展開する.

その後の部分において,この定式化をDirac方程式すなわちスピン $\frac{1}{2}$ を持つ相対論的な物質粒子の系へ適用する.ボゾンとフェルミオンの本質的な違いのひとつとして,前者は必ず整数スピン $(0, 1, \dots)$ を持ち,後者は必ず半整数スピン $(\frac{1}{2}, \frac{3}{2}, \dots)$ を持っている.このスピンと粒子統計の関係が,相対論的な場の量子論において基本的な性質であることを見る予定である.

4.1 フェルミオン系における占有数表示

我々は1.2.2項と1.2.3項において,互いに独立な仮想調和振動子群の量子化により,ボゾン系に対する占有数表示を導いた.ここではその定式化を修正して,フェルミオン系に対する占有数表示を得ることにする.

ボゾン系における取扱いの本質的な部分を,以下のようにまとめることができる.次式を満たすような演算子 a_r と $a_r^\dagger$ $(r = 1, 2, \dots)$ を抽出する.

$$[a_r, a_s^\dagger] = \delta_{rs}, \quad [a_r, a_s] = [a_r^\dagger, a_s^\dagger] = 0 \tag{4.1}$$

そして,

$$N_r = a_r^\dagger a_r \tag{4.2}$$

という演算子を導入する.演算子に関する恒等式,

$$[AB, C] = A[B, C] + [A, C]B \tag{4.3}$$

により，次式を得る．

$$[N_r, a_s] = -\delta_{rs}a_s, \quad [N_r, a_s^\dagger] = \delta_{rs}a_s^\dagger \tag{4.4}$$

式(4.2)と式(4.4)より，a_r, $a_r^\dagger$, N_r はそれぞれ消滅演算子，生成演算子，占有数演算子と解釈される．N_r が持ち得る固有値は $n_r = 0, 1, 2, \ldots$ である．真空状態 $|0\rangle$ は，次のように定義される．

$$a_r|0\rangle = 0 \quad \text{all } r \tag{4.5}$$

そして，真空以外の状態は，

$$\left(a_{r_1}^\dagger\right)^{n_1}\left(a_{r_2}^\dagger\right)^{n_2}\ldots|0\rangle \tag{4.6}$$

という形を持つ状態の線形結合(重ね合わせ)によって構築される．

式(4.4)と同じ関係を導くための別の方法があるという事実は注目に値する．演算子 A と B の"反交換子"(anticommutator) を，次のように定義する．

$$[A, B]_+ \equiv AB + BA \tag{4.7}$$

そうすると，式(4.3)と類似の，演算子に関するもうひとつの恒等式が得られる．

$$[AB, C] = A[B, C]_+ - [A, C]_+B \tag{4.8}$$

今，演算子 a_r, $a_r^\dagger$ ($r = 1, 2, \ldots$) が交換関係(4.1)を満たす代わりに，次の反交換関係を満たすものと仮定する．

$$[a_r, a_s^\dagger]_+ = \delta_{rs}, \quad [a_r, a_s]_+ = [a_r^\dagger, a_s^\dagger]_+ = 0 \tag{4.9}$$

そうすると，後者により，

$$(a_r)^2 = (a_r^\dagger)^2 = 0 \tag{4.9a}$$

という性質が生じる．式(4.2), (4.8), (4.9)により，反交換する演算子(式(4.9)を満たす演算子)においても，交換する演算子(式(4.1)を満たす演算子)から導いた式(4.4)と"同じ"式が成立することが証明される．このことから，やはり a_r, $a_r^\dagger$, N_r がそれぞれ消滅演算子，生成演算子，占有数演算子であるという解釈が導かれるが，ただし，ここでは式(4.9)により，

$$N_r^2 = a_r^\dagger a_r a_r^\dagger a_r = a_r^\dagger(1 - a_r^\dagger a_r)a_r = N_r \tag{4.10}$$

となるので,

$$N_r(N_r - 1) = 0 \tag{4.10a}$$

である．つまり反交換する消滅・生成演算子を導入した場合の占有数演算子 N_r の固有値は $n_r = 0$ と $n_r = 1$ だけに限られるので，Fermi-Dirac統計に従う粒子系を扱うために適切な形式になっている．

真空状態 $|0\rangle$ は，やはり式(4.5)によって定義される．ひとつの粒子が状態 r にある状態は，次のように表される．

$$|1_r\rangle = a_r^\dagger |0\rangle \tag{4.11}$$

2粒子状態を反交換関係(4.9)を念頭に置いて考えると，$r \neq s$ ならば，

$$|1_r 1_s\rangle = a_r^\dagger a_s^\dagger |0\rangle = -a_s^\dagger a_r^\dagger |0\rangle = -|1_s 1_r\rangle \tag{4.12}$$

と表される．すなわち状態ベクトルは，粒子の入れ換えに関して反対称である．$r = s$ の場合を考えてみると，

$$|2_r\rangle = (a_r^\dagger)^2 |0\rangle = 0 \tag{4.13}$$

のように状態ベクトルが消失してしまう．すでに言及したように，同じ1粒子状態に2つ以上の粒子が入ることは許されていない．

ボゾン系とフェルミオン系の導出方法は類似関係にあるが，本質的に異なる部分を持っている．ボゾンの交換関係(4.1)は，非相対論的な量子力学における正準交換関係からの直接的な帰結である(式(1.19)の導出と比較せよ)．これに対してフェルミオンの反交換関係(4.9)は，前段階の理論に対応関係を求めることはできない．

4.2　Dirac方程式

Dirac方程式を，まず古典場の理論として考察してみよう．これは次節において量子化を施すための準備になる[1]．Dirac方程式はスピン $\frac{1}{2}$ の物質粒子を記述する．場の量子論へ移行すると，電子に対する反粒子である陽電子が必然的に必要となる．後から量子電磁力学を展開するための都合を考えて，本章ではDirac理論を電子と陽電子を記述するものとして論じるが，この理論はミュー粒子やクォークなど，他のスピン $\frac{1}{2}$ 粒子にも同じように適用することができる．

---

[1] 読者は既にDirac方程式に関する初等的な議論に親しんでいるものと仮定する．たとえば L. I. Schiff, *Quantum Mechanics*, 3rd edn, McGraw-Hill, New York, 1968, pp.472-488. 後から必要となる，より詳しいDirac理論の結果について付録Aにまとめてある．

静止質量 m の粒子に関する Dirac 方程式は,

$$i\hbar \frac{\partial \psi(x)}{\partial t} = \left[c\boldsymbol{\alpha} \cdot (-i\hbar \boldsymbol{\nabla}) + \beta mc^2 \right] \psi(x)$$

であるが,これを次のように書き直すこともできる.

$$i\hbar \gamma^\mu \frac{\partial \psi(x)}{\partial x^\mu} - mc\psi(x) = 0 \tag{4.14}$$

ここで,

$$\gamma^0 = \beta, \quad \gamma^i = \beta \alpha_i, \quad i = 1, 2, 3$$

は γ 行列と呼ばれる 4×4 行列であり,行列として次の反交換関係を満たす.

$$[\gamma^\mu, \gamma^\nu]_+ = 2g^{\mu\nu} \tag{4.15}$$

γ^0 はエルミート条件 $\gamma^{0\dagger} = \gamma^0$ を満たし,また他の3つは $\gamma^{j\dagger} = -\gamma^j$ ($j = 1, 2, 3$) のように反エルミートであるが,これらをまとめて次のようにも書ける[2].

$$\gamma^{\mu\dagger} = \gamma^0 \gamma^\mu \gamma^0 \tag{4.16}$$

これに対応して $\psi(x)$ は,4成分から成るスピノル波動関数 $\psi_\alpha(x)$ ($\alpha = 1, 2, 3, 4$) となる.通常,スピノル成分の添字と行列要素の添字は省略される[3].特定の行列表示を用いた方が便利な場合も無いことはないが,一般に具体的な表示は必要ではない.我々は具体的な γ 行列の表示に依存しない方法で理論の定式化を行うことにして,γ 行列には反交換性(4.15)と,エルミート性に関する条件(4.16)だけを仮定する.具体的な状況が与えられれば,この条件下で最も便利な表示を採用すればよい.

$\psi(x)$ に随伴する場 $\bar{\psi}(x)$ は,

$$\bar{\psi}(x) = \psi^\dagger(x) \gamma^0 \tag{4.18}$$

と定義され,随伴する Dirac 方程式は次のように表される.

$$i\hbar \frac{\partial \bar{\psi}(x)}{\partial x^\mu} \gamma^\mu + mc\bar{\psi}(x) = 0 \tag{4.19}$$

---

[2] これらの条件により,次の Dirac ハミルトニアンのエルミート性が保証される.

$$H = c\gamma^0 \gamma^j (-i\hbar \partial/\partial x^j) + mc^2 \gamma^0 \tag{4.17}$$

[3] 式の意味を把握し難い読者は,添字を書いてみること.たとえば式(4.14)は次式を意味する.

$$\sum_{\beta=1}^{4} i\hbar \gamma^\mu_{\alpha\beta} \frac{\partial \psi_\beta(x)}{\partial x^\mu} - mc\psi_\alpha(x) = 0, \quad \alpha = 1, 2, 3, 4 \tag{4.14a}$$

4.2. Dirac方程式

Dirac方程式(4.14)と(4.19)は，次のラグランジアン密度から導かれる．

$$\mathcal{L} = c\bar{\psi}(x)\left[i\hbar\gamma^\mu \frac{\partial}{\partial x^\mu} - mc\right]\psi(x) \tag{4.20}$$

すなわち上式を用いた作用積分(2.11)において ψ_α と $\bar{\psi}_\alpha$ を独立と見なし，作用積分を停留させる条件から Dirac方程式が得られる．ラグランジアン密度(4.20)により，場 ψ_α と $\bar{\psi}_\alpha$ に対して共役な場が，それぞれ次のように与えられる．

$$\pi_\alpha(x) = \frac{\partial \mathcal{L}}{\partial \dot{\psi}_\alpha} = i\hbar\psi_\alpha^\dagger, \quad \bar{\pi}_\alpha(x) = \frac{\partial \mathcal{L}}{\partial \dot{\bar{\psi}}_\alpha} \equiv 0 \tag{4.21}$$

Dirac場のハミルトニアンと運動量は，式(2.51), (4.20), (4.21)から得られる．

$$H = \int d^3\mathbf{x}\, \bar{\psi}(x)\left[-i\hbar c\gamma^j \frac{\partial}{\partial x^j} + mc^2\right]\psi(x) \tag{4.22}$$

$$\mathbf{P} = -i\hbar \int d^3\mathbf{x}\, \psi^\dagger(x)\boldsymbol{\nabla}\psi(x) \tag{4.23}$$

式(4.22)はもちろん，通常のハミルトニアン密度の定義(2.25)に基づいて与えられている．

Dirac場の角運動量も，式(2.54)から同様にして導かれる．Dirac場を対象とした場合の無限小Lorentz変換(2.47)は，次のように表される．

$$\psi_\alpha(x) \to \psi'_\alpha(x') = \psi_\alpha(x) - \frac{i}{4}\varepsilon_{\mu\nu}\sigma^{\mu\nu}_{\alpha\beta}\psi_\beta(x) \tag{4.24}$$

上式では $\mu,\nu = 0,1,2,3$ と $\beta = 1,2,3,4$ に関する和が含意されており，$\sigma^{\mu\nu}_{\alpha\beta}$ は 4×4 行列，

$$\sigma^{\mu\nu} \equiv \frac{i}{2}[\gamma^\mu, \gamma^\nu] \tag{4.25a}$$

における α 行 β 列の行列要素である．式(4.24)は付録Aの式(A.60)から導かれる．これで，式(2.54)に従いDirac場の角運動量が得られる．

$$\mathbf{M} = \int d^3\mathbf{x}\, \psi^\dagger(x)\left[\mathbf{x}\times(-i\hbar\boldsymbol{\nabla})\right]\psi(x) + \int d^3\mathbf{x}\, \psi^\dagger(x)\left(\frac{\hbar}{2}\boldsymbol{\sigma}\right)\psi(x) \tag{4.26}$$

ここで $\boldsymbol{\sigma}$ は，

$$\boldsymbol{\sigma} = (\sigma^{23}, \sigma^{31}, \sigma^{12}) \tag{4.25b}$$

という 4×4 行列を要素とする3元量であり，各 4×4 行列は，2×2 Pauliスピン行列を一般化したものにあたる．式(4.26)の第1項，第2項はそれぞれ，スピン $\frac{1}{2}$ 粒子の軌道角運動量，スピン角運動量を表す．

ラグランジアン密度(4.20)は，位相変換(2.41)の下で不変である．したがって式(2.42)により，保存する電荷，

$$Q = q \int d^3\mathbf{x}\, \psi^\dagger(x)\psi(x) \tag{4.27}$$

が導かれる．また電荷-電流密度(電磁カレント)，

$$s^\alpha(x) = \bigl(c\rho(x), \mathbf{j}(x)\bigr) = cq\bar{\psi}(x)\gamma^\alpha\psi(x) \tag{4.28}$$

は，次の連続の方程式(すなわち局所電荷保存の式)を満たす．

$$\frac{\partial s^\alpha}{\partial x^\alpha} = 0 \tag{4.29}$$

この連続の方程式は，Dirac方程式(4.14)および(4.19)から直接に導くこともできる．

Dirac場を量子化するためには(次節)，Dirac場をDirac方程式の基本解によって展開し，その展開係数に対して適切に反交換関係を課する必要がある．そこで本節では，完全正規直交系を成すDirac方程式(4.14)の基本解を与えておくことにする．

体積Vの立方体領域を考え，周期境界条件を適用する．完全系をなす平面波状態は，次のように決まる．周期境界条件下で許容される各運動量$\mathbf{p}$について，(正の)エネルギー，

$$cp_0 = E_\mathbf{p} = +(m^2c^4 + c^2\mathbf{p}^2)^{1/2} \tag{4.30}$$

の下で，Dirac方程式(4.14)は4つの独立な解を持つ．これらは次のように書かれる．

$$u_r(\mathbf{p})\frac{e^{-ipx/\hbar}}{\sqrt{V}}, \quad v_r(\mathbf{p})\frac{e^{ipx/\hbar}}{\sqrt{V}}, \quad r = 1, 2 \tag{4.31}$$

$u_r(\mathbf{p})$と$v_r(\mathbf{p})$は座標に依存しない4成分スピノルで，次式を満たす．

$$(\not{p} - mc)u_r(\mathbf{p}) = 0, \quad (\not{p} + mc)v_r(\mathbf{p}) = 0, \quad r = 1, 2 \tag{4.32}$$

ここで著しく便利な記法を導入した．任意の4元ベクトルAに対して，$\not{A}$ ('Aスラッシュ'と呼ぶ)を次のように定義する．

$$\not{A} \equiv \gamma^\mu A_\mu \tag{4.33}$$

式(4.31)の各解の時間依存性から，u_rを含む解の方は正エネルギー解，v_rを含む解は負エネルギー解として言及される．これらの術語は単に場の展開において用いるu-解とv-解を区別するだけのものである．我々はこれらの解釈を1粒子理論の観点からは行わず，1粒子的な解釈の困難や，空孔理論による再解釈には立ち入らないこ

とにする．理論を第二量子化してしまえば (ψ と $\psi^\dagger$ は演算子になる)，複雑な空孔理論に頼る必要はなく，直接に粒子と反粒子の描像に到達できること[4]を次節で見る予定である．

指定された運動量 $\mathbf{p}$ の下で，正エネルギー解も負エネルギー解もそれぞれ2重縮退していることは，スピンの向きの自由度に起因する．Dirac方程式においては，縦方向 ($\pm\mathbf{p}$ に平行) のスピン成分だけが運動の保存量となり，基本解(4.31)において，これらのスピン固有状態を選ぶことが可能である．$\sigma_\mathbf{p}$ を次のように定義する．

$$\sigma_\mathbf{p} = \frac{\boldsymbol{\sigma}\cdot\mathbf{p}}{|\mathbf{p}|} \tag{4.34}$$

$\boldsymbol{\sigma}$ は，式(4.25a)と式(4.25b)によって定義される．そうすると，次の条件を満たすように，式(4.31)のスピノルを選ぶことができる．

$$\sigma_\mathbf{p} u_r(\mathbf{p}) = (-1)^{r+1} u_r(\mathbf{p}), \quad \sigma_\mathbf{p} v_r(\mathbf{p}) = (-1)^r v_r(\mathbf{p}), \quad r = 1, 2 \tag{4.35}$$

u-スピノルと v-スピノルの添字の付け方を非対称にしてあるが，これはそれぞれが粒子と反粒子のスピンを扱うために便利な措置となる．

スピノル u_r と v_r を，次のように規格化する[§]．

$$u_r^\dagger(\mathbf{p}) u_r(\mathbf{p}) = v_r^\dagger(\mathbf{p}) v_r(\mathbf{p}) = \frac{E_\mathbf{p}}{mc^2} \tag{4.36}$$

これらは次の正規直交関係を持つ．

$$u_r^\dagger(\mathbf{p}) u_s(\mathbf{p}) = v_r^\dagger(\mathbf{p}) v_s(\mathbf{p}) = \frac{E_\mathbf{p}}{mc^2} \delta_{rs}$$
$$u_r^\dagger(\mathbf{p}) v_s(-\mathbf{p}) = 0 \tag{4.37}$$

式(4.31)は，自由粒子Dirac方程式の基本解として完全正規直交系を成すことになり，規格化条件は体積 V において $E_\mathbf{p}/mc^2$ である．平面波解(4.31)の他の性質については，付録Aにおいて論じてある．

4.3 第二量子化

Dirac場を量子化するために，完全系をなす平面波状態(4.31)を用いて場を展開する．

---

[4] この注意書きは，Diracが当初，空孔理論の発明という知的な偉業を成し遂げたことの意義を貶めるものではない．

[§] (訳註) 規格化因子 $E_\mathbf{p}/mc^2$ は，Lorentz収縮による高密度化の効果を表す因子で，古典論的な書き方をすると $E_\mathbf{p}/mc^2 = 1/\{1-(v/c)^2\}^{1/2}$ である (v は粒子速度)．

$$\psi(x) = \psi^+(x) + \psi^-(x)$$
$$= \sum_{r,\mathbf{p}} \left(\frac{mc^2}{VE_\mathbf{p}}\right)^{1/2} \left[c_r(\mathbf{p})u_r(\mathbf{p})e^{-ipx/\hbar} + d_r^\dagger(\mathbf{p})v_r(\mathbf{p})e^{ipx/\hbar}\right] \quad (4.38\text{a})$$

これと同時に，随伴する場 $\bar{\psi} = \psi^\dagger \gamma^0$ は次のように展開される．

$$\bar{\psi}(x) = \bar{\psi}^+(x) + \bar{\psi}^-(x)$$
$$= \sum_{r,\mathbf{p}} \left(\frac{mc^2}{VE_\mathbf{p}}\right)^{1/2} \left[d_r(\mathbf{p})\bar{v}_r(\mathbf{p})e^{-ipx/\hbar} + c_r^\dagger(\mathbf{p})\bar{u}_r(\mathbf{p})e^{ipx/\hbar}\right] \quad (4.38\text{b})$$

ここで $\bar{u}_r = u_r^\dagger \gamma^0$ etc. である．式(4.38) の和は，許容される運動量 $\mathbf{p}$ と，スピン状態 $r = 1, 2$ について行う[5]．因子 $(mc^2/VE_\mathbf{p})^{1/2}$ を入れておくと，後から展開係数を解釈する際に都合がよい．第二量子化を見越して，それぞれの係数の一方を $d_r^\dagger$, $c_r^\dagger$ と記しておいた．

式(4.38) は複素 Klein-Gordon 場の展開式(3.26) とよく似ている．しかし Dirac 方程式は電子のようなスピン $\frac{1}{2}$ の粒子を記述し，それは Pauli 原理と Fermi-Dirac 統計に従う．4.1節の扱い方に従って，展開係数に次のように"反"交換関係を設定することにしよう．

$$[c_r(\mathbf{p}), c_s^\dagger(\mathbf{p}')]_+ = [d_r(\mathbf{p}), d_s^\dagger(\mathbf{p}')]_+ = \delta_{rs}\delta_{\mathbf{pp}'} \quad (4.39\text{a})$$

他の反交換子はすべてゼロになることを，$c_r \equiv c_r(\mathbf{p})$, $c_s \equiv c_s(\mathbf{p}')$ のような略記によって示しておく．

$$[c_r, c_s]_+ = [c_r^\dagger, c_s^\dagger]_+ = [d_r, d_s]_+ = [d_r^\dagger, d_s^\dagger]_+ = 0$$
$$[c_r, d_s]_+ = [c_r, d_s^\dagger]_+ = [c_r^\dagger, d_s]_+ = [c_r^\dagger, d_s^\dagger]_+ = 0 \quad (4.39\text{b})$$

更に 4.1節に倣って，次のように演算子を定義する．

$$N_r(\mathbf{p}) = c_r^\dagger(\mathbf{p})c_r(\mathbf{p}), \quad \bar{N}_r(\mathbf{p}) = d_r^\dagger(\mathbf{p})d_r(\mathbf{p}) \quad (4.40)$$

式(4.39) の反交換関係に基づき，c_r, $c_r^\dagger$, N_r と d_r, $d_r^\dagger$, $\bar{N}_r$ は，2種類のフェルミオンに関する消滅演算子，生成演算子，占有数演算子を表すことになる．

真空状態 $|0\rangle$ は，次のように定義される．

$$c_r(\mathbf{p})|0\rangle = d_r(\mathbf{p})|0\rangle = 0, \quad \text{all } \mathbf{p}, \text{ and } r = 1, 2 \quad (4.41)$$

---

[5] 我々はスピン状態 u_r と v_r を指定したけれども，互いに直交する別のスピン状態の組を採用してもよいことを読者は明確に理解しておいてもらいたい．以下の議論は，スピン状態に関する解釈だけを変更すれば，スピンの基底状態をどのように選んでも適用できる．

4.3. 第二量子化

あるいは等価的に，次のように定義してもよい．

$$\psi^+(x)|0\rangle = \bar{\psi}^+(x)|0\rangle = 0, \quad \text{all } x \tag{4.42}$$

粒子を含む状態は，真空状態に対して生成演算子を作用させることによって得られる．4.1節で見たように，これらの状態はフェルミオン系に特有の性質を備えている（つまり式(4.12)や式(4.13)のような式が成立する）．

c 演算子や d 演算子に関わる粒子の物理的な性質を得るために，運動の保存量をこれらの演算子を用いて表してみよう．（読者は結果をほとんど推察できるであろう．）4.2節において Dirac 場のエネルギー，運動量，角運動量および電荷を導出した（式(4.22), (4.23), (4.26), (4.27)）．しかし，これらの演算子の真空状態における値は必ずしもゼロにはならない．我々は Klein-Gordon 場においても，これと似た状況を経験した（式(3.15), 式(3.16)参照）．後者の場合，運動の保存量を表す演算子を，正規順序化（演算子積において消滅演算子を生成演算子よりも右に並べる）を施して再定義することにより，真空へ作用させると必ずゼロになるようにして，観測量の基準を自動的に真空状態にすることができた．

フェルミオン系を扱う場合には，前に述べた正規積の定義に修正を加えなければならない．ボゾンの演算子に正規順序化を施す際には，すべての交換子がゼロになるかのように取り扱った（式(3.17), (3.18)）．これに対してフェルミオンの演算子に正規順序化を施す際には，すべての "反交換子" がゼロになるかのように扱う必要がある．たとえば $\psi_\alpha \equiv \psi_\alpha(x)$, $\psi_\beta \equiv \psi_\beta(x')$ etc. と略記することにして，

$$\begin{aligned} N(\psi_\alpha \psi_\beta) &= N\left[(\psi_\alpha^+ + \psi_\alpha^-)(\psi_\beta^+ + \psi_\beta^-)\right] \\ &= \psi_\alpha^+ \psi_\beta^+ - \psi_\beta^+ \psi_\alpha^+ + \psi_\alpha^- \psi_\beta^+ + \psi_\alpha^- \psi_\beta^- \end{aligned} \tag{4.43}$$

となる．ボゾンの場合の式(3.18)と比較してもらいたい．式(4.43)において場の演算子の一方もしくは両方を，その随伴演算子 $\bar{\psi}$ に入れ換えても同様の式が成立し，3つ以上の場の積の場合にも考え方は同じである[6]．

運動の保存量を表す演算子，すなわち式(4.22), (4.23), (4.26)-(4.28)に対して正規順序化を施した式，たとえば，

---

[6] フェルミオン演算子 ψ と $\bar{\psi}$ は非可換であるが，これは消滅・生成演算子の性質だけでなく，4成分スピノルの性質にも依るので，演算子の順序を変更する際には注意が必要である．たとえば O が 4×4 行列（γ 行列の積のような）であるとすると，

$$N(\bar{\psi} O \psi) = \bar{\psi}_\alpha^+ O_{\alpha\beta} \psi_\beta^+ - \psi_\beta^- O_{\alpha\beta} \bar{\psi}_\alpha^+ + \bar{\psi}_\alpha^- O_{\alpha\beta} \psi_\beta^+ + \bar{\psi}_\alpha^- O_{\alpha\beta} \psi_\beta^- \tag{4.43a}$$

であり，右辺第2項をスピノル添字を省いて表すならば $-\psi^- O^T \bar{\psi}^+$ となる．O^T は転置行列 $O^T_{\beta\alpha} = O_{\alpha\beta}$ である．読者は不安を感じるならば，スピノル添字をすべて書いてみること．

$$H = \int d^3x\, N\left\{ \bar{\psi}(x)\left[-i\hbar c \gamma^j \frac{\partial}{\partial x^j} + mc^2 \right]\psi(x) \right\} \tag{4.22a}$$

などに対して ψ と $\bar{\psi}$ の展開式(4.38)を代入する．1粒子状態(4.31)の正規直交性や，H の計算の際には基本状態が Dirac 方程式の解であることを利用すると，エネルギー，運動量，および電荷の演算子として以下の式が得られる．

$$H = \sum_{r,\mathbf{p}} E_{\mathbf{p}}\left[N_r(\mathbf{p}) + \bar{N}_r(\mathbf{p}) \right] \tag{4.44}$$

$$\mathbf{P} = \sum_{r,\mathbf{p}} \mathbf{p}\left[N_r(\mathbf{p}) + \bar{N}_r(\mathbf{p}) \right] \tag{4.45}$$

$$Q = -e \sum_{r,\mathbf{p}} \left[N_r(\mathbf{p}) - \bar{N}_r(\mathbf{p}) \right] \tag{4.46}$$

最後の式において，我々はパラメーター q を電子の電荷と置いた ($q = -e < 0$)．したがって，Dirac 方程式における質量 m を電子の質量と見なせば，c 演算子を電子に，d 演算子を陽電子に関係づけて解釈することができる．

スピンの性質を明示するために，スピン角運動量を状態 $c_r^\dagger(\mathbf{p})|0\rangle$ や $d_r^\dagger(\mathbf{p})|0\rangle$，すなわち運動量 $\mathbf{p}$ の電子もしくは陽電子がひとつある状態について計算してみよう．式(4.26)と式(4.34)により，縦方向のスピン演算子，すなわち運動量 $\mathbf{p}$ の向きのスピン演算子を定義する．

$$S_{\mathbf{p}} = \frac{\hbar}{2} \int d^3x\, N\left[\psi^\dagger(x) \sigma_{\mathbf{p}} \psi(x) \right] \tag{4.47}$$

読者各自において，次式を証明されたい．

$$\begin{aligned} S_{\mathbf{p}} c_r^\dagger(\mathbf{p})|0\rangle &= (-1)^{r+1} \frac{\hbar}{2} c_r^\dagger(\mathbf{p})|0\rangle \\ S_{\mathbf{p}} d_r^\dagger(\mathbf{p})|0\rangle &= (-1)^{r+1} \frac{\hbar}{2} d_r^\dagger(\mathbf{p})|0\rangle, \quad r = 1, 2 \end{aligned} \tag{4.48}$$

式(4.48)を見ると1電子状態 $c_r^\dagger(\mathbf{p})|0\rangle$ においても1陽電子状態 $d_r^\dagger(\mathbf{p})|0\rangle$ においても，運動方向のスピン成分が $r = 1$ では $+\hbar/2$，$r = 2$ では $-\hbar/2$ となっている．我々はこれらの運動方向に平行もしくは反平行のスピン状態を，それぞれ正(右巻き)もしくは負(左巻き)の"ヘリシティ"(旋性：helicity)を持つ状態と呼ぶ．(運動の向きとスピンの回転の向きを，右ねじと左ねじになぞらえて把握すればよい．) 我々は $S_{\mathbf{p}}$ を，運動量 $\mathbf{p}$ のスピン $\frac{1}{2}$ 粒子(電子でも陽電子でもよい)に関するヘリシティ演算子と呼ぶことにする．

式(4.44)-(4.46)および式(4.48)から，複素 Klein-Gordon 場と同様に，理論構造が粒子(電子)と反粒子(陽電子)に関して対称であることが見て取れる．これらの粒

子は電荷の符号が反転していることだけを除き，互いに同じ性質を備えている．(その結果として，他の電磁的な性質，たとえば磁気能率なども互いにちょうど反対符号の関係になっている．)

粒子と反粒子の対称な関係は，場の演算子 ψ と $\bar{\psi}$ の展開式(4.38)からは自明ではない．これは我々が特定のスピノル表示を選ばなかったためであり，また大抵の表示において正エネルギーのスピノルと負エネルギーのスピノルは全く違って見えるという事情がある．展開式(4.38)はMajorana表示と呼ばれる特別の表示を採用した場合にのみ，粒子-反粒子の対称性を明白に示すことになる．Majorana表示の γ 行列に添字 M を付けることにしよう．Majorana表示を規定する性質は，

$$\gamma_{\rm M}^{\mu *} = -\gamma_{\rm M}^\mu, \quad \mu = 0,1,2,3 \tag{4.49}$$

である．アステリスクは複素共役を表している．すなわち4つの γ 行列がすべて純虚数成分だけで構成される．Majorana表示の具体例は，付録Aの式(A.79)に与えてある．ここでは式(4.49)だけを仮定しておけばよい．

式(4.49)により，Majorana表示を採用した場合に，演算子，

$$\left(i\hbar \gamma_{\rm M}^\mu \frac{\partial}{\partial x^\mu} - mc \right) \tag{4.49a}$$

は実になることが分かる．よって $\psi_{\rm M}$ がMajorana表示の下でのDirac方程式の解ならば，その複素共役 $\psi_{\rm M}^*$ も解である．したがって式(4.31)の正エネルギー解をMajorana表示で，

$$u_{Mr}(\mathbf{p}) \frac{e^{-ipx/\hbar}}{\sqrt{V}}, \quad r = 1,2 \tag{4.50a}$$

と与えると，これに対応する負エネルギー解として，

$$u_{Mr}^*(\mathbf{p}) \frac{e^{ipx/\hbar}}{\sqrt{V}}, \quad r = 1,2 \tag{4.50b}$$

が存在する．Majorana表示の下で，展開式(4.38)は次のようになる．

$$\begin{aligned}
\psi_{\rm M}(x) &= \sum_{r,\mathbf{p}} \left(\frac{mc^2}{VE_\mathbf{p}} \right)^{1/2} \left[c_r(\mathbf{p}) u_{Mr}(\mathbf{p}) e^{-ipx/\hbar} + d_r^\dagger(\mathbf{p}) u_{Mr}^*(\mathbf{p}) e^{ipx/\hbar} \right] \\
\psi_{\rm M}^{\dagger\rm T}(x) &= \sum_{r,\mathbf{p}} \left(\frac{mc^2}{VE_\mathbf{p}} \right)^{1/2} \left[d_r(\mathbf{p}) u_{Mr}(\mathbf{p}) e^{-ipx/\hbar} + c_r^\dagger(\mathbf{p}) u_{Mr}^*(\mathbf{p}) e^{ipx/\hbar} \right]
\end{aligned} \tag{4.51}$$

最後の式では，粒子と反粒子の完全な対称性を示すために，$\bar{\psi}$ ではなく $\psi^{\dagger\rm T}$ の展開式を与えた．消滅演算子 $c_r(\mathbf{p})$ と $d_r(\mathbf{p})$ は同じ1粒子波動関数に掛かっており，運

動量，エネルギーおよびヘリシティが互いに等しい粒子と反粒子の演算子である．生成演算子についても同様である．ここまで一時的に場の演算子の粒子-反粒子対称性を明示するために Majorana 表示を用いたが，再び，対称性は隠されているけれども表示に依存しない一般性を持つ式(4.31)と(4.38)に戻ることにする．

消滅・生成演算子に関する反交換関係(4.39)は，Dirac 場の演算子 ψ と $\bar\psi$ の反交換関係を意味している．基本的な交換関係(4.39)と場の展開式(4.38)から，次の交換関係が得られる．

$$[\psi_\alpha(x), \psi_\beta(y)]_+ = [\bar\psi_\alpha(x), \bar\psi_\beta(y)]_+ = 0 \tag{4.52a}$$

$$[\psi_\alpha^\pm(x), \bar\psi_\beta^\mp(y)]_+ = i\left(i\gamma^\mu \frac{\partial}{\partial x^\mu} + \frac{mc}{\hbar}\right)_{\alpha\beta} \Delta^\pm(x-y) \tag{4.52b}$$

$\Delta^\pm(x)$ は Klein-Gordon 方程式の議論において導入した不変 Δ 関数，式(3.39)および式(3.41)である．式(4.52a)は自明である．式(4.52b)の証明は練習のために読者に委ねることにする．

式(4.52)を 4×4 行列の式と考えて下付き添字を省くと，式(4.52b)は，

$$[\psi^\pm(x), \bar\psi^\mp(y)]_+ = iS^\pm(x-y) \tag{4.53a}$$

と書かれる．4×4 行列の関数 $S^\pm(x)$ は，次のように定義される．

$$S^\pm(x) = \left(i\gamma^\mu \frac{\partial}{\partial x^\mu} + \frac{mc}{\hbar}\right) \Delta^\pm(x) \tag{4.54a}$$

上の2本の式から，更に，

$$[\psi(x), \bar\psi(y)]_+ = iS(x-y) \tag{4.53b}$$

が得られる．ここでは $\Delta(x) = \Delta^+(x) + \Delta^-(x)$ の関係と同様に，$S(x)$ を，

$$S(x) = S^+(x) + S^-(x) = \left(i\gamma^\mu \frac{\partial}{\partial x^\mu} + \frac{mc}{\hbar}\right) \Delta(x) \tag{4.54b}$$

と定義してある．

第3章で得た Δ 関数の表式から，式(4.54)の S 関数に対応する式も与えられる．例えば $\Delta^\pm(x)$ の積分表示(3.50)により，式(4.54a)を次のように書ける．

$$S^\pm(x) = \frac{-\hbar}{(2\pi\hbar)^4} \int_{C^\pm} d^4p\, e^{-ipx/\hbar} \frac{\slashed{p} + mc}{p^2 - m^2 c^2} \tag{4.55a}$$

複素 p_0 平面内の積分路 $C^\pm$ は，$p_0 = \pm(E_\mathbf{p}/c)$ における極を反時計まわりに周回する積分路であり，図3.1 (p.56) の複素 $k_0 (= p_0/c)$ 平面における積分路に対応する．被積分関数の分母に関しては，

$$(\slashed{p} \pm mc)(\slashed{p} \mp mc) = p^2 - m^2 c^2$$

という関係があるので，式(4.55a)は形式的に次のように書かれることも多い．

$$S^{\pm}(x) = \frac{-\hbar}{(2\pi\hbar)^4} \int_{C^{\pm}} d^4p \frac{e^{-ipx/\hbar}}{\not{p} - mc} \tag{4.55b}$$

4.3.1 スピン-統計定理

スピンと粒子統計の関係に関する簡単な議論を紹介して4.3節を終えることにする．ここまで我々はDirac方程式を，電子のFermi-Dirac統計を得るために反交換関係(4.39)を設定して量子化した．ここで，もしDirac方程式をBose-Einstein統計に従うように量子化したら，すなわち式(4.39)の反交換子を交換子で置き換えたらどうなるかという問題は興味深い．この変更の下で，式(4.22a)から計算される場のエネルギーは，式(4.44)ではなく，

$$H = \sum_{r, \mathbf{p}} E_{\mathbf{p}} \left[N_r(\mathbf{p}) - \bar{N}_r(\mathbf{p}) \right] \tag{4.56}$$

となる．ここではBose-Einstein統計を扱っているので，$N_r(\mathbf{p})$と$\bar{N}_r(\mathbf{p})$はゼロ以上のすべての整数値$0, 1, 2, \ldots$を取り得る．したがってハミルトニアン(4.56)には下限値が存在せず，エネルギーが際限なく低くなり得てしまう．系において，最低エネルギーの状態(基底状態)が存在することを理論に要請するのであれば，Dirac場の量子化にはFermi-Dirac統計を適用しなければならない．

これと類似の問題として，Klein-Gordon方程式をFermi-Dirac統計に従うように量子化したらどうなるかという問題もある．3.3節において我々は微視的因果律に言及した．すなわち2つの時空点間の不変距離$(x-y)$が空間的 (スペースライク) であれば，$A(x)$と$B(y)$の観測が両立する必要がある．

$$[A(x), B(y)] = 0, \quad \text{for } (x-y)^2 < 0 \tag{4.57}$$

我々は場の観測量，たとえばエネルギー-運動量密度や電荷-電流密度などが，場の演算子の双一次形式によって表されることを見てきた(たとえば式(3.12), (3.13), (3.32), (4.22), (4.23), (4.28)を参照)．演算子に関する恒等式(4.3)と(4.8)を用いると，そのような双一次観測量に関して式(4.57)が成立するためには，場自体も空間的 (スペースライク) な不変距離$(x-y)$を隔てた間で交換もしくは反交換をする必要がある．実Klein-Gordon場を対象にすると，

$$[\phi(x), \phi(y)] = 0, \quad \text{for } (x-y)^2 < 0$$

もしくは，

$$[\phi(x),\phi(y)]_+ = 0, \quad \text{for } (x-y)^2 < 0$$

でなければならない．

　我々はKlein-Gordon場をBose-Einstein統計で量子化すると，第1の条件が成立することを既に知っている（式(3.49)参照）．もしこれをFermi-Dirac統計に従うように量子化すると，すなわち交換関係(3.9)を反交換関係で置き換えると，上のどちらの条件も成立しないことを示すのは容易である．したがって微視的因果律を理論に要請するのであれば，Klein-Gordon場の量子化はBose-Einstein統計に従うように施さなければならない．

　これらの結果は，素粒子のスピン値とその統計の普遍的な関係として一般化される．整数スピンを持つ粒子はBose-Einstein統計に従うように量子化されねばならず，半整数スピンを持つ粒子はFermi-Dirac統計に従うように量子化されなければならない．"間違った"スピンと統計の関係は，上述の2種類の困難の何れかを引き起こす．自然界においてスピン-統計定理の例外は見出されておらず，この定理が証明されたことは，相対論的な量子力学の最も印象的な成功のひとつと言える．

4.4　フェルミオンの伝播関数

　3.4節において中間子の伝播関数を導入した．式(3.55)と対応する形で，ここでFeynmanのフェルミオン伝播関数を，次のように定義する．

$$\langle 0|\text{T}\{\psi(x)\bar{\psi}(x')\}|0\rangle \tag{4.58}$$

ここでもスピノル添字を省いた表記をしている．フェルミオン場に関する時間順序化積は，次のように定義される．

$$\begin{aligned}\text{T}\{\psi(x)\bar{\psi}(x')\} &= \theta(t-t')\psi(x)\bar{\psi}(x') - \theta(t'-t)\bar{\psi}(x')\psi(x) \\ &= \begin{cases} \psi(x)\bar{\psi}(x') & \text{if } t > t' \\ -\bar{\psi}(x')\psi(x) & \text{if } t' > t \end{cases}\end{aligned} \tag{4.59}$$

($t = x^0/c$ etc.)　この定義はボゾン場の場合の式(3.52)，式(3.54)と比べて，$t' > t$の項が因子(-1)だけ異なっている．この符号の変更はフェルミオン場が反交換する性質の反映である．(同様の違いはボゾン場とフェルミオン場に関する正規積においても見られた.)

4.4. フェルミオンの伝播関数

式(4.59)を用いてフェルミオンの伝播関数(4.58)を計算するために，次の関係に注意する．

$$\langle 0|\psi(x)\bar{\psi}(x')|0\rangle = \langle 0|\psi^+(x)\bar{\psi}^-(x')|0\rangle$$
$$= \langle 0|[\psi^+(x),\bar{\psi}^-(x')]_+|0\rangle = \mathrm{i}S^+(x-x') \tag{4.60a}$$

上式では式(4.53a)を用いた．同様に，

$$\langle 0|\bar{\psi}(x')\psi(x)|0\rangle = \mathrm{i}S^-(x-x') \tag{4.60b}$$

でもある．式(4.58)-(4.60)をまとめると，フェルミオン伝播関数は次のように表される．

$$\langle 0|\mathrm{T}\{\psi(x)\bar{\psi}(x')\}|0\rangle = \mathrm{i}S_\mathrm{F}(x-x') \tag{4.61}$$

ここで $S_\mathrm{F}(x)$ は，式(3.56)や式(4.54)と類似の関係によって，次のように定義される．

$$S_\mathrm{F}(x) = \theta(t)S^+(x) - \theta(-t)S^-(x) = \left(\mathrm{i}\gamma^\mu\frac{\partial}{\partial x^\mu} + \frac{mc}{\hbar}\right)\Delta_\mathrm{F}(x) \tag{4.62}$$

$\Delta_\mathrm{F}(x)$ に関する積分表示(3.58)に対応させて，$S_\mathrm{F}(x)$ を次のように書くこともできる．

$$S_\mathrm{F}(x) = \frac{\hbar}{(2\pi\hbar)^4}\int \mathrm{d}^4 p\, \mathrm{e}^{-\mathrm{i}px/\hbar}\frac{\not{p}+mc}{p^2-m^2c^2+\mathrm{i}\varepsilon} \tag{4.63}$$

複素 p_0 面における積分は，ここでは全実軸 $-\infty < p_0 < \infty$ に沿って実行する(p.61, 図3.6を参照せよ)．

中間子の伝播関数と同様に，フェルミオンの伝播関数も Feynman ダイヤグラムによって可視化すると便利である．(既に指摘したように，見た通りの解釈を過信してはならない．)

$t' < t$ の場合，フェルミオン伝播関数(4.61)への寄与は式(4.60a)の項から生じるので，電子が x' において生成し，x へ伝播してからそこで消滅するという解釈が得られる．他方 $t < t'$ の場合には，式(4.61)への寄与は式(4.60b)から生じるので，陽電子が x において生成し，x' へ伝播してからそこで消滅する過程を表すものと解釈される．これらの2つの場合を図4.1に示してある．どちらの図でも矢印は $\bar{\psi}$-場 (x') から ψ-場 (x) へ向いていることに注意してもらいたい．すなわち電子の矢は時間と同じ方向を向き，陽電子の矢は時間と反対の方向を向く．

これらの概念を図4.2に描いてある．これは Compton 散乱(電子-光子散乱)に対する最低次の摂動による2通りの寄与を表している．図4.2(a)ではフェルミオン線の矢に沿って，まず入射した電子が x' において終状態の光子を放射し，次に x におい

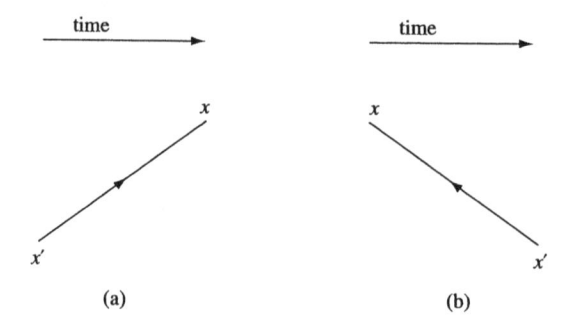

図 4.1 (a) $t' < t$：電子が x' から x へ伝播；(b) $t' > t$：陽電子が x から x' へ伝播．

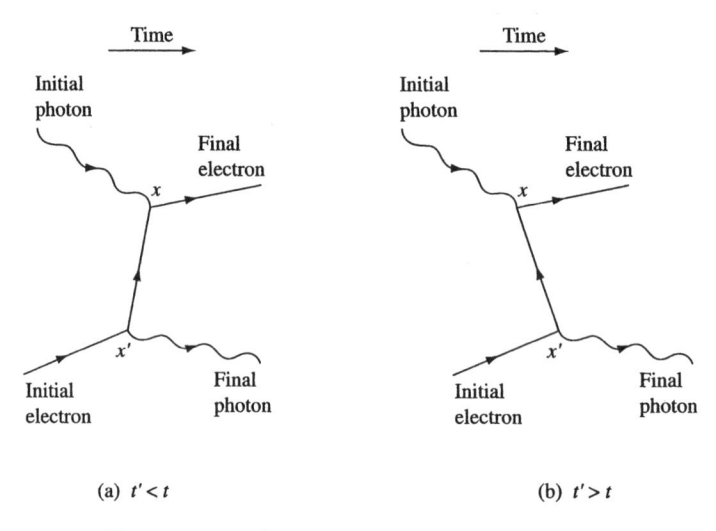

(a) $t' < t$ (b) $t' > t$

図 4.2 Compton 散乱への寄与を表す時間順序化グラフ．

て始状態の光子を吸収してから出射する過程を表す．図 4.2(b) はこれと対照される $t < t'$ の場合の過程を示している．始状態の光子が x において消滅し，そこで電子-陽電子対を生成する．すなわち終状態に残る電子と，x' へ伝播する陽電子が生成され，その陽電子は x' において入射電子と共に消滅して終状態の光子を生成する．矢はフェルミオン線に沿って同じように連続した向きで接続しており，"両方"の図において x'-結節点（$\bar{\psi}$ 演算子が関わる）から x-結節点（ψ が関わる）への向きが与えられていることに注意されたい．つまりこれらの 2 つの図はトポロジー的に等価であり，連続

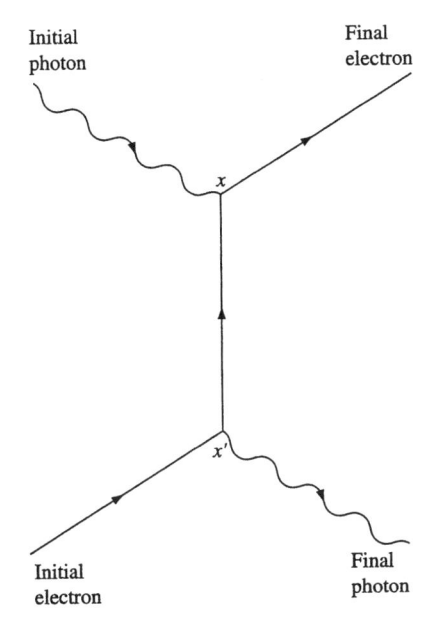

図 4.3 Compton 散乱への寄与：図 4.2 の 2 つの時間順序化グラフに対応する Feynman グラフ．

的な変形によって互いに移行できる関係にある．

フェルミオンの伝播関数 (4.61) は，図 4.2 の (a) と (b) の両方の寄与を含んでおり，これらは図 4.3 のような単一の Feynman ダイヤグラムで表現される．Feynman グラフでは各結節点(ヴァーテックス) x と x' の時間順序が指定されておらず，このことと整合するように，x と x' の時間順序を指定するための上部の矢印が除かれている．このダイヤグラムは，線分 xx' の方向 (角度) が違うように描いても，その違いが意味を持つことはない．しかしながら外線 (ダイヤグラムの外部から入る線，ダイヤグラムから外部へ出る線) については，Feynman グラフでも，時間の向きを伴った線と見なす．左側からダイヤグラムに入る外線は始状態において存在する粒子を表し，ダイヤグラムから右側に出る外線は終状態において存在する粒子を表すものと解釈する．これらの慣例に従うならば，図 4.4 の (a) は必然的に電子の Compton 散乱を，(b) は陽電子の Compton 散乱を表すことになり，グラフ自体以外に但し書きは不要である．フェルミオン線における矢印は，電子 (外線が左から右を向く) と陽電子 (外線が右から左を向く) を区別するために必要とされる．光子を表す線は本質的に，向きを指定する矢印が不要であるが，外線だけは，始状態もしくは終状態において存在している光子を表すことを

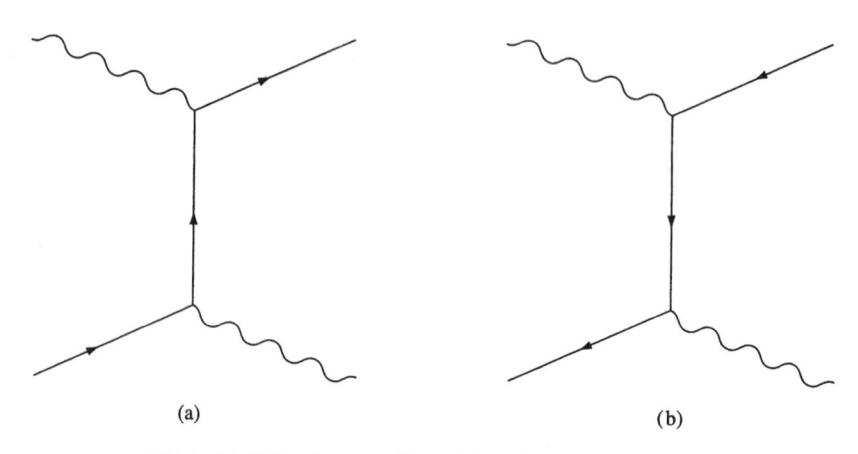

図4.4 (a) 電子の Compton 散乱 ; (b) 陽電子の Compton 散乱.

強調するために，矢印を付ける場合もある．今後，我々はこのような Feynman ダイヤグラムをしばしば利用することになる．

4.5 電磁的相互作用とゲージ不変性

ここから相対論的な電子と電磁場の相互作用について考察しよう．電磁場はスカラーポテンシャル $\phi(x)$ とベクトルポテンシャル $A(x)$ によって指定される．この目的のために，非相対論的な量子力学において成功を収めた手続きを踏襲することにする．量子力学では自由粒子に関する Schrödinger 方程式において，

$$i\hbar\frac{\partial}{\partial t} \to i\hbar\frac{\partial}{\partial t} - q\phi(x), \quad -i\hbar\nabla \to -i\hbar\nabla - \frac{q}{c}\mathbf{A}(x) \tag{4.64a}$$

という置き換えを施すことにより，電荷 q の粒子が電磁場中にある場合の正しい波動方程式が得られた．(これに対応する古典的な結果は式(1.59)に含まれている．)

式(4.64a)を"極小置換"(minimal substitution) と呼ぶことが多い．4元ベクトルポテンシャル $A^\mu(x) = (\phi, \mathbf{A})$ を用いると，この置き換えは，共変性が明らかな共変微分 D_μ への移行の形で表される．

$$\partial_\mu \equiv \frac{\partial}{\partial x^\mu} \to D_\mu = \left[\partial_\mu + \frac{iq}{\hbar c}A_\mu(x)\right] \tag{4.64b}$$

我々は，この置き換えによって，Dirac 方程式にも適正に電磁相互作用が導入されるものと仮定する．式(4.64b)の置き換えと電子電荷の設定 $q = -e$ の下で，Dirac

4.5. 電磁的相互作用とゲージ不変性

方程式(4.14)は次のようになる.

$$\left(i\hbar\gamma^\mu\partial_\mu - mc\right)\psi(x) = -\frac{e}{c}\gamma^\mu A_\mu(x)\psi(x) \tag{4.65}$$

ラグランジアン密度(4.20)は,

$$\begin{aligned}\mathcal{L} &= c\bar{\psi}(x)\left(i\hbar\gamma^\mu D_\mu - mc\right)\psi(x) \\ &= \mathcal{L}_0 + \mathcal{L}_\mathrm{I}\end{aligned} \tag{4.66}$$

と表される. $\mathcal{L}_0$ は自由Dirac場のラグランジアン密度,

$$\mathcal{L}_0 = c\bar{\psi}(x)\left(i\hbar\gamma^\mu\partial_\mu - mc\right)\psi(x) \tag{4.67}$$

$\mathcal{L}_\mathrm{I}$ は相互作用ラグランジアン密度,

$$\mathcal{L}_\mathrm{I} = e\bar{\psi}(x)\gamma^\mu\psi(x)A_\mu(x) \tag{4.68}$$

を表す. 後者は式(4.28)の保存する流れ（カレント） $s^\mu(x) = c(-e)\bar{\psi}\gamma^\mu\psi$ を電磁場に結合させる働きをする.

電磁力学を扱うための完全なラグランジアン密度を得るためには, 式(4.66)に輻射場のラグランジアン密度 $\mathcal{L}_\mathrm{rad}$, すなわち電荷を含まない空間における電磁場のラグランジアン密度を加える必要がある. このようなラグランジアン密度の構成は, 第1章で扱ったハミルトニアン(1.61)-(1.63)と似ている. $\mathcal{L}_\mathrm{rad}$ はポテンシャル $A_\mu(x)$ だけに依存するが, これについては次章で考察する.

物理的に意味があるのは電磁場 $\mathbf{E}$ と $\mathbf{B}$ であって, ポテンシャル $A_\mu(x)$ それ自体ではないことを我々は知っている. ポテンシャルに対するゲージ変換(1.3)の下で, 理論が不変でなければならない. ゲージ変換を共変な形で書くと, 次のようになる.

$$A_\mu(x) \rightarrow A'_\mu(x) = A_\mu(x) + \partial_\mu f(x) \tag{4.69a}$$

$f(x)$ は任意関数である. ゲージ変換に関する理論の不変性は, ラグランジアン密度から確認される. $\mathcal{L}_\mathrm{rad}$ が不変性を持つことは次章において示す. しかし式(4.66)に変換(4.69a)を施すと, 次のようになる.

$$\mathcal{L} \rightarrow \mathcal{L}' = \mathcal{L} + e\bar{\psi}(x)\gamma^\mu\psi(x)\partial_\mu f(x) \tag{4.70}$$

つまり $\mathcal{L}$ は変換(4.69a)に関して不変ではない. しかし電磁ポテンシャルに対する変換(4.69a)と, Dirac場に対する次の変換を組み合わせるならば, ゲージ不変性を回復することができる.

$$\left.\begin{aligned}\psi(x) &\rightarrow \psi'(x) = \psi(x)\mathrm{e}^{\mathrm{i}ef(x)/\hbar c} \\ \bar{\psi}(x) &\rightarrow \bar{\psi}'(x) = \bar{\psi}(x)\mathrm{e}^{-\mathrm{i}ef(x)/\hbar c}\end{aligned}\right\} \tag{4.69b}$$

式(4.69a)と式(4.69b)を組み合わせた変換の下で，ラグランジアン密度(4.67)と(4.68)は，次のように変換する．

$$\mathcal{L}_0 \rightarrow \mathcal{L}_0' = \mathcal{L}_0 - e\bar{\psi}(x)\gamma^\mu \psi(x)\partial_\mu f(x) \tag{4.71a}$$

$$\mathcal{L}_\mathrm{I} \rightarrow \mathcal{L}_\mathrm{I}' = \mathcal{L}_\mathrm{I} + e\bar{\psi}(x)\gamma^\mu \psi(x)\partial_\mu f(x) \tag{4.71b}$$

したがって，この変換の組合せの下で $\mathcal{L} = \mathcal{L}_0 + \mathcal{L}_\mathrm{I}$ は不変となる．

式(4.69b)は，変換位相因子が x に依存するので"局所的(ローカル)"な位相変換と呼ばれる．特例として $f(x) = \mathrm{const}$ と置けば，式(4.69b)は"大域的(グローバル)"な位相変換に還元する．2.4節で考察したように，大域的な位相変換の不変性は，電荷の保存を導く．理論にゲージ不変性を要請するならば，我々は電磁ポテンシャルに式(4.69a)の変換を施す際に，同時にDirac場に式(4.69b)のような局所的位相変換を施す必要がある．今後は，この両方の変換を同時に行うことをゲージ変換と称する．この一括変換に対してNoetherの定理を適用すると，新しい保存則が得られるのではなく，電荷保存則が再び導かれることが容易に示される．

これ以降，式(4.68)が量子電磁力学における適正な相互作用を与えるものと仮定する．他にもゲージ不変で，かつLorentz不変な局所相互作用の項を追加することは可能であるが，そのような可能性は，さらにもうひとつの制約——理論の繰り込み可能性——によって排除される．繰り込み可能性については11.3.2項において言及する予定である．相互作用項(4.68)を採用することの究極的な正当化の根拠はもちろん，この相互作用項に基づく理論予想が，物理学における最も高精度の実験結果と完全に整合するという事実にある．

練習問題

4.1 式(4.53b)から(それ以外の方法でもよいが)，次の同時刻反交換関係を導け．
$$[\psi(x), \bar{\psi}(y)]_+\big|_{x_0=y_0} = \gamma^0 \delta(\mathbf{x} - \mathbf{y})$$

4.2 関数 $S(x)$ と $S_\mathrm{F}(x)$ が，それぞれ斉次および非斉次のDirac方程式の解であることを示せ．

4.3 Dirac方程式の下で，電荷-電流密度演算子，
$$s^\mu(x) = -ec\bar{\psi}(x)\gamma^\mu \psi(x)$$
が，次の関係を満たすことを示せ．
$$[s^\mu(x), s^\nu(y)] = 0, \quad \text{for } (x-y)^2 < 0$$
この関係は，観測量である電荷-電流密度が，不変距離が空間的(スペースライク)に隔たった2点 $(x-y)$ では観測が両立するという微視的因果律に整合する関係である．

練習問題 (第4章)

4.4 実 Klein-Gordon 場 $\phi(x)$ の展開式 (3.7) において，仮に反交換関係，

$$[a(\mathbf{k}), a^\dagger(\mathbf{k}')]_+ = \delta_{\mathbf{k}\mathbf{k}'}, \quad [a(\mathbf{k}), a(\mathbf{k}')]_+ = [a^\dagger(\mathbf{k}), a^\dagger(\mathbf{k}')]_+ = 0$$

を課するならば，空間的 (スペースライク) な不変距離 $(x-y)$ で隔たった2点間において次の関係が成立することを示せ．

$$[\phi(x), \phi(y)] \neq 0 \text{ and } [\phi(x), \phi(y)]_+ \neq 0$$

(我々は 4.3 節末尾の議論により，ϕ の双一次形式で構築される観測量が微視的因果律 (4.57) を満たすならば，空間的な $(x-y)$ に関して $\phi(x)$ と $\phi(y)$ の交換子も反交換子もゼロになることを知っている．)

4.5 Dirac 場に対する次のような変換を，カイラル位相変換と呼ぶ．

$$\psi(x) \to \psi'(x) = \exp(\mathrm{i}\alpha\gamma_5)\psi(x), \quad \psi^\dagger(x) \to \psi^{\dagger\prime}(x) = \psi^\dagger(x)\exp(-\mathrm{i}\alpha\gamma_5)$$

α は任意の実数パラメーターである．

ラグランジアン密度 (4.20) は質量ゼロの極限 ($m=0$) においてのみ，カイラル位相変換に関して不変となること，およびそのときに保存される流れ (カレント) は軸性ベクトルカレント $J_\mathrm{A}^\alpha(x) \equiv \bar{\psi}(x)\gamma^\alpha\gamma_5\psi(x)$ であることを示せ．

次のような2つの場を考える．

$$\psi_\mathrm{L}(x) \equiv \frac{1}{2}(1-\gamma_5)\psi(x), \quad \psi_\mathrm{R}(x) \equiv \frac{1}{2}(1+\gamma_5)\psi(x)$$

ゼロでない質量の下で，これらの場に関する運動方程式を導き，それらが $m=0$ の極限において互いに結合しなくなることを示せ．そして，ラグランジアン密度，

$$\mathcal{L}(x) = \mathrm{i}\hbar c \bar{\psi}_\mathrm{L}(x)\gamma^\mu \partial_\mu \psi_\mathrm{L}(x)$$

が質量ゼロで，負のヘリシティだけを持つフェルミオンと，正のヘリシティだけを持つ反フェルミオンを記述することを示せ．(この場は Weyl 場と呼ばれ，質量をゼロと近似したニュートリノの弱い相互作用を記述するために利用される．)

第 5 章　光子：共変な理論

　第1章における電磁場の議論では，横波の輻射場だけが独立な力学的自由度に対応することをふまえて横波だけを量子化した．そこでは電荷の間に働く同時刻のCoulomb相互作用が電荷分布から完全に決定される古典的なポテンシャルとして扱われた．このような量子電磁力学の定式化は古典論と密接に関係しており，各項の解釈も馴染み深いものとなる．しかしながら場を横波成分と縦波成分に分解する措置は明らかに座標系に依存するものであり，理論のLorentz不変性を隠してしまう．

　量子電磁力学の完全な展開のためには，Lorentz共変性が明白な定式化が不可欠である．これは理論の繰り込み可能性を確立するために，すなわち摂動のすべての次数において有限で自己無撞着な結果を得るために必要とされる．また実際に高次の輻射補正を計算するためにも，共変な形式は極めて有用である．

　本章では電磁気学の共変な理論を展開する．5.1節において4元ポテンシャル $A^\mu(x)$ = $(\phi, \mathbf{A})$ の4つの成分をすべて同等に扱う共変な古典電磁気学の形式を提示する．これは系が実際に持つ自由度よりも多くの力学的自由度を導入することになるが，余分な自由度は後から適切な拘束条件を課することによって除かれる．

　5.2節では4元ポテンシャル $A^\mu(x)$ のすべての成分に量子化を施して量子場の理論を導くが，これは表面的には第1章のそれと異なって見える．しかしながら，これらの2通りの定式化は互いに等価である．そのことは5.3節で光子の伝播関数を論じる際に見ることにする．

5.1　古典電磁場

　Maxwellの方程式を共変な形で表すために，反対称な場のテンソルを導入する．

$$F^{\mu\nu}(x) = \begin{pmatrix} 0 & E_x & E_y & E_z \\ -E_x & 0 & B_z & -B_y \\ -E_y & -B_z & 0 & B_x \\ -E_z & B_y & -B_x & 0 \end{pmatrix} \begin{matrix} \mu \downarrow \\ 0 \\ 1 \\ 2 \\ 3 \end{matrix} \quad \begin{matrix} \nu \to 0 \quad 1 \quad 2 \quad 3 \end{matrix} \tag{5.1}$$

上記の $F^{\mu\nu}$ と電荷-電流密度 $s^\mu(x) = (c\rho(x), \mathbf{j}(x))$ を用いて，Maxwell の方程式 (1.1) を書き直すと，次のようになる．

$$\partial_\nu F^{\mu\nu}(x) = \frac{1}{c} s^\mu(x) \tag{5.2}$$

$$\partial^\lambda F^{\mu\nu}(x) + \partial^\mu F^{\nu\lambda}(x) + \partial^\nu F^{\lambda\mu}(x) = 0 \tag{5.3}$$

$F^{\mu\nu}$ は反対称なので，式(5.2)から直ちに次式が得られる．

$$\partial_\mu s^\mu(x) = 0 \tag{5.4}$$

すなわち電磁場と結合するカレント場には，自ずから保存則が要請されている．

テンソル場 $F^{\mu\nu}$ は，4元ベクトルポテンシャル $A^\mu(x) = (\phi, \mathbf{A})$ によって，次のように表される．

$$F^{\mu\nu}(x) = \partial^\nu A^\mu(x) - \partial^\mu A^\nu(x) \tag{5.5}$$

これは式(1.2)と同じ式である．4元ポテンシャルを用いるならば，式(5.3)は恒等的に満たされ，式(5.2)は次のようになる．

$$\Box A^\mu(x) - \partial^\mu \bigl(\partial_\nu A^\nu(x)\bigr) = \frac{1}{c} s^\mu(x) \tag{5.6}$$

これらの式は Lorentz 共変であり，また次のゲージ変換の下でも不変である．

$$A^\mu(x) \to A'^\mu(x) = A^\mu(x) + \partial^\mu f(x) \tag{5.7}$$

場の方程式(5.6)は，次のラグランジアン密度から導かれる．

$$\mathcal{L} = -\frac{1}{4} F_{\mu\nu}(x) F^{\mu\nu}(x) - \frac{1}{c} s_\mu(x) A^\mu(x) \tag{5.8}$$

すなわち上式における4つの成分 $A^\mu(x)$ をそれぞれ独立な場として扱い，変分原理 (2.11)-(2.14)を適用すればよい．このラグランジアン密度の形により，Lorentz 変換とゲージ変換の下で不変な，適正な場の方程式(5.6)の挙動が保証される[1]．

残念ながら，ラグランジアン密度(5.8)は正準量子化(5.8)を施すために適切なものではない．式(5.8)から導かれる共役な場は，

$$\pi^\mu(x) = \frac{\partial \mathcal{L}}{\partial \dot{A}_\mu} = -\frac{1}{c} F^{\mu 0}(x)$$

---

[1] $\mathcal{L}$ の Lorentz 不変性は明らかである．ゲージ変換(5.7)の下では，カレント保存により，

$$\mathcal{L} \to \mathcal{L} - \frac{1}{c} s_\mu(x) \partial^\mu f(x) = \mathcal{L} - \frac{1}{c} \partial^\mu \bigl[s_\mu(x) f(x) \bigr] \tag{5.9}$$

となる．$\mathcal{L}$ 自体はゲージ変換前後で不変ではないが，式(2.11)-(2.14)により，ラグランジアンに4元発散を加えても，場の方程式の変更は生じない．すなわち $\mathcal{L}$ の形によってゲージ不変性が保証される．(問題2.1参照．)

5.1. 古典電磁場

となるが，$F^{\mu\nu}$ は反対称テンソルなので $\pi^0(x) \equiv 0$ になってしまい，我々が設定したい正準交換関係 (2.31) に適合しないことは明らかである.

Fermi によって提案された，量子化に適したラグランジアン密度は，

$$\mathcal{L} = -\frac{1}{2}\bigl(\partial_\nu A_\mu(x)\bigr)\bigl(\partial^\nu A^\mu(x)\bigr) - \frac{1}{c}s_\mu(x) A^\mu(x) \tag{5.10}$$

である. 式 (5.10) から得られる共役な場は，

$$\pi^\mu(x) = \frac{\partial \mathcal{L}}{\partial \dot{A}_\mu} = -\frac{1}{c^2}\dot{A}^\mu(x) \tag{5.11}$$

のように，全成分がゼロではない関数になるので，正準量子化を適用することができる.

ラグランジアン密度 (5.10) から，次の場の方程式が導かれる.

$$\Box A^\mu(x) = \frac{1}{c}s^\mu(x) \tag{5.12}$$

式 (5.6) と式 (5.12) を比較すると，後者が Maxwell の方程式と等価になるのは，ポテンシャル $A^\mu(x)$ が次の条件を満たす場合だけである.

$$\partial_\mu A^\mu(x) = 0 \tag{5.13}$$

したがって量子化を Maxwell の方程式と両立するには，最初の段階では式 (5.13) の制約を無視して一般的なラグランジアン密度 (5.10) の下で量子化を行い，その後で式 (5.13) もしくはこれと等価な制約を補助条件として与える必要がある. この問題については次節で詳しく考察する.

古典論では任意のゲージ $A^\mu(x)$ から議論を出発しても，常に式 (5.7) の形のゲージ変換により，変換後のポテンシャル $A'^\mu(x)$ が補助条件 (5.13) を満たすようにできる. それにはゲージ変換関数 $f(x)$ として，次式を満たす関数を用いればよい.

$$\partial_\mu A^\mu(x) + \Box f(x) = 0 \tag{5.14}$$

補助条件 (5.13) の下で，ポテンシャルが一意的に決まるわけではない. ポテンシャル $A^\mu(x)$ が式 (5.13) を満たすものとすると，変換関数 $f(x)$ が次式を満たすようなゲージ変換 (5.7) によって得られる別の任意のポテンシャル $A'^\mu(x)$ も，やはり式 (5.13) を満たすことになる.

$$\Box f(x) = 0 \tag{5.15}$$

補助条件 (5.13) は Lorentz 条件と呼ばれる. この条件を課することによって，ゲージの選択の幅は狭まる. 式 (5.13) を満たすような任意のゲージを Lorentz ゲージと呼ぶ.

Lorentzゲージを採用することには，利点がいくつかある．第1に，Lorentz条件(5.13)はLorentz共変な制約である．これをCoulombゲージの条件(1.6),

$$\nabla\cdot\mathbf{A}=0$$

と比べると，Coulombゲージにおいて横波成分と縦波成分を区別して前者だけを残すという措置は，明らかに座標系に依存するものである(一般に横波が横波だけに変換される保証はない)．第2に，Lorentzゲージにおける場の方程式(5.12)は，一般のゲージにおける式(5.6)よりもはるかに単純である．特に，自由場の場合 ($s^\mu(x)=0$) を考えると，式(5.12)は次式に簡約される．

$$\Box A^\mu(x)=0 \tag{5.16}$$

式(5.16)はKlein-Gordon方程式(3.3)において質量をゼロと置いた式と同じ形をしている．このことから既にKlein-Gordon方程式に関して得ている多くの結果を，電磁場の共変な量子化にも流用できることになる．

式(5.16)により，Klein-Gordon場の展開(3.7)とよく似た方法で，電磁場 $A^\mu(x)$ を波動方程式の基本解の完全系を用いて展開することができる．

$$A^\mu(x)=A^{\mu+}(x)+A^{\mu-}(x) \tag{5.16a}$$

$$A^{\mu+}(x)=\sum_{r,\mathbf{k}}\left(\frac{\hbar c^2}{2V\omega_\mathbf{k}}\right)^{1/2}\varepsilon_r^\mu(\mathbf{k})a_r(\mathbf{k})\mathrm{e}^{-ikx} \tag{5.16b}$$

$$A^{\mu-}(x)=\sum_{r,\mathbf{k}}\left(\frac{\hbar c^2}{2V\omega_\mathbf{k}}\right)^{1/2}\varepsilon_r^\mu(\mathbf{k})a_r^\dagger(\mathbf{k})\mathrm{e}^{ikx} \tag{5.16c}$$

$\mathbf{k}$ に関する和は，周期境界条件によって許容される波数ベクトル $\mathbf{k}$ すべてについて行う(式(1.13))．k の第ゼロ成分は，

$$k^0=\frac{1}{c}\omega_\mathbf{k}=|\mathbf{k}| \tag{5.17}$$

である．r に関する和は $r=0$ から $r=3$ まで行うが，これは4元ベクトル場 $A^\mu(x)$ において，各 $\mathbf{k}$ の下で4つの線形独立な偏極状態が存在するという事実に対応する．これらは偏極ベクトル $\varepsilon_r^\mu(\mathbf{k})$ ($r=0,1,2,3$) によって記述される．これらを実数の4元ベクトルに選び，以下の正規直交性と完全性の条件を満たすものとする．

$$\varepsilon_r(\mathbf{k})\varepsilon_s(\mathbf{k})=\varepsilon_{r\mu}(\mathbf{k})\varepsilon_s^\mu(\mathbf{k})=-\zeta_r\delta_{rs}, \quad r,s=0,1,2,3 \tag{5.18}$$

$$\sum_r \zeta_r \varepsilon_r^\mu(\mathbf{k})\varepsilon_r^\nu(\mathbf{k})=-g^{\mu\nu} \tag{5.19}$$

ここで ζ_r は，次のように定義されている．

$$\zeta_0 = -1, \quad \zeta_1 = \zeta_2 = \zeta_3 = 1 \tag{5.20}$$

古典的なポテンシャル $A^\mu(x)$ $(\mu = 0, 1, 2, 3)$ は，もちろん実数の量である．これらが量子化されると演算子になることを先取りして，式(5.16)の展開式の係数を a_r および $a_r^\dagger$ と表しておいた．

式(5.16)は，式(1.38)と比較すべき式である．式(1.38)では輻射場を，各 $\mathbf{k}$ の下で2つの横偏極状態によって展開しており，電荷間の同時刻Coulomb相互作用を別に加える必要があった．式(5.16)では，各 $\mathbf{k}$ の下で，場 $A^\mu(x)$ を"全部"4つの偏極状態へと展開している．5.3節において，余分の2つの偏極状態が，同時刻Coulomb相互作用の共変な記述にあたることを見る予定である．

多くの目的に関して，偏極ベクトルには式(5.18)と式(5.19)の性質だけを要請するだけで充分である．しかしながら，ある指定された座標系において，特定の偏極ベクトルの組を選ぶことによって，物理的な解釈が促されることもしばしばある．このような具体的な偏極ベクトルの組として，我々は次のものを用いることにする．

$$\varepsilon_0^\mu(\mathbf{k}) = n^\mu \equiv (1, 0, 0, 0) \tag{5.21a}$$
$$\varepsilon_r^\mu(\mathbf{k}) = (0, \boldsymbol{\varepsilon}_r(\mathbf{k})), \quad r = 1, 2, 3 \tag{5.21b}$$

ここで，$\boldsymbol{\varepsilon}_1(\mathbf{k})$ と $\boldsymbol{\varepsilon}_2(\mathbf{k})$ は互いに直交する単位ベクトルで，かつ $\mathbf{k}$ とも直交する．そして，

$$\boldsymbol{\varepsilon}_3(\mathbf{k}) = \frac{\mathbf{k}}{|\mathbf{k}|} \tag{5.22a}$$

と置く．すなわち，

$$\mathbf{k} \cdot \boldsymbol{\varepsilon}_r(\mathbf{k}) = 0, \quad r = 1, 2; \qquad \boldsymbol{\varepsilon}_r(\mathbf{k}) \cdot \boldsymbol{\varepsilon}_s(\mathbf{k}) = \delta_{rs}, \quad r, s = 1, 2, 3 \tag{5.22b}$$

である．ε_1^μ と ε_2^μ は横偏極，ε_3^μ は縦偏極，ε_0^μ はスカラー偏極もしくは時間的な偏極(タイムライク)と呼ばれる．

後の都合のために，$\varepsilon_3^\mu(\mathbf{k})$ が次のように共変な形で書けることを注意しておく．

$$\varepsilon_3^\mu(\mathbf{k}) = \frac{k^\mu - (kn)n^\mu}{\left[(kn)^2 - k^2\right]^{1/2}} \tag{5.22c}$$

分子における $(kn)n^\mu$ の減算は，k^μ から時間的な成分(タイムライク)を除いて空間的なベクトル(スペースライク)を残し，分母の除算によって ε_3^μ は単位ベクトルになる．式(5.22c)では，実光子におい

て成立するはずの $k^2 = 0$ という制約を与えていない．後から，より一般的に $k^2 \neq 0$ の場合を扱う必要も生じるからである．

実数の偏極ベクトルは線形偏極に対応する．円偏極 (円偏光) や，楕円偏極 (楕円偏光) を記述する場合には，複素偏極ベクトルを導入して，式(5.18)と式(5.19)にも相応の修正をする必要がある．

5.2　共変な量子化

第2章で論じた正準量子化の形式を，式(5.10)において $s_\mu(x) = 0$ と置いた自由な電磁場の系に対して適用する．最初の段階では Lorentz 条件 (5.13) を無視する．$A_\mu(x)$ に対して共役な場 $\pi^\mu(x)$ は式(5.11)で与えられるので，同時刻交換関係(2.31)は次のようになる．

$$[A^\mu(\mathbf{x},t), A^\nu(\mathbf{x}',t)] = 0, \quad [\dot{A}^\mu(\mathbf{x},t), \dot{A}^\nu(\mathbf{x}',t)] = 0$$
$$[A^\mu(\mathbf{x},t), \dot{A}^\nu(\mathbf{x}',t)] = -\mathrm{i}\hbar c^2 g^{\mu\nu} \delta(\mathbf{x}-\mathbf{x}') \tag{5.23}$$

因子 $(-g^{\mu\nu})$ を除き，これらの関係は4つの独立な Klein-Gordon 場が満たすべき交換関係(3.6)と同じであり，各成分 $A^\mu(x)$ は式(5.16)を，すなわち Klein-Gordon 方程式において粒子質量をゼロと置いた式を満たす．(これらの点は，ラグランジアン密度(5.10)と(3.4)を比べてみれば納得できる.) この事情によって我々は Klein-Gordon 場について既に得ている結果を流用できることになるが，その物理的な解釈を，因子 $(-g^{\mu\nu})$ を考慮して再検証する必要がある．

3.3節において Klein-Gordon 場に関する共変な交換関係(3.42)を導いた．これを参考にして，$A^\mu(x)$ に関する共変な交換関係を即座に書くことができる．

$$[A^\mu(x), A^\nu(x')] = \mathrm{i}\hbar c D^{\mu\nu}(x-x') \tag{5.24}$$

ここで，

$$D^{\mu\nu}(x) = \lim_{m \to 0} \left[-g^{\mu\nu} \Delta(x) \right] \tag{5.25}$$

となる．$\Delta(x)$ は不変 Δ 関数(3.43)である．

Feynman の光子伝播関数も，式(3.55)，(3.58)を参考にして与えられる．

$$\langle 0 | \mathrm{T} \{ A^\mu(x) A^\nu(x') \} | 0 \rangle = \mathrm{i}\hbar c D_\mathrm{F}^{\mu\nu}(x-x') \tag{5.26}$$

$$D_\mathrm{F}^{\mu\nu}(x) = \lim_{m \to 0} \left[-g^{\mu\nu} \Delta_\mathrm{F}(x) \right] = \frac{-g^{\mu\nu}}{(2\pi)^4} \int \frac{\mathrm{d}^4 k\, \mathrm{e}^{-\mathrm{i}kx}}{k^2 + \mathrm{i}\varepsilon} \tag{5.27}$$

光子の伝播関数については，次節において十全な議論を行う．

量子化された場を光子の描像によって解釈するために，交換関係(5.23)に場の展開式(5.16)を代入すると，次の結果を得る．

$$[a_r(\mathbf{k}), a_s^\dagger(\mathbf{k}')] = \zeta_r \delta_{rs} \delta_{\mathbf{k}\mathbf{k}'}$$
$$[a_r(\mathbf{k}), a_s(\mathbf{k}')] = [a_r^\dagger(\mathbf{k}), a_s^\dagger(\mathbf{k}')] = 0 \tag{5.28}$$

式(5.20)により，$r=1,2,3$ では $\zeta_r=1$ なので，これらの r に関して式(5.28)は標準的なボゾンの交換関係(3.9)になり，横波光子 ($r=1,2$) と縦波光子 ($r=3$) については通常の占有数表示が導かれる．$r=0$ (スカラー光子)に関しては $\zeta_0=-1$ であり，あたかも $a_0(\mathbf{k})$ と $a_0^\dagger(\mathbf{k})$ の消滅演算子と生成演算子としての役割が入れ替わるように見える．しかしながら，この変更は別の困難を引き起こすことになり，標準的な定式化を根本的に修正する必要が生じてくる．修正の方法はいくつかあるが，我々はGupta(グプタ)とBleuler(ブロイラー)の方法に従うことにする．

Gupta-Bleuler理論では，横波光子，縦波光子，スカラー光子を同格に扱って，$a_r(\mathbf{k})$ ($r=1,2,3$, 'および0') を消滅演算子と解釈し，$a_r^\dagger(\mathbf{k})$ ($r=1,2,3$, 'および0') を生成演算子と解釈する．真空状態 $|0\rangle$ は，どの種類の光子も含んでいない状態として定義される．

$$a_r(\mathbf{k})|0\rangle = 0, \quad \text{all } \mathbf{k}, \quad r=0,1,2,3 \tag{5.29a}$$

この条件は，等価的に次のようにも書ける．

$$A^{\mu+}(x)|0\rangle = 0, \quad \text{all } x, \quad \mu=0,1,2,3 \tag{5.29b}$$

演算子 $a_r^\dagger(\mathbf{k})$ を真空状態 $|0\rangle$ に作用させると1光子状態になる．

$$|1_{\mathbf{k}r}\rangle = a_r^\dagger(\mathbf{k})|0\rangle \tag{5.30}$$

これは運動量 $\mathbf{k}$ を持つひとつの横波光子 ($r=1,2$)，もしくはひとつの縦波光子 ($r=3$)，もしくはひとつのスカラー光子 ($r=0$) が存在する状態を表す．

演算子 a_r と $a_r^\dagger$ の解釈を正当化するために，場のハミルトニアンを考察する．式(2.51a)より，ハミルトニアンは次のように与えられる．

$$H = \int d^3\mathbf{x}\, \mathrm{N}\bigl[\pi^\mu(x)\dot{A}_\mu(x) - \mathcal{L}(x)\bigr] \tag{5.31}$$

通例に従い，正規順序化した定義を採用してある．ラグランジアン密度の式(5.10)，$\pi^\mu(x)$ の式(5.11)と場の展開式(5.16)を用いると，式(5.31)は次のようになる．

$$H = \sum_{r,\mathbf{k}} \hbar\omega_{\mathbf{k}} \zeta_r a_r^\dagger(\mathbf{k}) a_r(\mathbf{k}) \tag{5.32}$$

式(5.32)は，スカラー光子に関して負号が付く ($\zeta_0 = -1$) にも関わらず，正定値のエネルギーを与える．たとえば1光子状態(5.30)を考えると，交換関係(5.28)に基づき，

$$H|1_{\mathbf{k}r}\rangle = \sum_{\mathbf{q},s} \hbar\omega_{\mathbf{q}} \zeta_s a_s^{\dagger}(\mathbf{q}) a_s(\mathbf{q}) a_r^{\dagger}(\mathbf{k})|0\rangle$$
$$= \hbar\omega_{\mathbf{k}} a_r^{\dagger}(\mathbf{k})|0\rangle, \quad r = 0, 1, 2, 3$$

となる．つまり横波光子でも縦波光子でもスカラー光子でも，そのエネルギーは正の値 $\hbar\omega_{\mathbf{k}}$ である．このことに対応して，占有数演算子を次のように定義する．

$$N_r(\mathbf{k}) = \zeta_r a_r^{\dagger}(\mathbf{k}) a_r(\mathbf{k}) \tag{5.33}$$

これらの演算子の定義と，交換関係(5.28)の下で，すべての種類の光子に関して矛盾のない占有数表示が与えられる．

この形式は，ここまで見る限りにおいて問題はないように思われるけれども，光子状態の規格化を行おうとすると困難が生じる．たとえば状態(5.30)のノルムは，

$$\langle 1_{\mathbf{k}r}|1_{\mathbf{k}r}\rangle = \langle 0|a_r(\mathbf{k}) a_r^{\dagger}(\mathbf{k})|0\rangle = \zeta_r \langle 0|0\rangle = \zeta_r$$

となり ($|0\rangle$ は $\langle 0|0\rangle = 1$ になるように規格化してあるものとする)，スカラー光子が存在する状態のノルムは負になってしまう．より一般には，奇数個のスカラー光子を含む任意の状態のノルムが負になることが示される．量子力学における確率解釈は，状態のノルムの正定値性に依存しているので，これは一見して深刻な困難に見える．しかしながらスカラー光子や縦波光子は，現実に観測されるものではない．この問題は，我々がここまでのところ Lorentz 条件(5.13)を無視しており，理論が Maxwell 理論と等価でないことと関係している．我々は，ここから Lorentz 条件を課すことを試みる必要がある．

残念ながら Lorentz 条件(5.13)を，そのまま単純に演算子の等式として捉えることはできない．式(5.13)は交換関係(5.24)と両立しない．何故なら，

$$[\partial_\mu A^\mu(x), A^\nu(x')] = i\hbar c \partial_\mu D^{\mu\nu}(x - x')$$

であって，これは恒等的にゼロにはならないからである．

この問題は Gupta と Bleuler によって解決された．彼らは Lorentz 条件(5.13)を，次のような，より緩い条件に置き換えた．

$$\partial_\mu A^{\mu+}(x)|\Psi\rangle = 0 \tag{5.34}$$

5.2. 共変な量子化

この条件式は消滅演算子だけを含んでいる．式(5.34)は状態ベクトルに対する制約であり，彼らの理論では，この条件を満たす状態ベクトルだけが許容される．式(5.34)と，これと共役な関係，

$$\langle \Psi | \partial_\mu A^{\mu -}(x) = 0$$

により，期待値に関してLorentz条件が成立する．

$$\langle \Psi | \partial_\mu A^\mu(x) | \Psi \rangle = \langle \Psi | \partial_\mu A^{\mu +}(x) + \partial_\mu A^{\mu -}(x) | \Psi \rangle = 0 \tag{5.35}$$

つまり式(5.34)の制約の下では，理論の古典的極限においてLorentz条件が保証され，Maxwellの方程式が成立する．

補助条件(5.34)の意味を理解するために，これを運動量空間の表示に移してみる．$A_\mu^+(x)$に式(5.16b)，$\varepsilon_r^\mu(\mathbf{k})$に式(5.21), (5.22)を代入すると，次の条件式が得られる．

$$[a_3(\mathbf{k}) - a_0(\mathbf{k})] | \Psi \rangle = 0, \quad \text{all } \mathbf{k} \tag{5.36}$$

これは，状態が含み得る各$\mathbf{k}$における縦波光子とスカラー光子の線形結合に関する制約となっている．この条件は横波光子に対しては，何の制約も与えない．

補助条件(5.36)の効果は，許容される状態$|\Psi\rangle$のエネルギーの期待値を計算してみると明らかになる．式(5.36)，およびこれと共役な関係により，

$$\langle \Psi | a_3^\dagger(\mathbf{k}) a_3(\mathbf{k}) - a_0^\dagger(\mathbf{k}) a_0(\mathbf{k}) | \Psi \rangle = \langle \Psi | a_3^\dagger(\mathbf{k}) [a_3(\mathbf{k}) - a_0(\mathbf{k})] | \Psi \rangle = 0$$

なので，式(5.32)より，

$$\langle \Psi | H | \Psi \rangle = \langle \Psi | \sum_{\mathbf{k}} \sum_{r=1}^{2} \hbar \omega_{\mathbf{k}} a_r^\dagger(\mathbf{k}) a_r(\mathbf{k}) | \Psi \rangle \tag{5.37}$$

となる．つまり補助条件を与えた結果，エネルギー期待値には横方向光子だけが寄与を持つことができる．他の観測量に関しても，同様の結果が得られる．

したがって補助条件により，自由空間における観測量は，横波光子だけから決まることになる．このことは我々が以前に提示した，縦波光子とスカラー光子が自由粒子の形で観測されることはないという主張への裏付けになっている．横波光子だけが観測されるということは，第1章でCoulombゲージにおける輻射場の非共変な量子化を行った際に，各々の$\mathbf{k}$に関して2つの自由度を与えたことに対応している．共変な扱い方では，縦波光子とスカラー光子は自由粒子としては現れないものの，完全に不要ということにはならない．各$\mathbf{k}$の下で余計に加わる2つの自由度のうち，ひとつは補助条件(5.36)によって除かれる．もうひとつはLorentzゲージの選択の任意性に対

応している.具体的には,縦波光子とスカラー光子の組合せに許容される変更が,変換前後のポテンシャルが両方とも Lorentz ゲージ条件を満たすようなポテンシャルの変換と等価であることが示される(問題5.2,問題5.3参照).

自由場(すなわち電荷を含まない空間における場)に関しては,真空状態 $|0\rangle$ が,どの種類の光子も存在しない状態として表されるようなゲージを採用するのが最も簡単である(式(5.29a)参照).しかしながら真空状態を,横波光子は含まないけれども,許容される縦波光子とスカラー光子の混合を含む状態として記述することも可能である.この記述は単に Lorentz ゲージの選び方が異なる場合に対応する.このような事情は,横波光子を含む(真空でない)状態に関しても同様である.

電荷が存在する空間における電磁場の状況は,より複雑になる.縦波光子とスカラー光子を無視することは,もはや不可能である.次節において光子の伝播関数を論じる際に,縦波光子とスカラー光子が中間状態における仮想粒子として重要な役割を演じ,第1章で見た同時刻 Coulomb 相互作用に対する共変な記述を与えることを見る予定である.しかしこの場合にも,散乱過程の始状態と終状態に関しては,横波光子だけを含む系を考えればよい.これは,そのような特定のゲージが選択されているということと,始状態と終状態において系に含まれる粒子同士が充分に離れていて,あたかも自由な系のようにゲージを選べるという事実に対応している.6.2節ではこの問題に戻って,衝突する粒子が互いに接近するときに断熱的に相互作用が発生し,散乱後に粒子が互いに遠ざかるときに断熱的に相互作用が消失するという扱い方を論じる予定である.

我々は Gupta-Bleuler 形式を,これを応用するために最低限必要な範囲内において論じた.Hilbert(ヒルベルト)空間において負のノルムを持つ状態が矛盾を生じないように,不定計量を持つ関数空間を自己無撞着に規定するような体系的な定式化を行うことも可能である.しかし多くの目的に関して,このような完全な定式化を行う必要はない[2].

5.3 光子の伝播関数

3.4節において Klein-Gordon 伝播関数(3.56)を,中間状態における仮想中間子の交換を表す関数として解釈した.光子の伝播関数(5.26)に対しても同様の解釈が予想されるが,場 $A^\mu(x)$ の4元性と,そこで見られる4つの独立な偏極状態に対応して,

---

[2] 関心のある読者は次に挙げる文献を参照されたい.S. N. Gupta, *Quantum Electrodynamics*, Gordon and Breach, New York, 1977; G. Källén, *Quantum Electrodynamics*, Springer, New York, 1972, and Allen & Unwin, London, 1972; J. M. Jauch and F. Rohrlich, *The Theory of Photons and Electrons*, 2nd edn, Springer, New York, 1976, Section 6.3.

5.3. 光子の伝播関数

ここでは4種類の光子の交換が想定される．4種類の光子のうち2つは横偏極，ひとつは縦偏極，ひとつはスカラー偏極に対応する．これは第1章の記述において，横波輻射だけが生じ，縦波やスカラーの輻射が存在しなかったこととは著しく異なっている．第1章では縦波輻射とスカラー輻射の代わりに，電荷間に同時刻Coulomb相互作用が導入されていた．これらの2通りの記述が互いに等価であることを本節で示す．

光子の交換による解釈を構築するために，座標空間における伝播関数 $D_{\rm F}^{\mu\nu}(x)$ (式(5.27)) と次のように関係する，運動量空間の伝播関数 $D_{\rm F}^{\mu\nu}(k)$ を導入する．

$$D_{\rm F}^{\mu\nu}(x) = \frac{1}{(2\pi)^4} \int d^4k \, D_{\rm F}^{\mu\nu}(k) e^{-ikx} \tag{5.38}$$

式(5.27)と式(5.19)により，具体的には次式を得る．

$$D_{\rm F}^{\mu\nu}(k) = \frac{-g^{\mu\nu}}{k^2+i\varepsilon} = \frac{1}{k^2+i\varepsilon} \sum_r \zeta_r \varepsilon_r^\mu(\mathbf{k}) \varepsilon_r^\nu(\mathbf{k}) \tag{5.39}$$

この式を解釈するために，偏極ベクトル $\varepsilon_r^\mu(\mathbf{k})$ が式(5.21)と式(5.22)によって与えられる特定の座標系を採用してみる．上式は次のようになる．

$$D_{\rm F}^{\mu\nu}(k) = \frac{1}{k^2+i\varepsilon} \left\{ \sum_{r=1}^{2} \varepsilon_r^\mu(\mathbf{k}) \varepsilon_r^\nu(\mathbf{k}) + \frac{[k^\mu-(kn)n^\mu][k^\nu-(kn)n^\nu]}{(kn)^2-k^2} + (-1)n^\mu n^\nu \right\} \tag{5.40}$$

この式の各項は，光子伝播関数への横波光子，縦波光子，スカラー光子による寄与をそれぞれ表している．

中間子の場合と同様に，式(5.40)の第1項，

$$_{\rm T}D_{\rm F}^{\mu\nu}(k) \equiv \frac{1}{k^2+i\varepsilon} \sum_{r=1}^{2} \varepsilon_r^\mu(\mathbf{k}) \varepsilon_r^\nu(\mathbf{k}) \tag{5.41a}$$

が横波光子の交換を表すものと解釈する．第1章の言葉では，これは横波の輻射場を介した電荷間の相互作用にあたる．

式(5.40)の残りの2つの項については，縦波光子の項とスカラー光子の項を別々に考察するのではなく，両者を組み合わせた上で改めて，$n^\mu n^\nu$ に比例する項と，それ以外の部分として捉えた方が，解釈しやすくなる．式(5.40)は次のように書き直される．

$$D_{\rm F}^{\mu\nu}(k) = {}_{\rm T}D_{\rm F}^{\mu\nu}(k) + {}_{\rm C}D_{\rm F}^{\mu\nu}(k) + {}_{\rm R}D_{\rm F}^{\mu\nu}(k) \tag{5.42}$$

ここで,

$$_{\mathrm{C}}D_{\mathrm{F}}^{\mu\nu}(k) \equiv \frac{n^\mu n^\nu}{(kn)^2 - k^2} \tag{5.41b}$$

$$_{\mathrm{R}}D_{\mathrm{F}}^{\mu\nu}(k) \equiv \frac{1}{k^2 + i\varepsilon}\left[\frac{k^\mu k^\nu - (kn)(k^\mu k^\nu + k^\nu k^\mu)}{(kn)^2 - k^2}\right] \tag{5.41c}$$

である.これらは両方とも縦波光子の成分とスカラー光子の成分の1次結合であるが,このような構成において簡明な解釈が可能となる.

まず式(5.41b)を座標空間で考察しよう.式(5.38)と式(5.21a)により,次式が得られる.

$$\begin{aligned}_{\mathrm{C}}D_{\mathrm{F}}^{\mu\nu}(x) &= \frac{g^{\mu 0}g^{\nu 0}}{(2\pi)^4}\int\frac{\mathrm{d}^3\mathbf{k}\,\mathrm{e}^{i\mathbf{k}\cdot\mathbf{x}}}{|\mathbf{k}|^2}\int \mathrm{d}k^0 \mathrm{e}^{-ik^0 x^0} \\ &= g^{\mu 0}g^{\nu 0}\frac{1}{4\pi|\mathbf{x}|}\delta(x^0)\end{aligned} \tag{5.43}$$

この式は時間依因子として$\delta(x^0)$,空間依存因子として$1/|\mathbf{x}|$を持ち,同時刻Coulombポテンシャルの性質を備えている.したがって式(5.43)によって表される縦波光子とスカラー光子の交換は,電荷間の同時刻Coulomb相互作用に対応している.第1章では横波の輻射場だけを量子化し,同時刻Coulomb場が力学的自由度を持たず電荷分布によって完全に決まってしまうという事実により,これを古典的なポテンシャルとして扱った.しかしここでは縦波成分とスカラー場成分も量子化され,同時刻Coulomb相互作用は縦波光子とスカラー光子の交換の効果として現れる.

最後に,残りの項(5.41c)を見てみよう.第1章において電荷間の電磁相互作用は,横波の輻射場と,同時刻Coulomb場を通じた相互作用として完全に表現された.これらの相互作用は両方とも,本章の取扱いにおいても既に説明が与えられており,また2通りの取扱いは等価でなければならないので,残りの項(5.41c)はあらゆる観測量に対して寄与を持ってはならない.実際,その通りになっているが,その基本的な理由は,電磁場が保存する電荷-電流密度$s^\mu(x)$だけと相互作用をするからである(式(5.2),式(5.4)).このことを簡単な例において示してみる.

7.1節の結果を先取りして示すと,電荷間の相互散乱は,最低次の摂動論から,次の演算子の行列要素によって与えられる(式(7.14)参照).

$$\int \mathrm{d}^4 x \int \mathrm{d}^4 y\, s_1^\mu(x) D_{\mathrm{F}\mu\nu}(x-y) s_2^\nu(y) \tag{5.44}$$

$s_1^\mu(x)$と$s_2^\nu(y)$は相互作用をしている2つの電荷-電流密度(カレント, 流れ)を表す.式(5.43)により,$_{\mathrm{C}}D_{\mathrm{F}\mu\nu}(x-y)$の式(5.44)への寄与が,2つの電荷密度$\rho_1(\mathbf{x}, x^0) = s_1^0(\mathbf{x}, x^0)/c$

と $\rho_2(\mathbf{y}, x^0) = s_2^0(\mathbf{y}, x^0)/c$ の間の同時刻Coulomb相互作用に対応することは明らかである．同様に横波光子の伝播関数 $_\mathrm{T}D_{\mathrm{F}\mu\nu}(x-y)$ は2つの電流密度 $\mathbf{j}_1(x) = \mathbf{s}_1(x)$ と $\mathbf{j}_2(y) = \mathbf{s}_2(y)$ の間の電磁相互作用を表す．

式(5.44)に対する残りの項 $_\mathrm{R}D_{\mathrm{F}\mu\nu}(x-y)$ の寄与がゼロになることは，電荷-電流保存則から容易に示すことができる．この項の式(5.44)への寄与を運動量空間へ変換すると，次式を得る．

$$\frac{1}{(2\pi)^4} \int \mathrm{d}^4 k\, s_1^\mu(-k)\,_\mathrm{R}D_{\mathrm{F}\mu\nu}(k)\, s_2^\nu(k) \tag{5.45}$$

ここで $s_r^\mu(k)$ $(r=1,2)$ は，式(5.38)と同様に，次式で定義されている．

$$s_r^\mu(x) = \frac{1}{(2\pi)^4} \int \mathrm{d}^4 k\, s_r^\mu(k)\, \mathrm{e}^{-ikx}, \quad r=1,2 \tag{5.46}$$

<ruby>流れ<rt>カレント</rt></ruby>の保存の式 $\partial_\mu s_r^\mu(x) = 0$ を運動量空間に移行させると，次式になる．

$$k_\mu s_r^\mu(k) = 0, \quad r=1,2 \tag{5.47}$$

式(5.41c)を見ると $_\mathrm{R}D_{\mathrm{F}\mu\nu}(k)$ に含まれる各項は，k_μ か k_ν もしくはこれら両方に比例する．したがって式(5.47)を用いると，式(5.45)は必ずゼロになる．

これで量子電磁力学の2通りの定式化の等価性に関する議論を終える．これを行うにあたり，我々は特定の座標系を選び，場を横波，縦波，およびスカラー部分へと分割した．一般の問題において，このような区分を導入する必要はなく，4つの偏極状態すべての和を含む共変性が明白な形式に従えばよい．特に量子電磁力学の展開において重要な，光子の伝播関数を表す式(5.38)と式(5.39)は，この性質を備えている．

練習問題

5.1 電磁場テンソルを用いたラグランジアン密度，
$$\mathcal{L} = -\frac{1}{4} F_{\mu\nu}(x) F^{\mu\nu}(x)$$
に対して $-\frac{1}{2}\left(\partial_\mu A^\mu(x)\right)\left(\partial_\nu A^\nu(x)\right)$ を加えた密度，
$$\mathcal{L} = -\frac{1}{4} F_{\mu\nu}(x) F^{\mu\nu}(x) - \frac{1}{2}\left(\partial_\mu A^\mu(x)\right)\left(\partial_\nu A^\nu(x)\right)$$
が Fermi によって提案された次のラグランジアン密度と等価であることを示せ．
$$\mathcal{L} = -\frac{1}{2}\left(\partial_\nu A_\mu(x)\right)\left(\partial^\nu A^\mu(x)\right)$$

5.2 交換関係(5.28)により，次式を示せ．
$$[a_3(\mathbf{k}) - a_0(\mathbf{k}),\, a_3^\dagger(\mathbf{k}) - a_0^\dagger(\mathbf{k})] = 0$$

物理的な真空を表す最も一般的な式，すなわち横波光子は存在しないが，許容されるスカラー光子と縦波光子の混合が一般的な形で含まれる状態の式が，次式で与えられることを示せ．

$$|\Psi_{\rm SL}\rangle = \sum_{n_1=0}^\infty \sum_{n_2=0}^\infty \cdots c(n_1, n_2, \ldots) \prod_{i=0}^\infty (\alpha_i^\dagger)^{n_i} |0\rangle$$
$$\alpha_i^\dagger \equiv a_3^\dagger(\mathbf{k}_i) - a_0^\dagger(\mathbf{k}_i)$$

$\mathbf{k}_i$ は許容される波数ベクトル (式(1.13))，$|0\rangle$ はすべての種類の光子が存在しない真空状態を表す．この状態のノルムが次式で与えられることを示せ．

$$\langle \Psi_{\rm SL} | \Psi_{\rm SL}\rangle = \left| c(0,0,\ldots) \right|^2$$

運動量と偏極ベクトルが確定している横波光子を決まった数だけ含む，最も一般的な状態ベクトルはどのように表されるか？

5.3 $|\Psi_{\rm T}\rangle$ が，横波光子だけを含む状態を表すものとする．a を定数として，
$$|\Psi'_{\rm T}\rangle = \left\{1 + a\left[a_3^\dagger(\mathbf{k}) - a_0^\dagger(\mathbf{k})\right]\right\} |\Psi_{\rm T}\rangle$$
という状態を考える．$|\Psi_{\rm T}\rangle$ を $|\Psi'_{\rm T}\rangle$ に置き換えることは，ゲージ変換に対応すること，すなわち次の関係が成立することを示せ．

$$\langle \Psi'_{\rm T} | A^\mu(x) | \Psi'_{\rm T}\rangle = \langle \Psi_{\rm T} | A^\mu(x) + \partial^\mu \Lambda(x) | \Psi_{\rm T}\rangle$$
$$\Lambda(x) = \left(\frac{2\hbar c^2}{V\omega_{\mathbf{k}}^3}\right)^{1/2} {\rm Re}\left(iae^{-ikx}\right)$$

5.4 複素Klein-Gordon場 $\phi(x)$ のラグランジアン密度(3.22)において，共変微分へ移行する極小置換，
$$\partial_\alpha \phi(x) \rightarrow D_\alpha \phi(x) = \left[\partial_\alpha + \frac{ie}{\hbar c} A_\alpha(x)\right]\phi(x)$$
$$\partial_\alpha \phi^\dagger(x) \rightarrow \left[D_\alpha \phi(x)\right]^\dagger = \left[\partial_\alpha - \frac{ie}{\hbar c} A_\alpha(x)\right]\phi^\dagger(x)$$

を施し，$\phi(x)$ によって表される荷電ボソンが電磁場 $A^\alpha(x)$ と相互作用するラグランジアン密度 $\mathcal{L}_{\rm I}(x)$ を求めよ．

この相互作用が荷電共役変換 $\mathcal{C}$ の下で不変であることを仮定して，次式を示せ．
$$\mathcal{C} A^\alpha(x) \mathcal{C}^{-1} = -A^\alpha(x)$$

($\phi(x)$ および式(3.32) の $s^\alpha(x)$ に対する荷電共役変換は，問題3.5において論じた．) そして，1光子状態 $|\mathbf{k}, r\rangle$ が $\mathcal{C}$ の固有状態で，その固有値は -1 であることを示せ．

第 6 章　S行列展開

　自由場の議論から，場の相互作用を扱うための現実的で興味深い議論へと話を進めよう．これから先は，粒子が互いに散乱したり，生成したり消滅したりする現象が対象となる．本質的には，相互に結合した非線形な場の方程式を，与えられた条件下で解く必要がある．たとえば量子電磁力学では，非斉次波動方程式(5.12)を，源の項にDiracカレント密度(4.28)を適用して解かなければならない．これは著しく難しい問題であり，通常は摂動論に頼って近似的に解くしかない．すなわち系のハミルトニアンを自由場の項と相互作用項に分けて，後者を摂動として扱うことになるが，相互作用が充分に弱い場合には摂動論が有効となる．量子電磁力学における光子と電子の結合の強さは，無次元の微細構造定数 $\alpha \approx 1/137$ によって評価されるが，これが小さいおかげで量子電磁力学に対する摂動論は成功を収めている．最低次の摂動論だけでなく，より高次の補正の計算にも摂動論は有効である．

　我々がここまで用いてきたHeisenberg描像の下では，摂動の手続きは大変複雑になるので，理論が進展するためには相互作用描像への切り替えが決定的に重要であった．6.2節では相互作用をする場の運動方程式を相互作用描像によって考察し，衝突過程の取扱いに適した摂動級数を得ることになる．この級数解はDyson(ダイソン)によって導かれたもので，S行列展開として知られている．S行列のDyson展開は，あらゆる衝突過程において，着目する過程に関わる遷移振幅を任意の次数まで拾い上げるために必要な情報をすべて含んでいるので，極めて重要である．この作業を遂行するための体系的な手続きを6.3節において展開する．

　これらの話題に進む前に，6.1節において自然単位系を導入する．この措置によって，その後の計算が著しく簡単になる．

6.1　自然単位系

　ここまでc.g.s.単位系を用いてきたが，この単位系では基本的な次元が質量 (M)，長さ (L)，および時間 (T) によって表されている．相対論的な場の量子論においては自然単位系 (natural units : n.u.) を採用すると，式も計算も簡単になる．自然単位系

では質量 (M), 作用 (A), 速度 (V) を基本的な次元と考え, $\hbar$ を作用の単位量, 光速 c を速度の単位量として選ぶ. したがって自然単位系では $\hbar = c = 1$ であり, c.g.s. 単位系による式は, $\hbar = c = 1$ と置くことで自然単位系の式に変換される. 自然単位系ではあらゆる量が M の冪(べき)の次元を持つ. L と T は,

$$L = \frac{A}{MV} \quad \text{and} \quad T = \frac{A}{MV^2} \tag{6.1}$$

なので, 一般的な関係として, c.g.s.系における次元,

$$M^p L^q T^r = M^{p-q-r} A^{q+r} V^{-q-2r} \tag{6.2}$$

を自然単位系に直すと M^{p-q-r} という次元を持つことになる. 自然単位系では多くの量が共通の次元を持つ. たとえば質量 m を持つ粒子の運動量-エネルギーの関係は, 自然単位系では,

$$E^2 = m^2 + \mathbf{p}^2 = m^2 + \mathbf{k}^2 \tag{6.3}$$

と表される. すなわち質量も運動量もエネルギーも波数ベクトルも, すべて共通して次元 M を持つ. c.g.s.単位系における無次元の微細構造定数,

$$\alpha = \frac{e^2}{4\pi\hbar c} = \frac{1}{137.04} \quad \text{(c.g.s.)} \tag{6.4a}$$

は,

$$\alpha = \frac{e^2}{4\pi} = \frac{1}{137.04} \quad \text{(n.u.)} \tag{6.4b}$$

となる. 自然単位系では電荷が無次元 (M^0) である.

一般的な関係 (6.2) や, 特定の式を用いる方法から, すべての量の n.u. 次元を容易に決めることができる. 重要な量について表6.1に示しておく.

自然単位系で得た結果から, 任意の単位系における数値を得ることは易しい. 自然単位系で表された量は次元 M^n を持つ. この量を別の単位系に変換するには, 使用したい単位系で正しい次元になるように, $\hbar$ と c の適当な冪(べき)を掛ければよい. M をエネルギーと捉えて MeV 単位で表すと都合のよい場合が多いが, その場合には変換因子として,

$$\hbar = 6.58 \times 10^{-22} \text{ MeV·s} \tag{6.5a}$$

$$\hbar c = 1.973 \times 10^{-11} \text{ MeV·cm} \tag{6.5b}$$

を用いて, 諸量を MeV, cm, s で表せばよい. 2つの例を取り上げて, この作業を行ってみる.

表6.1 c.g.s.次元 $M^p L^q T^r$ と n.u.次元 $M^n = M^{p-q-r}$.

量	c.g.s.			n.u.
	p	q	r	n
作用	1	2	-1	0
速度	0	1	-1	0
質量	1	0	0	1
長さ	0	1	0	-1
時間	0	0	1	-1
ラグランジアン密度, ハミルトニアン密度	1	-1	-2	4
微細構造定数 α	0	0	0	0
電荷	$\frac{1}{2}$	$\frac{3}{2}$	-1	0
Klein-Gordon場 $\phi(x)$ *	$\frac{1}{2}$	$\frac{1}{2}$	-1	1
電磁場 $A^\mu(x)$ *	$\frac{1}{2}$	$\frac{1}{2}$	-1	1
Dirac場 $\psi(x)$ と $\bar\psi(x)$ *	0	$-\frac{3}{2}$	0	$\frac{3}{2}$

*これらの場の次元は例えばラグランジアン密度の式(3.4), (5.10), (4.20) から得られる.

Thomson散乱の全断面積(1.72)は, 自然単位系では,

$$\sigma = \frac{8\pi}{3}\frac{\alpha^2}{m^2} \tag{6.6}$$

と表され, $m = 0.511$ MeV である. この式の右辺の単位を cm^2 に変換するには, 式(6.5b)により, $(\hbar c \text{ in MeV·cm})^2$ を掛ければよい.

$$\sigma = \frac{8\pi}{3}\alpha^2 \frac{(1.973 \times 10^{-11}\text{ MeV·cm})^2}{(0.511\text{ MeV})^2} = 6.65 \times 10^{-25}\text{ cm}^2$$

2番目の例として, ポジトロニウム(電子-陽電子束縛系)の基底状態 $1\,{}^1S_0$ の寿命 τ を表す n.u. の式を見てみよう[1].

$$\tau = \frac{2}{\alpha^5}\frac{1}{m} \tag{6.7}$$

m は電子質量である. m を MeV 単位で与えるならば, 式(6.7)の右辺に式(6.5a)を, すなわち $(\hbar \text{ in MeV·s})$ を掛ければ, 時間の次元を持つ量が得られる.

$$\tau = \frac{2}{\alpha^5}\frac{(6.58 \times 10^{-22}\text{ MeV·s})}{(0.511\text{ MeV})} = 1.24 \times 10^{-10}\text{ s}$$

---

[1] J. M. Jauch and F. Rohrlich, *The Theory of Photons and Electrons*, 2nd edn, Springer, New York, 1976, p.286, Eq.(12-108) を参照.

寿命の式の変換方法は，他の任意の寿命 τ を自然単位系から秒へ変換する際にも同様である．本質的な点は自然単位系の τ の次元が M^{-1} になっているということであり，これを $(\mathrm{MeV})^{-1}$ で表しておけば，同じ因子を乗じることで秒単位への変換ができる．

これらの例により，自然単位系で表された式から c.g.s. 単位系の数値が容易に得られることが分かる．計算過程全体にわたって $\hbar$ や c を使い続けたり，最終的に数値を得る前に，各段階の n.u. の式を c.g.s. 系の式に直して $\hbar$ や c を挿入することは，手間がかかるだけで何の利点もない．

c.g.s. 単位系の式が必要となることは少ないが，必要となれば n.u. の式から容易に得られる．いくつかの項の和の形で与えられる式では，各項それぞれに対して適切に $\hbar$ と c の冪(べき)を掛けて，すべての項が同じ c.g.s. 次元を持つようにする必要がある．(たとえば $(E+k)$ は，E をエネルギー，k を波数と解釈するならば，$(E+c\hbar k)$ や $(E/c+\hbar k)$ のような形へ変換される．) 最後に式全体に適正な c.g.s. 次元を持たせるために，全体に対して適当な $\hbar^a c^b$ を掛ける．指数 a と b は次元の考察によって決まるが，大抵は容易に推測できる．

6.2 S 行列展開

ここまで主に自由場を，すなわち相互作用をしていない場を Heisenberg 描像 (H.P.) の下で考察してきた．H.P. では状態ベクトルが時間に依存せず，演算子が時間依存性をすべて担っている．

ここから相互作用をしている場を調べることにしよう．例えば量子電磁力学 (Quantum Electrodynamics : QED) では，電子-陽電子場と電磁場が相互作用している系を対象として，ラグランジアン密度を次のように記述する．

$$\mathcal{L} = \mathcal{L}_0 + \mathcal{L}_\mathrm{I} \tag{6.8}$$

自由場のラグランジアン密度 $\mathcal{L}_0$ は，

$$\mathcal{L}_0 = \mathrm{N}\left[\bar{\psi}(x)\left(\mathrm{i}\gamma^\mu\partial_\mu - m\right)\psi(x) - \frac{1}{2}\left(\partial_\nu A_\mu(x)\right)\left(\partial^\nu A^\mu(x)\right)\right] \tag{6.9}$$

相互作用ラグランジアン密度 $\mathcal{L}_\mathrm{I}$ は，

$$\mathcal{L}_\mathrm{I} = \mathrm{N}\left[-s^\mu(x)A_\mu(x)\right] = \mathrm{N}\left[e\bar{\psi}(x)\slashed{A}(x)\psi(x)\right] \tag{6.10}$$

と与えられる (式(4.66)-(4.68) と式(5.10) を参照)．式(6.9) と式(6.10) において，自由場のラグランジアン密度と相互作用ラグランジアン密度を，それぞれ正規積の形で

書いた．このことにより，自由場に関して既に考察してある通り，エネルギーや電荷などのすべての観測量の真空期待値はゼロになる．式(6.8)に対応して，系の全ハミルトニアン H も，自由場のハミルトニアン H_0 と相互作用ハミルトニアン H_I に分割して表される．

$$H = H_0 + H_I \tag{6.11}$$

本章の冒頭で予告したように，我々はこれから相互作用描像 (I.P.) を採用する．この選択によって，2つの点において本質的な簡素化がなされる[2]．

第1に，I.P.の演算子は Heisenberg 的な運動方程式(1.87)に従うけれども，演算子の時間発展に全ハミルトニアン H が関わるわけではなく，自由場のハミルトニアン H_0 だけしか関与しない．

第2に，$\mathcal{L}_I$ が微分量を含まないと仮定するならば（第19章までは，この仮定を採用する），本来の場に対して正準共役な場は，自由場でも相互作用をする場でも共通となる．（たとえば QED では $\partial \mathcal{L}/\partial \dot{\psi}_\alpha = \partial \mathcal{L}_0/\partial \dot{\psi}_\alpha$, etc.）I.P. と H.P.はユニタリー変換によって関係づけられているので，I.P.の下で相互作用をしている場の交換関係は，自由場の (H.P.の) 交換関係と同じになる．

つまり I.P.において，相互作用をする場は自由場と同じ運動方程式と交換関係を満たす．したがって I.P.を採用するのであれば，自由場に関して既に得ている多くの結果（第3-5章）を，相互作用をしている場にも流用することができる．特に，自由場に関して得ている平面波解による完全系が，そのまま運動方程式の基本解として採用できるという点は重要である．相互作用のある系でも I.P.の下では自由場と同じ場の平面波展開が可能であり，占有数表示や Feynman 伝播関数も，同じ形のものを利用できる．

I.P.では，系の状態を記述する状態ベクトル $|\Phi(t)\rangle$ も時間に依存する．式(1.88)と式(1.89)により，状態ベクトルが満たすべき方程式は，

$$i\frac{d}{dt}|\Phi(t)\rangle = H_I(t)|\Phi(t)\rangle \tag{6.12}$$

と表される．ここで用いられる相互作用ハミルトニアンも，

$$H_I(t) = e^{iH_0(t-t_0)} H_I^S e^{-iH_0(t-t_0)} \tag{6.13}$$

のように I.P.で与えられる．上式の H_I^S と $H_0 = H_0^S$ は，それぞれ Schrödinger 描像 (S.P.) における相互作用ハミルトニアンと自由場のハミルトニアンである．$H_I(t)$

---

[2] 相互作用描像と，その Heisenberg 描像や Schrödinger 描像との関係は，第1章末尾の付録 (1.5節) で論じてある．この題材に馴染んでいない読者には，この段階で付録の内容を入念に学んでおくことを勧める．

は，H_I^S に含まれる S.P. の場の演算子を，時間に依存する自由場の演算子に置き換えることによって得られる．式(6.12)と式(6.13)では I.P. を表す添字 I を省いたが，これ以降は専ら I.P. だけを採用するので，描像を指定する添字 I を省略する．

式(6.12)は，時間に依存するハミルトニアン $H_I(t)$ の下での Schrödinger 方程式のような形をしている．もし相互作用の"スイッチを切る"(すなわち $H_I \equiv 0$ と置く)ならば，I.P. の状態ベクトルは時間に依存しない．有限の相互作用があれば，それが $|\Phi(t)\rangle$ の時間変化を引き起こす．系の初期状態が，時刻 $t = t_i$ において $|i\rangle$ に指定されているものとしよう．

$$|\Phi(t_i)\rangle = |i\rangle \tag{6.14}$$

式(6.12)を解くことができれば，任意の時刻 t における状態ベクトル $|\Phi(t)\rangle$ が与えられる．$H_I(t)$ のエルミート性により，式(6.12)に基づく状態ベクトル $|\Phi(t)\rangle$ の時間発展は，ユニタリー変換となるはずである．よって状態ベクトルのノルム(および規格化)は，時間の経過の下で保存される．

$$\langle \Phi(t)|\Phi(t)\rangle = \text{const} \tag{6.15}$$

一般には，異なる状態ベクトル間のスカラー積も，時間経過の下で保存量となる．

我々がここで展開しようとしている定式化の方法は，束縛状態の記述に関しては明らかに不向きであるが，粒子間の衝突-散乱過程を扱うことには適している．

衝突過程を扱う場合，始状態 $|i\rangle$ は，衝突が起こる遥か以前の時刻 ($t_i = -\infty$) において設定されるが，そのときは系に含まれる粒子が互いに充分に離れているので実効的には相互作用がほとんど効いていないものと見なすことが可能で，確定した数の粒子がそれぞれ確定した 1 粒子状態を占めている状態を設定すればよい．(たとえば QED では，指定された運動量，スピン，偏極を持つ電子，陽電子，光子の数がそれぞれ確定している状態を $|i\rangle$ として設定する．) 散乱過程において，系に含まれる粒子が互いに近づいて衝突し(すなわち相互作用をして)，再び遠ざかってゆく．式(6.12)によって始状態からの時間発展が規定され，終状態 $|\Phi(\infty)\rangle$ が決まる．すなわち始状態，

$$|\Phi(-\infty)\rangle = |i\rangle \tag{6.14a}$$

から，系に含まれる粒子が接近して散乱を起こし，その後，充分に時間が経過して系に含まれる粒子が再び充分に遠ざかったときの $t = \infty$ における状態 $|\Phi(\infty)\rangle$ までの時間発展が式(6.12)によって支配される．S 行列(S 演算子)は，終状態 $|\Phi(\infty)\rangle$ を始状態 $|\Phi(-\infty)\rangle$ と関係づける演算子として，次のように定義される．

$$|\Phi(\infty)\rangle = S|\Phi(-\infty)\rangle = S|i\rangle \tag{6.16}$$

6.2. S 行列展開

一般に衝突の結果として，多くの異なる終状態 $|f\rangle$ が確率的に生じ得るが，$|\Phi(\infty)\rangle$ にはすべての可能性が含まれているものと見なす．(たとえば電子-陽電子衝突により弾性散乱も制動放射 [光子の放射] も対消滅も起こり得る．) これに対して，着目したい個別の終状態 $|f\rangle$ を，$|i\rangle$ と同様の方法で指定することができる．

衝突後 $(t = \infty)$ に，系の状態が，指定された終状態 $|f\rangle$ へと移行している遷移確率は，

$$|\langle f|\Phi(\infty)\rangle|^2 \tag{6.17}$$

である ($|\Phi(\infty)\rangle$ も $|i\rangle$ も規格化されているものと仮定する). これに対応する確率振幅は次のように表される．

$$\langle f|\Phi(\infty)\rangle = \langle f|S|i\rangle \equiv S_{fi} \tag{6.18}$$

終状態 $|\Phi(\infty)\rangle$ を，完全正規直交系を構成する状態ベクトルの組 $\{|f\rangle\}$ によって展開すると，

$$|\Phi(\infty)\rangle = \sum_f |f\rangle\langle f|\Phi(\infty)\rangle = \sum_f |f\rangle S_{fi} \tag{6.19}$$

となり，S 行列のユニタリー性を次のように表現できる．

$$\sum_j |S_{fi}|^2 = 1 \tag{6.20}$$

式 (6.20) は確率保存則を表しているが，これは非相対論的な量子力学における粒子の確率保存よりも一般化された概念を含む．ここでは粒子が生成したり消滅したりしてもよいが，そのような可能性もすべて含んで，何らかの終状態が実現する確率の総和が 1 であることが保証される．

S 行列を計算するには，式 (6.12) を初期条件 (6.14a) の下で解かなければならない．これらの式を組み合わせて積分方程式をつくる．

$$|\Phi(t)\rangle = |i\rangle + (-\mathrm{i})\int_{-\infty}^{t} \mathrm{d}t_1 H_\mathrm{I}(t_1)|\Phi(t_1)\rangle \tag{6.21}$$

この方程式を解く方法は，一般には逐次代入に限られる．逐次代入によって得られる摂動解は，H_I の冪級数の形で与えられるが，相互作用エネルギー H_I が相対的に小さい場合に限り，摂動解は近似として有効になる．QED において光子-電子相互作用の強さを表す無次元の結合定数は微細構造定数 $\alpha \approx 1/137$ であり，これが小さいので QED では摂動解が意味を持つ．

式(6.21)を反復して用いると,

$$|\Phi(t)\rangle = |i\rangle + (-\mathrm{i})\int_{-\infty}^{t} \mathrm{d}t_1 H_\mathrm{I}(t_1)|i\rangle$$
$$+ (-\mathrm{i})^2 \int_{-\infty}^{t} \mathrm{d}t_1 \int_{-\infty}^{t_1} \mathrm{d}t_2 H_\mathrm{I}(t_1) H_\mathrm{I}(t_2)|\Phi(t_2)\rangle$$

のようになり,逐次代入を続けて $t \to \infty$ の極限を考えると,S行列は次のような級数の形で与えられる.

$$S = \sum_{n=0}^{\infty} (-\mathrm{i})^n \int_{-\infty}^{\infty} \mathrm{d}t_1 \int_{-\infty}^{t_1} \mathrm{d}t_2 \ldots \int_{-\infty}^{t_{n-1}} \mathrm{d}t_n H_\mathrm{I}(t_1) H_\mathrm{I}(t_2) \ldots H_\mathrm{I}(t_n) \quad (6.22\mathrm{a})$$
$$= \sum_{n=0}^{\infty} \frac{(-\mathrm{i})^n}{n!} \int_{-\infty}^{\infty} \mathrm{d}t_1 \int_{-\infty}^{\infty} \mathrm{d}t_2 \ldots \int_{-\infty}^{\infty} \mathrm{d}t_n \mathrm{T}\{H_\mathrm{I}(t_1) H_\mathrm{I}(t_2) \ldots H_\mathrm{I}(t_n)\} \quad (6.22\mathrm{b})$$

ここで n 個の相互作用ハミルトニアンの積に対する時間順序化積 $\mathrm{T}\{\cdots\}$ を導入したが,これは2つの演算子に関する定義(3.52)と(4.59)を自然な形で一般化したものである.すなわち演算子の順序を時刻の早いものほど右側に,時刻の遅いものほど左側になるように並べ替え,その並べ替えの際に,あたかもすべてのボゾン場同士(フェルミオン場同士)の交換子(反交換子)がゼロになるかのように扱うことにする.式(6.22a)と式(6.22b)の等価性は,H_I が偶数個のフェルミオン因子を含む(QEDのような)場合だけに成立する.すなわちこれは順序変更に伴って余分の因子 (-1) が生じないという条件である.両者の等価性は級数の各項において個別に成立するが,このことの証明は読者に委ねることにする.最後に式(6.22b)を相互作用ハミルトニアン密度 $\mathcal{H}_\mathrm{I}(x)$ を用いて書き換えて,共変性が明白な結果を得る.

$$S = \sum_{n=0}^{\infty} \frac{(-\mathrm{i})^n}{n!} \int \ldots \int \mathrm{d}^4 x_1 \mathrm{d}^4 x_2 \ldots \mathrm{d}^4 x_n \mathrm{T}\{\mathcal{H}_\mathrm{I}(x_1) \mathcal{H}_\mathrm{I}(x_2) \ldots \mathcal{H}_\mathrm{I}(x_n)\} \quad (6.23)$$

各積分は全時空間にわたって行う.この式がS行列のDyson展開であり,本書において用いる摂動論のアプローチの出発点になる.

我々は特定の遷移 $|i\rangle \to |f\rangle$ の振幅が $\langle f|S|i\rangle$ と与えられることを見た.S行列の展開式(6.23)から,このような特定の行列要素に対する寄与を拾い出すことは複雑な問題だが,これは次節で考察することにして,ここではまず始状態 $|i\rangle$ と終状態 $|f\rangle$ を指定する方法の妥当性を考察する.

上述の摂動論の定式化において,状態 $|i\rangle$ と状態 $|f\rangle$ は常套的に,非摂動の自由場ハミルトニアン H_0 の固有状態と考えた.すなわち始状態と終状態では相互作用がスイッチオフされている ($H_\mathrm{I} = 0$) ものと見なした.しかし粒子が互いに離れていたと

しても，我々が対象とするのは現実の粒子なので，この扱い方には疑義が生じる．ひとつの電子は，たとえ他の電子と離れていても，仮想的な光子の雲に覆われている．現実の物理的な電子は"衣をまとって"いるので，周囲に電磁場を伴わない裸の電子という概念は非現実的である．よって裸の粒子だけを含む状態 $|i\rangle$, $|f\rangle$ を採用することには，それを正当化する理由が必要であるが，ひとつの可能な手続きとして断熱仮説の導入がある．すなわち相互作用 $H_\mathrm{I}(t)$ を $H_\mathrm{I}(t)f(t)$ のように置き換えることが可能と考える．関数 $f(t)$ は充分に長い時間 $-T \leq t \leq T$ のあいだ $f(t) = 1$ を保ち，$t \to \pm\infty$ において単調に $f(t) \to 0$ になるものとする．(QEDならば，たとえば素電荷 e を時間に依存する結合定数 $ef(t)$ に置き換える．) こうすると始状態と終状態は裸の粒子によって記述される．$-\infty < t \leq -T$ のあいだに式(6.12)において $H_\mathrm{I}(t)$ を $H_\mathrm{I}(t)f(t)$ に置き換えた運動方程式に従って裸の粒子が物理的な粒子へと変わり，$|t| \leq T$ のあいだは物理的粒子と全相互作用 $H_\mathrm{I}(t)$ が扱われる．全相互作用が効力を及ぼすのは，粒子間距離が充分に近くなって相互作用を起こしている $-\tau \leq t \leq \tau$ の時間に限られている ($T \gg \tau$ とする)．断熱仮説の本質は，$|t| \leq \tau$ のあいだに起こる散乱は，散乱が起こるより遥か以前 ($t \ll -\tau$) の系の記述や，散乱が起こった遥か以後 ($t \gg \tau$) の系の記述には依存しないというものである．そして計算の最後に $T \to \infty$ の極限を想定すればよい．もちろん我々が最低次の摂動過程を計算する場合には (すなわち式(6.23)においてゼロでない結果を与える最低の n だけを用いる場合)，相互作用は専ら遷移を起こす部分に用いられることになり，裸の粒子を物理的粒子に変換する過程には使われない．このような事情を踏まえて，我々は最初から $T \to \infty$ の極限を考えて，全相互作用 $H_\mathrm{I}(t)$ を用いればよい．

6.3　Wickの定理

S行列展開(6.23)から具体的な遷移 $|i\rangle \to |f\rangle$ の振幅 $\langle f|S|i\rangle$ を，指定した次数に関して求める方法を調べる必要がある．式(6.23)の中のハミルトニアン密度 $\mathcal{H}_\mathrm{I}(x)$ は相互作用に与る場を含んでおり，それぞれ生成・消滅演算子に関して1次である．したがって展開式(6.23)は大変に多数の異なる過程を記述している．しかしながら特定の過程 $|i\rangle \to |f\rangle$ を考えると，それに対してS行列の中で寄与を持つ項は限られたものになる．そのような項への最低限の要請として，始状態 $|i\rangle$ において存在した粒子を消すための消滅演算子と，終状態 $|f\rangle$ において存在すべき粒子を創るための生成演算子を含んでいる必要がある．それ以外にも生成演算子と消滅演算子の組がいくつか加わって，付加的な過程として粒子の生成(放出)-再消滅(再吸収)を起こしてもよい．このような粒子は中間状態において一時的に存在するだけなので，仮想粒子 (virtual particle) と呼ばれる.

仮想的な中間粒子を導入しないのであれば，計算は著しく簡単になる．このためにはS行列展開を正規積だけの和に限定すればよい．正規積では"全ての"消滅演算子が"全ての"生成演算子の"右側に"配置されるからである．このような演算子積は，まずいくつかの粒子を消滅させて，それからいくつかの粒子を生成するだけの作用しか持たず，中間状態として仮想粒子の生成-再消滅を起こすことはない．このような各々の正規積は，それぞれが別々の特定の遷移過程 $|i\rangle \to |f\rangle$ を起こす作用を持つ．それらの過程は第3章や第4章において導入したような Feynman グラフによって，区別して表現される．

例として，Compton散乱 ($e^- + \gamma \to e^- + \gamma$) を考えよう．QEDにおける相互作用ハミルトニアン密度は，式(6.10)より，

$$\mathcal{H}_I(x) = -\mathcal{L}_I(x) = -e N[\bar{\psi}(x) \slashed{A}(x) \psi(x)] \tag{6.24}$$

と与えられる．負(正)振動数部分 $A^-, \bar{\psi}^-, \psi^-$ ($A^+, \psi^+, \bar{\psi}^+$) は，それぞれ光子，電子，陽電子の生成演算子(消滅演算子)に関して1次なので，Compton散乱に寄与する唯一の正規積は，次のものである．

$\bar{\psi}^- A^- \psi^+ A^+$

これから述べるS行列を正規積の和に展開する方法は，Dyson と Wick（ウィック）によって考案されたものである．

初めに，正規積の一般的な定義をまとめておこう．$\psi^\pm, A^\pm$ などの一連の演算子を $Q, R, \ldots, W$ と表すことにする．すなわちこれらは生成演算子もしくは消滅演算子に関して1次となるような演算子である．これらの正規積は，

$$N(QR\ldots W) = (-1)^P (Q' R' \ldots W') \tag{6.25a}$$

と表される．$Q', R', \ldots W'$ は，$Q, R, \ldots, W$ を並べ替えて，すべての消滅演算子(正振動数部分)をすべての生成演算子(負振動数部分)の右に配置した演算子積である．指数 P は，$(QR\ldots W)$ を $(Q'R'\ldots W')$ に並べ替える過程において，隣接するフェルミオン演算子を入れ換えなければならない回数を表す．式(6.25a)の定義を拡張して，分配則が成立するようにしておく．

$$N(RS\ldots + VW\ldots) = N(RS\ldots) + N(VW\ldots) \tag{6.25b}$$

QEDの相互作用(6.24)は場の演算子の正規積である．他の場合においても，相互作用ハミルトニアン密度は，正規積として書かれる．

$$\mathcal{H}_I(x) = N\{A(x) B(x) \ldots\} \tag{6.26}$$

6.3. Wickの定理

各場 $A(x), B(x), \ldots$ は生成演算子や消滅演算子の1次式の形で表される演算子である．したがって，ここで"混合した"T積(正規積によって表される因子の積のT積)の和を考察しなければならない．S行列展開(6.23)において，一般に，このような計算が必要となる．

正規積の定義から，2つの場の演算子 $A \equiv A(x_1)$ と $B \equiv B(x_2)$ に関して，次の関係が成り立つ．

$$AB - \mathrm{N}(AB) = \begin{cases} [A^+, B^-]_+ & \text{両方ともフェルミオン場} \\ [A^+, B^-] & \text{その他} \end{cases} \tag{6.27}$$

上式は A, B ともにフェルミオン場の場合の反交換子も，それ以外の場合の交換子も必ずc-数になり，生成演算子や消滅演算子を含まない(式(3.40), 式(4.53a)参照)．よって式(6.27)を真空期待値 $\langle 0|AB|0\rangle$ に置き換えてもよい．式(6.27)を次のように書き直すことができる．

$$AB = \mathrm{N}(AB) + \langle 0|AB|0\rangle \tag{6.28}$$

$x_1^0 \neq x_2^0$ として，式(6.28)において AB を $\mathrm{T}\{AB\}$ に置き換えることを考える．一方，

$$\mathrm{N}(AB) = \pm \mathrm{N}(BA) \tag{6.29}$$

なので(複号は両方ともフェルミオンなら負，それ以外なら正)，これを併せて考慮すると，次式を得る．

$$\mathrm{T}\{A(x_1)B(x_2)\} = \mathrm{N}\{A(x_1)B(x_2)\} + \langle 0|\mathrm{T}\{A(x_1)B(x_2)\}|0\rangle \tag{6.30}$$

$x_1^0 = x_2^0$ の場合については，本節の末尾で考察する．

ここで，演算子対のT積の真空期待値に対して，次に示すような特別な記号，

$$\overline{A(x_1)B(x_2)} \equiv \langle 0|\mathrm{T}\{A(x_1)B(x_2)\}|0\rangle \tag{6.31}$$

を導入しておくと便利である．これを $A(x_1)$ と $B(x_2)$ の"縮約"(contraction)と呼ぶ．これは真空期待値なので，A と B の一方が粒子を生成し，もう一方が粒子を消滅する組合せになっていなければゼロになる．ゼロにならない縮約は，もちろんFeynman伝播関数になる(式(3.59), (3.60), (4.61), (5.26)参照)．

$$\overline{\phi(x_1)\phi(x_2)} = \mathrm{i}\Delta_\mathrm{F}(x_1 - x_2) \tag{6.32a}$$

$$\overline{\phi(x_1)\phi^\dagger(x_2)} = \overline{\phi^\dagger(x_2)\phi(x_1)} = \mathrm{i}\Delta_\mathrm{F}(x_1 - x_2) \tag{6.32b}$$

$$\psi_\alpha(x_1)\bar{\psi}_\beta(x_2) = -\bar{\psi}_\beta(x_2)\psi_\alpha(x_1) = \mathrm{i}S_{\mathrm{F}\alpha\beta}(x_1-x_2) \tag{6.32c}$$

$$A^\mu(x_1)A^\nu(x_2) = \mathrm{i}D_{\mathrm{F}}^{\mu\nu}(x_1-x_2) \tag{6.32d}$$

式(6.30)を,多数の演算子積を含む場合へ一般化することを考えよう.対象とする演算子積を $A \equiv A(x_1),\ldots,M \equiv M(x_m),\ldots$ と表す.縮約を含んだ演算子積に対する一般化された正規積は,次のように定義される.

$$\mathrm{N}(ABCDEF\ldots JKLM\ldots) = (-1)^P AKBCEL\ldots \mathrm{N}(DF\ldots JM\ldots) \tag{6.33}$$

P は $(ABC\ldots)$ を $(AKB\ldots)$ に並べ替える際に,隣接するフェルミオン演算子を入れ換えなければならない回数を表す.例えば次のようになる.

$$\mathrm{N}\big(\psi_\alpha(x_1)\psi_\beta(x_2)A^\mu(x_3)\bar{\psi}_\gamma(x_4)\bar{\psi}_\delta(x_5)\big)$$
$$= (-1)\psi_\beta(x_2)\bar{\psi}_\delta(x_5)\mathrm{N}\big(\psi_\alpha(x_1)A^\mu(x_3)\bar{\psi}_\gamma(x_4)\big) \tag{6.34}$$

すべての時刻が異なる場合 ($i \neq j$ ならば $x_i^0 \neq x_j^0$) について,Wickは式(6.30)を一般化した次式を証明した.

$$\mathrm{T}(ABCD\ldots WXYZ)$$
$$= \mathrm{N}(ABCD\ldots WXYZ)$$
$$+ \mathrm{N}(ABC\ldots YZ) + \mathrm{N}(ABC\ldots YZ) + \cdots + \mathrm{N}(ABC\ldots YZ)$$
$$+ \mathrm{N}(ABCD\ldots YZ) + \cdots + \mathrm{N}(ABCD\ldots WXYZ) + \cdots \tag{6.35}$$

この式の右辺は $(ABCD\ldots WXYZ)$ から作ることのできる,すべての可能な一般化正規積の総和である.ここでは右辺1行目,2行目,3行目,... に,それぞれ縮約が $0,1,2,\ldots$ 個含まれる項を並べてある.右辺の各項において縮約にされずに残っている演算子積の因子の順序は,すべて左辺のT積の中の演算子の順序と同じである.

式(6.35)がWickの定理を表している.ここでは証明を与えないが,証明方法は帰納的なもので,さほど啓蒙的ではない[3].

相互作用密度(6.26)の下で,S行列展開(6.23)は混合T積 (mixed T-product),

$$\mathrm{T}\{\mathcal{H}_\mathrm{I}(x_1)\ldots\mathcal{H}_\mathrm{I}(x_n)\} = \mathrm{T}\{\mathrm{N}(AB\ldots)_{x_1}\ldots\mathrm{N}(AB\ldots)_{x_n}\} \tag{6.36}$$

[3] G. C. Wick, *Phys. Rev.* **80** (1950) 268.

6.3. Wickの定理

を含む．Wickは定理(6.35)を，混合T積を扱えるように拡張した．$N(AB\ldots)_{x_r}$ のような各因子において，生成演算子と消滅演算子を区別して，$x_r = (x_r^0, \mathbf{x}_r)$ を，$\xi_r = (x_r^0 \pm \varepsilon, \mathbf{x}_r)$ に置き換える ($\varepsilon > 0$)．そうすると，

$$\mathrm{T}\{\mathrm{N}(AB\ldots)_{x_1}\ldots\mathrm{N}(AB\ldots)_{x_n}\} = \lim_{\varepsilon \to 0} \mathrm{T}\{(AB\ldots)_{\xi_1}\ldots(AB\ldots)_{\xi_n}\} \tag{6.37}$$

となる．各グループ $(AB\ldots)_{\xi_r}$ における正規順序化と時間順序化は，ξ_r^0 の $\pm\varepsilon$ の区別によって同じになる．$\varepsilon \to 0$ とする "前に" 式(6.37)の右辺にWick展開を施すと，ひとつのグループ $(AB\ldots)_{\xi_r}$ (すなわち $\varepsilon \to 0$ としたときに同時刻になるグループ)の範囲内の縮約は，このグループが既に正規化されているのでゼロになる．このようにして結果を得ることができる．混合T積(6.36)は，やはり式(6.35)に従って展開できるが，そのとき同時刻の縮約を省けばよい．

$$\mathrm{T}\{\mathrm{N}(AB\ldots)_{x_1}\ldots\mathrm{N}(AB\ldots)_{x_n}\} = \mathrm{T}\{(AB\ldots)_{x_1}\ldots(AB\ldots)_{x_n}\}_{\text{no e.t.c.}} \tag{6.38}$$

"no e.t.c." は 'no equal-times contractions' (同時刻縮約の除外) を意味する．

式(6.35)と式(6.38)は，まさに必要とされる結果であり，これによってS行列展開(6.23)に現れる各項を，一般化正規積の和に展開することが可能となる．得られる各々の正規積は，それぞれ決まった過程に対応する．縮約にならずに残っている消滅演算子と生成演算子は，それぞれ始状態および終状態において存在すべき粒子を決める．これらの一般化正規積において生じるゼロにならない縮約はFeynman伝播関数(6.32)となり，中間状態における仮想粒子の生成-再消滅に対応する．次章ではWickの定理を応用して，$\langle f|S|i\rangle$ への個別の過程からの寄与を評価する方法を見てみることにする．

第 7 章　QEDのダイヤグラム規則

前章ではS行列展開(6.23)と，その各項をさらに正規積の和に展開するために用いるWickの定理を得た．本章では，指定された始状態 $|i\rangle$ から終状態 $|f\rangle$ への遷移を起こす行列要素 $\langle f|S|i\rangle$ を，任意の次数の摂動論で計算する方法を示す．曖昧さを避けるために，ここでは対象をQEDに限定して計算方法を示すことにしよう．QEDにおける方法が理解できれば，他の場合に適用すべき形式も容易に導出できる．

7.1節において，S行列展開から，着目する $\langle f|S|i\rangle$ に対して，決められた次数の摂動の下で寄与を持つ項を拾い上げる方法を示す．そのような項は容易に特定される．すなわちその項は，始状態 $|i\rangle$ において含まれる粒子を消滅させる演算子を適切に含み，かつ終状態 $|f\rangle$ において含まれる粒子を生成する演算子も適切に含んでいなければならない．

7.2節では，運動量空間において遷移振幅 $\langle f|S|i\rangle$ を評価する．そこからWick展開の各項に解釈を与える方法として，Feynmanダイヤグラムを導く．各展開項と各ダイヤグラムには1対1の対応関係があり，これを単純な規則にまとめることができる．このことを踏まえると，もはやWickの定理に頼らずに，最初から直接Feynmanグラフを描いて遷移振幅を書き下すことができるようになる．7.3節ではQEDに関するこのような規則(Feynman規則)を提示する．この規則はDyson-Wick形式から導かれるべきものであるが，歴史的には最初にFeynmanが，場の量子論によらない直観的アプローチに基づいて導いた．

本章の最初の3つの節ではQEDを電子-陽電子場と電磁場の相互作用を扱う体系として考察する．最後の節(7.4節)ではQEDを拡張して，フェルミオンとして電子-陽電子だけでなく，他のレプトン，すなわちミュー粒子やタウ粒子も含める．

7.1　座標空間におけるFeynmanダイヤグラム

S行列展開(6.23)，すなわち，

$$S = \sum_{n=0}^{\infty} S^{(n)} \equiv \sum_{n=0}^{\infty} \frac{(-i)^n}{n!} \int \ldots \int d^4x_1 \ldots d^4x_n \, T\{\mathcal{H}_I(x_1) \ldots \mathcal{H}_I(x_n)\} \quad (7.1)$$

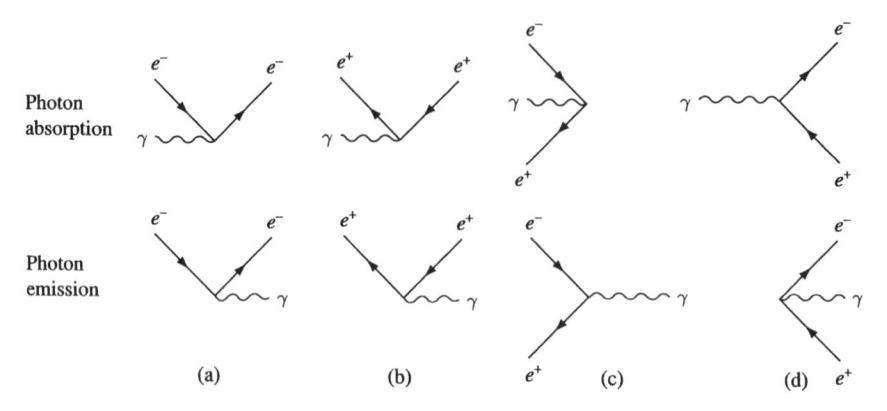

図7.1 QEDの相互作用 $\mathcal{H}_\mathrm{I}(x) = -e\mathrm{N}(\bar{\psi}A\!\!\!/\psi)_x$ による8種類の基本過程. (a) e^- 散乱; (b) e^+ 散乱; (c) e^+e^- 消滅; (d) e^+e^- 生成.

の各項がどのような過程への寄与を持つかは,もちろん相互作用 $\mathcal{H}_\mathrm{I}(x)$ の性質に依存して決まる.QEDにおける相互作用は,式(6.24)によって与えられる.

$$\begin{aligned}\mathcal{H}_\mathrm{I}(x) &= -e\mathrm{N}\{\bar{\psi}(x)A\!\!\!/(x)\psi(x)\}\\ &= -e\mathrm{N}\{(\bar{\psi}^+ + \bar{\psi}^-)(A\!\!\!/^+ + A\!\!\!/^-)(\psi^+ + \psi^-)\}_x\end{aligned} \quad (7.2)$$

ψ^+ ($\bar{\psi}^-$), $\bar{\psi}^+$ (ψ^-), A^+ (A^-) はそれぞれ電子,陽電子,光子の消滅演算子(生成演算子)である.相互作用(7.2)は基本的に(3つの括弧内のそれぞれ2項の選び方により)8種類の過程を起こし得る.たとえば $-e\mathrm{N}(\bar{\psi}^+ A^- \psi^+)_x$ は電子-陽電子対を消滅させ,光子をひとつ生成する.

4.4節の末尾で言及したFeynmanダイヤグラムの慣行に従うと,これら8種類の過程は図7.1のように表現されるが,これらのグラフを4組の対として見ることができる.それぞれのグラフの対は,一方が光子消滅過程,もう一方が光子生成過程から成る.電子-陽電子の挙動に関しては,(a)電子の散乱,(b)陽電子の散乱,(c)対消滅,(d)対生成が起こる.これらのダイヤグラムはQEDの相互作用によって生じる基本的な過程を表しており,基本結節点(basic vertex)と呼ばれる.これらの基本結節点を組み合わせることによって,QEDのあらゆるFeynmanダイヤグラムが構築される.

図7.1のダイヤグラムは,そのまま式(7.1)における1次項 $S^{(1)}$ から生じる過程を表すダイヤグラムでもある.しかしながら,これらは現実の物理過程(実過程)には

7.1. 座標空間におけるFeynmanダイヤグラム

対応しないことに注意が必要である．実粒子として光子に $k^2 = 0$，フェルミオンに $p^2 = m^2$ を要請すると，どの過程もエネルギー保存と運動量保存を両立できないからである．したがって，これらの過程に関しては，

$$\langle f|S^{(1)}|i\rangle = 0 \tag{7.3a}$$

である．この結果は，次節で具体的に導くことにする．より一般には，任意の非物理的過程，すなわち理論の保存則を破るような始状態・終状態の組合せの下で遷移振幅を考えると，必ず，

$$\langle f|S^{(n)}|i\rangle = 0 \tag{7.3b}$$

となる．この理由は，S行列がそもそも状態ベクトルの運動方程式の解を生成する作用を持っているはずなので，非物理的な始状態と終状態の設定をすれば必然的に，

$$\langle f|S|i\rangle = 0 \tag{7.3c}$$

であることと，式(7.1)が結合定数 e の冪級数になっていて，全体をゼロにするには各次数をゼロにしなければならないという事情による．

実過程を得るためには，少なくとも式(7.1)における2次の項 $S^{(2)}$ が必要である．この項は $\mathcal{H}_1$ を2つ含む．これをWickの定理によって正規積の和に展開すると，すべての項が2つの基本結節点（ヴァーテックス）をそれぞれの方法で組み合わせたFeynmanグラフで表現される．このことを以下に見てみよう．

Wickの定理(6.35), (6.38)を $S^{(2)}$ に適用して，さらに式を展開する．

$$S^{(2)} = \sum_{i=\mathrm{A}}^{\mathrm{F}} S_i^{(2)} \tag{7.4}$$

ここで得られる各展開項は，具体的には以下の通りである．

$$S_{\mathrm{A}}^{(2)} = -\frac{e^2}{2!}\int \mathrm{d}^4 x_1 \mathrm{d}^4 x_2\, \mathrm{N}\bigl[(\bar{\psi}\slashed{A}\psi)_{x_1}(\bar{\psi}\slashed{A}\psi)_{x_2}\bigr] \tag{7.5a}$$

$$S_{\mathrm{B}}^{(2)} = -\frac{e^2}{2!}\int \mathrm{d}^4 x_1 \mathrm{d}^4 x_2\, \bigl\{\mathrm{N}\bigl[(\bar{\psi}\slashed{A}\psi)_{x_1}(\bar{\psi}\slashed{A}\psi)_{x_2}\bigr] + \mathrm{N}\bigl[(\bar{\psi}\slashed{A}\psi)_{x_1}(\bar{\psi}\slashed{A}\psi)_{x_2}\bigr]\bigr\} \tag{7.5b}$$

$$S_{\mathrm{C}}^{(2)} = -\frac{e^2}{2!}\int \mathrm{d}^4 x_1 \mathrm{d}^4 x_2\, \mathrm{N}\bigl[(\bar{\psi}\gamma^\alpha A_\alpha \psi)_{x_1}(\bar{\psi}\gamma^\beta A_\beta \psi)_{x_2}\bigr] \tag{7.5c}$$

$$S_{\mathrm{D}}^{(2)} = -\frac{e^2}{2!}\int d^4x_1 d^4x_2 \{ N\bigl[(\bar{\psi}\gamma^\alpha A_\alpha \psi)_{x_1}(\bar{\psi}\gamma^\beta A_\beta \psi)_{x_2}\bigr]$$
$$+ N\bigl[(\bar{\psi}\gamma^\alpha A_\alpha \psi)_{x_1}(\bar{\psi}\gamma^\beta A_\beta \psi)_{x_2}\bigr] \} \tag{7.5d}$$

$$S_{\mathrm{E}}^{(2)} = -\frac{e^2}{2!}\int d^4x_1 d^4x_2\, N\bigl[(\bar{\psi}A\psi)_{x_1}(\bar{\psi}A\psi)_{x_2}\bigr] \tag{7.5e}$$

$$S_{\mathrm{F}}^{(2)} = -\frac{e^2}{2!}\int d^4x_1 d^4x_2\, (\bar{\psi}\gamma^\alpha A_\alpha \psi)_{x_1}(\bar{\psi}\gamma^\beta A_\beta \psi)_{x_2} \tag{7.5f}$$

最初の項 $S_{\mathrm{A}}^{(2)}$ (式(7.5a)) は，さほど興味深いものではない．これは図7.1に示した過程が2回，互いに独立に起こる過程に対応する．$S^{(1)}$ と同様で，この項が実過程を起こすことはない．

$S_{\mathrm{B}}^{(2)}$ (式(7.5b)) に含まれる2つの項が互いに等しいことは，演算子を入れ換えてみれば分かる．しかしフェルミオン場は反交換する演算子であると同時に4成分スピノルでもあるので，この操作には注意が必要である．2つのグループ $(\bar{\psi}A\psi)$ の順序を変える操作には，フェルミオン演算子同士の偶数回の置換が含まれる．各グループに含まれるスピノル添字は，それぞれのグループ内だけに関わる[1]．よって次式が成り立つ．

$$N\bigl[(\bar{\psi}A\psi)_{x_1}(\bar{\psi}A\psi)_{x_2}\bigr] = N\bigl[(\bar{\psi}A\psi)_{x_2}(\bar{\psi}A\psi)_{x_1}\bigr] \tag{7.6}$$

式(7.5b)において，上の結果を利用し，第2項の積分変数を入れ換えると $(x_1 \leftrightarrow x_2)$，次式が得られる．

$$S_{\mathrm{B}}^{(2)} = -e^2 \int d^4x_1 d^4x_2\, N\bigl[(\bar{\psi}A\psi)_{x_1}(\bar{\psi}A\psi)_{x_2}\bigr] \tag{7.7}$$

この式は，フェルミオン場の縮約をひとつ含んでいる．この縮約は式(6.32c)によって与えられるc-数関数であり，中間状態における仮想的なフェルミオンに対応する．これは $t_2 < t_1$ ならば仮想電子の x_2 から x_1 への伝播を表し，$t_1 < t_2$ ならば仮想陽電子の x_1 から x_2 への伝播を表す．4.4節で説明したように，この定式化において時刻の順序は固定されておらず——x_1 と x_2 について全時空間にわたる積分が施される——2通りの場合を組み合わせてまとめた形で，x_2 ($\bar{\psi}$の時空点) から x_1 (ψの時空点) までの"仮想フェルミオンの伝播関数"と呼ばれる．式(7.7)には，この伝播関数の他に，縮約されていない2つのフェルミオン演算子と2つの光子演算子が含まれてい

---

[1] 読者は，疑念が生じる場合は常にスピノル添字をあらわに書いてみればよい．

7.1. 座標空間におけるFeynmanダイヤグラム

る．これらは始状態と終状態に含まれる粒子，いわゆる"外線粒子"を消滅・生成させる．演算子 $S_{\text{B}}^{(2)}$ はいろいろな実過程へ寄与を持つ．(エネルギー保存と運動量保存を成立させるには始状態にも終状態にも少なくとも2つの粒子が必要である) $S_{\text{B}}^{(2)}$ の中の演算子は正規順序化されているので，指定された過程へ寄与を持つ項を拾い出すことは容易である．

$S_{\text{B}}^{(2)}$ が寄与を持ついろいろな過程の中のひとつとして，4.4節でも言及したCompton散乱がある．

$$\gamma + e^- \to \gamma + e^- \tag{7.8}$$

これは $\psi(x_2)$ において始状態の電子を消滅させる正振動数部分 $\psi^+(x_2)$ を選び，$\bar\psi(x_1)$ において終状態の電子を生成する負振動数部分 $\bar\psi^-(x_1)$ を選んだ過程に対応する．しかし $\rlap{/}A^+(x_1)$ と $\rlap{/}A^+(x_2)$ はどちらも始状態の光子を消滅させることができ，$\rlap{/}A^-(x_2)$ と $\rlap{/}A^-(x_1)$ はどちらも終状態の光子を生成することができる．したがって式(7.7)の中でCompton散乱を起こす部分を，

$$S^{(2)}(\gamma e^- \to \gamma e^-) = S_{\text{a}} + S_{\text{b}} \tag{7.9}$$

と書くことができ，右辺の各項は，具体的に次のように与えられる．

$$S_{\text{a}} = -e^2 \int d^4x_1 d^4x_2 \, \bar\psi^-(x_1)\gamma^\alpha \mathrm{i} S_{\text{F}}(x_1-x_2)\gamma^\beta A_\alpha^-(x_1) A_\beta^+(x_2)\psi^+(x_2) \tag{7.10a}$$

$$S_{\text{b}} = -e^2 \int d^4x_1 d^4x_2 \, \bar\psi^-(x_1)\gamma^\alpha \mathrm{i} S_{\text{F}}(x_1-x_2)\gamma^\beta A_\beta^-(x_2) A_\alpha^+(x_1)\psi^+(x_2) \tag{7.10b}$$

式(7.10)では演算子を正規順序化してある．フェルミオン場の縮約には，式(6.32c)を適用した．

Compton散乱への寄与 S_{a} と S_{b} をFeynmanグラフで表現すると，図7.2の(a)と(b)のようになる．後者は図4.3 (p.81)と同じものである．(Feynmanグラフでは始状態と終状態の実粒子に対応する外線を除き，時間順序が固定的に決められていないことに注意せよ．同じグラフでも多くの異なる描き方が可能である．) 図7.2では各結節点(ヴァーテックス)に適切なLorentz添字 (α,β) を，外線には粒子の種類 (γ, e^-) を書き添えてある．しかしこれらの付記を余分のものと見なして省略することも多い．

式(7.7)によって記述される他の実過程としては，陽電子のCompton散乱や，2光子の関わる電子-陽電子対の消滅や生成がある．すなわち，

$$\text{(i)}\, \gamma+e^+ \to \gamma+e^+, \quad \text{(ii)}\, e^++e^- \to \gamma+\gamma, \quad \text{(iii)}\, \gamma+\gamma \to e^++e^- \tag{7.11}$$

という過程である．これらに対応するFeynmanダイヤグラムを図7.3-7.5に示す．

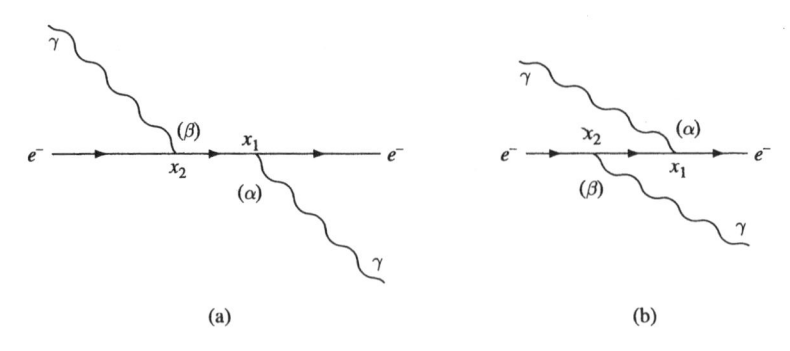

図7.2 Compton散乱への寄与 S_a と S_b (式(7.10)) のグラフ.

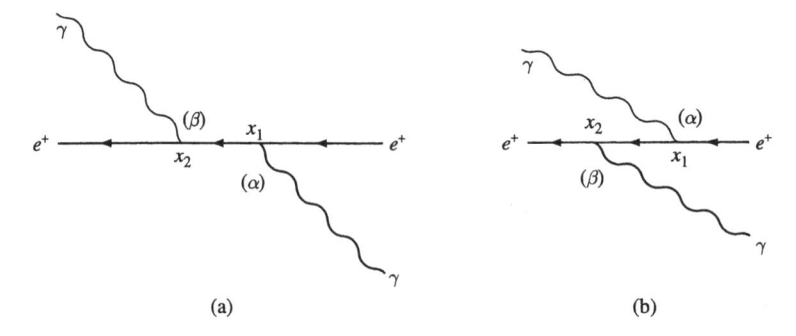

図7.3 陽電子のCompton散乱を表すFeynmanダイヤグラム.

(i) と (ii) の過程について演算子を書き下す作業は，読者に委ねることにする．(iii) の e^+e^- 対生成は，次のように表される．

$$S^{(2)}(2\gamma \to e^+e^-)$$
$$= -e^2 \int d^4x_1 d^4x_2 \bar{\psi}^-(x_1)\gamma^\alpha iS_F(x_1-x_2)\gamma^\beta \psi^-(x_2) A_\alpha^+(x_1) A_\beta^+(x_2) \quad (7.12)$$

図7.5にはひとつだけダイヤグラムを示したが，実際には2通りの寄与がある．つまり始状態に存在する光子のどちらを $A_\beta^+(x_2)$ に消滅させても，$A_\alpha^+(x_1)$ にもう一方の光子を消滅させれば，この過程は成立する．e^+e^- 対消滅の過程においても，同様の状況が見られる．

次に，式(7.5c) を考察しよう．この項は縮約されていない4つのフェルミオン演算子を含む．したがって，この項によって生じる実過程はフェルミオン-フェルミオン

7.1. 座標空間におけるFeynmanダイヤグラム

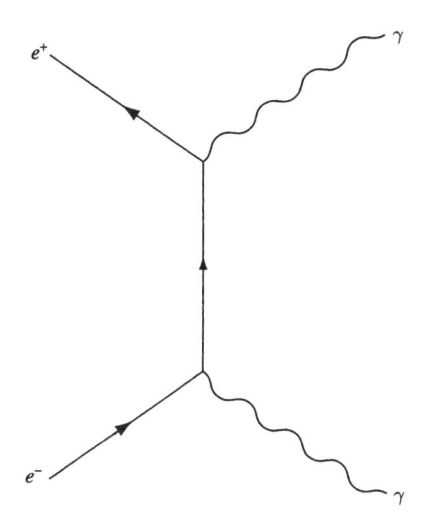

図7.4 $e^+ + e^- \to \gamma + \gamma$ を表すFeynmanダイヤグラム.

散乱である．各フェルミオン外線に対して正振動数部分を選ぶか負振動数部分を選ぶかによって，$e^- - e^-$ 散乱，$e^+ - e^+$ 散乱，$e^- - e^+$ 散乱が記述される．式(7.5c)における光子-光子縮約は，電荷の間で横波光子や縦波光子やスカラー光子が交換されることによる電荷の相互作用を記述する．この光子伝播関数は，2つの保存するカレント演算子 $s^\mu(x) = (\bar{\psi}\gamma^\mu\psi)_x$ に関係する形で現れている．5.3節で論じたように(特に式(5.44)の議論)，共変な形式は，同時刻Coulomb相互作用と横波光子の交換を併せて考慮する通常の記述と等価である．

電子-電子散乱を詳しく考えてみよう．

$$e^- + e^- \to e^- + e^- \tag{7.13}$$

これはMøller(メラー)散乱とも呼ばれる．式(7.5c)の中で，この過程を記述する部分は，次のように与えられる．

$$S^{(2)}(2e^- \to 2e^-)$$
$$= \frac{-e^2}{2!} \int d^4x_1 d^4x_2 \, N\left[(\bar{\psi}^-\gamma^\alpha\psi^+)_{x_1}(\bar{\psi}^-\gamma^\beta\psi^+)_{x_2}\right] i D_{F\alpha\beta}(x_1 - x_2) \tag{7.14}$$

光子演算子の縮約には，式(6.32d)を代入した．

始状態における各電子の状態を 1, 2, 終状態における各電子の状態を $1'$, $2'$ と書くことにする．つまり，次のような遷移を対象として考える．

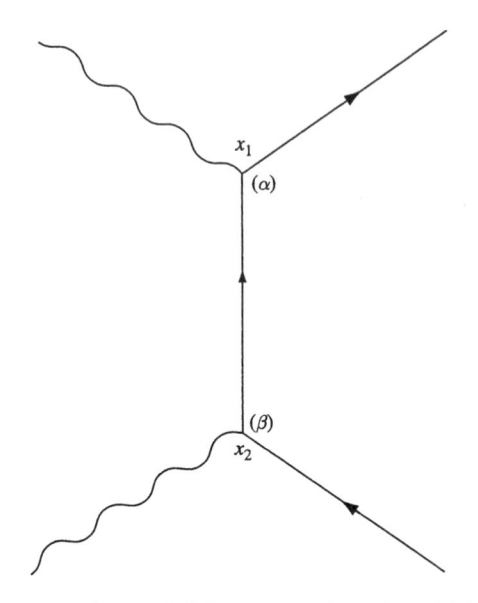

図7.5 $\gamma + \gamma \to e^+ + e^-$ を表すFeynmanダイヤグラム(式(7.12)).

$$|i\rangle = c^\dagger(2)c^\dagger(1)|0\rangle \ \to \ |f\rangle = c^\dagger(2')c^\dagger(1')|0\rangle \tag{7.15}$$

式(7.14)は,遷移(7.15)に対して4通りの寄与を持つ.つまり始状態の2つの電子を消滅させるために2つのψ^+をあてがう方法と,終状態の2つの電子を生成するために2つの$\bar{\psi}^-$をあてがう方法を選ぶことができる.この4つの項は,式(7.14)の積分変数が入れ替っただけの違い($x_1 \leftrightarrow x_2$)しかない対の2組の和と捉えることができる.我々はそれぞれの組の一方の項だけを計算して,結果に因子2を乗じればよい.計算すべき2つの項をFeynmanグラフで表現したものが,図7.6である.

我々は,式(7.5b)においても見た,積分変数だけが$x_1 \leftrightarrow x_2$と入れ替っているだけの2つの同じ寄与の例を再び見出した.ここから一般的な結果を引き出すことができる.S行列展開(7.1)におけるn次項$S^{(n)}$は,因子$1/n!$と,n個の変数$x_1, x_2, \ldots, x_n$を含む.後者は単に積分を実行するための時空座標変数であり,同じトポロジーを持つFeynmanグラフが含むn個の結節点(ヴァーテックス)に対して$n!$通りの方法であてがわれる.したがって,我々がトポロジー的に互いに異なるFeynmanダイヤグラムだけを考えるならば(すなわち各結節点にあてがわれた座標変数が違うだけのグラフは同じものと見なすならば),因子$1/n!$を省くことができる.この声明を解釈する際には少々注意

7.1. 座標空間におけるFeynmanダイヤグラム

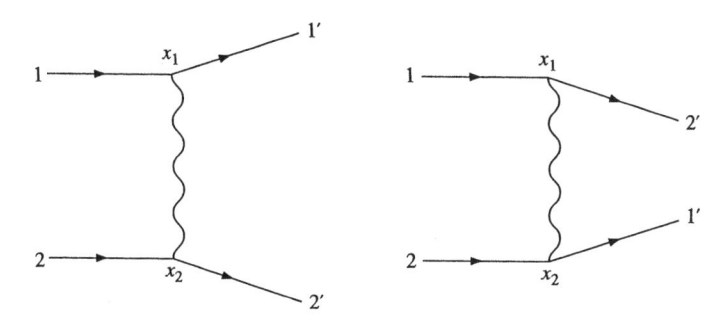

図7.6 電子-電子散乱(Møller散乱)を表す2つのダイヤグラム.

が必要である．たとえば図7.6に示されている2つのグラフは，終状態の電子が互い違いに異なる状態になっているので($1'$および$2'$と表記．これらは運動量やスピン状態を表す指標である)，これらはトポロジー的に異なるグラフと見なされる．x_1とx_2を入れ換えても，図7.6の2つのグラフの区別は解消しない．後から見るように，これらのグラフの寄与は相対的に符号因子に違いがあり，両者は"[直接散乱] − [交換散乱]"に対応している．読者はここで，非相対論的な量子力学における2つの同種フェルミオンの性質を想起すべきである．

これらの2つのグラフからの寄与を具体的に表すために，まず$\psi^+(x)$，$\bar{\psi}^-(x)$それぞれにおける$c(j)$，$c^\dagger(j)$に比例する成分を，次のように書くことにする．

$$\psi_j^+(x) = c(j) f_j(x), \quad \bar{\psi}_j^-(x) = c^\dagger(j) g_j(x) \tag{7.16}$$

$j = 1, 2, 1', 2'$は，この過程に含まれる電子の状態を表す．S演算子(7.14)の中で，式(7.15)の遷移$|i\rangle \to |f\rangle$に影響を及ぼす部分を，

$$S^{(2)}\bigl(e^-(1) + e^-(2) \to e^-(1') + e^-(2')\bigr) = S_\mathrm{a} + S_\mathrm{b} \tag{7.17a}$$

と書くことができる．S_aとS_bは，図7.6の2つのグラフにそれぞれ対応しており，次のように表される．

$$S_\mathrm{a} = -e^2 \int \mathrm{d}^4 x_1 \mathrm{d}^4 x_2 \, \mathrm{N}\bigl[(\bar{\psi}_{1'}^- \gamma^\alpha \psi_1^+)_{x_1} (\bar{\psi}_{2'}^- \gamma^\beta \psi_2^+)_{x_2}\bigr] \mathrm{i} D_{\mathrm{F}\alpha\beta}(x_1 - x_2) \tag{7.17b}$$

$$S_\mathrm{b} = -e^2 \int \mathrm{d}^4 x_1 \mathrm{d}^4 x_2 \, \mathrm{N}\bigl[(\bar{\psi}_{2'}^- \gamma^\alpha \psi_1^+)_{x_1} (\bar{\psi}_{1'}^- \gamma^\beta \psi_2^+)_{x_2}\bigr] \mathrm{i} D_{\mathrm{F}\alpha\beta}(x_1 - x_2) \tag{7.17c}$$

上の2本の式の相対的な符号の違いは，正規積の部分から生じる．両方の生成・消滅演算子を同じ順序に，たとえば$c^\dagger(1') c^\dagger(2') c(1) c(2)$に揃えようとすると，式

(7.17b) の正規積は $-\bar{\psi}_{1'}^-(x_1)\bar{\psi}_{2'}^-(x_2)\psi_1^+(x_1)\psi_2^+(x_2)$ となり，式(7.17c) の正規積は $+\bar{\psi}_{1'}^-(x_2)\bar{\psi}_{2'}^-(x_1)\psi_1^+(x_1)\psi_2^+(x_2)$ となる．式(7.16)と式(7.17)を用いると，遷移確率は次のように与えられる．

$$
\begin{aligned}
&\langle f|S^{(2)}(2e^- \to 2e^-)|i\rangle \\
&= \left\{-e^2 \int d^4x_1 d^4x_2\, g_{1'}(x_1)\gamma^\alpha f_1(x_1) g_{2'}(x_2)\gamma^\beta f_2(x_2) i D_{F\alpha\beta}(x_1-x_2)\right\} \\
&\quad - \{1' \leftrightarrow 2'\}
\end{aligned} \tag{7.18}
$$

後の項 $\{1' \leftrightarrow 2'\}$ は，最初の項における終状態の2つの電子状態の指標 $1'$ と $2'$ を入れ換えた式を意味する．最後の式(7.18)は"直接振幅"－"交換振幅"という予想される結果であり，両者の振幅は終状態における2つの電子の個別状態を入れ換えることによって互いに変換される関係にある．非相対論的な量子力学では，この結果はPauliの原理に従って反対称な波動関数を用いることによって得られていた．上述の場の量子論による導出においては，代わりにフェルミオン場の演算子の反交換関係が，本質的に重要な役割を果たしている．

上記の議論は一般化される．始状態または終状態に複数の同種フェルミオンが含まれる場合，完全に反対称な遷移振幅 $\langle f|S|i\rangle$ が得られる．たとえば始状態 $|i\rangle$ が s 個の陽電子を含み，それらの占める1粒子状態が $1, 2, \ldots, s$ であるとする．これに対応するS演算子は s 個の縮約されていない演算子 $N[\bar\psi(x_1)\bar\psi(x_2)\ldots\bar\psi(x_s)]$ を含む．これらの演算子 $\bar\psi(x_1), \bar\psi(x_2), \ldots, \bar\psi(x_s)$ のどれでも状態1の陽電子を消滅させることができる，等々ということで $s!$ 個の項が得られ，演算子 $\bar\psi(x_1), \bar\psi(x_2), \ldots, \bar\psi(x_s)$ が反交換するために，$s!$ 個の項の和は $1, 2, \ldots, s$ の置換に関して完全に反対称である．

さらに奇妙なことに，演算子 $\psi(x)$ は電子を消滅させることも陽電子を生成することもできるという事実は，遷移振幅が始状態の1電子状態と終状態の1陽電子状態に関しても反対称となることを意味する．（もちろん $\bar\psi(x)$ に着目した始状態の陽電子と終状態の電子の議論も同様に成立する．）例として，電子-陽電子散乱，

$$e^+ + e^- \to e^+ + e^-$$

を考えよう．これはBhabha散乱とも呼ばれる．式(7.5c) において，この過程を記述する部分は，始状態の粒子対を消滅させ，終状態の粒子対を生成するために，縮約されていない演算子として $\bar\psi^+, \psi^+, \psi^-, \bar\psi^-$ が必要である．Møller散乱の場合と同様に，4つの項が寄与を持つが，上述のような議論を経て，それらを2つにまとめることができる．式(7.5c)から，以下に示すBhabha散乱に関するS行列を導く作業は，読者の練習問題とする．

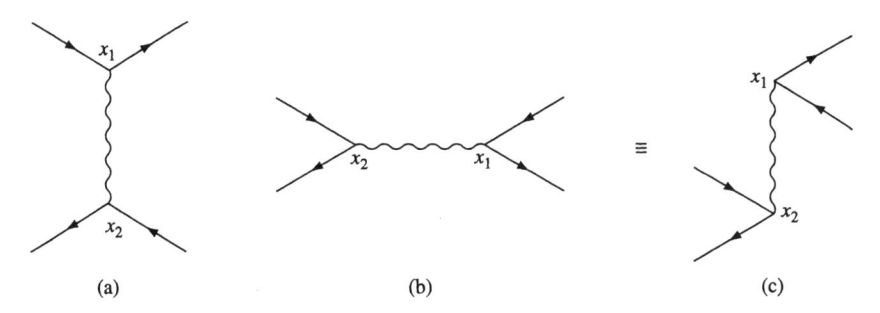

7.1. 座標空間におけるFeynmanダイヤグラム

図7.7 電子-陽電子散乱(Bhabha散乱)に対する S_a と S_b の寄与. (a)は光子の交換を表す. (b)と(c)は, 対(つい)消滅を表す互いに等価なグラフである.

$$S^{(2)}(e^+e^- \to e^+e^-) = S_\mathrm{a} + S_\mathrm{b} \tag{7.19a}$$

$$S_\mathrm{a} = -e^2 \int \mathrm{d}^4x_1 \mathrm{d}^4x_2 \, \mathrm{N}\big[(\bar\psi^- \gamma^\alpha \psi^+)_{x_1}(\bar\psi^+ \gamma^\beta \psi^-)_{x_2}\big] \mathrm{i} D_{\mathrm{F}\alpha\beta}(x_1-x_2) \tag{7.19b}$$

$$S_\mathrm{b} = -e^2 \int \mathrm{d}^4x_1 \mathrm{d}^4x_2 \, \mathrm{N}\big[(\bar\psi^- \gamma^\alpha \psi^-)_{x_1}(\bar\psi^+ \gamma^\beta \psi^+)_{x_2}\big] \mathrm{i} D_{\mathrm{F}\alpha\beta}(x_1-x_2) \tag{7.19c}$$

S_a のFeynmanグラフを図7.7(a)に示してある. これは電子-電子散乱(p.123, 図7.6)と同様に, 光子の交換による散乱を表している. しかし S_b では, 始状態の粒子が両方とも x_2 において消滅し, 終状態の電子-陽電子対が x_1 で生成される. これは図7.7(b)に示した"消滅ダイヤグラム"に対応する. 電子-電子散乱と同様に, これらの2つの寄与には, 正規積の部分から生じる符号因子 (-1) の相対的な違いがある. このことは, 両者における生成・消滅演算子を, 実際に正規順序化すれば明らかになる. 図7.7の(a)と(c)は, 始状態側の電子と終状態側の陽電子を入れ換えた関係にあたる. そして(b)は(c)を"変形"させただけで, これらは等価なグラフである. よって(a)に対して(c)は, x_1 における始状態からの電子線と, x_2 における終状態からの陽電子線を交換しただけの関係であることが分かる.

他の2次の項 $S^{(2)}_\mathrm{D}$ から $S^{(2)}_\mathrm{F}$ (式(7.5d)-(7.5f))についても簡単に論じておく.

式(7.5d)は縮約されていないフェルミオン場を2つ含んでおり, 始状態と終状態に含まれるフェルミオンを電子にするか陽電子にするかによって, 2つの過程が生じる. 式(7.5d)の2つの項は, やはり互いに等しい関係にある. 電子を選ぶ場合, この式は次のようになる.

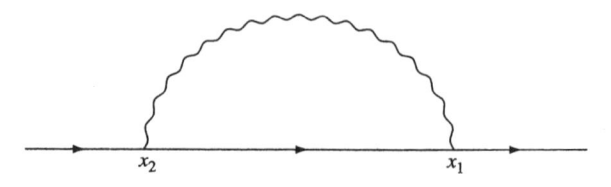

図7.8 電子の自己エネルギー $S^{(2)}(e^- \to e^-)$ (式(7.20)).

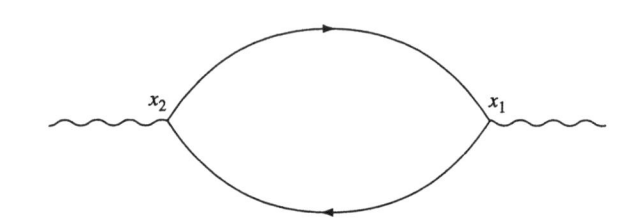

図7.9 光子の自己エネルギー(真空偏極) $S^{(2)}(\gamma \to \gamma)$ (式(7.21)).

$$S^{(2)}(e^- \to e^-)$$
$$= -e^2 \int d^4x_1 d^4x_2 \bar{\psi}^-(x_1)\gamma^\alpha iS_F(x_1-x_2)\gamma^\beta \psi^+(x_2) iD_{F\alpha\beta}(x_1-x_2) \quad (7.20)$$

これは図7.8のダイヤグラムに対応しており，"裸の"電子が，輻射場との相互作用によって性質を変える効果を表している．これは裸の電子を"物理的な"電子，すなわち仮想的な光子の雲をまとった電子へと変換する過程の中で最も単純なものである．この相互作用は系のエネルギーを変更する．すなわち物理的な電子の質量は，裸の電子の質量と違ったものになっている．これは電子の"自己エネルギー"(self-energy)と呼ばれ，図7.8は自己エネルギーダイヤグラムと呼ばれる．これを評価しようとすると，発散する積分が現れてしまう．しかし物理的な電子の扱い方に，発散に対する処方を組み込むことによって，自己エネルギーの発散を回避する方法が見出されている．この処方は"繰り込み"(renormalization)と呼ばれており，第9章においてこれを扱う予定である．

　図7.9は，式(7.5e)の $S_E^{(2)}$ から同様に生じる"光子の自己エネルギー"の過程を表す．電磁場と電子-陽電子場の相互作用により，光子が一時的に仮想的な電子-陽電子対を発生させ，それらがすぐに再結合消滅する過程が起こり得る．外部電磁場(たとえば重い原子核のポテンシャル場など)が存在すれば，それは，このような仮想電子

7.1. 座標空間におけるFeynmanダイヤグラム

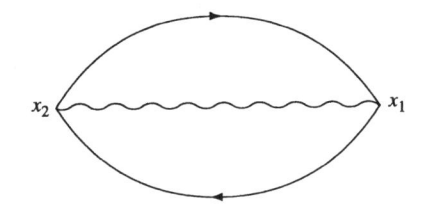

図7.10 最も単純な真空ダイヤグラム (式(7.5f)).

-陽電子対の分布を修正する効果を持つ．すなわち"真空を分極(偏極)"させる．これは誘電体が外部電場によって分極することと同様の現象である．この理由から，このような光子の自己エネルギーグラフは"真空偏極"(vacuum polarization)のダイヤグラムとも呼ばれる．電子の自己エネルギーと同様に，光子の自己エネルギーも無限大を生じるが，やはり繰り込み処方によって，発散を除くことができる(第9章)．

光子の自己エネルギーに対する式(7.5e)の寄与は，次のように書かれる．

$$S^{(2)}(\gamma \to \gamma) = -e^2 \int d^4x_1 d^4x_2 \, N\left[(\bar{\psi} A^- \psi)_{x_1}(\bar{\psi} A^+ \psi)_{x_2}\right] \tag{7.21}$$

式(7.21)の正規積の部分を，スピノル添字をあらわに書いて計算すると，次のようになる．

$$N\left[(\bar{\psi}_\lambda A^-_{\lambda\mu}\psi_\mu)_{x_1}(\bar{\psi}_\sigma A^+_{\sigma\tau}\psi_\tau)_{x_2}\right]$$
$$= (-1)\psi_\tau(x_2)\bar{\psi}_\lambda(x_1) A^-_{\lambda\mu}(x_1)\psi_\mu(x_1)\bar{\psi}_\sigma(x_2) A^+_{\sigma\tau}(x_2)$$
$$= (-1)\text{Tr}\left[iS_F(x_2-x_1) A^-(x_1) iS_F(x_1-x_2) A^+(x_2)\right] \tag{7.22}$$

(ここで $A^-_{\lambda\mu}(x) \equiv \gamma^\alpha_{\lambda\mu} A^-_\alpha(x)$ などである．)

最後の式における負号は"閉じたフェルミオンループ"(フェルミオン線だけで構成される閉じたループ)の特徴である．閉じているフェルミオンのループは，ひとつのフェルミオン場(上式では $\psi_\tau(x_2)$)を演算子積の一方の端からもう一方の端へ移項させる措置によって形成されており，フェルミオン場同士の奇数回の置換がそこで生じる．式(7.22)の対角和(トレース)も，ここで特徴的なものである．これは仮想電子-陽電子対におけるすべてのスピン状態に関する和に対応する．(スピンの和と対角和の関係は8.2節で論じる予定である．)

最後に式(7.5f)を表すグラフを図7.10に示す．このダイヤグラムは外線を持っておらず，実遷移を引き起こすことはない．このような"真空ダイヤグラム"(外線の

ないダイヤグラム)は，少なくとも初等的な応用においては，すべて省いてよいことが示される．

以上で $S^{(2)}$ を正規積展開するときに現れる様々な項の初等的な解析を終える．得られた各項がそれぞれ特定の過程に対応し，Feynman ダイヤグラムによってその解釈が大いに助けられることが分かった．より高次の $S^{(3)}, \ldots$ において，新たな特徴が現れることはない．高次になるほど数式は複雑になるが，その扱い方は，ここで述べた説明において充分に与えられている．

7.2 運動量空間における Feynman ダイヤグラム

前節において，特定の遷移 $|i\rangle \to |f\rangle$ を起こす，決められた次数のS演算子を導く技法を示した．実際に関心の対象となるのは $\langle f|S^{(n)}|i\rangle$ のような形で与えられる行列要素であることが多い．状態 $|i\rangle$ と状態 $|f\rangle$ は，大抵は始状態や終状態に含まれる粒子の種類・個数と，その運動量，スピン，偏極などによって指定される．具体的な行列要素の計算を行うと，Feynman グラフの運動量空間における再解釈に導かれる．いくつかの具体例の考察を通じて，ダイヤグラムが，対応する数式と密接に関係していることを示してみる．そして Feynman ダイヤグラムから，詳細な計算をせず直接に行列要素を書き下すための一連の規則をまとめ上げることができる．この Feynman 規則は次節において与えるが，実際の摂動計算において不可欠な道具になる．

$|i\rangle$ と $|f\rangle$ が運動量の確定した粒子を含んでおり，これらの間の行列要素を計算することは，本質的に場を Fourier 変換して運動量空間へ移行し，適切な消滅演算子や生成演算子を選び出すことに対応する．式(6.32c), (6.32d), (4.63), (5.27)により，伝播関数の Fourier 変換の形を，

$$\underline{\psi(x_1)\bar{\psi}(x_2)} = \mathrm{i}S_\mathrm{F}(x_1-x_2) = \frac{1}{(2\pi)^4}\int \mathrm{d}^4 p\, \mathrm{i}S_\mathrm{F}(p)\mathrm{e}^{-\mathrm{i}p(x_1-x_2)} \tag{7.23a}$$

$$\underline{A^\alpha(x_1)A^\beta(x_2)} = \mathrm{i}D_\mathrm{F}^{\alpha\beta}(x_1-x_2) = \frac{1}{(2\pi)^4}\int \mathrm{d}^4 k\, \mathrm{i}D_\mathrm{F}^{\alpha\beta}(k)\mathrm{e}^{-\mathrm{i}k(x_1-x_2)} \tag{7.23b}$$

とすると，4元運動量空間における伝播関数は，次のように与えられる．

$$S_\mathrm{F}(p) = \frac{\not{p}+m}{p^2-m^2+\mathrm{i}\varepsilon} = \frac{1}{\not{p}-m+\mathrm{i}\varepsilon} \tag{7.24a}$$

$$D_\mathrm{F}^{\alpha\beta}(k) = \frac{-g^{\alpha\beta}}{k^2+\mathrm{i}\varepsilon} \tag{7.24b}$$

7.2. 運動量空間におけるFeynmanダイヤグラム

縮約されていない場 $\psi, \bar{\psi}, A_\alpha$ の Fourier 展開は，式(4.38)と式(5.16)に示してある．S 行列展開において現れる，縮約されていない演算子 $\psi^+, \bar{\psi}^+, A_\alpha^+$ の $|i\rangle$ に対する作用は，系を真空状態 $|0\rangle$ へ移行させることである．たとえば，式(4.38)と式(5.16)により，

$$\psi^+(x)|e^-\mathbf{p}\rangle = |0\rangle \left(\frac{m}{VE_\mathbf{p}}\right)^{1/2} u(\mathbf{p}) e^{-ipx} \tag{7.25a}$$

$$\bar{\psi}^+(x)|e^+\mathbf{p}\rangle = |0\rangle \left(\frac{m}{VE_\mathbf{p}}\right)^{1/2} \bar{v}(\mathbf{p}) e^{-ipx} \tag{7.25b}$$

$$A_\alpha^+(x)|\gamma\mathbf{k}\rangle = |0\rangle \left(\frac{1}{2V\omega_\mathbf{k}}\right)^{1/2} \varepsilon_\alpha(\mathbf{k}) e^{-ikx} \tag{7.25c}$$

となる．ここではスピンと偏極の指標の表記を省いた．たとえば $|e^-\mathbf{p}\rangle$，$|\gamma\mathbf{k}\rangle$ は，実際にはそれぞれ次のような1電子状態，1光子状態を表す．

$$|e^-\mathbf{p}\rangle \equiv |e^-\mathbf{p}r\rangle = c_r^\dagger(\mathbf{p})|0\rangle, \quad |\gamma\mathbf{k}\rangle \equiv |\gamma\mathbf{k}r\rangle = a_r^\dagger(\mathbf{k})|0\rangle, \quad r = 1, 2$$

$u(\mathbf{p})$ と $\varepsilon_\alpha(\mathbf{k})$ は，それぞれ $u_r(\mathbf{p})$ と $\varepsilon_{r\alpha}(\mathbf{k})$ を略記したものである．これ以降，同様の記法を頻繁に用いることになる．たとえば $c(\mathbf{p})$ は $c_r(\mathbf{p})$ の意味である．

一方，S 行列展開において現れる縮約されていない演算子 $\bar{\psi}^-, \psi^-, A_\alpha^-$ は，$|0\rangle$ を終状態 $|f\rangle$ へ移行させる作用を持つ．式(4.38)と式(5.16)により，以下の式が得られる．

$$\bar{\psi}^-(x)|0\rangle = \sum |e^-\mathbf{p}\rangle \left(\frac{m}{VE_\mathbf{p}}\right)^{1/2} \bar{u}(\mathbf{p}) e^{ipx} \tag{7.26a}$$

$$\psi^-(x)|0\rangle = \sum |e^+\mathbf{p}\rangle \left(\frac{m}{VE_\mathbf{p}}\right)^{1/2} v(\mathbf{p}) e^{ipx} \tag{7.26b}$$

$$A_\alpha^-(x)|0\rangle = \sum |\gamma\mathbf{k}\rangle \left(\frac{1}{2V\omega_\mathbf{k}}\right)^{1/2} \varepsilon_\alpha(\mathbf{k}) e^{ikx} \tag{7.26c}$$

和は運動量だけでなく，スピンと偏極に関しても行う．式(7.25)と式(7.26)は，直接，複数の粒子を含む状態へと一般化される．式(7.23)-(7.26)を用いて，S 行列の要素を容易に求めることができる．以下に例を示す．

7.2.1　1次の項 $S^{(1)}$

S 行列展開の1次の項，

$$S^{(1)} = ie\int d^4x\, N(\bar{\psi}A\!\!\!/\psi)_x \tag{7.27}$$

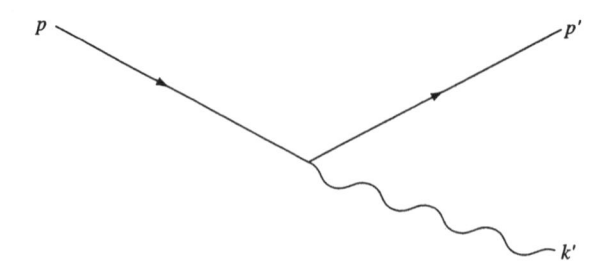

図7.11 1次の過程 $e^- \to e^- + \gamma$。各粒子の4元運動量を付記してある。本文中で述べたように，スピンと偏極の指標 (s, s' および r) は，ここでは省略してある。

から導かれる Feynman グラフは，図7.1 (p.116) に示した基本結節点(ヴァーテックス)のダイヤグラムそのものである。これらの中から，図7.11 の電子が光子を放射する過程を例として取り上げ，行列要素 $\langle f|S^{(1)}|i\rangle$ を計算してみる。この図では，粒子のエネルギー-運動量4元ベクトルを付記してあるが，上述のようにスピンと偏極の指標は省いてある。図7.11 は次の遷移を表している。

$$|i\rangle = |e^-\mathbf{p}\rangle = c^\dagger(\mathbf{p})|0\rangle \ \to \ |f\rangle = |e^-\mathbf{p}';\gamma\mathbf{k}'\rangle = c^\dagger(\mathbf{p}')a^\dagger(\mathbf{k}')|0\rangle \quad (7.28)$$

つまり $|i\rangle$ には運動量 $\mathbf{p}$ (スピン $s = 1, 2$) の電子がひとつ含まれ，$|f\rangle$ には運動量 $\mathbf{p}'$ (スピン $s' = 1, 2$) の電子がひとつと，運動量 $\mathbf{k}'$ (偏極 $r' = 1, 2$) の光子がひとつ含まれる。式 (7.25)-(7.28) から，次式が得られる。

$$\begin{aligned}\langle f|S^{(1)}|i\rangle &= \langle e^-\mathbf{p}';\gamma\mathbf{k}'|\,\mathrm{i}e\!\int\!\mathrm{d}^4x\,\bar\psi^-(x)\gamma^\alpha A_\alpha^-(x)\psi^+(x)\,|e^-\mathbf{p}\rangle \\ &= \mathrm{i}e\!\int\!\mathrm{d}^4x\left[\left(\frac{m}{VE_{\mathbf{p}'}}\right)^{1/2}\bar u(\mathbf{p}')\mathrm{e}^{\mathrm{i}p'x}\right]\gamma^\alpha\left[\left(\frac{1}{2V\omega_{\mathbf{k}'}}\right)^{1/2}\varepsilon_\alpha(\mathbf{k}')\mathrm{e}^{\mathrm{i}k'x}\right] \\ &\quad \times\left[\left(\frac{m}{VE_{\mathbf{p}}}\right)^{1/2}u(\mathbf{p})\mathrm{e}^{-\mathrm{i}px}\right] \end{aligned} \quad (7.29)$$

この式で，x に依存する部分を見ると，

$$\int\mathrm{d}^4x\,\exp\bigl[\mathrm{i}x(p'+k'-p)\bigr] = (2\pi)^4\delta^{(4)}(p'+k'-p) \quad (7.30)$$

となる。ここでは規格化体積を $V \to \infty$ とし，遷移を起こすことのできる時間範囲も無限大の極限を想定してある。式 (7.29) と式 (7.30) から，次式を得る。

7.2. 運動量空間におけるFeynmanダイヤグラム

$$\langle f|S^{(1)}|i\rangle = \left[(2\pi)^4 \delta^{(4)}(p'+k'-p)\left(\frac{m}{VE_\mathbf{p}}\right)^{1/2}\left(\frac{m}{VE_{\mathbf{p}'}}\right)^{1/2}\left(\frac{1}{2V\omega_{\mathbf{k}'}}\right)^{1/2}\right]\mathcal{M} \tag{7.31}$$

$$\mathcal{M} = \mathrm{i}e\bar{u}(\mathbf{p}')\not{\epsilon}(\mathbf{k}'=\mathbf{p}-\mathbf{p}')u(\mathbf{p}) \tag{7.32}$$

式(7.31)と式(7.32)が,本項における最終的な結果である.$\mathcal{M}$は,図7.11のFeynmanグラフの過程に関する"Feynman振幅"と呼ばれる.このグラフには運動量が付記してあるので(スピンと偏極の指標も明示しないが含意されているものと見る),これは運動量空間におけるFeynmanダイヤグラムと呼ばれるもので,前節で見た座標空間におけるFeynmanダイヤグラム(p.116,図7.1(a))と対照される.

式(7.31)のδ関数は,式(7.29)において,2本のフェルミオン線と1本のボソン線が結節点(ヴァーテックス) x を形成することに対応して現れる3つの指数関数因子の x-積分から生じている.このδ関数によって,この過程の前後におけるエネルギー保存と運動量保存の制約 $p = p'+k'$ が課される(これに応じて式(7.32)の偏極ベクトル $\varepsilon_\alpha(\mathbf{k}')$ の引数を $\mathbf{k}' = \mathbf{p}-\mathbf{p}'$ と書いてある).より複雑なFeynmanダイヤグラムにおいても,同じような方法で各結節点(ヴァーテックス)に対応してδ関数が現れてエネルギー-運動量保存を保証するので,結果的に任意の過程全体においてエネルギー保存と運動量保存が成立するという事情を,これから見てゆくことになる.

$e^- \to e^- + \gamma$ という過程や,他の1次の過程では,エネルギー運動量保存の条件が,実粒子の条件(ここでは $p^2 = p'^2 = m^2$, $k'^2 = 0$)と両立しないので,すでに言及したように,1次の過程は実過程にならない.

7.2.2 Compton散乱

第2の例として,Compton散乱の行列要素を計算するが,これに関わるS演算子は式(7.9)と式(7.10),Feynmanグラフは図7.2 (p.120)である.グラフを運動量空間に移行させたものを図7.12に示す.始状態と終状態は,次のように表される.

$$|i\rangle = c^\dagger(\mathbf{p})a^\dagger(\mathbf{k})|0\rangle \quad \to \quad |f\rangle = c^\dagger(\mathbf{p}')a^\dagger(\mathbf{k}')|0\rangle \tag{7.33}$$

この遷移のS行列要素は,式(7.9)と式(7.10)から導かれる.式(7.23a), (7.25), (7.26)より,次式が得られる.

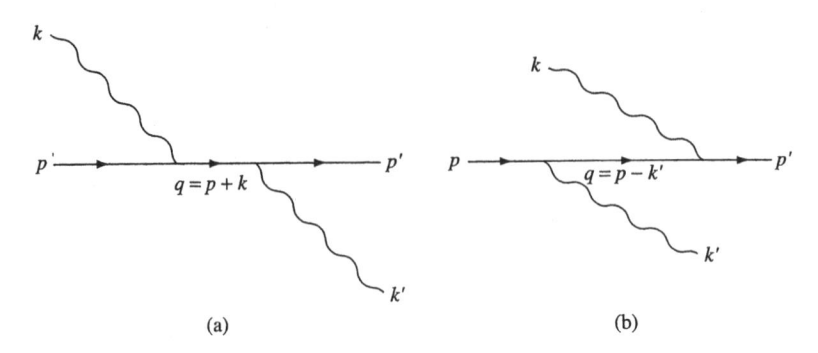

図7.12 電子の Compton 散乱.

$$\langle f|S_a|i\rangle = -e^2 \int d^4x_1 d^4x_2 \left[\left(\frac{m}{VE_{\mathbf{p'}}}\right)^{1/2} \bar{u}(\mathbf{p'})e^{ip'x_1}\right]\left[\left(\frac{1}{2V\omega_{\mathbf{k'}}}\right)^{1/2} \not{\epsilon}(\mathbf{k'})e^{ik'x_1}\right]$$

$$\times \frac{1}{(2\pi)^4}\int d^4q\, iS_F(q)e^{-iq(x_1-x_2)}$$

$$\times \left[\left(\frac{1}{2V\omega_{\mathbf{k}}}\right)^{1/2} \not{\epsilon}(\mathbf{k})e^{-ikx_2}\right]\left[\left(\frac{m}{VE_{\mathbf{p}}}\right)^{1/2} u(\mathbf{p})e^{-ipx_2}\right] \quad (7.34)$$

u と $\bar{u}$ は4成分スピノル, S_F と $\not{\epsilon}$ は 4×4 行列であることに注意が必要である. スピノル添字を省略してあるが, これらの量は常に行列代数の観点から正しい順序で書かなければならない.

式(7.34)において x_1 と x_2 に関する積分の部分は次のようになる.

$$\int d^4x_1 \exp\left[ix_1(p'+k'-q)\right] \int d^4x_2 \exp\left[ix_2(q-p-k)\right]$$
$$= (2\pi)^4 \delta^{(4)}(p'+k'-q)(2\pi)^4 \delta^{(4)}(q-p-k)$$
$$= (2\pi)^4 \delta^{(4)}(p'+k'-p-k)(2\pi)^4 \delta^{(4)}(q-p-k) \quad (7.35)$$

したがって, エネルギーと運動量は2箇所の結節点(ヴァーテックス)それぞれにおいて保存し, この過程全体でも保存する. 中間状態における仮想電子のエネルギー-運動量 q は, ここでは固定されている.

$$q = p + k = p' + k' \quad (7.36)$$

式(7.35) の結果を, 式(7.34) に適用して, q に関する積分を実行すると,

7.2. 運動量空間におけるFeynmanダイヤグラム

$$\langle f|S_\mathrm{a}|i\rangle = \left[(2\pi)^4\delta^{(4)}(p'+k'-p-k)\right.$$
$$\left.\times\left(\frac{m}{VE_\mathbf{p}}\right)^{1/2}\left(\frac{m}{VE_{\mathbf{p}'}}\right)^{1/2}\left(\frac{1}{2V\omega_\mathbf{k}}\right)^{1/2}\left(\frac{1}{2V\omega_{\mathbf{k}'}}\right)^{1/2}\right]\mathcal{M}_\mathrm{a} \quad (7.37)$$

となる.$\mathcal{M}_\mathrm{a}$は図7.12(a)に対応するFeynman振幅であり,次式で与えられる.

$$\mathcal{M}_\mathrm{a} = -e^2\bar{u}(\mathbf{p}')\not{\epsilon}(\mathbf{k}')\mathrm{i}S_\mathrm{F}(q=p+k)\not{\epsilon}(\mathbf{k})u(\mathbf{p}) \tag{7.38a}$$

Compton散乱への第2の寄与$\langle f|S_\mathrm{b}|i\rangle$は,式(7.37)において,$\mathcal{M}_\mathrm{a}$を図7.12(b)に対応する次のFeynman振幅に置き換えたものになる.このことの確認は,読者の練習問題とする.

$$\mathcal{M}_\mathrm{b} = -e^2\bar{u}(\mathbf{p}')\not{\epsilon}(\mathbf{k})\mathrm{i}S_\mathrm{F}(q=p-k')\not{\epsilon}(\mathbf{k}')u(\mathbf{p}) \tag{7.38b}$$

式(7.37)と式(7.38)として得られた結果は,このような方法でS行列の要素を計算する際に常に現れる一般的な特徴を,いくつか例示している.

第1に,式(7.38a)と式(7.38b)の各因子は,正しいスピノルの順序になっている.これらの式を図7.12の(a)と(b)に示したFeynmanグラフと比べてみると,この順序を次のように記述できる.接続している一連のフェルミオン線を"矢の向きに辿る"ならば,その順序がスピノル因子の"右から左へ"の順序に対応する.

第2に,これらの結果を式(7.31), (7.32)と比較すると,多くの一般的な特徴が見出される.式(7.31)と式(7.37)の矩形括弧の中には,全体のエネルギー-運動量保存を表すδ関数(の$(2\pi)^4$倍)と,各光子外線に対応して$(1/2V\omega_\mathbf{k})^{1/2}$,各フェルミオン外線に対応して$(m/VE_\mathbf{p})^{1/2}$をそれぞれ含んでいる.Feynman振幅(7.32)と(7.38)には,Feynmanグラフの各結節点(ヴァーテックス)に対応して因子$(\mathrm{i}e)$が,電子の外線に対応して$\bar{u}$とu,光子の外線に対応して$\not{\epsilon}$が自明な形で含まれている.式(7.38)の新たな特徴は,図7.12の(a)と(b)のダイヤグラムに見られる中間状態のフェルミオン線に対応して因子$\mathrm{i}S_\mathrm{F}(q)$が現れていることである.これらの共通した特徴は,次節で完全な議論を行うFeynman規則の例にあたる.

最後に,図7.12の(a)と(b)を見ると,両方とも中間状態の粒子は実粒子ではあり得ない($q^2\neq m^2$).ひとつの結節点(ヴァーテックス)において,3つの実粒子のエネルギー-運動量保存を実現できないからである.このことは,非相対論的な量子力学における非共変な摂動論とは対照的である.非共変な摂動論では時間座標と空間座標が(それに伴いエネルギーと運動量も)別扱いになっており,中間状態における粒子は実粒子のエネルギー-運動量の関係を保持する($p^2=m^2, k^2=0$).そして3次元運動量は保存されるが,中間状態においてエネルギー保存が破られている.

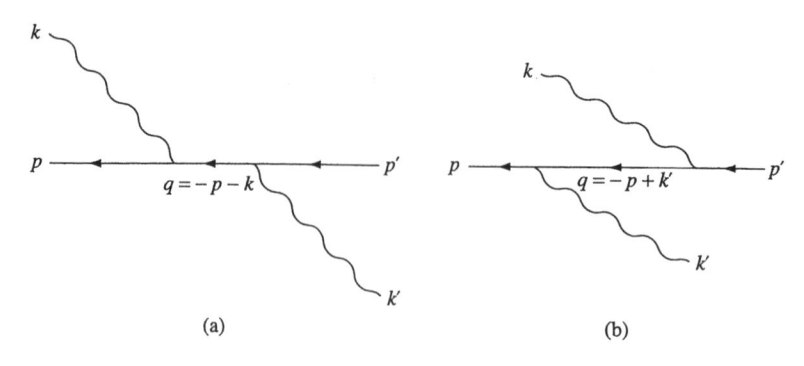

図7.13 陽電子の Compton 散乱.

陽電子の Compton 散乱も簡単に考察して，電子と陽電子の違いを見てみよう．運動量空間における Feynman グラフは図7.13のように表される．第一原理から，図7.13(a) のダイヤグラムに対応して式(7.37)の形の式が導かれ，$\mathcal{M}_a$ は次式に置き換わる．このことの確認は読者の練習問題とする．

$$\mathcal{M}'_a = e^2 \bar{v}(\mathbf{p}) \not{\epsilon}(\mathbf{k}) \mathrm{i} S_F(q = -p - k) \not{\epsilon}(\mathbf{k}') v(\mathbf{p}') \tag{7.39}$$

図7.13(b) に関する Feynman 振幅も，各自において求めてもらいたい．

式(7.39)において，スピノル $v(\mathbf{p}')$ は終状態の陽電子に関係し，スピノル $\bar{v}(\mathbf{p})$ は始状態の陽電子に関係する．この式のスピノル因子を"右から左へ"見た順序は，グラフにおけるフェルミオン線を"矢の向きに辿る"順序に対応している．これは電子の場合と同じ対応関係である．Feynman ダイヤグラムに付してある運動量の指標の解釈にも注意が必要である．"外線"に関しては，その運動量は始状態や終状態に存在する粒子の"実際の"4元運動量である．このことは電子にも陽電子にも光子にも適用される．これは"電子の外線"に関しては付記してある4元運動量が矢の向きのものであり，"陽電子の外線"に関しては付記してある4元運動量が矢と反対の向きのものであることを意味する．他方，Feynman グラフにおけるフェルミオンの"内線"に関しては，4元運動量の指標は"常に"矢と"同じ向き"の4元運動量を表すものと解釈する．

これで Compton 散乱の解析を終える．以下の例では，詳しい導出方法は読者の練習問題として，新たに見られる Feynman グラフの特徴に注意を集中する．

7.2. 運動量空間におけるFeynmanダイヤグラム

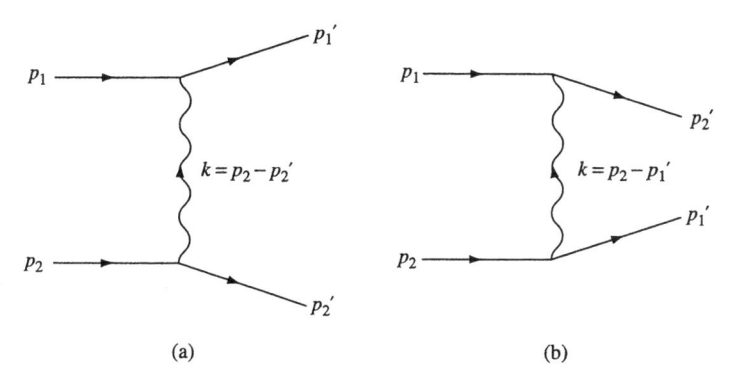

図7.14 電子-電子散乱 (Møller散乱).

7.2.3 電子-電子散乱

座標空間における Møller 散乱の Feynman ダイヤグラムを図 7.6 (p.123) に示してある. 運動量空間におけるグラフを図 7.14 に示す. 始状態と終状態は,

$$|i\rangle = c^\dagger(\mathbf{p}_2)c^\dagger(\mathbf{p}_1)|0\rangle \to |f\rangle = c^\dagger(\mathbf{p}'_2)c^\dagger(\mathbf{p}'_1)|0\rangle \tag{7.40}$$

と表され, 式 (7.17) により S 行列の要素は, 次のように求まる.

$$\langle f|S^{(2)}(2e^- \to 2e^-)|i\rangle$$
$$= \left[(2\pi)^4\delta^{(4)}(p'_1+p'_2-p_1-p_2)\prod\left(\frac{m}{VE_\mathrm{p}}\right)^{1/2}\right](\mathcal{M}_\mathrm{a}+\mathcal{M}_\mathrm{b}) \tag{7.41a}$$

ここで読者は $\prod(m/VE_\mathrm{p})^{1/2}$ の意味を明確に理解しておく必要がある[2]. 図 7.14 の (a) と (b) に対応する Feynman 振幅は, 次のようになる.

$$\mathcal{M}_\mathrm{a} = -e^2\bar{u}(\mathbf{p}'_1)\gamma^\alpha u(\mathbf{p}_1)\,\mathrm{i}D_{\mathrm{F}\alpha\beta}(k=p_2-p'_2)\bar{u}(\mathbf{p}'_2)\gamma^\beta u(\mathbf{p}_2) \tag{7.41b}$$

$$\mathcal{M}_\mathrm{b} = +e^2\bar{u}(\mathbf{p}'_2)\gamma^\alpha u(\mathbf{p}_1)\,\mathrm{i}D_{\mathrm{F}\alpha\beta}(k=p_2-p'_1)\bar{u}(\mathbf{p}'_1)\gamma^\beta u(\mathbf{p}_2) \tag{7.41c}$$

上の2つの振幅は, 前節で論じた排他律を反映した直接散乱と交換散乱の相対的な符号の違いをあらわに示している. ここでの新しい特徴は, 図 7.14 のグラフにおける光子の内線に対応して, 因子 $\mathrm{i}D_{\mathrm{F}\alpha\beta}(k)$ が現れたことである. 式 (7.24b) により $D_{\mathrm{F}\alpha\beta}(k) = D_{\mathrm{F}\alpha\beta}(-k)$ なので, 光子の内線における k の向きは任意である. しかし

---
[2] 詳しい導出方法は示さないが, 読者はもちろん式 (7.14) を自ら導出しなければならない.

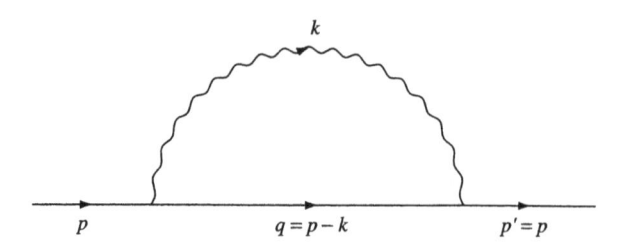

図7.15 電子の自己エネルギー.

ながら,光子の内線の両端にある結節点(ヴァーテックス)において生じる δ 関数の中の k の符号が整合するように k の向きを決めておかなければならない.たとえば図7.14(a)のように下から上の向きに k を選ぶならば,$p_2 = p_2' + k$ と $p_1 + k = p_1'$ となり,過程全体としてのエネルギー-運動量保存が適正に成立する.

7.2.4 閉じたループ

図7.8 (p.126)の電子の自己エネルギーダイヤグラムや,図7.9 (p.126)の光子の自己エネルギーダイヤグラムのように,内線によってループが形成されているFeynmanダイヤグラムにおいて新たな性質が現れてくる.ここまで考察してきたループを含まないダイヤグラムでは,各結節点(ヴァーテックス)におけるエネルギー-運動量保存則の制約により,すべての内線の4元運動量が外線の運動量から完全に決定された.しかしループを含むダイヤグラムでは,4元運動量が外線から固定されない内線が生じる.典型的な例として電子の自己エネルギーを考えよう.運動量空間におけるFeynmanグラフを図7.15に示す.2つの結節点(ヴァーテックス)におけるエネルギーと運動量の保存から与えられる条件は,

$$p = q + k = p' \tag{7.42}$$

であるが,内線の4元運動量 k および q が,外線の運動量だけから確定することはない.全振幅を求めるには,直観的に,許容されるすべての k と q の値に関して和を取る必要が生じるものと考えられる.

この推測の当否を確認するために,電子の自己エネルギー演算子 $S^{(2)}(e^- \to e^-)$ (式(7.20))の行列要素を評価しなければならない.遷移の始状態と終状態は,

$$|i\rangle = c^\dagger(\mathbf{p})|0\rangle \;\to\; |f\rangle = c^\dagger(\mathbf{p}')|0\rangle \tag{7.43}$$

7.3. QED に対する Feynman 規則

と設定される．次の結果が得られることを，読者各位において確認されたい．

$$\langle f|S^{(2)}(e^- \to e^-)|i\rangle$$
$$= -e^2 \left(\frac{m}{VE_\mathbf{p}}\right)^{1/2} \left(\frac{m}{VE_{\mathbf{p}'}}\right)^{1/2} \int d^4q\, d^4k\, \delta^{(4)}(p'-k-q)\delta^{(4)}(k+q-p)$$
$$\times iD_{F\alpha\beta}(k)\bar{u}(\mathbf{p}')\gamma^\alpha iS_F(q)\gamma^\beta u(\mathbf{p})$$
$$= \left[(2\pi)^4 \delta^{(4)}(p'-p)\left(\frac{m}{VE_\mathbf{p}}\right)^{1/2}\left(\frac{m}{VE_{\mathbf{p}'}}\right)^{1/2}\right]\mathcal{M} \quad (7.44\text{a})$$

Feynman 振幅は，次のように与えられる．

$$\mathcal{M} = \frac{-e^2}{(2\pi)^4} \int d^4k\, iD_{F\alpha\beta}(k)\bar{u}(\mathbf{p})\gamma^\alpha iS_F(p-k)\gamma^\beta u(\mathbf{p}) \quad (7.44\text{b})$$

予想された通り，Feynman 振幅は光子の運動量 k に関する積分を含んでいる．許容される各 k 値の下で，フェルミオン内線の運動量は $q = p-k$ となり，2つの結節点（ヴァーテックス）におけるエネルギー-運動量保存条件が常に保たれる．このような内部運動量に関する積分は，閉じたループにおいて典型的に現れるものである．（もうひとつの例として，問題7.2 の光子の自己エネルギーの例も参照．）

式(7.44)は，他のすべての例においても共通する構造を示している．式(7.44a) に現れる個々の因子の意味を，読者は明確に理解できるはずである．$\mathcal{M}$ に含まれる伝播関数 iS_F は電子の内線，iD_F は光子の内線に対応し，スピノル u は始状態からの外線，$\bar{u}$ は終状態への外線に対応し，γ 因子は各結節点（ヴァーテックス）に対応している．各スピノル量の順序は，相互に接続している一連のフェルミオン線を矢の向きに辿るという手続きから予想される通りの順序になっている．残りの因子 $(-e^2) = (ie)^2$ は，QED における $S^{(2)}$ の形に起源を持つ (式(7.1), (7.2) 参照)．

7.3 QED に対する Feynman 規則

前節において計算したいろいろな過程に関する S 行列要素 $\langle f|S|i\rangle$ は，共通した構造を備えており，式における個別の因子や特徴を Feynman グラフの構成と関係づけることができる．前節で見た数式要素と Feynman グラフの対応関係は，あらゆる過程に関して成立するものであり，それら以外の特徴が，他の過程において新たに現れることはない．したがって，ここで Feynman グラフから直接に $\langle f|S|i\rangle$ を書き下す規則を構築することができる．

本節では QED に関するこのような Feynman 規則を提示する．これは前節までに述べてきた結果を整理して一般化したものにあたる．各規則の起源は，読者にとって

既に明白なはずである．適宜，補足説明をしたり参照事項を示したりはするが，最初からすべてを繰り返す必要はない．たとえば Feynman グラフにおける矢の向きや，運動量の指標を付ける慣例などは，既に自明のものと見なす．

前節までの結果を一般化して，任意の遷移に関する S 行列要素の式を，直ちに書き下すことが可能である．始状態と終状態として，そこに含まれる粒子の運動量（およびスピンや偏極状態の変数）をそれぞれ指定した状態を設定し，その間の遷移 $|i\rangle \to |f\rangle$ を考える場合，S 行列要素は一般に次の形で与えられる．

$$\langle f|S|i\rangle = \delta_{fi} + \left[(2\pi)^4 \delta^{(4)}(P_f - P_i) \prod_{\text{ext.}} \left(\frac{m}{VE}\right)^{1/2} \prod_{\text{ext.}} \left(\frac{1}{2V\omega}\right)^{1/2}\right] \mathcal{M} \quad (7.45)$$

P_i および P_f は，それぞれ始状態および終状態の全4元運動量である．積はフェルミオン (e^- と e^+) の外線すべてと，光子の外線すべてについて取る．E は外線フェルミオンのエネルギー，ω は外線光子のエネルギーを表す．

Feynman 振幅 $\mathcal{M}$ は，一般に次のように書かれる．

$$\mathcal{M} = \sum_{n=1}^{\infty} \mathcal{M}^{(n)} \quad (7.46)$$

$\mathcal{M}^{(n)}$ は n 次の摂動項 $S^{(n)}$ から生じる．Feynman 振幅 $\mathcal{M}^{(n)}$ は，運動量空間において n 個の結節点(ヴァーテックス)と適正な外線を含み，トポロジー的に異なるすべてのグラフを描くことによって得られる．各グラフからの $\mathcal{M}^{(n)}$ への寄与は，以下に示す Feynman 規則に基づいて与えられる．

1. 各結節点(ヴァーテックス)に，因子 $ie\gamma^\alpha$ を充てる (式(7.1), (7.2)参照)．

2. 光子の内線それぞれに対し，その内線に付記されている運動量 k に応じて，次の因子を充てる (式(7.24b)参照)．

$$iD_{F\alpha\beta}(k) = i\frac{-g_{\alpha\beta}}{k^2 + i\varepsilon} \qquad (\alpha) \;\;\;\overset{k}{\sim\!\sim\!\sim\!\sim}\;\;\; (\beta) \quad (7.47)$$

3. フェルミオンの内線それぞれに対し，その内線に付記されている運動量 p に応じて，次の因子を充てる (式(7.24b))．

$$iS_F(p) = i\frac{1}{\not{p} - m + i\varepsilon} \qquad \overset{p}{\bullet\!\longrightarrow\!\bullet} \quad (7.48)$$

4. それぞれの外線に対して，以下に示す因子を充てる (式(7.25), (7.26)参照)．

 (a) 始状態の電子：

$$u_r(\mathbf{p}) \qquad p \longrightarrow \quad (7.49\text{a})$$

7.3. QED に対する Feynman 規則

(b) 終状態の電子：

$$\bar{u}_r(\mathbf{p}) \quad \bullet\!\!\longrightarrow\!\!\!\longrightarrow p \qquad (7.49\text{b})$$

(c) 始状態の陽電子：

$$\bar{v}_r(\mathbf{p}) \quad p \longleftarrow\!\!\!\longleftarrow\bullet \qquad (7.49\text{c})$$

(d) 終状態の陽電子：

$$v_r(\mathbf{p}) \quad \bullet\!\!\longleftarrow\!\!\!\longleftarrow p \qquad (7.49\text{d})$$

(e) 始状態の光子：

$$\varepsilon_{r\alpha}(\mathbf{k})_{\ k} \!\!\sim\!\!\sim\!\!\sim\!\!\sim\!\!\sim\!\!\sim\!\bullet^{(\alpha)} \qquad (7.49\text{e})$$

(f) 終状態の光子[3]：

$$\varepsilon_{r\alpha}(\mathbf{k}) \quad \bullet^{(\alpha)}\!\!\sim\!\!\sim\!\!\sim\!\!\sim\!\!\sim\!\!\sim\!_k \qquad (7.49\text{f})$$

式 (7.49) において $\mathbf{p}$ と $\mathbf{k}$ は外線粒子の 3 元運動量を表し，$r\,(=1,2)$ はスピンもしくは偏極状態を指定する指標を意味する．

5. 各フェルミオン線と，それらを接続する各 結節点(ヴァーテックス) に付随するスピノル因子 (4 元スピノル, S_F 関数, γ 行列) を，相互に接続している一連のフェルミオン線を矢の向きに辿る順序で右から左に並べる．

6. 閉じたフェルミオン線それぞれに関して 対角和(トレース) を取り，因子 (-1) を掛ける．

この規則は 7.1 節で見た座標空間における結果 (式 (7.22)) から直接に導かれる．

7. 3 本の線が集まる 結節点(ヴァーテックス) それぞれにおいて，エネルギー-運動量の保存を成立させる．エネルギー-運動量保存の要請の下でも固定されないパラメーターとして残る内部 4 元運動量 q それぞれに関して積分 $(2\pi)^{-4}\int \mathrm{d}^4 q$ を施す．具体的には閉じたループ毎に，それに付随する不定な内部運動量変数 q に関する積分が生じる．

我々はこのループ積分の規則の例を，電子の自己エネルギー (式 (7.44b)) において見た．この積分規則に因子 $(2\pi)^{-4}$ を付けておくことは便利な措置である．この後に示すように，これによって必要な数値因子が (次の規則 8 による位相因子だけを除いて) すべて 出揃(でそろ)うからである．

---

[3] 我々が用いる線形偏極 (偏光) 状態に関しては，$\varepsilon_{r\alpha}(\mathbf{k})$ は実数である．一般にはこれは複素数であり (たとえば円偏光の場合)，終状態の光子に関しては $\varepsilon_{r\alpha}(\mathbf{k})$ を $\varepsilon^*_{r\alpha}(\mathbf{k})$ に置き換えなければならない．

8. 位相因子 δ_P として $+1$ または -1 を掛ける．これは外線フェルミオン因子 (演算子) の順序を外線指標 (引数) の順序が適正になるように並べ直すときに，フェルミオン因子同士の置換が必要な回数が偶数回ならば $+1$, 奇数回ならば -1 とする．

位相因子が重要となるのは，複数の Feynman グラフからの寄与を足し合わせる必要のある場合に限られ，その場合にも相対的な符号の違いのみが関心の対象となる．このような状況として最もよく遭遇する例としては，既に見た (e^-e^-)-散乱や (e^-e^+)-散乱などがあり，これらの例では同種フェルミオン同士の外線が互いに入れ替わっているだけの違いしかないダイヤグラムからの寄与が加算される．外線の入れ替わり方としては，(i) 始状態における2つの e^- (もしくは e^+) 同士，(ii) 終状態における2つの e^- (もしくは e^+) 同士，(iii) 始状態の e^- (もしくは e^+) と終状態の e^+ (もしくは e^-)，という組合せがあり得る．

規則7によって，すべての数値因子が尽くされるということについて確認が必要である．ここまでで，まだ考慮していない因子は δ 関数や伝播関数から生じる $(2\pi)^4$ である．各結節点（ヴァーテックス）における x-積分から因子 $(2\pi)^4$ が生じ (式(7.30) 参照)，各伝播関数の Fourier 変換から因子 $(2\pi)^{-4}$ が生じる (式(7.23) 参照)．n 個の結節点と，f_i 本 (b_i 本) のフェルミオン内線 (ボソン内線) を含む Feynman ダイヤグラムおいて現れる因子は，

$$\left[(2\pi)^4\right]^{n-f_\mathrm{i}-b_\mathrm{i}-1} \tag{7.50}$$

である．指数の末尾の -1 は，式(7.45) において分離した因子 $(2\pi)^4$ に対応する．ここで，l 個の閉じたループを含む Feynman ダイヤグラムでは，

$$n - f_\mathrm{i} - b_\mathrm{i} - 1 = -l \tag{7.51}$$

となることを読者各位において証明してもらいたい．各ループに対してひとつの運動量積分 $\int d^4 q$ が生じるので，各ループ積分 $\int d^4 q$ を $(2\pi)^{-4} \int d^4 q$ に置き換えることを規則にしておけば，式(7.50) の因子を省いてよい．

以上で QED に関する Feynman 規則の議論を終える．読者には，本章の前の方において第一原理から導いたいろいろな行列要素 $\langle f|S|i\rangle$ を，再度 Feynman 規則に基づいて導いてみてもらいたい．少し練習を積めば，Feynman 規則は極めて単純でありながら，著しく複雑な行列要素も容易に求めることのできる方法であることが分かるはずである．このため Feynman 規則は実際的な計算を行うための礎石となっている．これと類似のダイヤグラム的な技法は，他の多くの分野においても重要となっている．たとえば弱い相互作用 (本書の後の方で論じる) や，凝縮系の物理において，似

たような計算規則が整備されている．本書(第2巻) 末尾の付録B において，QED に関する規則と，後から論じる電弱標準理論の規則をまとめておく．

7.4 レプトン

ここまで QED を電子や陽電子と電磁場の相互作用を扱う力学として見てきた．より一般には，QED は荷電レプトンの電磁場との相互作用を扱えるものと見なされる．荷電レプトンとしては，電子の他にミュー粒子 ($\mu^{\mp}$) とタウ粒子 ($\tau^{\mp}$) が存在する[4]．ミュー粒子もタウ粒子もスピン $\frac{1}{2}$ と電荷 $\mp e$ を持つ．これらは電子 ($m_e = 0.511$ MeV) と質量が $m_\mu = 105.7$ MeV, $m_\tau = 1776.84 \pm 0.17$ MeV のように違うだけで，他の粒子と相互作用をする性質は，極めて高精度の実験で調べても，電子のそれと全く変わらない．このことは "e-μ-τ 普遍性" として言及される．本節で論じる拡張された QED では，2種類以上のレプトンを含む過程も扱えることになり，その内容が新たな豊富さを持つことになる．

普遍性を仮定するならば，理論の拡張方法はほとんど自明である．電子と同様に，それぞれの種類のレプトンに Dirac スピノル場 $\psi_l(x)$ をあてがう．l は荷電レプトンの種類を表す ($l = e, \mu, \tau$)．電子のラグランジアン密度の式(4.67)を一般化すると，

$$\mathcal{L}_0 = \sum_l \bar{\psi}_l(x) \left(i\gamma^\alpha \partial_\alpha - m_l \right) \psi_l(x) \tag{7.52a}$$

となる．極小(ミニマル)置換(4.64b) の処方を適用すると ($q = -e$ とする)，そこから相互作用ハミルトニアン密度が，次のように与えられる．

$$\mathcal{H}_\mathrm{I}(x) = -\mathcal{L}_\mathrm{I}(x) = -e \sum_l \mathrm{N}\left[\bar{\psi}_l(x) \slashed{A}(x) \psi_l(x) \right] \tag{7.52b}$$

この式では，すべての場が同じ時空点で評価されているので，完全に "局所(ローカル)的" な相互作用を記述する．これは電磁場と点粒子の相互作用に関しては適正である．現在の実験限界までの範囲において，レプトンは点粒子的であるが，強粒子(ハドロン)は有限の寸法を持つ．たとえば実験的に求められた陽子の半径は 0.8×10^{-15} m 程度である[5]．このため荷電強粒子(ハドロン)の電磁相互作用は，式(7.52b)のような式では記述できない．

---

[4] ミュー粒子 (muon) とタウ粒子 (tauon) という術語が正電荷と負電荷の粒子を両方とも表すことと同様に，電子と陽電子もひとつの呼び方に統一した方が便利である．このため電子という術語を，狭義の電子と陽電子を包括する呼称と見なすこともよくある．我々も基本的にはこの慣行に従うことにして，適宜，曖昧さを避けるために注意を促すことにする．

[5] 各レプトンの点粒子的な性質は，これよりもはるかに短い距離まで検証されている．(8.4節，8.5節を参照．)

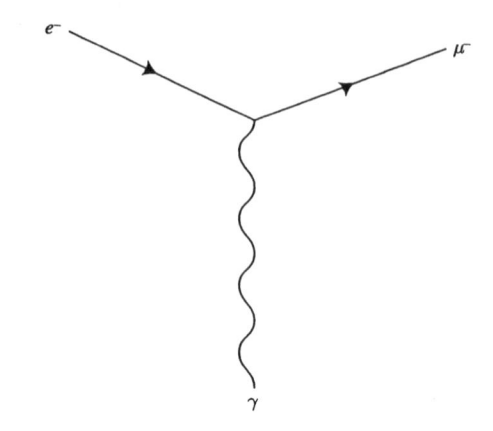

図7.16 相互作用(7.52b)からは"生じない"基本結節点．式(7.52b)の下では，各結節点において電子数，ミュー粒子数がそれぞれ保存しなければならない．

相互作用(7.52b)について注意すべき第2の点は，これが1種類のレプトンしか含まない項だけの和の形で与えられており，同じ項に異なるレプトンの混在がないということである．したがって図7.1 (p.116)のような基本結節点（ヴァーテックス）において，同じ結節点に接続する2本のフェルミオン線は必ず互いに"同種の"レプトンである．図7.1において2本のフェルミオン線を"両方とも"ミュー粒子に置き換えたり，タウ粒子に置き換えたりすることは可能だが，たとえば一方が電子で一方がミュー粒子という過程はあり得ない．図7.16の結節点（ヴァーテックス）は電荷を保存するが，相互作用(7.52b)には$-e\bar{\psi}_\mu A\psi_e$という形の項を含まないので，このような結節点は生じない．そこで"電子数" $N(e)$ を，自明な記法を用いて，

$$N(e) = N(e^-) - N(e^+) \tag{7.53a}$$

と定義するならば，これは行列要素 $\langle j|\mathcal{H}_I|i\rangle$ がゼロにならない任意の状態間において保存する．同様に，以下のミュー粒子数やタウ粒子数[6]も，それぞれ保存する．

$$N(\mu) = N(\mu^-) - N(\mu^+) \tag{7.53b}$$

$$N(\tau) = N(\tau^-) - N(\tau^+) \tag{7.53c}$$

したがって，

$$e^- + \mu^+ \to e^+ + \mu^- \tag{7.54}$$

---

[6] これらの定義は，弱い相互作用を考察する際に，修正が必要となる．

7.4. レプトン

のような過程は，電荷は保存するはずであるが禁じられており，実験的にも観測されていない．

S行列展開とQEDに対するFeynman規則を拡張することは，もはや直截な作業である．元々の相互作用(7.2)における各項 $(\bar{\psi}A\psi)$ は電子だけを対象としているが，これを和 $\Sigma_l(\bar{\psi}_l A \psi_l)$ に置き換える．S行列展開(7.1)は，次のように修正される．

$$S = \sum_{n=0}^{\infty} \frac{(\mathrm{i}e)^n}{n!} \int \cdots \int \mathrm{d}^4 x_1 \ldots \mathrm{d}^4 x_n \sum_{l_1} \cdots \sum_{l_n}$$
$$\times \mathrm{T}\{\mathrm{N}(\bar{\psi}_{l_1} A \psi_{l_1})_{x_1} \ldots \mathrm{N}(\bar{\psi}_{l_n} A \psi_{l_n})_{x_n}\} \quad (7.55)$$

この展開式には，1種類のレプトンしか含んでいない項もたくさん含まれている．これらについては前の2つの節で考察したものと同じ形の結果を，ミュー粒子とタウ粒子それぞれにも当てはめればよい．$S^{(1)}$ はこれに該当するし，$S^{(2)}$ の中でも $l_1 = l_2$ $(= e, \mu, \tau)$ の項については同じ考え方でよい．新たな過程が生じてくる興味深い項は，2種類以上のレプトンを含む項である．

たとえば $S^{(2)}$ において $l_1 = \mu$, $l_2 = e$ の項を考えてみる．

$$S^{(2)}_{\mu e} = -e^2 \int \mathrm{d}^4 x_1 \mathrm{d}^4 x_2 \mathrm{T}\{\mathrm{N}(\bar{\psi}_\mu A \psi_\mu)_{x_1} \mathrm{N}(\bar{\psi}_e A \psi_e)_{x_2}\} \quad (7.56)$$

Wickの定理(式(6.35), (6.38))を用いて，このT積を正規積の項へと展開すると，次式が得られる．

$$S^{(2)}_{\mu e} = -e^2 \int \mathrm{d}^4 x_1 \mathrm{d}^4 x_2 \mathrm{N}\left[(\bar{\psi}_\mu A \psi_\mu)_{x_1}(\bar{\psi}_e A \psi_e)_{x_2}\right]$$
$$- e^2 \int \mathrm{d}^4 x_1 \mathrm{d}^4 x_2 \mathrm{N}\left[(\bar{\psi}_\mu \underbracket{A \psi_\mu)_{x_1}(\bar{\psi}_e A} \psi_e)_{x_2}\right] \quad (7.57)$$

他のすべての非同時刻縮約は，真空期待値の形で与えられる縮約の定義(6.31)の下でゼロになる[7]．

式(7.57)の第1項は，式(7.5a)の $S^{(2)}_\mathrm{A}$ と同様に，図7.1 (p.116)のような非物理的過程がそれぞれ独立に2回起こる過程に対応しており，ここでは一方が電子の代わりにミュー粒子の過程に置き換わる．

式(7.57)の第2項は，ミュー粒子の外線が2本と，電子の外線が2本を生じる過程を表し，この過程において電荷，電子数，およびミュー粒子数は保存する．これには

---

[7] 複数種類のフェルミオン場を扱う際には，異なるフェルミオン場同士も反交換するように仮定しなければならない．フェルミオン場とボソン場の演算子は常に交換するものと仮定する．(J. D. Bjorken and S. D. Drell, *Relativistic Quantum Fields*, McGraw-Hill, New York, 1965, p.98 を参照．)

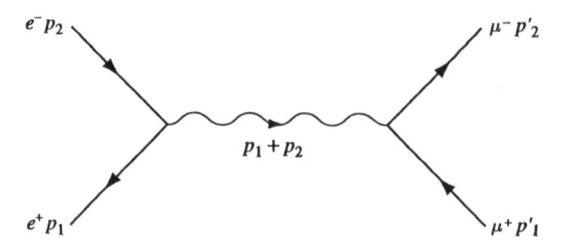

図7.17 $e^+ + e^- \to \mu^+ + \mu^-$ の過程を表すグラフ.

電子-ミュー粒子散乱も含まれるし,より興味深い過程としては,

$$e^+ + e^- \to \mu^+ + \mu^- \tag{7.58}$$

すなわち e^+e^- 対が消滅して $\mu^+\mu^-$ 対が生成するという過程も起こる. $S^{(2)}_{\mu e}$ の中で, この過程を生じる項は,

$$S^{(2)}(e^+e^- \to \mu^+\mu^-) = -e^2 \int d^4x_1 d^4x_2 \, N\bigl[(\bar{\psi}_\mu^- \gamma^\alpha \psi_\mu^-)_{x_1} (\bar{\psi}_e^+ \gamma^\beta \psi_e^+)_{x_2}\bigr] i D_{F\alpha\beta}(x_1 - x_2) \tag{7.59}$$

であり,この演算子から遷移行列要素を計算できる. Feynmanグラフは図7.17のように表される. 始状態と終状態は,

$$\begin{aligned}|i\rangle &= |e^-\mathbf{p}_2; e^+\mathbf{p}_1\rangle = c_e^\dagger(\mathbf{p}_2) d_e^\dagger(\mathbf{p}_1)|0\rangle \\ \to |f\rangle &= |\mu^-\mathbf{p}'_2; \mu^+\mathbf{p}'_1\rangle = c_\mu^\dagger(\mathbf{p}'_2) d_\mu^\dagger(\mathbf{p}'_1)|0\rangle \end{aligned} \tag{7.60}$$

であり, Feynman振幅は次式で与えられる.

$$\mathcal{M}^{(2)}(e^+e^- \to \mu^+\mu^-) = -ie^2 \bar{u}_\mu(\mathbf{p}'_2) \gamma^\alpha v_\mu(\mathbf{p}'_1) D_{F\alpha\beta}(p_1+p_2) \bar{v}_e(\mathbf{p}_1) \gamma^\beta u_e(\mathbf{p}_2) \tag{7.61}$$

図7.17においてフェルミオン線に付記した e と μ は,式(7.60)における生成・消滅演算子と式(7.61)の各スピノルにおける電子とミュー粒子の区別に対応している.

ここで式(7.61)を第一原理から導くことは行わない(読者が練習として行ってもよいが). 前節でQEDに関して与えた規則を複数種類のレプトンを含む場合へ拡張する方法は,自明のことである. S演算子(7.59)は e^+e^- 散乱を表す図7.7(b) (p.125) の消滅ダイヤグラム(式(7.19c)の S_b)において,終状態側の電子をミュー粒子に置き換えた過程を表す. したがって振幅(7.61)は2段階の作業から導かれる.

第1に，式(7.60)と似ているが，すべてのフェルミオンが電子となっている過程の演算子 S_b (式(7.19c)) に対応する Feynman 振幅 $\mathcal{M}_\mathrm{b}$ を，7.3節の Feynman 規則に従って直接に書き下す．

第2に，得られた $\mathcal{M}_\mathrm{b}$ の式において，終状態の電子に関わる部分を，ミュー粒子に関する量に置き換える．

上記の手続きに基づいて，式(7.61) が得られることの確認作業は読者に委ねる．

$e^+ + e^- \to \mu^+ + \mu^-$ という過程と $e^+ e^-$ 散乱過程には，重要な違いもある．後者には図7.7(a)に対応する第2の寄与 S_a (式(7.19b)) が伴うが，前者では既に見たように，これに相当する寄与が式(7.57)から生じることはない．このような過程を考えようとすると，図7.7(a)において終状態の2本の電子の線を2本のミュー粒子の線に置き換えることになるが，その場合には各結節点(ヴァーテックス)に電子線とミュー粒子線が1本ずつ接続することになって (p.142, 図7.16の禁じられた結節点が現れる)，各結節点において電子数 $N(e)$ の保存とミュー粒子数 $N(\mu)$ の保存の制約が破られてしまう．

この例を見ると，7.3節の規則を拡張する方法が容易に分かる．任意の過程に関して，各結節点(ヴァーテックス)において $N(e)$，$N(\mu)$，$N(\tau)$ をそれぞれ保存するような Feynman ダイヤグラムをすべて書かなければならない．すなわち各結節点において入射するフェルミオン線と出射するフェルミオン線は，同じ種類であるという制約が課される (両方とも e，もしくは両方とも μ，もしくは両方とも τ となる)．各ダイヤグラムの Feynman 振幅は，前節で述べた Feynman 規則に対応させる形で，直接に書き下すことができる．

練習問題

7.1 Bhabha 散乱，すなわち，

$$e^+(\mathbf{p}_1, r_1) + e^-(\mathbf{p}_2, r_2) \to e^+(\mathbf{p}'_1, s_1) + e^-(\mathbf{p}'_2, s_2)$$

という過程に関して，ゼロにならない最低次のS行列要素(7.19)を導き，これに対応する Feynman 振幅を求めよ．

7.2 図7.9 (p.126) に示した光子の自己エネルギーダイヤグラムの Feynman 振幅が，次式で与えられることを示せ．

$$\mathcal{M} = \frac{-e^2}{(2\pi)^4} \int d^4 p \, \mathrm{Tr} \left[\not{\varepsilon}_r(\mathbf{k}) S_\mathrm{F}(p+k) \not{\varepsilon}_r(\mathbf{k}) S_\mathrm{F}(p) \right]$$

$\mathbf{k}$ は光子の運動量，$\varepsilon_r(\mathbf{k})$ は光子の偏極ベクトルである．

7.3 スピン0のボゾン B を表す実スカラー場 $\phi(x)$ が，次のラグランジアン密度によって記述されるものとする．

$$\mathcal{L}(x) = \mathcal{L}_0(x) + \mathcal{L}_\mathrm{I}(x)$$

ここで $\mathcal{L}_0$ は自由場の密度 (3.4) であり,
$$\mathcal{L}_\mathrm{I}(x) = \frac{g[\phi(x)]^4}{4!}$$
は, 場のそれ自身との相互作用を記述する. g は実数の結合定数である. (常に演算子積の正規順序化が仮定されているものとする.)

S 行列展開を行って, BB 散乱過程, すなわち,
$$B(\mathbf{k}_1) + B(\mathbf{k}_2) \to B(\mathbf{k}_3) + B(\mathbf{k}_4)$$
を 1 次摂動において生じるような正規化項を選び出し, その項を表す Feynman ダイヤグラムを描き, 対応する S 行列要素が次式で与えられることを示せ.
$$\langle k_3, k_4 | S^{(1)} | k_1, k_2 \rangle = (2\pi)^4 \delta^{(4)}(k_3 + k_4 - k_1 - k_2) \prod_i \left(\frac{1}{2V\omega_i}\right)^{1/2} \mathcal{M}$$
ここで Feynman 振幅は $\mathcal{M} = ig$ となる. ($\mathcal{M}$ がボソンの 4 元運動量 $k_i^\alpha \equiv (\omega_i, \mathbf{k}_i)$ に依存しないことに注意せよ.)

7.4 擬スカラー中間子の理論は, ラグランジアン密度,
$$\mathcal{L}(x) = \mathcal{L}_0(x) + \mathcal{L}_\mathrm{I}(x)$$
において, スピン 0 の実場 $\phi(x)$ とフェルミオン場 $\psi(x)$ の自由場の密度を,
$$\mathcal{L}_0(x) = \frac{1}{2}\left[\partial_\alpha \phi(x)\partial^\alpha \phi(x) - \mu^2 \phi^2(x)\right] + \bar{\psi}(x)\left(i\gamma^\alpha \partial_\alpha - m\right)\psi(x)$$
と置き, その相互作用密度を,
$$\mathcal{L}_\mathrm{I}(x) = -ig\bar{\psi}(x)\gamma_5 \psi(x)\phi(x)$$
と設定することで与えられる.

相互作用ラグランジアン密度 $\mathcal{L}_\mathrm{I}(x)$ は QED の相互作用密度 (式(4.68)) と似ているが, $e\gamma^\alpha$ が $(-ig\gamma_5)$ に, 光子場 $A_\alpha(x)$ が中間子場 $\phi(x)$ に置き換わっている. この類似性を利用して, 擬スカラー中間子理論に対する Feynman 規則を書いてみよ.

7.5 ある実スカラー場 $\phi(x)$ が, 次のラグランジアン密度によって記述されるものとする.
$$\mathcal{L}(x) = \mathcal{L}_0(x) + \mu U(\mathbf{x})\phi^2(x)$$
$\mathcal{L}_0$ は自由場ラグランジアン密度 (3.4) であり, $U(\mathbf{x})$ は静的な外部ポテンシャルを表す. 次の運動方程式を導け.
$$\left(\Box + \mu^2\right)\phi(x) = 2\mu U(\mathbf{x})\phi(x)$$
このボソンが運動量 $k_i = (\omega_i, \mathbf{k}_i)$ で入射し, ポテンシャルに散乱されて運動量 $k_f = (\omega_f, \mathbf{k}_f)$ の状態に遷移する過程に対する最低次の S 行列要素が, 次式で与えられることを示せ.
$$\langle \mathbf{k}_f | S^{(1)} | \mathbf{k}_i \rangle = \frac{i2\pi \delta(\omega_f - \omega_i)}{(2V\omega_i)^{1/2}(2V\omega_f)^{1/2}} 2\mu \tilde{U}(\mathbf{k}_f - \mathbf{k}_i)$$
$$\tilde{U}(\mathbf{q}) = \int d^3x\, U(\mathbf{x}) e^{-i\mathbf{q}\cdot\mathbf{x}}$$
この種の静的な外部ポテンシャルに関する問題は, 第 8 章において詳しく考察する.

第 8 章 最低次の QED 過程

前章では，QED の任意の衝突過程について，行列要素 S_{fi} を得るための Feynman 規則を確立した．本章では S_{fi} から，実験的に観測される量，すなわち断面積を導出することを始める．これは非相対論的な衝突・散乱理論における運動学的もしくは相空間的な議論を直接に一般化したものにあたる．

この方法で得られる断面積は，完全に偏極状態を指定されたものである．すなわち始状態と終状態に含まれる光子やレプトンは，それぞれの偏極状態を決められている．(慣例に従って"偏極"という術語を光子にもフェルミオンにも用いることにする．後者ではスピン状態のことを意味する．) しかし実際に最もよくある状況としては，衝突を起こすために用意するビームは非偏極(偏極が乱雑)であり，衝突の結果として散乱されたり生成したりする粒子の偏極も測定されない．そのような場合に関しては，始状態と終状態それぞれにおいて，粒子の偏極状態に関する平均化と和の計算が必要となる．スピンと偏極の和の計算を実行するための強力でエレガントな技法を 8.2 節と 8.3 節において展開する．偏極の性質を解析する形式は，さらに複雑なものになるので，単純な例だけについて考察を行う．

8.4-8.6 節では，前章で考察したいくつかの具体的な過程について，ゼロにならない最低次の摂動項による断面積を導出してみる．本章の末までに，読者は QED における任意の衝突問題を，同様の方法で扱えるようになる必要がある．(読者はこれらの応用に多少辟易したとしても 8.7-8.9 節を端折るべきではない．ここでも新たな概念がいくつか導入されることになる．)

我々は S 行列の形式を外部電磁場，すなわち量子ゆらぎを無視した量子化されていない場として記述できるような外場が存在する場合へと拡張する．この形式の応用例として，原子核 Coulomb 場による電子の散乱を，弾性散乱 (8.7 節) についても，光子の放出を伴う非弾性散乱すなわち制動放射 (8.8 節) についても考察する．

これらの Coulomb 散乱過程を調べることにより，新たに注目すべき状況に遭遇することになる．散乱の際に荷電粒子によって，ひとつもしくはそれ以上の"非常に軟かい光子"(エネルギーが極めて低い光子) が放射される可能性がある．実験においてはエネルギー分解能が有限なので，弾性散乱と非弾性散乱の区別は不明瞭になる．

非現実的な弾性散乱と非弾性散乱の区分を導入すると，赤外発散の困難を招くことになる．本章の最後の節では，この困難を解消する方法を見ることにする．

8.1 断面積

始状態において存在する2つの粒子(レプトンでも光子でもよい)が互いに衝突し，終状態では N 個の粒子が存在する過程を考察する．始状態における2つの粒子の4元運動量を $p_i = (E_i, \mathbf{p}_i)$ $(i = 1, 2)$，終状態における各粒子の4元運動量を $p'_f = (E'_f, \mathbf{p}'_f)$ $(f = 1, \ldots, N)$ と書く．始状態と終状態に含まれる各粒子は，それぞれ偏極状態も指定されているものとするが，第7章と同様に，これらの状態を表す添字を通常は明示しない．Feynman振幅 $\mathcal{M}$ を定義する式(7.45)は，この過程に関して，次のように表される．

$$S_{fi} = \delta_{fi} + (2\pi)^4 \delta^{(4)}\Big(\sum p'_f - \sum p_i\Big)$$
$$\times \prod_i \Big(\frac{1}{2VE_i}\Big)^{1/2} \prod_f \Big(\frac{1}{2VE'_f}\Big)^{1/2} \prod_l (2m_l)^{1/2} \mathcal{M} \quad (8.1)$$

ここでの添字 l は，グラフにおいて，すべての外線レプトンに付ける番号である(7.4節や8.4節などで用いられている $l = e, \mu, \tau$ とは意味が異なる)．

式(8.1)は無限大の時間 $T \to \infty$ と無限大の体積 $V \to \infty$ を想定した式である．有限の T と V を考える際には，式(8.1)において，

$$(2\pi)^4 \delta^{(4)}\Big(\sum p'_f - \sum p_i\Big) = \lim_{\substack{T \to \infty \\ V \to \infty}} \delta_{TV}\Big(\sum p'_f - \sum p_i\Big)$$
$$\equiv \lim_{\substack{T \to \infty \\ V \to \infty}} \int_{-T/2}^{T/2} dt \int_V d^3\mathbf{x} \, \exp\Big[i x \Big(\sum p'_f - \sum p_i\Big)\Big] \quad (8.2)$$

という置き換えを施して，極限操作を解除すればよい．断面積を導出するにあたり，最初は T と V を有限にしておく方が都合がよい．単位時間あたりの遷移確率，

$$w = \frac{|S_{fi}|^2}{T} \quad (8.3)$$

を考えると，ここには $\big[\delta_{TV}\big(\Sigma p'_f - \Sigma p_i\big)\big]^2$ という因子が含まれる．T と V が充分に大きい場合，以下の近似が成り立つ．

$$\delta_{TV}\Big(\sum p'_f - \sum p_i\Big) = (2\pi)^4 \delta^{(4)}\Big(\sum p'_f - \sum p_i\Big) \quad (8.4)$$

$$\Big[\delta_{TV}\Big(\sum p'_f - \sum p_i\Big)\Big]^2 = TV(2\pi)^4 \delta^{(4)}\Big(\sum p'_f - \sum p_i\Big) \quad (8.5)$$

8.1. 断面積

したがって $T \to \infty$, $V \to \infty$ において，式(8.3)は次のようになる．

$$w = V(2\pi)^4 \delta^{(4)}\left(\sum p'_f - \sum p_i\right)\left(\prod_i \frac{1}{2VE_i}\right)\left(\prod_f \frac{1}{2VE'_f}\right)\left(\prod_l (2m_l)\right)|\mathcal{M}|^2 \tag{8.6}$$

式(8.6)は，ある決まった終状態への遷移頻度を表している．終状態における各粒子の運動量に範囲 $(\mathbf{p}'_f, \mathbf{p}'_f + \mathrm{d}\mathbf{p}'_f)$ を設けて $(f = 1, \ldots, N)$，その範囲内の終状態への遷移頻度を得るには，w に対して次の状態数を掛ける必要がある．

$$\prod_f \frac{V\mathrm{d}^3\mathbf{p}'_f}{(2\pi)^3} \tag{8.7}$$

微分断面積は，このような終状態のグループへ遷移が起こる頻度を，散乱中心の数と，入射粒子ビームの流束密度で割った量である．我々が採用する状態ベクトルの規格化条件の下では，体積 V の中に散乱中心がひとつ含まれ，入射粒子ビームの流束密度は v_{rel}/V と表される．v_{rel} は衝突する粒子の相対速度である．

これらを踏まえると，式(8.6)から微分断面積の式が得られる．

$$\begin{aligned}
\mathrm{d}\sigma &= w \frac{V}{v_{\mathrm{rel}}} \prod_f \frac{V\mathrm{d}^3\mathbf{p}'_f}{(2\pi)^3} \\
&= (2\pi)^4 \delta^{(4)}\left(\sum p'_f - \sum p_i\right)\frac{1}{4E_1E_2 v_{\mathrm{rel}}}\left(\prod_l (2m_l)\right)\left(\prod_f \frac{\mathrm{d}^3\mathbf{p}'_f}{(2\pi)^3 2E'_f}\right)|\mathcal{M}|^2
\end{aligned} \tag{8.8}$$

式(8.8)は，互いに衝突する粒子が同一直線上で運動する任意のLorentz座標系において成立する．そのような座標系では，衝突する粒子の相対速度 v_{rel} が次式によって与えられる．

$$E_1 E_2 v_{\mathrm{rel}} = \left[(p_1 p_2)^2 - m_1^2 m_2^2\right]^{1/2} \tag{8.9}$$

m_1 と m_2 は衝突する粒子の静止質量である．上式を適用できる座標系として重要な2つの例は，重心系 (center-of-mass : CoM) と，実験室系 (Lab) である．重心系では $\mathbf{p}_1 = -\mathbf{p}_2$ なので，相対速度は，

$$v_{\mathrm{rel}} = \frac{|\mathbf{p}_1|}{E_1} + \frac{|\mathbf{p}_2|}{E_2} = |\mathbf{p}_1|\frac{E_1 + E_2}{E_1 E_2} \quad (\text{CoM}) \tag{8.10a}$$

と表される．実験室系では標的粒子 (粒子2とする) が静止していて $\mathbf{p}_2 = \mathbf{0}$ なので，

$$v_{\mathrm{rel}} = \frac{|\mathbf{p}_1|}{E_1} \quad (\text{Lab}) \tag{8.10b}$$

となる．もちろん式(8.10)は，式(8.9)と整合している．

断面積の式(8.8)の相対論的不変性は，式(8.9)と，任意の4元ベクトル$p = (E, \mathbf{p})$に関する$d^3\mathbf{p}/2E$のLorentz不変性から保証される[1]．

エネルギーと運動量の保存則のために，終状態の各粒子の運動量$\mathbf{p}'_1, \ldots, \mathbf{p}'_N$のすべてが独立な変数にはならない．与えられた状況において適切な独立変数に関する微分断面積を得るために，まず式(8.8)を余分の変数に関して積分する必要がある．このことを具体的に見るために，頻繁に起こり得る例として，終状態が2つの粒子を含む過程を考えよう．式(8.8)によれば，

$$d\sigma = f(p'_1, p'_2)\delta^{(4)}(p'_1 + p'_2 - p_1 - p_2)\, d^3\mathbf{p}'_1 d^3\mathbf{p}'_2 \tag{8.12a}$$

$$f(p'_1, p'_2) \equiv \frac{1}{64\pi^2 v_{\rm rel} E_1 E_2 E'_1 E'_2}\left(\prod_l (2m_l)\right)|\mathcal{M}|^2 \tag{8.12b}$$

であり，式(8.12a)を$\mathbf{p}'_2$に関して積分すると，

$$d\sigma = f(p'_1, p'_2)\delta(E'_1 + E'_2 - E_1 - E_2)|\mathbf{p}'_1|^2 d|\mathbf{p}'_1|\, d\Omega'_1 \tag{8.13}$$

となる ($d\Omega'_1 = \sin\theta'_1 d\theta'_1 d\phi'_1$)．ここでは$\mathbf{p}'_2 = \mathbf{p}_1 + \mathbf{p}_2 - \mathbf{p}'_1$である．式(8.13)を$|\mathbf{p}'_1|$に関して積分すると，次式を得る[2]．

$$d\sigma = f(p'_1, p'_2)|\mathbf{p}'_1|^2 d\Omega'_1 \left[\frac{\partial(E'_1 + E'_2)}{\partial |\mathbf{p}'_1|}\right]^{-1} \tag{8.15}$$

ここでは$p'_2 = p_1 + p_2 - p'_1$である．偏微分はベクトル$\mathbf{p}'_1$の向き，すなわち極座標のθ'_1とϕ'_1を固定して評価する．

重心系における微分断面積を得るために，重心系において$\mathbf{p}'_1 = -\mathbf{p}'_2$となることに注意する．相対論的な粒子の関係，

$$(E'_f)^2 = (m'_f)^2 + |\mathbf{p}'_f|^2, \quad f = 1, 2 \tag{8.16}$$

により，次式が得られる．

---

[1] $d^3\mathbf{p}/2E$を，次のように共変性が明白な形で表すことができる．

$$\frac{d^3\mathbf{p}}{2E} = \int d^4 p\, \delta(p^2 - m^2)\theta(p^0) \tag{8.11}$$

$m^2 = E^2 - \mathbf{p}^2$であり$\theta(p^0)$は段差関数 (式(3.53))，p^0の積分範囲は$-\infty < p^0 < \infty$である．

[2] ここでは，δ関数を含む積分に関する次の一般的な関係を利用している．

$$\int f(x,y)\delta[g(x,y)]\,dx = \int f(x,y)\delta[g(x,y)]\left(\frac{\partial x}{\partial g}\right)_y dg = \left[\frac{f(x,y)}{(\partial g/\partial x)_y}\right]_{g=0} \tag{8.14}$$

8.2. スピン状態の和

$$\frac{\partial(E_1' + E_2')}{\partial|\mathbf{p}_1'|} = |\mathbf{p}_1'|\frac{E_1 + E_2}{E_1' E_2'} \tag{8.17}$$

式(8.15), (8.12b), (8.10a), (8.17) を合わせると，重心系における微分断面積の式が得られる．

$$\left(\frac{d\sigma}{d\Omega_1'}\right)_{\text{CoM}} = \frac{1}{64\pi^2(E_1 + E_2)^2}\frac{|\mathbf{p}_1'|}{|\mathbf{p}_1|}\left(\prod_l 2m_l\right)|\mathcal{M}|^2 \tag{8.18}$$

最後に，次のことを指摘しておく．ここまで我々が導いてきた断面積の式はすべて，同種粒子が含まれるか否かにかかわらず適用できるものである．しかしながら，終状態が2つもしくはそれ以上の同種粒子を含む場合について全断面積を計算する際には，物理的に区別し得る事象に対応する立体角範囲だけに関して積分を行う必要がある．たとえば重心系の断面積(8.18)において，終状態が2つの同種粒子を含むことを想定するならば，散乱角 $(\theta_1', \phi_1') = (\alpha, \beta)$ と $(\theta_1', \phi_1') = (\pi - \alpha, \pi + \beta)$ は同じ過程を記述する．したがって，この場合の正しい全断面積は，式(8.18)を前方散乱 $0 \leq \theta_1' \leq \frac{1}{2}\pi$ の範囲だけで積分することによって得られる．

$$\sigma_{\text{CoM}}^{\text{tot}} = \int_0^1 d(\cos\theta_1')\int_0^{2\pi} d\phi_1' \left(\frac{d\sigma}{d\Omega_1'}\right)_{\text{CoM}} = \frac{1}{2}\int_{4\pi} d\Omega_1' \left(\frac{d\sigma}{d\Omega_1'}\right)_{\text{CoM}} \tag{8.19}$$

最後の式の積分は，全立体角 4π にわたって行う．

8.2 スピン状態の和

前節では，始状態と終状態における各粒子の状態が，レプトンや光子の偏極状態までを含めて完全に特定されている反応を扱った．しかし多くの実験において，衝突させる粒子は非偏極であり，終状態における各粒子の偏極は測定されない．式(8.8)から，このような実験の結果に対応する断面積を得るためには，$|\mathcal{M}|^2$ について，始状態の各偏極状態に関する"平均"を取り，終状態のあらゆる偏極状態に関して"和"を取らなければならない．本節では始状態のスピン平均と終状態のスピン和を計算する方法を示す．非偏極の断面積は，常に γ 行列を含む行列積の対角和(トレース)によって表現されることになる．

次の形の Feynman 振幅を考える．

$$\mathcal{M} = \bar{u}_s(\mathbf{p}')\Gamma u_r(\mathbf{p}) \tag{8.20}$$

たとえば Compton 散乱がこれに該当する (p.132, 図7.12および式(7.38))．スピノル $u_r(\mathbf{p})$ と $\bar{u}_s(\mathbf{p}')$ によって，始状態および終状態における電子の運動量とスピンが

完全に指定される．Γ は γ 行列によって構築される 4×4 行列である．非偏極断面積は，式(8.20) を用いた次の量に比例する．

$$X \equiv \frac{1}{2} \sum_{r=1}^{2} \sum_{s=1}^{2} |\mathcal{M}|^2 \tag{8.21}$$

これは Feynman 振幅の絶対値自乗に関して，始状態スピンについて平均を取り ($\frac{1}{2}\sum_r$)，終状態スピンについて和を取った量 ($\sum_s$) にあたる．ここで $\tilde{\Gamma}$ を，

$$\tilde{\Gamma} \equiv \gamma^0 \Gamma^\dagger \gamma^0 \tag{8.22}$$

と定義すると，式(8.21) は次のように書かれる．

$$X = \frac{1}{2} \sum_r \sum_s \left(\bar{u}_s(\mathbf{p}')\Gamma u_r(\mathbf{p})\right) \left(\bar{u}_r(\mathbf{p})\tilde{\Gamma} u_s(\mathbf{p}')\right) \tag{8.23}$$

スピノル添字をあらわに用いるならば，これは次のように表される．

$$X = \frac{1}{2}\left(\sum_s u_{s\delta}(\mathbf{p}')\bar{u}_{s\alpha}(\mathbf{p}')\right)\Gamma_{\alpha\beta}\left(\sum_r u_{r\beta}(\mathbf{p})\bar{u}_{r\gamma}(\mathbf{p})\right)\tilde{\Gamma}_{\gamma\delta}$$

ここで，次の正エネルギー射影演算子を導入する (式(A.31), (A.35))[3]．

$$\Lambda^+_{\alpha\beta}(\mathbf{p}) = \left(\frac{\slashed{p}+m}{2m}\right)_{\alpha\beta} = \sum_{r=1}^{2} u_{r\alpha}(\mathbf{p})\bar{u}_{r\beta}(\mathbf{p}) \tag{8.24a}$$

これによって，正エネルギー状態に関する和の具体的な計算を行う必要がなくなり，X は結局，次のように表される．

$$\begin{aligned} X &= \frac{1}{2}\Lambda^+_{\delta\alpha}(\mathbf{p}')\Gamma_{\alpha\beta}\Lambda^+_{\beta\gamma}(\mathbf{p})\tilde{\Gamma}_{\gamma\delta} \\ &= \frac{1}{2}\mathrm{Tr}\left[\Lambda^+(\mathbf{p}')\Gamma\Lambda^+(\mathbf{p})\tilde{\Gamma}\right] \\ &= \frac{1}{2}\mathrm{Tr}\left[\frac{\slashed{p}'+m}{2m}\Gamma\frac{\slashed{p}+m}{2m}\tilde{\Gamma}\right] \end{aligned} \tag{8.25}$$

式(8.20) は，負電荷レプトンの外線を消滅させる過程と生成する過程を含んだ振幅であるが，この他に，次のような形の Feynman 振幅もある．

$$\mathcal{M} = \bar{v}_s(\mathbf{p}')\Gamma v_r(\mathbf{p}) \tag{8.26a}$$

$$\mathcal{M} = \bar{u}_s(\mathbf{p}')\Gamma v_r(\mathbf{p}) \tag{8.26b}$$

$$\mathcal{M} = \bar{v}_s(\mathbf{p}')\Gamma u_r(\mathbf{p}) \tag{8.26c}$$

---

[3] $(A.X)$ という式番号は，第1巻末尾の付録Aの式を表す．この付録には Dirac スピノル等に関する自己充足的な説明を与えてあるので，不慣れな読者はこの付録に目を通すとよい．

(a) は陽電子の Compton 散乱のように (式(7.39) と p.134, 図 7.13) 正電荷レプトンの消滅と生成を含み，(b) は $2\gamma \to e^+ e^-$ のように (p.122, 図 7.5) レプトン対の生成を含み，(c) は $e^+ e^- \to 2\gamma$ のように (p.121, 図 7.4) レプトン対の消滅を含む.

これらの場合に関しても，スピンの和を振幅 (8.20) の場合と同様の考え方で書き直せるが，ここでは負エネルギー状態に関する和の計算を回避するために，負エネルギー射影演算子も必要になる (式(A.31), (A.35)).

$$\Lambda^-_{\alpha\beta}(\mathbf{p}) = -\left(\frac{\not{p} - m}{2m}\right)_{\alpha\beta} = -\sum_{r=1}^{2} v_{r\alpha}(\mathbf{p}) \bar{v}_{r\beta}(\mathbf{p}) \tag{8.24b}$$

たとえば，式(8.26b) に関しては，次のようになる.

$$\frac{1}{2} \sum_r \sum_s |\mathcal{M}|^2 = -\frac{1}{2} \mathrm{Tr}\left[\Lambda^+(\mathbf{p}') \Gamma \Lambda^-(\mathbf{p}) \tilde{\Gamma}\right]$$
$$= \frac{1}{2} \mathrm{Tr}\left[\frac{\not{p}' + m}{2m} \Gamma \frac{\not{p} - m}{2m} \tilde{\Gamma}\right] \tag{8.27}$$

スピン状態に関する和と，それに伴って式(8.25)や式(8.27)のように生じる対角和（トレース）は，実際の計算において頻繁に経験するものである．このような対角和を計算する簡単な技法がある．γ 行列に関する代数的な公式 (付録 A, A.2 節) と，γ 行列の積の対角和（トレース）を計算するための一般的な規則 (A.3 節) を利用すればよい．我々は本章の後の方で様々な QED 過程に関する非偏極断面積を計算する際に，このような技法を繰り返して利用することになる．

本節を終える前に，散乱過程におけるスピン偏極の性質を計算する方法について簡単に言及しておく．このためには始状態と終状態における各粒子のスピン状態を特定して $|\mathcal{M}|^2$ を評価する必要がある．これを実行するには，そのような特定のスピノルを用いた特定の行列要素を用いるか，もしくは適切なスピン状態を抽出するためのヘリシティ射影演算子 (もしくはスピン射影演算子) を導入すればよい．後者の方法では再び対角和（トレース）計算が現れるが，概してこの計算の方が簡単である．

この計算方法を Feynman 振幅 (8.20) によって記述される特定の過程，すなわち入射電子が正のヘリシティを持ち，出射 (散乱) 電子が負のヘリシティを持つ過程を例として示してみる．このヘリシティ反転過程の断面積は，次の量に比例する．

$$X = \left|\bar{u}_2(\mathbf{p}') \Gamma u_1(\mathbf{p})\right|^2$$
$$= \left(\bar{u}_2(\mathbf{p}') \Gamma u_1(\mathbf{p})\right) \left(\bar{u}_1(\mathbf{p}) \tilde{\Gamma} u_2(\mathbf{p}')\right) \tag{8.28}$$

ここで，ヘリシティ射影演算子,

$$\Pi^\pm(\mathbf{p}) = \frac{1}{2}\left(1 \pm \sigma_\mathbf{p}\right) \tag{A.37}$$

を導入する(式(4.34)参照). これは次の性質を持つ.

$$\Pi^+(\mathbf{p})u_r(\mathbf{p}) = \delta_{1r}u_r(\mathbf{p}), \quad \Pi^-(\mathbf{p})u_r(\mathbf{p}) = \delta_{2r}u_r(\mathbf{p}) \tag{A.40}$$

式(8.28)は、次のように表される.

$$\begin{aligned}
X &= \left(\bar{u}_2(\mathbf{p}')\Gamma\Pi^+(\mathbf{p})u_1(\mathbf{p})\right)\left(\bar{u}_1(\mathbf{p})\tilde{\Gamma}\Pi^-(\mathbf{p}')u_2(\mathbf{p}')\right) \\
&= \sum_r \sum_s \left(\bar{u}_s(\mathbf{p}')\Gamma\Pi^+(\mathbf{p})u_r(\mathbf{p})\right)\left(\bar{u}_r(\mathbf{p})\tilde{\Gamma}\Pi^-(\mathbf{p}')u_s(\mathbf{p}')\right) \\
&= \mathrm{Tr}\left[\Lambda^+(\mathbf{p}')\Gamma\Pi^+(\mathbf{p})\Lambda^+(\mathbf{p})\tilde{\Gamma}\Pi^-(\mathbf{p}')\right]
\end{aligned} \tag{8.29}$$

最後の式は,式(8.23)と式(8.25)において Γ を $\Gamma\Pi^+(\mathbf{p})$ に, $\tilde{\Gamma}$ を $\tilde{\Gamma}\Pi^-(\mathbf{p}')$ に置き換えることで得られる形になっている.

相対論的な極限 $E \gg m$ で,ヘリシティ射影演算子(A.37)は次式に帰着する.

$$\Pi^\pm(\mathbf{p}) = \frac{1}{2}\left(1 \pm \gamma^5\right) \qquad (E \gg m) \tag{A.43}$$

これに伴い,式(8.29)も相対論極限 $E \gg m$, $E' \gg m$ の場合には簡単になる.

8.3 光子の偏極状態の和

前節では非偏極断面積を得るために,レプトンのスピン状態の和を計算する方法を示した. 一方,我々は1.4.4項でThomson散乱について,まず光子の偏極状態が完全に指定された断面積(1.69)を求め,それから具体的に終状態の偏極に関する和と始状態に関する偏極の平均の計算を施して結果(1.71)を得ている. この方法の代わりに,非偏極断面積を直接に得るための共変な方法もある. この形式は理論のゲージ不変性に依存しているが,これを詳しく見てみることにしよう.

理論のゲージ不変性とは,行列要素のゲージ不変性,そしてそれに対応するFeynman振幅のゲージ不変性を意味する. もちろん決められた次数の摂動論において,可能なFeynmanグラフすべての和に対応する行列要素だけがゲージ不変性を持つべきである. 個別のFeynmanグラフからの寄与は,一般にはゲージ不変ではない. たとえばCompton散乱において個別の振幅 $\mathcal{M}_a$ と $\mathcal{M}_b$ (式(7.38a)と式(7.38b))はゲージ不変ではないが,これらの和 $(\mathcal{M}_a + \mathcal{M}_b)$ はゲージ不変性を持つ. (本節で展開する技法を用いて,このことを証明する作業は読者の練習問題とする. 問題8.7参照.)

光子の外線を含むような任意の過程に関して,Feynman振幅 $\mathcal{M}$ は次の形を持つ.

$$\mathcal{M} = \varepsilon_{r_1}^\alpha(\mathbf{k}_1)\varepsilon_{r_2}^\beta(\mathbf{k}_2)\ldots\mathcal{M}_{\alpha\beta\ldots}(\mathbf{k}_1, \mathbf{k}_2, \ldots) \tag{8.30}$$

8.3. 光子の偏極状態の和

光子の外線それぞれに偏極ベクトル $\varepsilon(\mathbf{k})$ が充てられており，$\mathcal{M}_{\alpha\beta\ldots}(\mathbf{k}_1,\mathbf{k}_2,\ldots)$ は，これらの偏極ベクトルに依存しないテンソル振幅を表す．(これは Feynman 規則の 4 番目，式 (7.49e) と式 (7.49f) に基づく結果である．我々はここでも実数の偏極ベクトルを採用する．)

各偏極ベクトルは，もちろんゲージに依存する．たとえば Lorentz ゲージにおいて，次の平面波で表される自由な光子を考える．

$$A^\mu(x) = \text{const.}\, \varepsilon_r^\mu(\mathbf{k}) e^{\pm ikx}$$

これに対して，Lorentz ゲージ間のゲージ変換，

$$A^\mu(x) \ \to\ A^\mu(x) + \partial^\mu f(x), \quad f(x) = \tilde{f}(k) e^{\pm ikx}$$

を施すと (式 (5.15) 参照)，偏極ベクトルは次のように変換する．

$$\varepsilon_r^\mu(\mathbf{k}) e^{\pm ikx} \ \to\ \left[\varepsilon_r^\mu(\mathbf{k}) \pm ik^\mu \tilde{f}(k)\right] e^{\pm ikx} \tag{8.31}$$

この変換の下で，式 (8.30) の不変性が成立するための条件は，

$$k_1^\alpha \mathcal{M}_{\alpha\beta\ldots}(\mathbf{k}_1,\mathbf{k}_2,\ldots) = k_2^\beta \mathcal{M}_{\alpha\beta\ldots}(\mathbf{k}_1,\mathbf{k}_2,\ldots) = \cdots = 0 \tag{8.32}$$

となる．すなわち Feynman 振幅において，外線光子の偏極ベクトルを対応する 4 元運動量に置き換えた量は，ゼロにならねばならない．

式 (8.32) を利用して光子偏極状態の和を計算する方法を示すために，単純な例として，

$$\mathcal{M}_r(\mathbf{k}) = \varepsilon_r^\alpha(\mathbf{k}) \mathcal{M}_\alpha(\mathbf{k})$$

を考える．これは光子の外線が 1 本だけ含まれる過程を表す．ゲージ不変性は，

$$k^\alpha \mathcal{M}_\alpha(\mathbf{k}) = 0 \tag{8.33}$$

を意味する．この過程の非偏極断面積は，次式に比例する．

$$X = \sum_{r=1}^{2} |\mathcal{M}_r(\mathbf{k})|^2 = \mathcal{M}_\alpha(\mathbf{k}) \mathcal{M}_\beta^*(\mathbf{k}) \sum_{r=1}^{2} \varepsilon_r^\alpha(\mathbf{k}) \varepsilon_r^\beta(\mathbf{k}) \tag{8.34}$$

ここで，実光子 ($k^2 = 0$) に関して，式 (5.39) と式 (5.40) により，

$$\sum_{r=1}^{2} \varepsilon_r^\alpha(\mathbf{k}) \varepsilon_r^\beta(\mathbf{k}) = -g^{\alpha\beta} - \frac{1}{(kn)^2}\left[k^\alpha k^\beta - (kn)\left(k^\alpha n^\beta + k^\beta n^\alpha\right)\right] \tag{8.35}$$

という式が得られること (式(5.21) も参照) と，ゲージ不変性条件(8.33) を利用すると，式(8.34)は次のようになる．

$$\sum_{r=1}^{2} |\mathcal{M}_r(\mathbf{k})|^2 = -\mathcal{M}^\alpha(\mathbf{k})\mathcal{M}_\alpha^*(\mathbf{k}) \tag{8.36}$$

式(8.36)が本節の結論であり，これを複数の外線光子のある過程へと拡張することも容易である．この形式は，Lorentzゲージの範囲内で用いなければならない．特定のゲージの下では行列要素の明白なゲージ不変性が損なわれる．(このような例には 8.6 節で Compton 散乱を扱う際に遭遇することになる．) しかしながら，実際には特定のゲージを選ぶことで対角和(トレース)の代数を簡単にして，1.4.4項で Thomson 散乱について行ったのと同様に，光子の偏極に関する和をあらわに計算した方が都合のよい場合もあり得る．本章の後の方で，両方の技法を用いてみることにする (8.6節の Compton 散乱および 8.8 節の制動放射)．

8.4　e^+e^- 衝突によるレプトン対の生成

ここまで述べてきた技法を最低次の摂動計算に応用する方法を示すために，最初の例として電子-陽電子対が衝突して消滅し，荷電レプトン対(つい) l^+l^- が生成する過程を考察する．このような過程が関心の対象となることは多く，広いエネルギー範囲にわたって実験が行われている．本節では生成するレプトン対が電子ではなくミュー粒子もしくはタウ粒子の場合を考える．Bhabha(バーバ)散乱については次節で考察する．

我々は既に 7.4 節において，次の過程を考察した．

$$e^+(\mathbf{p}_1, r_1) + e^-(\mathbf{p}_2, r_2) \to l^+(\mathbf{p}'_1, s_1) + l^-(\mathbf{p}'_2, s_2), \quad l = \mu, \tau \tag{8.37}$$

図 7.17 (p.144) の Feynman グラフに対応する Feynman 振幅は，式(7.61)によって与えられるが，少々表記を変更して，次のように書く．

$$\mathcal{M}(r_1, r_2, s_1, s_2) = \mathrm{i}e^2 \left[\bar{u}_{s_2}(\mathbf{p}'_2)\gamma_\alpha v_{s_1}(\mathbf{p}'_1)\right]_{(l)} \frac{1}{(p_1+p_2)^2} \left[\bar{v}_{r_1}(\mathbf{p}_1)\gamma^\alpha u_{r_2}(\mathbf{p}_2)\right]_{(e)} \tag{8.38}$$

添字 (l) と (e) によってレプトンに関わる量と電子に関わる量を区別する．式(8.38)において，光子の伝播関数の $(+\mathrm{i}\varepsilon)$ を省いた．この因子が重要となるのは伝播関数の極のところだけであり，今，$(p_1+p_2)^2 \geq 4m_e^2$ はゼロにはならない．

8.4. e^+e^- 衝突によるレプトン対の生成

非偏極断面積を求めるために,次の量が必要である.

$$X = \frac{1}{4}\sum_{r_1}\sum_{r_2}\sum_{s_1}\sum_{s_2}|\mathcal{M}(r_1,r_2,s_1,s_2)|^2 \tag{8.39}$$

γ 行列のエルミート性の関係式 $\gamma^{\alpha\dagger} = \gamma^0\gamma^\alpha\gamma^0$ (式(A.6)) を用いると,式(8.38)から次式を得る.

$$\mathcal{M}^*(r_1,r_2,s_1,s_2) = -\mathrm{i}e^2\left[\bar{v}_{s_1}(\mathbf{p}'_1)\gamma_\beta u_{s_2}(\mathbf{p}'_2)\right]_{(l)} \frac{1}{(p_1+p_2)^2}\left[\bar{u}_{r_2}(\mathbf{p}_2)\gamma^\beta v_{r_1}(\mathbf{p}_1)\right]_{(e)} \tag{8.40}$$

以上により,式(8.39)は,次のように表される.

$$X = \frac{e^4}{4\left[(p_1+p_2)^2\right]^2} A_{(l)\alpha\beta} B_{(e)}^{\alpha\beta} \tag{8.41}$$

ここで,$A_{(l)\alpha\beta}$ は,

$$\begin{aligned} A_{(l)\alpha\beta} &= \sum_{s_1}\sum_{s_2}\left[\left(\bar{u}_{s_2}(\mathbf{p}'_2)\gamma_\alpha v_{s_1}(\mathbf{p}'_1)\right)\left(\bar{v}_{s_1}(\mathbf{p}'_1)\gamma_\beta u_{s_2}(\mathbf{p}'_2)\right)\right]_{(l)} \\ &= \mathrm{Tr}\left[\frac{\slashed{p}'_2+m_l}{2m_l}\gamma_\alpha\frac{\slashed{p}'_1-m_l}{2m_l}\gamma_\beta\right] \end{aligned} \tag{8.41a}$$

と与えられる.上式にはエネルギー射影演算子(8.24a), (8.24b)を用いた.同様にして,$B_{(e)}^{\alpha\beta}$ は次式で与えられる.

$$B_{(e)}^{\alpha\beta} = \mathrm{Tr}\left[\frac{\slashed{p}_1-m_e}{2m_e}\gamma^\alpha\frac{\slashed{p}_2+m_e}{2m_e}\gamma^\beta\right] \tag{8.41b}$$

式(8.41a)と式(8.41b)における対角和(トレース)は,付録AのA.2節およびA.3節の結果を利用すると容易に評価できる.奇数個のγ行列の積の対角和(トレース)はゼロになるので(式(A.16)),式(8.41a)は,

$$A_{(l)\alpha\beta} = \frac{1}{4m_l^2}\left[\mathrm{Tr}\left(\slashed{p}'_2\gamma_\alpha\slashed{p}'_1\gamma_\beta\right) - m_l^2\mathrm{Tr}\left(\gamma_\alpha\gamma_\beta\right)\right]$$

となり,更に式(A.17)を利用すると[†],次式を得る.

$$A_{(l)\alpha\beta} = \frac{1}{m_l^2}\left[p'_{1\alpha}p'_{2\beta} + p'_{2\alpha}p'_{1\beta} - \left(m_l^2 + p'_1p'_2\right)g_{\alpha\beta}\right] \tag{8.42a}$$

[†] (訳註) 第1項では $\mathrm{Tr}\left(\slashed{p}'_2\gamma_\alpha\slashed{p}'_1\gamma_\beta\right) = \mathrm{Tr}(\gamma_\mu p'^\mu_2\gamma_\alpha\gamma_\nu p'^\nu_1\gamma_\beta) = \mathrm{Tr}(\gamma_\mu\gamma_\alpha\gamma_\nu\gamma_\beta)p'^\mu_2 p'^\nu_1$ としておいて公式(A.17)を適用すればよい.p'_1 と p'_2 はスピノルに作用する 4×4 構造を持たないので,Lorentz添字を付けておけば $\mathrm{Tr}(\cdots)$ の外に出してもよいし,順序も任意である.

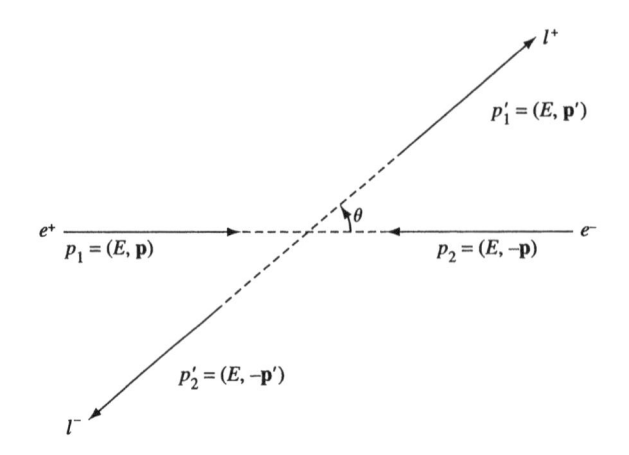

図8.1 $e^+e^- \to l^+l^-$ 過程を重心系から見た場合の運動学的関係.

同様の計算により, $B_{(e)}^{\alpha\beta}$ は次式となる.

$$B_{(e)}^{\alpha\beta} = \frac{1}{m_e^2}\left[p_1^\alpha p_2^\beta + p_2^\alpha p_1^\beta - \left(m_e^2 + p_1 p_2\right)g^{\alpha\beta}\right] \tag{8.42b}$$

式(8.42)を式(8.41)に代入すると,次式が得られる.

$$X = \frac{e^4}{2m_e^2 m_l^2 \left[(p_1+p_2)^2\right]^2} \Big\{ (p_1 p_1')(p_2 p_2') + (p_1 p_2')(p_2 p_1') \\ + m_e^2(p_1' p_2') + m_l^2(p_1 p_2) + 2m_e^2 m_l^2 \Big\} \tag{8.43}$$

ここまで任意の座標系で議論を進めてきたが,ここからは図8.1に示す重心系 (CoM) を採用する. 式(8.43)に現れる運動学的因子は,以下のようになる.

$$\begin{aligned} p_1 p_1' = p_2 p_2' = E^2 - pp'\cos\theta, \quad & p_1 p_2' = p_2 p_1' = E^2 + pp'\cos\theta \\ p_1 p_2 = E^2 + p^2, \quad & p_1' p_2' = E^2 + p'^2 \\ (p_1 + p_2)^2 = 4E^2 & \end{aligned} \tag{8.44a}$$

ここでは,

$$p \equiv |\mathbf{p}|, \quad p' \equiv |\mathbf{p}'| \tag{8.44b}$$

と置いた. $E \geq m_\mu \approx 207 m_e$ なので, 大変よい近似として $p \equiv |\mathbf{p}| = E$ と見なし, 式(8.43)の中括弧内において m_e^2 に比例する項を無視してよい. この近似を採用し,

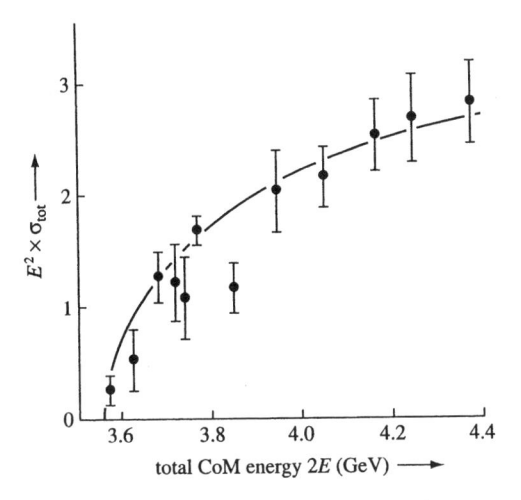

8.4. e^+e^- 衝突によるレプトン対の生成

図8.2 $e^+e^- \to \tau^+\tau^-$ 過程の閾値 $2E = 2m_\tau$ 付近における $E^2 \times \sigma_{\text{tot}}$ (任意単位) の特性. 黒丸は実験データ, 実線は式(8.45b) の理論曲線である. (W. Bacino et al. *Phys. Rev. Lett.* **41** (1978), 13.)

式(8.43)と式(8.44)を重心系の断面積の式(8.18)に適用すると, 最終的に次の結果が得られる.

$$\left(\frac{d\sigma}{d\Omega}\right)_{\text{CoM}} = \frac{\alpha^2}{16E^4}\left(\frac{p'}{E}\right)\left(E^2 + m_l^2 + p'^2\cos^2\theta\right) \tag{8.45a}$$

$$\sigma_{\text{tot}} = \frac{\pi\alpha^2}{4E^4}\left(\frac{p'}{E}\right)\left[E^2 + m_l^2 + \frac{1}{3}p'^2\right] \tag{8.45b}$$

相対論的な極限 $E \gg m_l$ を想定すると, よく引用される次の式に帰着する.

$$\left.\begin{array}{l}\left(\dfrac{d\sigma}{d\Omega}\right)_{\text{CoM}} = \dfrac{\alpha^2}{16E^2}\left(1 + \cos^2\theta\right) \\ \sigma_{\text{tot}} = \dfrac{\pi\alpha^2}{3E^2}\end{array}\right\} \quad (E \gg m_l) \tag{8.46}$$

$e^+e^- \to \mu^+\mu^-$ も $e^+e^- \to \tau^+\tau^-$ も, 既に実験的に広いエネルギー範囲において充分に調べられている反応である.

$\tau^+\tau^-$ 生成の閾値付近での典型的なデータを図8.2に, より高エネルギー領域における両方の反応の典型的なデータを図8.3に示す. 後者の実験では極めて短距離の相互作用が調べられており, QEDに対する厳しい条件下の検証実験として興味深い. 重心系において, 中間状態の仮想光子のエネルギーは $2E$ であり, これに対応する時間尺

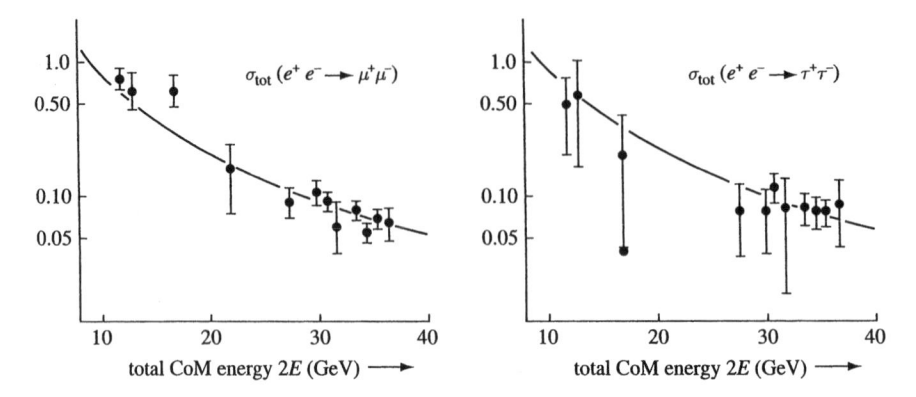

図8.3 $e^+e^- \to \mu^+\mu^-$ と $e^+e^- \to \tau^+\tau^-$ の相対論的エネルギー領域における全断面積 (単位：nb)．黒丸は実験データ，実線は式(8.46)による理論曲線．(D. P. Barber et al., *Phys. Rev. Lett.* **43**, (1979) 1915.)

度は $\hbar/2E$，距離尺度は $\hbar c/2E$ となる．$E \approx 15$ GeV では，距離尺度は 7×10^{-3} f 程度である．理論と実験がよく合致していることは，このような尺度においても電子やミュー粒子やタウ粒子が点電荷として適正に記述されることを意味する．これは陽子の実験的な半径 (自乗平均平方根の評価値) がおよそ 0.8 f であるのに比べて，極めて小さい尺度である．

最後に，さらに高いエネルギー領域になると，断面積に対して弱い相互作用の寄与も考慮しなければならないことを言い添えておく．このことは 19.4 節において，電弱統一理論の枠組みの中で論じる予定である．

8.5 Bhabha散乱

本節では弾性 e^+e^- 散乱を考察する．この過程は前節のものより少々複雑である．消滅ダイヤグラム (p.144, 図7.17 もしくは p.125, 図7.7(b)) だけでなく，散乱ダイヤグラム (図7.7(a)) も寄与を持つからである．

$$e^+(\mathbf{p}_1, r_1) + e^-(\mathbf{p}_2, r_2) \to e^+(\mathbf{p}'_1, s_1) + e^-(\mathbf{p}'_2, s_2) \tag{8.47}$$

この過程の Feynman 振幅は，

$$\mathcal{M} = \mathcal{M}_a + \mathcal{M}_b$$

8.5. Bhabha散乱

のように表され，$\mathcal{M}_a$は散乱ダイヤグラム，$\mathcal{M}_b$は消滅ダイヤグラムに対応する．これらの式は次のように与えられる．

$$\mathcal{M}_a = -ie^2 \left[\bar{u}(\mathbf{p}_2')\gamma_\alpha u(\mathbf{p}_2)\right] \frac{1}{(p_1 - p_1')^2} \left[\bar{v}(\mathbf{p}_1)\gamma^\alpha v(\mathbf{p}_1')\right] \tag{8.48a}$$

$$\mathcal{M}_b = ie^2 \left[\bar{u}(\mathbf{p}_2')\gamma_\alpha v(\mathbf{p}_1')\right] \frac{1}{(p_1 + p_2)^2} \left[\bar{v}(\mathbf{p}_1)\gamma^\alpha u(\mathbf{p}_2)\right] \tag{8.48b}$$

ここでもスピン添字を明示しない．$\mathcal{M}_b$はもちろん，式(8.38)において終状態のレプトン対をe^+e^-と置いた振幅にほかならない．$\mathcal{M}_a$と$\mathcal{M}_b$の相対的な符号の違いは，Feynman規則の8番目に従って生じている(7.3節)．

この過程を重心系において考え，議論を簡単にするために相対論的な高エネルギー極限を想定する．運動学的な関係は式(8.44)において$p' = p$, $E \gg m (\equiv m_e)$と置いた形で規定される．断面積の式(8.18)は，ここでは次のようになる．

$$\left(\frac{d\sigma}{d\Omega}\right)_{\text{CoM}} = \frac{m^4}{16\pi^2 E^2}\left(X_{aa} + X_{bb} + X_{ab} + X_{ab}^*\right) \tag{8.49}$$

括弧内の各項は，以下のように与えられる．

$$X_{aa} = \frac{1}{4}\sum_{\text{spins}} |\mathcal{M}_a|^2 \tag{8.50a}$$

$$X_{bb} = \frac{1}{4}\sum_{\text{spins}} |\mathcal{M}_b|^2 \tag{8.50b}$$

$$X_{ab} = \frac{1}{4}\sum_{\text{spins}} \mathcal{M}_a \mathcal{M}_b^* \tag{8.50c}$$

和は，4つのフェルミオンすべてのスピンに関して計算する．

X_{bb}の項は，式(8.43)のXにおいて$m_l = m$, $E \gg m$と置いたものであることが即座に分かる．

$$X_{bb} = \frac{e^4}{16m^4}\left[1 + \cos^2\theta + O\left(\frac{m^2}{E^2}\right)\right] \tag{8.51}$$

X_{aa}の計算も基本的にX_{bb}の計算と同様なので，これは読者の練習問題とする．結果は次式になる．

$$\begin{aligned}X_{aa} &= \frac{e^4}{2m^4\left[(p_1 - p_1')^2\right]^2}\left\{(p_1 p_2)(p_1' p_2') + (p_1 p_2')(p_2 p_1') + O(E^2 m^2)\right\} \\ &= \frac{e^4}{8m^4 \sin^4(\theta/2)}\left[1 + \cos^4\frac{\theta}{2} + O\left(\frac{m^2}{E^2}\right)\right]\end{aligned} \tag{8.52}$$

式(8.50c) の干渉項 X_{ab} は，より複雑なので，詳しい計算に沿って複雑なスピンの和を扱う方法を示してみる．式(8.50c) と式(8.48) より，次式を得る．

$$X_{ab} = \frac{-e^4}{4(p_1-p_1')^2(p_1+p_2)^2} \sum_{\text{spins}} \Big\{ \big[\bar{u}(\mathbf{p}_2')\gamma_\alpha u(\mathbf{p}_2)\big]\big[\bar{u}(\mathbf{p}_2)\gamma_\beta v(\mathbf{p}_1)\big]$$

$$\times \big[\bar{v}(\mathbf{p}_1)\gamma^\alpha v(\mathbf{p}_1')\big]\big[\bar{v}(\mathbf{p}_1')\gamma^\beta u(\mathbf{p}_2')\big]\Big\}$$

$$= \frac{-e^4}{4(p_1-p_1')^2(p_1+p_2)^2} \text{Tr}\left\{\frac{\slashed{p}_2'+m}{2m}\gamma_\alpha\frac{\slashed{p}_2+m}{2m}\gamma_\beta\frac{\slashed{p}_1-m}{2m}\gamma^\alpha\frac{\slashed{p}_1'-m}{2m}\gamma^\beta\right\}$$

$$= \frac{-e^4}{64m^4(p_1-p_1')^2(p_1+p_2)^2}\big[\text{Tr}(\slashed{p}_2'\gamma_\alpha\slashed{p}_2\gamma_\beta\slashed{p}_1\gamma^\alpha\slashed{p}_1'\gamma^\beta) + O(E^2m^2)\big]$$

ここで8つの γ 行列の積の対角和（トレース）を計算する必要がある．やみくもに式(A.18c) を適用する前に，行列積を簡単な形にすることが望ましいし，通常はそれが可能である．γ 行列積の添字の縮約に関する恒等式（付録A, A.2節）は，この目的のために有用である．ここでは，

$$\gamma_\lambda\gamma_\alpha\gamma_\beta\gamma_\gamma\gamma^\lambda = -2\gamma_\gamma\gamma_\beta\gamma_\alpha, \quad \gamma_\lambda\gamma_\alpha\gamma_\beta\gamma^\lambda = 4g_{\alpha\beta} \tag{A.14a}$$

という公式を利用して，X_{ab} の対角和（トレース）部分を計算すると，

$$-2\text{Tr}(\slashed{p}_2'\slashed{p}_1\gamma_\beta\slashed{p}_2\slashed{p}_1'\gamma^\beta) = -8(p_2p_1')\text{Tr}(\slashed{p}_2'\slashed{p}_1) = -32(p_2p_1')(p_2'p_1)$$

となり，X_{ab} として次式が得られる．

$$X_{ab} = \frac{-e^4}{2m^4(p_1-p_1')^2(p_1+p_2)^2}\big[(p_1p_2')(p_2p_1') + O(E^2m^2)\big]$$

$$= \frac{-e^4}{8m^4\sin^2(\theta/2)}\left[\cos^4\frac{\theta}{2} + O\left(\frac{m^2}{E^2}\right)\right] \tag{8.53}$$

上式を見ると X_{ab} は実数であることが分かる．式(8.51)-(8.53) を式(8.49) に代入すると，高エネルギー極限 ($E \gg m$) における重心系の微分断面積の式が求まる．

$$\left(\frac{d\sigma}{d\Omega}\right)_{\text{CoM}} = \frac{\alpha^2}{8E^2}\left[\frac{1+\cos^4(\theta/2)}{\sin^4(\theta/2)} + \frac{1+\cos^2\theta}{2} - \frac{2\cos^4(\theta/2)}{\sin^2(\theta/2)}\right] \tag{8.54}$$

この式における3つの項は，それぞれ図7.7(a) (p.125) の光子交換ダイヤグラム，図7.7(b) の消滅ダイヤグラム，およびこれら両者の間の干渉に対応する．これを $e^+e^- \to l^+l^-$ ($l \neq e$) の式(8.46) と比べてもらいたい．後者では，消滅ダイヤグラムだけが存在する．

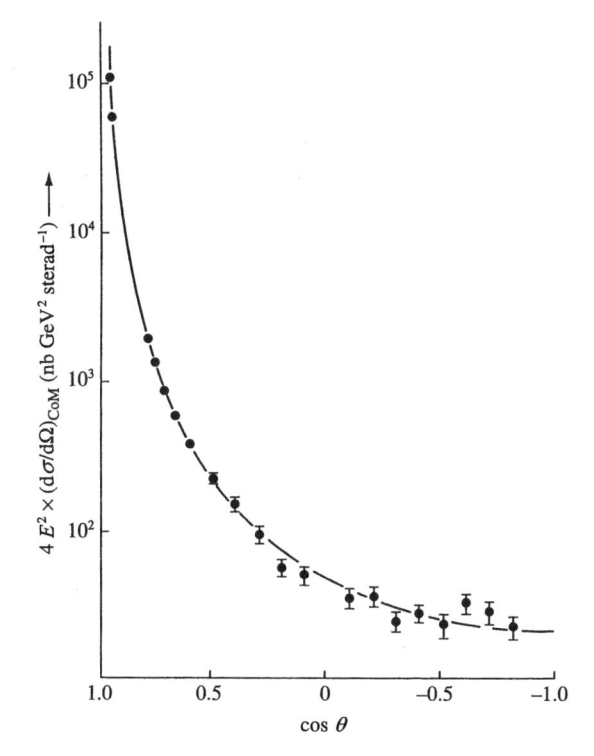

8.5. Bhabha散乱

図8.4 Bhabha散乱 $e^+e^- \to e^+e^-$ の微分断面積 $(d\sigma/d\Omega)_{\text{CoM}}$. 重心系の全エネルギーは $2E = 34$ GeV である. (H. J. Behrend et al., *Phys. Lett.* **103B** (1981), 148.) 黒丸は実験データ,実線は QED による断面積の理論曲線(8.54) である.

小角度では交換項が支配的になって,前方散乱 $(\theta = 0)$ の断面積は無限大となり,全断面積も発散する.この性質は,電磁力の到達範囲が無限大であること,等価的には電磁力を媒介する光子質量がゼロであることによるものである. $\theta \to 0$ とすると交換される光子の4元運動量 $k^\alpha = (p_1 - p_1')^\alpha$ がゼロに近づき,光子伝播関数を表す因子,

$$\frac{1}{k^2 + i\varepsilon} = \frac{1}{(p_1 - p_1')^2 + i\varepsilon}$$

が発散する.これが振幅(8.48a)を発散させるので,断面積(8.54) も発散する[4].

---

[4] 式(8.48a) のように,光子伝播関数の分母の $+i\varepsilon$ を省略することがしばしばある.この因子は $(p_1 - p_1')^2 = 0$ における極の部分にしか影響を持たない.

大角度の散乱になると,光子交換項と消滅項が同等に重要となり,短距離における相互作用の性質が散乱に強く影響するようになる.消滅項については前節で既に論じた.交換ダイヤグラムについては,交換される光子の波数が $|\mathbf{k}| = |\mathbf{p}_1 - \mathbf{p}'_1| = 2E\sin(\theta/2)$ であり,波長はこれに対応して $\lambda = 2\pi/|\mathbf{k}|$ となる.

上述のように理論的に予言される挙動は,実験的に広範囲のエネルギー領域,広範囲の散乱角度にわたって確認されており,前節で言及したように $e^+e^- \to \mu^+\mu^-$ や $e^+e^- \to \tau^+\tau^-$ に関わるような極度の短距離における QED 相互作用の検証実験も行われてきた.典型的な Bhabha 散乱の実験結果を図8.4に示す.

8.6 Compton散乱

本節では Compton 散乱の断面積を導出する.この過程では始状態にも終状態にも光子が存在するので,電子のスピン状態の和と同様に,既に述べた光子の偏極状態に関する和を計算する方法も利用する.

始状態は電子と光子をひとつずつ含む.始状態において電子の運動量 $p = (E, \mathbf{p})$,スピン状態 $u \equiv u_r(\mathbf{p})$,光子の運動量 $k = (\omega, \mathbf{k})$,偏極状態 $\varepsilon \equiv \varepsilon_s(\mathbf{k})$ と置く.これらが終状態では $p' = (E', \mathbf{p}')$,$u' \equiv u_{r'}(\mathbf{p}')$ および $k' = (\omega', \mathbf{k}')$,$\varepsilon' \equiv \varepsilon_{s'}(\mathbf{k}')$ になるものとする.この過程の微分断面積は,式(8.15)と式(8.12b)により,

$$\frac{d\sigma}{d\Omega} = \frac{m^2\omega'}{16\pi^2 EE'\omega v_{\text{rel}}} \left[\left(\frac{\partial(E'+\omega')}{\partial\omega'}\right)_{\theta\phi}\right]^{-1} |\mathcal{M}|^2 \tag{8.55}$$

と表される.$\mathcal{M}$ はこの遷移の Feynman 振幅,(θ, ϕ) は $\mathbf{k}'$ の向きを表す極座標の角度成分,$d\Omega = \sin\theta d\theta d\phi$ はこれに対応する立体角要素である.極座標の基準軸を $\mathbf{k}$ の向きに選び,θ が光子の散乱角を表すものとする.したがって $\mathbf{k}\cdot\mathbf{k}' = \omega\omega'\cos\theta$ である.式(8.55)において,始状態と終状態の4元運動量は保存則に従う.

$$p + k = p' + k' \tag{8.56}$$

最低次の過程に関して,Feynman 振幅 $\mathcal{M}$ は図7.12 (p.132) の (a) と (b) の2つのグラフから生じ,これらに相当する振幅 $\mathcal{M}$ は式(7.38a)と式(7.38b)によって与えられる.ここで f_1 と f_2 を,

$$f_1 \equiv p + k, \quad f_2 \equiv p - k' \tag{8.57}$$

と定義すると,$\mathcal{M}$ は次のように与えられる.

$$\mathcal{M} = \mathcal{M}_{\text{a}} + \mathcal{M}_{\text{b}} \tag{8.58}$$

8.6. Compton散乱

$$\mathcal{M}_a = -ie^2 \frac{\bar{u}' \not{\epsilon}' (\not{f}_1 + m) \not{\epsilon} u}{2(pk)}, \quad \mathcal{M}_b = ie^2 \frac{\bar{u}' \not{\epsilon} (\not{f}_2 + m) \not{\epsilon}' u}{2(pk')} \tag{8.59}$$

これらの結果は任意のLorentz座標系に適用される．大抵の実験では，静止している標的電子に対して光子ビームを入射させることになる．このような実験室系において式(8.55)を考えるならば $p = (m, 0, 0, 0)$ であり，以下の関係も成り立つ．

$$\mathbf{p}' = \mathbf{k} - \mathbf{k}' \tag{8.60a}$$

$$E' = \left[m^2 + (\mathbf{k} - \mathbf{k}')^2\right]^{1/2} = \left[m^2 + \omega^2 + \omega'^2 - 2\omega\omega' \cos\theta\right]^{1/2} \tag{8.60b}$$

式(8.56)により，一般に，

$$pk = p'k + k'k = pk' + k'k$$

という関係があり $(k^2 = k'^2 = 0)$，実験室系では次式が成立する．

$$\omega' = \frac{m\omega}{m + \omega(1 - \cos\theta)} \tag{8.61}$$

この式は標的電子の反跳による散乱光子のエネルギーずれを与える．式(8.60b)により，次式を得る．

$$\left(\frac{\partial (E' + \omega')}{\partial \omega'}\right)_{\theta\phi} = \frac{m\omega}{E'\omega'} \tag{8.62}$$

したがって微分断面積の式(8.55)は，実験室系(Lab)において次のようになる．

$$\left(\frac{d\sigma}{d\Omega}\right)_{\text{Lab}} = \frac{1}{(4\pi)^2} \left(\frac{\omega'}{\omega}\right)^2 |\mathcal{M}|^2 \tag{8.63}$$

式(8.55)や式(8.63)は，偏極を完全に指定した断面積を表している．すなわち始状態と終状態において電子のスピンと光子の偏極が確定している場合の式である．標的電子が非偏極(スピンが乱雑)で，終状態電子のスピンを測定しないならば，断面積の式を始状態について平均化し，終状態について和を取らなければならない．完全な非偏極断面積を求めたいのであれば，さらに光子の偏極も，始状態について平均化し，終状態について和を取る必要がある．我々は光子の偏極状態の扱い方として，1.4.4項の方法と8.3節の方法を両方とも示してみることにする．

非偏極の断面積を直接に得るために，まず8.3節の共変な方法を採用する．振幅は，

$$\mathcal{M} \equiv \varepsilon_\alpha \varepsilon'_\beta \mathcal{M}^{\alpha\beta} \tag{8.64}$$

と書かれるので，次式を得る．

$$\frac{1}{4} \sum_{\text{pol}} \sum_{\text{spin}} |\mathcal{M}|^2 = \frac{1}{4} \sum_{\text{spin}} \mathcal{M}^{\alpha\beta} \mathcal{M}^*_{\alpha\beta} \tag{8.65}$$

和は，始状態と終状態における電子のスピン状態と光子の偏極状態について行う必要がある．式(8.65)は，式(8.36)を光子の外線が2本ある場合へ変更したものであり，光子の偏極に関する和は右辺でも暗に含意されている．式(8.65)に対して，具体的に式(8.58)-(8.59)を適用してスピンの和までを計算すると，次のようになる．

$$\frac{1}{4}\sum_{\text{pol}}\sum_{\text{spin}}|\mathcal{M}|^2 = \frac{1}{4}\sum_{\text{pol}}\sum_{\text{spin}}\left\{|\mathcal{M}_\text{a}|^2 + |\mathcal{M}_\text{b}|^2 + \mathcal{M}_\text{a}\mathcal{M}_\text{b}^* + \mathcal{M}_\text{b}\mathcal{M}_\text{a}^*\right\}$$

$$= \frac{e^4}{64m^2}\left\{\frac{X_\text{aa}}{(pk)^2} + \frac{X_\text{bb}}{(pk')^2} - \frac{X_\text{ab}+X_\text{ba}}{(pk)(pk')}\right\} \tag{8.66}$$

$$X_\text{aa} = \text{Tr}\left\{\gamma^\beta(\slashed{f}_1+m)\gamma^\alpha(\slashed{p}+m)\gamma_\alpha(\slashed{f}_1+m)\gamma_\beta(\slashed{p}'+m)\right\} \tag{8.67a}$$

$$X_\text{bb} = \text{Tr}\left\{\gamma^\alpha(\slashed{f}_2+m)\gamma^\beta(\slashed{p}+m)\gamma_\beta(\slashed{f}_2+m)\gamma_\alpha(\slashed{p}'+m)\right\} \tag{8.67b}$$

$$X_\text{ab} = \text{Tr}\left\{\gamma^\beta(\slashed{f}_1+m)\gamma^\alpha(\slashed{p}+m)\gamma_\beta(\slashed{f}_2+m)\gamma_\alpha(\slashed{p}'+m)\right\} \tag{8.67c}$$

$$X_\text{ba} = \text{Tr}\left\{\gamma^\alpha(\slashed{f}_2+m)\gamma^\beta(\slashed{p}+m)\gamma_\alpha(\slashed{f}_1+m)\gamma_\beta(\slashed{p}'+m)\right\} \tag{8.67d}$$

ここで，注意してもらいたい事としては，

$$k \leftrightarrow -k', \quad \varepsilon \leftrightarrow \varepsilon' \tag{8.68a}$$

という置き換えを施すと，

$$f_1 \leftrightarrow f_2, \quad \mathcal{M}_\text{a} \leftrightarrow \mathcal{M}_\text{b} \tag{8.68b}$$

という変換が生じ，その結果，

$$X_\text{aa} \leftrightarrow X_\text{bb}, \quad X_\text{ab} \leftrightarrow X_\text{ba} \tag{8.68c}$$

となる．したがって第一原理からX_aaとX_abだけを計算すれば充分である．式(8.66)は実数なので$X_\text{ba} = X_\text{ab}^*$であり，さらに式(8.67c)と式(8.67d)およびγ行列に関する一般的性質(A.20a)を考え合わせると$X_\text{ab} = X_\text{ba}$となる．すなわち$X_\text{ab}$は実数であり，式(8.68a)の変換の下で対称でなければならない．これらの制約条件は，計算結果の当否の確認方法として有用である．

式(8.67)の対角和は8個までのγ行列積を含む．これらの計算はγ行列の添字の縮約に関する恒等式(付録A, A.2節)を利用すると，γ行列を4つ減らすことができて簡単になる．X_aaを考えてみよう．式(8.67a)の対角和の中には，次の因子が含まれる．

$$Y \equiv \gamma^\beta(\slashed{f}_1+m)\gamma^\alpha(\slashed{p}+m)\gamma_\alpha(\slashed{f}_1+m)\gamma_\beta$$

$$= \gamma^\beta(\slashed{f}_1+m)(-2\slashed{p}+4m)(\slashed{f}_1+m)\gamma_\beta$$

$$= 4\slashed{f}_1\slashed{p}\slashed{f}_1 + m\left[-16(pf_1) + 16f_1^2\right] + m^2(4\slashed{p} - 16\slashed{f}_1) + 16m^3$$

8.6. Compton散乱

したがって，式(A.16), (A.18a), (A.18b) により，直接に次の結果が得られる．

$$\begin{aligned}X_{\mathrm{aa}} &= \mathrm{Tr}\{Y(\not{p}' + m)\} \\ &= 16\{2(f_1 p)(f_1 p') - f_1^2(pp') + m^2[-4(pf_1) + 4f_1^2] \\ &\quad + m^2[(pp') - 4(f_1 p')] + 4m^4\}\end{aligned} \tag{8.69}$$

ここで，次に示す3つの線形独立なスカラー，

$$p^2 = p'^2 = m^2, \quad pk = p'k', \quad pk' = p'k \tag{8.70}$$

だけを用いるならば，X_{aa} は次式のように簡素化される．

$$X_{\mathrm{aa}} = 32[m^4 + m^2(pk) + (pk)(pk')] \tag{8.71a}$$

式(8.68)により，直ちに次式も得られる．

$$X_{\mathrm{bb}} = 32[m^4 - m^2(pk') + (pk)(pk')] \tag{8.71b}$$

干渉項 X_{ab} (式(8.67c)) も同様に計算できて，次の結果が得られる．

$$X_{\mathrm{ab}} = 16m^2[2m^2 + (pk) - (pk')] \tag{8.71c}$$

予想された通りに X_{ab} は実数であり対称である．すなわち $k \leftrightarrow -k'$ と置き換えても X_{ab} は不変である．

$$X_{\mathrm{ba}} = X_{\mathrm{ab}} \tag{8.71d}$$

式(8.71a)-(8.71d)を式(8.66)に代入すると，次式が得られる．

$$\frac{1}{4}\sum_{\mathrm{pol}}\sum_{\mathrm{spin}}|\mathcal{M}|^2 = \frac{e^4}{2m^2}\left\{\left(\frac{pk}{pk'} + \frac{pk'}{pk}\right) + 2m^2\left(\frac{1}{pk} - \frac{1}{pk'}\right) + m^4\left(\frac{1}{pk} - \frac{1}{pk'}\right)^2\right\} \tag{8.72}$$

実験室系では $pk = m\omega$, $pk' = m\omega'$ であり，式(8.61) から，

$$\frac{1}{\omega} - \frac{1}{\omega'} = \frac{1}{m}(\cos\theta - 1)$$

なので，式(8.72)は次式になる．

$$\left[\frac{1}{4}\sum_{\mathrm{pol}}\sum_{\mathrm{spin}}|\mathcal{M}|^2\right]_{\mathrm{Lab}} = \frac{e^4}{2m^2}\left\{\frac{\omega}{\omega'} + \frac{\omega'}{\omega} - \sin^2\theta\right\} \tag{8.73}$$

これを式(8.63)と組み合わせると，非偏極断面積の式が得られる．

$$\left(\frac{d\sigma}{d\Omega}\right)_{\text{Lab}} = \frac{\alpha^2}{2m^2}\left(\frac{\omega'}{\omega}\right)^2\left\{\frac{\omega}{\omega'} + \frac{\omega'}{\omega} - \sin^2\theta\right\} \tag{8.74}$$

もちろん式(8.61)を利用すれば，この式から ω' を消去することもできる．低エネルギー極限 $\omega \ll m$ では $\omega' \approx \omega$ なので，電子の反跳によるエネルギーのずれを無視することができ，式(8.74)は Thomson 散乱の断面積の式(1.69a)に帰着する．

ここから，始状態と終状態において光子の偏極が指定されている場合の断面積を導いてみる．すなわち和と平均化の計算は，電子のスピンだけについて行う．後から1.4.4項と同じ方法で光子の偏極についても和と平均化を施せば，式(8.74)を再現することになる．この場合，γ 行列積の添字の縮約の公式を使って対角和の計算を簡単にすることはできないが，ゲージを適切に選択すれば計算は容易になる．いかなる場合でも，真空が縦波光子やスカラー光子を含まず，自由な光子が横波光子として表されるような Lorentz ゲージを見出すことは可能である (5.2節)．このゲージでは，外線光子の偏極ベクトルを $\varepsilon = (0, \boldsymbol{\varepsilon})$, $\varepsilon' = (0, \boldsymbol{\varepsilon}')$ という形で表すことができ，

$$\varepsilon k = -\boldsymbol{\varepsilon} \cdot \mathbf{k} = 0, \quad \varepsilon' k' = -\boldsymbol{\varepsilon}' \cdot \mathbf{k}' = 0 \tag{8.75a}$$

である．さらに座標系を実験室系に選んで $p = (m, 0, 0, 0)$ とすると，簡単に，

$$p\varepsilon = p\varepsilon' = 0 \tag{8.75b}$$

となる．反交換関係 $[\gamma^\alpha, \gamma^\beta]_+ = 2g^{\alpha\beta}$ と，Dirac 方程式 $(\not{p} - m)u(\mathbf{p}) = 0$ により，

$$\not{p}\not{\varepsilon}u = -m\not{\varepsilon}u, \quad \not{p}\not{\varepsilon}'u = -m\not{\varepsilon}'u$$

なので，行列要素(8.59)は，次のように簡略化される．

$$\mathcal{M}_a = -ie^2\frac{\bar{u}\not{\varepsilon}'\not{k}\not{\varepsilon}u}{2(pk)}, \quad \mathcal{M}_b = -ie^2\frac{\bar{u}\not{\varepsilon}\not{k}'\not{\varepsilon}'u}{2(pk')} \tag{8.76}$$

式(8.76)は，$\mathcal{M} = \mathcal{M}_a + \mathcal{M}_b$ の行列要素のゲージ不変な表現を与えていないことに注意してもらいたい．たとえばゲージ変換 $\varepsilon \to \varepsilon + \lambda k$ (λ は定数) の下で $\mathcal{M}_a \to \mathcal{M}_a$ ($\not{k}\not{k} = k^2 = 0$ なので) だが，$\mathcal{M}_b \not\to \mathcal{M}_b$ である．これはもちろん我々が選んだゲージにおいて $p\varepsilon$ と $p\varepsilon'$ がゼロになり，これを省いてしまっているためである．

電子のスピンについて平均化と和の計算を施すと，次のようになる．

$$\frac{1}{2}\sum_{\text{spin}}|\mathcal{M}|^2 = \frac{e^4}{32m^2}\left\{\frac{Y_{aa}}{(pk)^2} + \frac{Y_{bb}}{(pk')^2} + \frac{Y_{ab} + Y_{ba}}{(pk)(pk')}\right\} \tag{8.77}$$

8.6. Compton散乱

$$Y_{\mathrm{aa}} = \mathrm{Tr}\{\rlap{/}{\epsilon}'\rlap{/}{k}\rlap{/}{\epsilon}(\rlap{/}{p}+m)\rlap{/}{\epsilon}\rlap{/}{k}\rlap{/}{\epsilon}'(\rlap{/}{p}'+m)\} \tag{8.78a}$$

$$Y_{\mathrm{bb}} = \mathrm{Tr}\{\rlap{/}{\epsilon}\rlap{/}{k}'\rlap{/}{\epsilon}'(\rlap{/}{p}+m)\rlap{/}{\epsilon}'\rlap{/}{k}'\rlap{/}{\epsilon}(\rlap{/}{p}'+m)\} \tag{8.78b}$$

$$Y_{\mathrm{ab}} = \mathrm{Tr}\{\rlap{/}{\epsilon}'\rlap{/}{k}\rlap{/}{\epsilon}(\rlap{/}{p}+m)\rlap{/}{\epsilon}'\rlap{/}{k}'\rlap{/}{\epsilon}(\rlap{/}{p}'+m)\} \tag{8.78c}$$

$$Y_{\mathrm{ba}} = \mathrm{Tr}\{\rlap{/}{\epsilon}\rlap{/}{k}'\rlap{/}{\epsilon}'(\rlap{/}{p}+m)\rlap{/}{\epsilon}\rlap{/}{k}\rlap{/}{\epsilon}'(\rlap{/}{p}'+m)\} \tag{8.78d}$$

ここでも $k \leftrightarrow -k'$, $\varepsilon \leftrightarrow \varepsilon'$ のように置き換えを施すと $\mathcal{M}_{\mathrm{a}} \leftrightarrow \mathcal{M}_{\mathrm{b}}$ となり，また，

$$Y_{\mathrm{aa}} \leftrightarrow Y_{\mathrm{bb}}, \quad Y_{\mathrm{ab}} \leftrightarrow Y_{\mathrm{ba}} \tag{8.79}$$

で，$Y_{\mathrm{ab}} = Y_{\mathrm{ba}} = Y_{\mathrm{ab}}^*$ である．

式(8.78)は γ 行列8個までの積を含む．これを，次の公式を利用して減らしてゆく．

$$\rlap{/}{A}\rlap{/}{B} = -\rlap{/}{B}\rlap{/}{A} + 2AB \tag{8.80a}$$

$A = B$ の場合は，

$$\rlap{/}{A}\rlap{/}{A} = A^2 \tag{8.80b}$$

であり，特に，以下の関係は重要である．

$$\rlap{/}{p}\rlap{/}{p} = m^2, \quad \rlap{/}{k}\rlap{/}{k} = 0, \quad \rlap{/}{\epsilon}\rlap{/}{\epsilon} = \rlap{/}{\epsilon}'\rlap{/}{\epsilon}' = -1 \tag{8.80c}$$

$AB = 0$ であれば，

$$\rlap{/}{A}\rlap{/}{B} = -\rlap{/}{B}\rlap{/}{A} \tag{8.80d}$$

となるので，この関係を式(8.75)と併用すると有用である．

これらの技法を用いた Y_{aa} の計算を示してみる．$\rlap{/}{k}\rlap{/}{\epsilon}\rlap{/}{\epsilon}\rlap{/}{k} = -\rlap{/}{k}\rlap{/}{k} = 0$ と，$\rlap{/}{\epsilon}\rlap{/}{p}\rlap{/}{\epsilon} = -\rlap{/}{p}\rlap{/}{\epsilon}\rlap{/}{\epsilon} = \rlap{/}{p}$ を利用すると，式(8.78a)は次のように簡約される．

$$Y_{\mathrm{aa}} = \mathrm{Tr}\{\rlap{/}{\epsilon}'\rlap{/}{k}\rlap{/}{\epsilon}\rlap{/}{p}\rlap{/}{\epsilon}\rlap{/}{k}\rlap{/}{\epsilon}'\rlap{/}{p}'\} = \mathrm{Tr}\{\rlap{/}{\epsilon}'\rlap{/}{k}\rlap{/}{p}\rlap{/}{k}\rlap{/}{\epsilon}'\rlap{/}{p}'\}$$

更に，式(8.80a)を用いて $\rlap{/}{p}$ と $\rlap{/}{k}$ を入れ換え，$\rlap{/}{k}\rlap{/}{k} = 0$ を用いると，次のようになる．

$$\begin{aligned} Y_{\mathrm{aa}} &= 2(pk)\mathrm{Tr}\{\rlap{/}{\epsilon}'\rlap{/}{k}\rlap{/}{\epsilon}'\rlap{/}{p}'\} = 8(pk)[2(\varepsilon'k)(\varepsilon'p') + (kp')] \\ &= 8(pk)\bigl[2(\varepsilon'k)^2 + (pk')\bigr] \end{aligned} \tag{8.81a}$$

上式では $p' - k = p - k'$ により $\varepsilon'p' = \varepsilon'k$ と $kp' = pk'$ となることを用いた．式(8.79)に従い，次式を得る．

$$Y_{\mathrm{bb}} = -8(pk')\bigl[2(\varepsilon k')^2 - (pk)\bigr] \tag{8.81b}$$

干渉項 Y_{ab} (式(8.78c))の計算は更に難しい．これを簡単にする方法としては，基本的に $p' = p + k - k'$ と書いて，式(8.75)の直交関係と式(8.80)を全面的に利用すればよい．次の結果が得られる．

$$Y_{\mathrm{ab}} = 8(pk)(pk')\left[2(\varepsilon\varepsilon')^2 - 1\right] - 8(k\varepsilon')^2(pk') + 8(k'\varepsilon)^2(pk) \tag{8.81c}$$

これは実数で，対称でもある ($Y_{\mathrm{ab}} = Y_{\mathrm{ba}}$)．式(8.81), (8.77), (8.63) により，偏極光子に関する Compton 散乱の微分断面積は，次式で与えられる．

$$\left(\frac{\mathrm{d}\sigma}{\mathrm{d}\Omega}\right)_{\mathrm{Lab,pol}} = \frac{\alpha^2}{4m^2}\left(\frac{\omega'}{\omega}\right)^2\left\{\frac{\omega}{\omega'} + \frac{\omega'}{\omega} + 4(\varepsilon\varepsilon')^2 - 2\right\} \tag{8.82}$$

式(8.82)は Klein-Nishina(仁科)の公式として知られている．この式に対して終状態偏極に関する和と始状態偏極に関する平均化を施せば，非偏極断面積を導くことができる．$\varepsilon\varepsilon' = -\boldsymbol{\varepsilon}\cdot\boldsymbol{\varepsilon}'$ なので，式(1.71)を，

$$\frac{1}{2}\sum_{\mathrm{pol}}(\varepsilon\varepsilon')^2 = \frac{1}{2}(1 + \cos^2\theta) \tag{8.83}$$

と書き直すことができて，これを式(8.82)に適用すると，非偏極断面積(8.74)が再現される．

8.7 外場による散乱

ここまで電磁場を量子化された場として扱い，光子の生成・消滅演算子を用いて記述してきた．しかし場の量子ゆらぎが重要ではないような問題に関しては，場を純粋に古典的な時空座標の関数として記述したほうが適切である．このような例としては，たとえば重い原子核の周囲に生じる静的 Coulomb 場のような"外部[5])の"電磁場 $A_{\mathrm{e}}^\alpha(x)$ による電子や陽電子の散乱がある．より一般的な扱い方としては，$A^\alpha(x)$ を量子場と古典場の和 $A^\alpha(x) + A_{\mathrm{e}}^\alpha(x)$ に置き換えて，両方のタイプの場を同時に考慮することが適切となる場合もある．このとき QED の S 行列展開(7.1)と(7.2)は，次のように修正される．

$$S = \sum_{n=0}^\infty \frac{(\mathrm{i}e)^n}{n!}\int\ldots\int \mathrm{d}^4 x_1 \ldots \mathrm{d}^4 x_n \mathrm{T}\left\{\mathrm{N}\left[\bar\psi(\slashed{A} + \slashed{A}_{\mathrm{e}})\psi\right]_{x_1}\cdots \mathrm{N}\left[\bar\psi(\slashed{A} + \slashed{A}_{\mathrm{e}})\psi\right]_{x_n}\right\}$$
(8.84)

---

[5]) ここでの"外"(external)の意味合いは，Feynman グラフの記述において用いられる外線の"外"の意味とは全く異なるので，これらを混同してはならない．

8.7. 外場による散乱

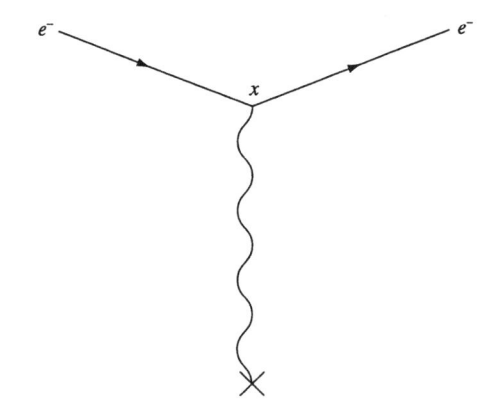

図8.5 外場による電子散乱を表す座標空間のFeynmanグラフ．外場の源を×印で表してある．

簡単な例として，静的な外場による電子の散乱を考える．

$$A_e^\alpha(x) = A_e^\alpha(\mathbf{x}) = \frac{1}{(2\pi)^3}\int d^3\mathbf{q}\, e^{i\mathbf{q}\cdot\mathbf{x}} A_e^\alpha(\mathbf{q}) \tag{8.85}$$

後の便宜を考えて，外場をFourier変換した運動量空間のポテンシャル $A_e^\alpha(\mathbf{q})$ を導入しておいた．散乱への最低次の寄与は，式(8.84)における1次の項から生じる．

$$S_e^{(1)} = ie\int d^4 x\, \bar\psi^-(x) \slashed{A}_e(x) \psi^+(x) \tag{8.86}$$

この過程のFeynmanグラフは図8.5のように描かれる．古典場の源を×印で表してある．始状態 $|i\rangle$ における電子の状態を運動量 $p=(E,\mathbf{p})$，スピノル $u_r(\mathbf{p})$ によって表し，終状態 $|f\rangle$ における電子の状態を $p'=(E',\mathbf{p}')$, $u_s(\mathbf{p}')$ と置く．この遷移に関する行列要素 $\langle f|S_e^{(1)}|i\rangle$ の評価は，7.2.1項で見た量子化された場による電子の散乱と似た方法で行える．運動量空間へ移行すると，次式が得られる．

$$\langle f|S_e^{(1)}|i\rangle = \left[(2\pi)\delta(E'-E)\left(\frac{m}{VE}\right)^{1/2}\left(\frac{m}{VE'}\right)^{1/2}\right]\mathcal{M} \tag{8.87}$$

$$\mathcal{M} = ie\bar u_s(\mathbf{p}')\slashed{A}_e(\mathbf{q}=\mathbf{p}'-\mathbf{p})u_r(\mathbf{p}) \tag{8.88}$$

これらは量子場による散乱の式(7.31), (7.32)と比較すべき式である．式(7.31)と異なり，式(8.87)は運動量保存を表す δ 関数が含まれていない．これは我々が外場の源の運動量を無視しているためである．外場から電子へ $\mathbf{q}=\mathbf{p}'-\mathbf{p}$ の運動量の移行が起こるならば，本当は外場の源がこれに対応する反跳を起こしている．式(8.87)にお

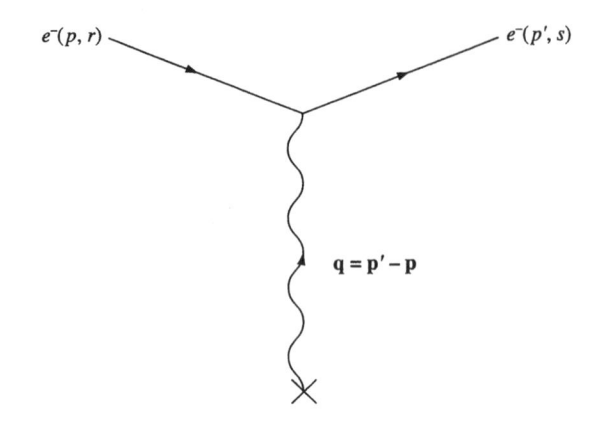

図8.6 外場による電子散乱の運動量空間における Feynman グラフ. $|\mathbf{p}'| = |\mathbf{p}|$ である.

けるδ関数は,電子のエネルギー保存を表しており,すなわちここでは $|\mathbf{p}'| = |\mathbf{p}|$ の単純な弾性散乱が扱われている.これは外場の源の反跳による電子のエネルギー損失が無視されていることを意味するが,このことは我々が静的な場(8.85)を仮定したことによる必然的な帰結である.Feynman 振幅(8.88)は,図8.6の運動量空間における Feynman ダイヤグラムによって与えられるが,ここでは $|\mathbf{p}'| = |\mathbf{p}|$ の関係を念頭に置かなければならない.

式(8.87), (8.88)が式(7.31), (7.32)と異なる点は,上述のδ関数の置き換え,

$$(2\pi)^4 \delta^{(4)}(p' + k' - p) \to (2\pi)\delta(E' - E)$$

に加えて,光子の因子 $(1/2V\omega_{\mathbf{k}'})^{1/2}\varepsilon_\alpha(\mathbf{k}')$ が,外場の因子 $A_{e\alpha}(\mathbf{q})$ に置き換わっていることである.

これらの結果を容易に一般化することができて,7.3節で示した Feynman 規則に対する次の2つの変更規則として表現される.

(i) Feynman 振幅 $\mathcal{M}$ とS行列要素 $\langle f|S|i\rangle$ を関係づける式(7.45)において,次のような置き換えを行う.

$$(2\pi)^4 \delta^{(4)}(P_f - P_i) \to (2\pi)\delta(E_f - E_i) \tag{8.89}$$

E_i と E_f は,それぞれ始状態および終状態に含まれる全粒子のエネルギーの総和である.

8.7. 外場による散乱

(ii) 7.3節の Feynman 規則 1～8 に対して,外線 (すなわち始状態と終状態において存在する粒子) の因子を与える規則 4 (式(7.49)) を補足する形で,次の規則 9 を加えなければならない.

9. 荷電粒子と静的な外場 $A_e(\mathbf{x})$ との各相互作用に対して,次の因子を充てる.

$$A_{e\alpha}(\mathbf{q}) = \int d^3\mathbf{x}\, e^{-i\mathbf{q}\cdot\mathbf{x}} A_{e\alpha}(\mathbf{x}) \qquad (8.90)$$

$\mathbf{q}$ は外場の源 (×印) から粒子への移行運動量を表す. (結節点(ヴァーテックス)において粒子のエネルギーが保存される.)

次に,任意の静的な外場による電子散乱について,これを表す Feynman 振幅 $\mathcal{M}$ から断面積を導出してみよう. これは 8.1 節の議論とよく似たものなので,ごく簡単に言及する. 式(8.87)から単位時間の遷移確率が次のように与えられる.

$$w = \frac{1}{T}\left|\langle f|S_e^{(1)}|i\rangle\right|^2 = 2\omega\delta(E'-E)\left(\frac{m}{VE}\right)^2|\mathcal{M}|^2$$

式(8.6)と同様に,ここでも長いけれども有限の時間 T を想定する. この頻度 w に対して,状態密度,

$$\frac{V d^3\mathbf{p}'}{(2\pi)^3} = \frac{V|\mathbf{p}'|^2 d|\mathbf{p}'| d\Omega'}{(2\pi)^3} = \frac{V|\mathbf{p}'|E' dE' d\Omega'}{(2\pi)^3}$$

を掛けて,入射する電子の流束密度 $v/V = |\mathbf{p}|/(VE)$ で割れば ($v = |\mathbf{p}|/E$),電子が立体角要素 $d\Omega'$ に散乱される微分断面積が与えられる.

$$\frac{d\sigma}{d\Omega'} = \left(\frac{m}{2\pi}\right)^2|\mathcal{M}|^2 = \left(\frac{me}{2\pi}\right)^2\left|\bar{u}_s(\mathbf{p}')\slashed{A}_e(\mathbf{q})u_r(\mathbf{p})\right|^2 \qquad (8.91)$$

上式では $\mathcal{M}$ に式(8.88)を代入した. $\mathbf{q} = \mathbf{p}' - \mathbf{p}$ で,$|\mathbf{p}'| = |\mathbf{p}|$ の関係がある.

この結果の一例として,重い原子核の周囲に生じている Coulomb 場による電子散乱を考える (Mott散乱(モット)). 原子核を点電荷として近似すると,Coulomb ゲージにおいて,ポテンシャルは次のように与えられる.

$$A_e^\alpha(x) = \left(\frac{Ze}{4\pi|\mathbf{x}|}, 0, 0, 0\right) \qquad (8.92\text{a})$$

このポテンシャルを運動量空間で表すと,次式になる.

$$A_e^\alpha(\mathbf{q}) = \left(\frac{Ze}{|\mathbf{q}|^2}, 0, 0, 0\right) \qquad (8.92\text{b})$$

式(8.92b) を式(8.91) に代入して，電子のスピン状態に関する和と平均化を施すと，Coulomb散乱に関する非偏極断面積が得られる．

$$\frac{d\sigma}{d\Omega'} = \frac{(2m\alpha Z)^2}{|\mathbf{q}|^4} \frac{1}{2} \sum_{r,s} \left| \bar{u}_s(\mathbf{p}')\gamma^0 u_r(\mathbf{p}) \right|^2$$

$$= \frac{(\alpha Z)^2}{2|\mathbf{q}|^4} \mathrm{Tr}\left\{ (\not{p}' + m)\gamma^0 (\not{p} + m)\gamma^0 \right\}$$

$$= \frac{2(\alpha Z)^2}{|\mathbf{q}|^4} \left(E^2 + \mathbf{p}\cdot\mathbf{p}' + m^2 \right) \tag{8.93a}$$

散乱角 θ を導入すると，

$$\mathbf{p}\cdot\mathbf{p}' = |\mathbf{p}|^2 \cos\theta, \quad |\mathbf{q}|^2 = |\mathbf{p}' - \mathbf{p}|^2 = 4|\mathbf{p}|^2 \sin^2(\theta/2) \tag{8.94}$$

であり，$|\mathbf{p}| = Ev$ を利用すると，式(8.93a) は Coulomb 場による相対論的な電子の散乱を記述する，いわゆる Mott 散乱の公式になる．

$$\frac{d\sigma}{d\Omega'} = \frac{(\alpha Z)^2}{4E^2 v^4 \sin^4(\theta/2)} \left[1 - v^2 \sin^2(\theta/2) \right] \tag{8.93b}$$

非相対論的な極限を考えると，これは次の Rutherford 散乱の公式に帰着する．

$$\frac{d\sigma}{d\Omega'} = \frac{(\alpha Z)^2}{4m^2 v^2 \sin^4(\theta/2)} \tag{8.95}$$

我々は原子核を点電荷のように扱ったが，原子核電荷が有限の体積範囲に分布を持つ場合への修正も容易に行えることを言い添えておく．高エネルギー電子を想定すると，これは原子核の電荷分布を調べる重要な手段となる．この方法に基づいて，前に陽子の持つ有限寸法との関連において言及したように，散乱体 (標的) の電荷分布半径の自乗平均平方根を推定することができる (問題 8.1)．

上述の解析を，Coulomb場による電子散乱における偏極特性を扱えるように拡張することも容易である．

非相対論的なエネルギー領域における結果は，もちろん非相対論的な量子力学からよく知られている．Coulomb相互作用 (8.92) と散乱振幅はスピンに依存せず，Rutherford散乱の前後でスピンは保存される．ヘリシティの概念で解釈すると，入射電子が正のヘリシティを持つならば，前方散乱電子は正のヘリシティを持ち，後方散乱電子は負のヘリシティを持つ．中間的な散乱角度 θ における結果は，スピノルの回転に関する性質によって与えられ，ヘリシティが正になる確率 (ヘリシティ非反転確率) は $\cos^2(\theta/2)$，ヘリシティが負になる確率 (ヘリシティ反転確率) は $\sin^2(\theta/2)$ となる．この結果はもちろん式(8.93a) の 1 行目の行列要素からも導かれる．非相対

論極限ではスピノル $u_r(\mathbf{p})$ と $u_s(\mathbf{p}')$ に対して Dirac-Pauli スピノル表示 (付録 A の式 (A.72), (A.73)) を用いるのが最も自然である. このとき添字 r と s は空間において固定された座標軸方向の異なるスピン成分値に対応する. 式 (8.93a) の中の行列要素は, 非相対論的極限において, 次式に比例する.

$$\lim_{\substack{\mathbf{p}\to 0 \\ \mathbf{p}'\to 0}} \left(\bar{u}_s(\mathbf{p}')\gamma^0 u_r(\mathbf{p}) \right) = u_s^\dagger(\mathbf{0}) u_r(\mathbf{0}) = \delta_{sr}$$

すなわち散乱前後でスピンは保存する.

相対論的なエネルギー領域では, 電子の磁気能率が, 電子自身の静止座標系から見える磁場と相互作用をすることにより, 散乱がスピンに依存するようになる. (Mott の散乱公式 (8.93b) における速度依存項 $-v^2 \sin^2(\theta/2)$ も同様に磁気散乱から生じている.) 偏極特性を得るために, 8.2 節で述べたヘリシティ状態とヘリシティ射影演算子の形式が有用である. 入射電子が正のヘリシティを持つ場合 (スピン状態 $u_1(\mathbf{p})$) の散乱を考えよう. 式 (8.93a) により, 散乱電子が正もしくは負のヘリシティを持つ確率は, 次式に比例する.

$$X_s = \left| \bar{u}_s(\mathbf{p}')\gamma^0 u_1(\mathbf{p}) \right|^2, \quad \begin{cases} s=1 & \text{正のヘリシティ} \\ s=2 & \text{負のヘリシティ} \end{cases} \tag{8.96}$$

これを, 式 (8.28), (8.29) により, 書き直すことができる.

$$X_s = \text{Tr}\left\{ \Lambda^+(\mathbf{p}')\gamma^0 \Pi^+(\mathbf{p}) \Lambda^+(\mathbf{p})\gamma^0 \Pi^\pm(\mathbf{p}') \right\} \tag{8.97}$$

ここで $\Pi^\pm(\mathbf{p}')$ の添字の正号・負号は, それぞれ $s=1$ (ヘリシティが反転しない), $s=2$ (ヘリシティが反転する) に対応する.

相対論的極限 $E=E' \gg m$ では, ヘリシティ射影演算子は, 次のようになる.

$$\Pi^\pm(\mathbf{p}) = \frac{1}{2}\left(1 \pm \gamma^5\right) \tag{A.43}$$

これに対応して, 式 (8.97) は次式に帰着する.

$$X_s = \frac{1}{16m^2} \text{Tr}\left\{ (\slashed{p}'+m)\gamma^0 (1+\gamma^5)(\slashed{p}+m)\gamma^0 (1\pm\gamma^5) \right\} \tag{8.98}$$

p と p' は E のオーダーなので, X_s への主要な寄与は, 式 (8.98) の対角和(トレース)の中で $\slashed{p}$ と $\slashed{p}'$ を両方とも含む項から生じるものと予想され, X_s は $(E/m)^2$ のオーダーになると考えられる. X_1 すなわちヘリシティが反転しない場合については, これが当てはまることを容易に示せるが, X_2 すなわちヘリシティが反転する場合, 式 (8.98) の対角和の中でゼロにならない唯一の項は m^2 に比例する項であり (すなわち p と p' に

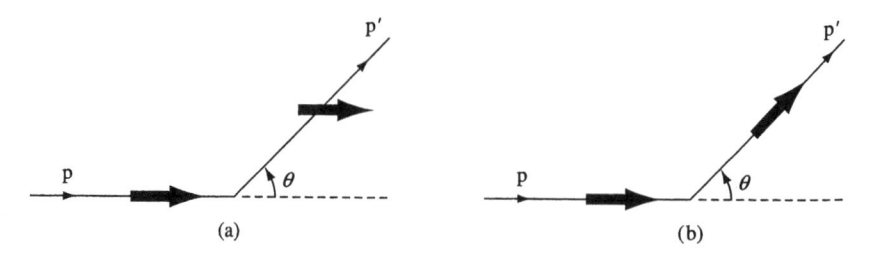

図 8.7 Coulomb 散乱の 2 通りの極限状況．(太い矢印は電子のスピンを表す．) (a) 非相対論的なエネルギー領域，すなわち $|\mathbf{p}| \ll E$：スピンが保存する．(b) 相対論的極限のエネルギー領域 $E \gg m$：ヘリシティが保存する．

依存しない)，X_2 は 1 のオーダーになる[6]．したがって，相対論極限 $E \gg m$ ではヘリシティが反転する振幅が (相対的に) ゼロになり，ヘリシティは保存する．これは非相対論極限 $|\mathbf{p}| \ll m$ においてスピンが保存し，ヘリシティ反転確率が $\sin^2(\theta/2)$ となる状況とは対照的である．この非相対論極限と相対論極限における散乱の状況を模式的に図 8.7 に示す．

中間的なエネルギー領域においては，式 (8.97) を正確に評価しなければならない．

8.8 制動放射

原子核 Coulomb 場に入射した電子が偏向されるとき，一般には電子が光子を放射して減速する．荷電粒子が散乱される際には荷電粒子から輻射が生じる．この過程は制動放射 (bremsstrahlung) と呼ばれる．本節では，重い原子核の Coulomb 場によって電子が散乱されるときに生じる制動放射を考察する．この過程は実際的にも重要である．物質に入射した高速電子の減速は主としてこの過程によるものであるし，制動放射は電子の加速器で光子ビームを生成するために広く利用されている．

ここでは弾性 Coulomb 散乱とは異なり，量子化された輻射場と外場 (原子核 Coulomb 場) が両方とも関わる過程を考察しなければならない．輻射場は光子の放射を記述し，外場によってエネルギーと運動量の保存が保証される．S 行列展開 (8.84) にお

---

[6] これらを証明し，式 (8.98) の対角和を計算するには，$[\gamma^5, \gamma^\alpha]_+ = 0$, $(\gamma^5)^2 = 1$ および，
$$\mathrm{Tr}\,\gamma^5 = \mathrm{Tr}(\gamma^5 \gamma^\lambda) = \mathrm{Tr}(\gamma^5 \gamma^\lambda \gamma^\mu) = \mathrm{Tr}(\gamma^5 \gamma^\lambda \gamma^\mu \gamma^\nu) = 0 \qquad (A.21)$$
を用いればよい．(X_1 に対してゼロでない寄与を持つ項は p と p' を含む項だけであることが分かる．) 詳しい証明は読者の練習問題とする．

8.8. 制動放射

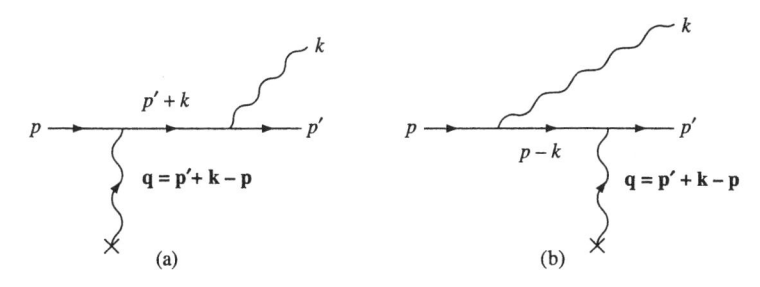

図8.8 制動放射を表す運動量空間のFeynmanダイヤグラム.

いて2次 $(n=2)$ の項が，この過程へ寄与を持つ最低次の項となるが，この段階において読者は，これに対応する運動量空間におけるS行列要素を直接に書き下すことも難しくないはずである．図8.8に，この過程に関わる2種類のFeynmanダイヤグラムを，各粒子の運動量を付記して示す．（ここでもスピン状態と偏極状態を省いてあるが含意されるものと見なす.）7.3節と8.7節のFeynman規則から，S行列要素は次式で与えられる．

$$\langle f|S|i\rangle = 2\pi\delta(E'+\omega-E)\left(\frac{m}{VE}\right)^{1/2}\left(\frac{m}{VE'}\right)^{1/2}\left(\frac{1}{2V\omega}\right)^{1/2}\mathcal{M} \tag{8.99}$$

ここで，Feynman振幅は，

$$\begin{aligned}\mathcal{M} &= -e^2\bar{u}(\mathbf{p}')\big[\slashed{\epsilon}(\mathbf{k})\mathrm{i}S_\mathrm{F}(p'+k)\slashed{A}_\mathrm{e}(q) + \slashed{A}_\mathrm{e}(q)\mathrm{i}S_\mathrm{F}(p-k)\slashed{\epsilon}(\mathbf{k})\big]u(\mathbf{p}) \\ &= -\mathrm{i}e^2\bar{u}(\mathbf{p}')\Big[\slashed{\epsilon}(\mathbf{k})\frac{\slashed{p}'+\slashed{k}+m}{2p'k}\slashed{A}_\mathrm{e}(q) + \slashed{A}_\mathrm{e}(q)\frac{\slashed{p}-\slashed{k}+m}{-2pk}\slashed{\epsilon}(\mathbf{k})\Big]u(\mathbf{p}) \end{aligned} \tag{8.100}$$

であり，$A_{\mathrm{e}\alpha}(\mathbf{q}=\mathbf{p}'+\mathbf{k}-\mathbf{p})$ は，式(8.92b)に与えてある運動量空間のCoulombポテンシャルである．

式(8.99)から微分断面積の公式を導出する方法は，前節においてCoulomb散乱を求めた方法とよく似ている．遷移頻度 $|\langle f|S|i\rangle|^2/T$ と，終状態の状態密度，

$$V\mathrm{d}^3\mathbf{p}'V\mathrm{d}^3\mathbf{k}/(2\pi)^6$$

を掛け合わせ，入射流束 $|\mathbf{p}|/(VE)$ で割ると，微分断面積になる．

$$\mathrm{d}\sigma = \frac{m^2}{(2\pi)^5 2\omega}\frac{|\mathbf{p}'|}{|\mathbf{p}|}|\mathcal{M}|^2\mathrm{d}^3\mathbf{k}\,\mathrm{d}\Omega' \tag{8.101}$$

$\mathrm{d}\Omega'$ は散乱された電子の運動量 $\mathbf{p}'$ の向きの立体角要素を表す．式(8.101)に対して終状態の電子スピンに関する和と，始状態の電子スピンの平均化を施す作業は，方法と

しては直接的であるが,長い計算になる.その結果としてBethe-Heitler(ベーテ ハイトラー)のCoulomb場における制動放射断面積の公式が得られる[7].ここでは簡単であるが興味深い状況として,放射される光子のエネルギーが非常に低い,いわゆる"軟光子(ソフトフォトン)"の極限 $\omega \approx 0$ の場合を考察する.この極限では弾性散乱と同様に $\mathbf{q} = \mathbf{p}' - \mathbf{p}$, $|\mathbf{p}'| = |\mathbf{p}|$ である.Feynman振幅(8.100)において,電子伝播関数の分子から $\not{k}$ の項を省き,Dirac方程式を用いると,次式が得られる.

$$\mathcal{M} = -ie^2 \bar{u}(\mathbf{p}') \not{A}_e(\mathbf{q}) u(\mathbf{p}) \left[\frac{p'\varepsilon}{p'k} - \frac{p\varepsilon}{pk} \right] = -e\mathcal{M}_0 \left[\frac{p'\varepsilon}{p'k} - \frac{p\varepsilon}{pk} \right] \quad (\omega \approx 0) \quad (8.102)$$

ここで $\varepsilon \equiv \varepsilon(\mathbf{k})$ であり,$\mathcal{M}_0$ は光子放射のない弾性散乱のFeynman振幅(8.88)を表す.式(8.102)を式(8.101)に代入して式(8.91)と比較すると,軟光子の制動放射に関する断面積を次のように書くことができる.

$$\left(\frac{d\sigma}{d\Omega'} \right)_B = \left(\frac{d\sigma}{d\Omega'} \right)_0 \frac{\alpha}{(2\pi)^2} \left[\frac{p'\varepsilon}{p'k} - \frac{p\varepsilon}{pk} \right]^2 \frac{d^3\mathbf{k}}{\omega} \quad (\omega \approx 0) \quad (8.103)$$

右辺の最初の因子 $(d\sigma/d\Omega')_0$ は光子放射の伴わない弾性散乱の断面積(8.91)を表す.式(8.102)と式(8.103)の導出において,我々は $A_{e\alpha}(\mathbf{q})$ の具体的な式を用いていないので,これらの式はCoulomb場に限らず,任意の静的な外場の下での制動放射に適用できるものである.

式(8.102)と式(8.103)は2つの興味深い特徴を備えている.第1に,どちらも光子放射の伴わない弾性散乱に関する評価量と,軟光子に関わる因子との積の形で与えられている.第2に振幅 $\mathcal{M}$ も,断面積(8.103)も,赤外極限 $\omega \to 0$ において特異性を持つ.この赤外特異性は,$k = 0$ ならば $p^2 = p'^2 = m^2$ となり,Feynmanダイヤグラム(図8.8(a),(b))の伝播線は"実電子"の4元運動量を持ち,式(8.100)においてこれに対応する伝播関数が発散することから生じている[8].弾性散乱の結果に対して軟光子因子による補正が施される性質と,赤外特異性は,両方とも一般の軟光子放射現象において特徴的な性質である.このことは次節において詳しく論じる.

放射される光子の偏極を測定しないならば,偏極状態に関する和を取る必要がある.これを8.3節で述べたゲージ不変な方法で行うことにしよう.式(8.36)を式(8.103)に適用すると,静的な外場によって電子が散乱される制動放射の断面積が即座に求

---

[7] この公式の導出については,たとえば次の文献を参照.C. Itzykson and J. B. Zuber, *Quantum Field Theory*, McGraw-Hill, New York, 1980, Section 5-2-4 ; J. M. Jauch and F. Rohrlich, *The Theory of Photons and Electrons*, 2nd edn, Springer, New York, 1976, Section 15-6.

[8] 簡潔ではあるが感心しない俗語として,この状況は,$k \to 0$ のときにFeynmanダイヤグラム(図8.8(a),(b))における電子の内線が質量殻(mass shell)に載る,さらに簡潔には殻上(on shell)になる,としばしば表現される.

まる.

$$\left(\frac{d\sigma}{d\Omega'}\right)_{\text{B}} = \left(\frac{d\sigma}{d\Omega'}\right)_0 \frac{(-\alpha)}{(2\pi)^2}\left[\frac{p'}{p'k} - \frac{p}{pk}\right]^2 \frac{d^3\mathbf{k}}{\omega} \quad (\omega \approx 0) \tag{8.104}$$

8.9 赤外発散

軟光子の放射に関する前節の結果は，電子の弾性散乱実験を解釈する上で重要な意味を持っている．実験におけるエネルギー分解能が ΔE であれば，電子散乱において軟光子が放射されていても，そのエネルギーが ΔE を超えない限り，実験上は弾性散乱として記録される．したがって"実験的な"弾性散乱の断面積は，真の弾性散乱断面積と，放射光子のエネルギーが ΔE 未満の制動放射断面積の和にあたる．

$$\left(\frac{d\sigma}{d\Omega'}\right)_{\text{Exp}} = \left(\frac{d\sigma}{d\Omega'}\right)_{\text{El}} + \left(\frac{d\sigma}{d\Omega'}\right)_{\text{B}} \tag{8.105}$$

$(d\sigma/d\Omega')_{\text{El}}$ は弾性散乱の断面積，$(d\sigma/d\Omega')_{\text{B}}$ は軟光子の制動放射断面積を光子エネルギー $0 \leq \omega \leq \Delta E$ の範囲で積分したものであり，

$$\left(\frac{d\sigma}{d\Omega'}\right)_{\text{B}} = \left(\frac{d\sigma}{d\Omega'}\right)_0 \alpha B \tag{8.106}$$

と表される．$(d\sigma/d\Omega')_0$ は最低次の摂動による弾性散乱断面積で，B は次式で定義される．

$$B = \frac{-1}{(2\pi)^2}\int_{0\leq|\mathbf{k}|\leq\Delta E} \frac{d^3\mathbf{k}}{\omega}\left[\frac{p'}{p'k} - \frac{p}{pk}\right]^2 \tag{8.107}$$

ここでは ΔE が充分に小さく，軟光子近似の結果(8.104)が $\omega \leq \Delta E$ において妥当するものと仮定している．

残念ながら式(8.107)の被積分関数は，ω が小さい領域で $1/\omega$ のように振舞うので，積分は下限側で対数的に発散する．これが"赤外発散の困難"(infrared catastrophe)として知られている．この困難は光子の質量がゼロであることによる帰結であり，この問題を扱う方法のひとつとして Feynman が示した措置は，光子に虚構的(fictitious)な小さい質量 $\lambda \neq 0$ を付与し，計算の最後に $\lambda \to 0$ として QED の結果を得るというものである．

ゼロでない質量を導入することにより，式(8.107)は修正される．電子の伝播関数の分母において $k^2 = 0$ の代わりに $k^2 = \lambda^2$ と置かなければならないので，振幅 $\mathcal{M}$ (式(8.100))が修正される．式(8.103)が次式に置き換わることを示すのは容易である．

$$\frac{d\sigma}{d\Omega'} = \left(\frac{d\sigma}{d\Omega'}\right)_0 \frac{\alpha}{(2\pi)^2}\left[\frac{2p'\varepsilon}{2p'k + \lambda^2} + \frac{2p\varepsilon}{-2pk + \lambda^2}\right]^2 \frac{d^3\mathbf{k}}{\omega} \tag{8.108}$$

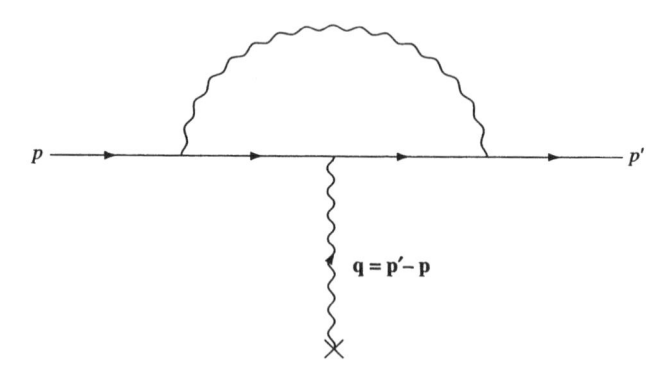

図 8.9 外場による弾性散乱に対する補正項.

質量がゼロでなければ, 光子の偏極状態は横波だけでなく縦波もあり得ることになる. 光子偏極の和は, 質量を持つスピン 1 - ボゾンの偏極の和に置き換わる[9]).

$$\sum_{r=1}^{3} \varepsilon_{r\alpha} \varepsilon_{r\beta} = -g_{\alpha\beta} + \frac{k_\alpha k_\beta}{\lambda^2} \tag{8.109}$$

$k_\alpha k_\beta / \lambda^2$ は $\lambda \to 0$ の極限において非偏極断面積に寄与を持たないので, 光子エネルギー範囲 $\lambda \leq \omega \leq \Delta E$ の軟光子制動放射の非偏極断面積は, 式(8.106)において, B として式(8.107)の代わりに次式を適用したものになる.

$$B(\lambda) = \frac{-1}{(2\pi)^2} \int \frac{d^3 k}{\omega_\lambda} \left[\frac{2p'}{2p'k + \lambda^2} + \frac{2p}{-2pk + \lambda^2} \right]^2 \tag{8.110}$$

ここで $\omega_\lambda \equiv (\lambda^2 + \mathbf{k}^2)^{1/2}$ であり, 波数ベクトル $\mathbf{k}$ に関する積分は $\lambda \leq \omega_\lambda \leq \Delta E$ を満たすような波数ベクトルの範囲にわたって行う. $\lambda > 0$ ならば $B(\lambda)$ は有限で, 数学的に, よく定義された量となる. $\lambda \to 0$ とすると $B(\lambda)$ は, 式(8.107)に戻って発散を起こす.

式(8.105)と式(8.106)を再び見ると, 制動放射の断面積は, 最低次の弾性断面積 $(d\sigma/d\Omega')_0$ に対して α の 1 次のオーダーになっている. したがって, 式(8.105)における $(d\sigma/d\Omega')_{El}$ に $(d\sigma/d\Omega')_0$ を充てることは摂動次数の観点で整合しない. 弾性散乱に関してもゼロ次だけでなく, 次の α の 1 次の補正までを含める必要がある. 最低次の Feynman グラフに対するこのような補正を図 8.9 に示す. この補正の詳細については 9.7 節で考察する予定であるが, 当面は次のように書くことにする.

---

[9])この式の導出については, 16.3 節の式(16.24)-(16.27)を参照.

8.9. 赤外発散

$$\left(\frac{d\sigma}{d\Omega'}\right)_{\text{El}} = \left(\frac{d\sigma}{d\Omega'}\right)_0 [1 + \alpha R(\lambda)] \tag{8.111}$$

補正項 $R(\lambda)$ も光子質量 λ の関数である. 式(8.105), (8.106), (8.111)により, 次式を得る.

$$\left(\frac{d\sigma}{d\Omega'}\right)_{\text{Exp}} = \left(\frac{d\sigma}{d\Omega'}\right)_0 \{1 + \alpha[B(\lambda) + R(\lambda)] + O(\alpha^2)\} \tag{8.112}$$

末尾の $O(\alpha^2)$ の項は, より高次の補正も存在することを示すために書いてある.

我々は $\lambda \to 0$ とすると $B(\lambda) \to \infty$ となることを既に見た. 9.7節で $R(\lambda)$ を計算する際に, これも $\lambda = 0$ において特異性を持つこと, すなわち $\lambda \to 0$ のときに $R(\lambda) \to -\infty$ となって, $B(\lambda)$ と $R(\lambda)$ の特異性が相殺し合うことを見る予定である. つまり $[B(\lambda) + R(\lambda)]$ は, 数学的によく定義された有限な関数になる. したがって式(8.112)において $\lambda \to 0$ の極限を考えることは容易で, 最低次の弾性散乱断面積 $(d\sigma/d\Omega')_0$ に対する有限な α のオーダーの補正が得られる. このような補正は"輻射補正"(radiative correction)と呼ばれる.

実験的な断面積(8.112)は, 式(8.107)や式(8.110)に現れるエネルギー分解能 ΔE に依存しているので, 実験系の構成によって異なる. このため実験データから計算による補正量を差し引いた"輻射補正を考慮した断面積"を与えることが有効である. このような措置により, 別々の実験による結果の間の比較や, 実験と理論的な $(d\sigma/d\Omega')_0$ の予言値との比較が可能となる.

今や我々は赤外発散の困難の起源をよく理解できる. この困難は軟光子の制動放射と弾性散乱を別々の摂動として扱うことから生じている. この区別は人為的なものであり, 我々が実際に観測するのは弾性散乱といくらかの制動放射散乱を合わせたものだけである. その断面積は常に有限になる.

ここまで, ひとつの軟光子の放射を考えて, これが引き起こす赤外発散を考察した. エネルギー分解能の高い実験では, 多くの軟光子の放射が重要となり, より高い α の次数における赤外発散が起こるかも知れない. そう考えると式(8.111)を, 弾性散乱に対するより高次の補正を含めるように修正しなければならない. 摂動のあらゆる次数において, 赤外発散は正確に相殺され, α のオーダーの有限の輻射補正だけが残るという声明は, Bloch-Nordsieck(ブロッホ・ノルトジーク)の定理として有名である. 高エネルギー実験において, 輻射補正が50%程度にも達するような運動学領域が現れる場合には, 多光子の寄与も考慮しなければならない. 最も重要な輻射補正が, 式(8.112)を指数関数を導入して全次数まで一般化した次式で与えられることを証明できる[10].

---

[10] 赤外問題を包括的に扱った文献としては, D. R. Yennie, S. C. Frautschi and H. Suura, *Ann. Phys.* (N.Y.), **13** (1961), 379 を参照されたい.

$$\left(\frac{\mathrm{d}\sigma}{\mathrm{d}\Omega'}\right)_{\mathrm{Exp}} = \left(\frac{\mathrm{d}\sigma}{\mathrm{d}\Omega'}\right)_0 e^{\alpha[B(\lambda)+R(\lambda)]} \tag{8.113}$$

これに対応して，全次数の摂動から計算される弾性散乱断面積は，次のようになる．

$$\left(\frac{\mathrm{d}\sigma}{\mathrm{d}\Omega'}\right)_{\mathrm{El}} = \left(\frac{\mathrm{d}\sigma}{\mathrm{d}\Omega'}\right)_0 e^{\alpha R(\lambda)} \tag{8.114}$$

$\lambda \to 0$ のとき $R(\lambda) \to -\infty$ なので，光子放射のない純粋な弾性散乱の断面積はゼロになる．すなわち真の弾性散乱過程というものは存在しない．観測される散乱は必ず光子の放射を伴うのである．この結論は，加速度を与えられた電荷が必ず電磁波を放射するという古典電磁気学の結果と整合している．

始状態や終状態に荷電粒子が含まれる任意の過程において，軟光子の放射が伴い，見かけ上の赤外発散が起こり得る．我々が外場による電子の弾性散乱に関して到達した結果は，一般的にも成立する．Bloch-Nordsieckの定理，すなわち赤外発散がすべての摂動次数において正確に相殺されて α のオーダーの有限な輻射補正が残るという性質は，QED のあらゆる過程に関して共通のものである．続く 2 つの章において，これらの補正を計算する．

練習問題

8.1 無限に重い原子核による電子散乱の議論 (式(8.92)-(8.95)) において，我々は原子核を点電荷と見なした．ここでは，より現実的に，原子核が球対称な電荷分布 $Ze\rho(r)$ を持つものと考える．規格化条件として，

$$\int \mathrm{d}^3\mathbf{r}\, \rho(r) = 1$$

を設定する．弾性散乱の断面積が次式で与えられることを示せ．

$$\frac{\mathrm{d}\sigma}{\mathrm{d}\Omega'} = \left(\frac{\mathrm{d}\sigma}{\mathrm{d}\Omega'}\right)_{\mathrm{M}} |F(\mathbf{q})|^2$$

ここで $(\mathrm{d}\sigma/\mathrm{d}\Omega')_{\mathrm{M}}$ は Mott 断面積(8.93b)，$ZeF(\mathbf{q})$ は電荷分布の Fourier 変換で，$\mathbf{q} = \mathbf{p}' - \mathbf{p}$ である ($\mathbf{p}$ と $\mathbf{p}'$ は電子の始状態と終状態における運動量)．

$F(\mathbf{q})$ は電荷分布の形状因子 (form factor) と呼ばれる．これが $|\mathbf{q}|^2$ だけの関数であり，自乗平均平方根 (root-mean-square) 半径 r_m が次式で与えられることを示せ．

$$r_m^2 = -6 \left.\frac{\mathrm{d}F(\mathbf{q})}{\mathrm{d}(|\mathbf{q}|^2)}\right|_{|\mathbf{q}|=0}$$

8.2 電子の質量を無視できる高エネルギーに領域において，弾性 $e^- - \mu^-$ 散乱を考える．始状態においてミュー粒子が静止している座標系から見た断面積が，次式で与えられることを示せ．

$$\frac{\mathrm{d}\sigma}{\mathrm{d}\Omega'} = \left(\frac{\mathrm{d}\sigma}{\mathrm{d}\Omega'}\right)_{\mathrm{M}} \left[1 + \frac{2E}{m_\mu} \sin^2\frac{\theta}{2}\right]^{-1} \left[1 - \frac{q^2}{2m_\mu^2}\tan^2\frac{\theta}{2}\right]$$

E と E' は始状態と終状態における電子のエネルギー, θ は電子が散乱される角度, q は交換される光子の 4 元運動量であって,
$$q^2 = -4EE' \sin^2(\theta/2)$$
と表される. $(d\sigma/d\Omega')_M$ は相対論極限 $v \to 1$ の Mott 断面積(8.93b) である (もちろん $Z = 1$ と置く).

8.3 前問において, ミュー粒子の相互作用は結節点因子すなわち $ie\gamma^\alpha$ によって特徴づけられている (Feynman 規則 1). 前問において, ミュー粒子結節点因子 $ie\gamma^\alpha$ を次の因子に置き換えると, 電子-陽子散乱を扱うことができる.
$$-ie\left[\gamma^\alpha F_1(q^2) + \frac{\kappa_p}{2m_p} F_2(q^2) i\sigma^{\alpha\beta} q_\beta\right]$$
q は電子からの 4 元移行運動量, κ_p は核磁子単位で表した陽子の異常磁気能率, $F_1(q^2)$ と $F_2(q^2)$ は陽子の内部構造を表す形状因子である. $F_1(0) = F_2(0) = 1$ であって, $\mathbf{q} \to \mathbf{0}$ すなわち静止している陽子が静的な電磁場と相互作用する際には, 適正な静電および静磁相互作用に帰着する.

始状態で陽子が静止している実験室系において, エネルギー $E\ (\gg m_e)$ の電子が弾性散乱する微分断面積は, 次の Rosenbluth 断面積の式で与えられることを示せ.
$$\frac{d\sigma}{d\Omega'} = \left(\frac{d\sigma}{d\Omega'}\right)_M \left[1 + \frac{2E}{m_p} \sin^2 \frac{\theta}{2}\right]^{-1}$$
$$\times \left\{ \left[F_1^2(q^2) - \frac{\kappa_p^2}{4m_p^2} q^2 F_2^2(q^2)\right] - \frac{q^2}{2m_p^2} \left[F_1(q^2) + \kappa_p F_2(q^2)\right]^2 \tan^2 \frac{\theta}{2} \right\}$$
θ は散乱角, $(d\sigma/d\Omega')_M$ は Mott 断面積(8.93b) において $Z = 1$, $v = 1$ と置いた式である.

8.4 Mott 散乱においてヘリシティ反転が起こる確率が, 次式で与えられることを示せ.
$$\frac{m^2 \sin^2(\theta/2)}{E^2 \cos^2(\theta/2) + m^2 \sin^2(\theta/2)}$$

8.5 Mott 散乱の式(8.93b) は, 重い原子核 (点電荷と見なす) による陽電子の散乱にも適用できることを示せ. (この電子と陽電子の散乱が等しいという関係は, 最低次の計算においてのみ成立する.)

8.6 高エネルギー極限 $(E \gg m)$ における電子-電子散乱の重心系における微分断面積が次式で与えられることを示せ.
$$\left(\frac{d\sigma}{d\Omega}\right)_{CoM} = \frac{\alpha^2}{8E^2}\left[\frac{1+\cos^4(\theta/2)}{\sin^4(\theta/2)} + \frac{2}{\sin^2(\theta/2)\cos^2(\theta/2)} + \frac{1+\sin^4(\theta/2)}{\cos^4(\theta/2)}\right]$$
θ は散乱角, E は重心系における衝突電子のエネルギーである.

8.7 Compton 散乱の Feynman 振幅,
$$\mathcal{M} = \mathcal{M}_a + \mathcal{M}_b \tag{8.58-59}$$
において, $\mathcal{M}_a$ と $\mathcal{M}_b$ それぞれ単独ではゲージ不変ではないが, $\mathcal{M}$ はゲージ不変であることを, 次のゲージ変換を考察することによって示せ (式(8.31)と比較せよ).
$$\varepsilon(\mathbf{k}) \to \varepsilon(\mathbf{k}) + \lambda k, \quad \varepsilon'(\mathbf{k}') \to \varepsilon'(\mathbf{k}') + \lambda' k'$$

第 9 章　輻射補正

　前章では QED を応用して，最低次の摂動計算を行った．より高次の過程を考慮する場合，最低次の結果に対して，微細構造定数 α のオーダーの補正が生じることが予想され，これは輻射補正として知られる．しかしそのような計算を行ってみると，発散する積分が現れる．典型的な例としては，図7.15 (p.136) の Feynman ダイヤグラムに対応する電子の自己エネルギー項 (式(7.44b)) の発散がある．

　本章から次章にかけて，これらの困難を解消する方法を示す．第1に，理論を正則化する必要がある．すなわち全次数において，諸量が有限で数学的によく定義されるように，理論の形を修正する．第2段階は，摂動の出発点となる相互作用のないレプトンと光子が，相互作用をする物理的な粒子とは別のものであるという認識から始まる．物理的粒子の性質 (たとえば電子の電荷や質量) は相互作用の効果によって修正されているので，理論の予言を，相互作用のない (裸の) 粒子ではなく，物理的な粒子を基調とする形で表現しなければならない．この第2段階の手続きは，繰り込み (renormalization) と呼ばれる．繰り込みは，現実の物理的な粒子の性質を裸の粒子の性質と関係づけ，理論の予言を物理的な粒子の質量や電荷によって表現するという作業である．第3段階では，正則化された理論を再び QED に戻す．元々の QED が含んでいた無限大量は，繰り込みの後では裸の粒子と物理的な粒子の関係の部分に集約され，この部分だけに発散が残る形になる．裸の粒子と物理的粒子の関係を決める量は，裸の粒子自体を観測できないために物理的な検証の対象とはなり得ない．その一方で，観測される電荷や質量を用いて表現される観測可能量の理論的予言は，繰り込みの後では有限に保たれる．輻射補正も有限となり，α のオーダーとなる．

　上に概要を示した手続きを，あらゆる次数の摂動において実行することが可能なので，輻射補正を驚くほど高い精度まで計算できる．レプトンの異常磁気能率や Lamb シフトなどの数値は，このように繰り込みを施した QED の理論予想と，高精度で行われている実験の結果との間で完璧な一致を見せており，これは物理学における偉大な勝利のひとつと見なされている．

　本章では主として輻射補正の中の，最低次補正の部分の計算方法を考察する．この計算の一般的な方法を 9.1-9.5 節において展開し，その応用および実験結果との比較

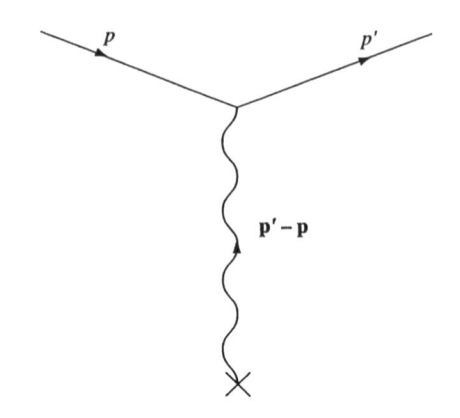

図9.1 静的な外場による電子弾性散乱への最低次の寄与.

を 9.6 節で考える. 正則化の技術的な詳細については次章で扱うことにする. さらなる応用として, 9.7 節では赤外発散を再考して 8.9 節の議論を完結させる. 9.8 節では本章における考察を, すべての摂動次数へと一般化する方法について簡単に言及する.

9.1 QEDにおける2次の輻射補正

QEDの任意の過程に対する輻射補正は, 行列要素自体と同様に, S行列展開 (8.84) から 7.3 節と 8.7 節の Feynman 規則を利用して得ることができる. 輻射補正は Feynman ダイヤグラムにおいて, 元の基本過程に対して, 仮想光子の放射と再吸収を表す結節点(ヴァーテックス)を付け加える補正にあたる. 追加する結節点を2点だけに限定するならば (2次の輻射補正), それは元の過程に対する摂動として仮想光子をひとつ余分に導入した過程を考えることにあたる. このときの補正の大きさは, 元の行列要素に対して電荷の2次のオーダー, すなわち微細構造定数の1次のオーダーである.

2次の輻射補正の計算に含まれる基本概念を導入するために, 静的な外場 $A_e^\mu(\mathbf{x})$ による電子の弾性散乱を考える. 8.7 節で見たように, 最低次の摂動によると, この過程は図9.1の Feynman ダイヤグラムで表され, Feynman 振幅は次のように与えられる.

$$\mathcal{M}^{(0)} = ie_0 \bar{u}(\mathbf{p}') A\!\!\!/_e(\mathbf{p}' - \mathbf{p}) u(\mathbf{p}) \tag{9.1}$$

これ以降, 裸の (すなわち相互作用のない) 電子の電荷を $(-e_0)$ と表記する. 同様に, 裸の電子の質量を m_0 と書く.

9.1. QEDにおける2次の輻射補正

振幅(9.1)に対する輻射補正は，S行列展開(8.84)から与えられる．外場は弱いものと仮定して，この展開において $A_e^\mu(\mathbf{x})$ について1次の項だけを考えればよいものとする．これは次のように書ける．

$$S = 1 + \sum_{n=1}^{\infty} \frac{(\mathrm{i}e_0)^n}{(n-1)!} \int \cdots \int \mathrm{d}^4 x_1 \ldots \mathrm{d}^4 x_n \\ \times \mathrm{T}\{\mathrm{N}(\bar{\psi}A\!\!\!/_e\psi)_{x_1}\mathrm{N}(\bar{\psi}A\!\!\!/\psi)_{x_2}\ldots\mathrm{N}(\bar{\psi}A\!\!\!/\psi)_{x_n}\} \quad (9.2)$$

最初の振幅 $\mathcal{M}^{(0)}$ は，式(9.2)の $n=1$ の項から生じる．式(9.2)における $n=2$ の項は量子化された輻射場 $A^\mu(x)$ に関して1次である．よってこれはひとつの光子の放射または吸収を含み，8.8節で論じた制動放射のような非弾性過程を記述する．2次の輻射補正は，式(9.2)の $n=3$ の項に対応する．

この2次補正への4つの寄与を図9.2に示す．これら各々が図9.1に示した最低次のダイヤグラムに対する補正と見なされる．ダイヤグラムの要素に対する補正の対応関係を図9.3に示す．たとえば図9.2(a)は，図9.1における入射電子線に対して図9.3(a)の置き換えを施したものである．

図9.3における(a)と(b)のループダイヤグラムは既に見たことがある (p.126, 図7.8; p.126, 図7.9; p.136, 図7.15)．これらは電子-陽電子場と光子場の相互作用によって生じる，電子と光子の自己エネルギー部分である．図9.3(a)の電子の自己エネルギー部分は，裸の電子を実際の物理的電子(相互作用をする電子)へ移行させる最低次の過程を表している．同様に図9.3(b)は最低次すなわち2次に限定した光子の自己エネルギー部分を表している．ここではフェルミオン-光子相互作用によって仮想電子-陽電子対が生成され消滅しており，図9.3(b)は真空偏極ダイヤグラムと呼ばれる．最後に図9.3(c)は，基本的なフェルミオン-光子相互作用 $\mathrm{N}(\bar{\psi}A\!\!\!/\psi)$ の結節点(ヴァーテックス)に対して施されている修正であり，相互作用過程の間に仮想光子の放射と再吸収が起こる最低次の修正を表す．

図9.2(a)-(d)のダイヤグラムに対応するFeynman振幅は，Feynman規則に基づいて次のように表される．

$$\mathcal{M}_\mathrm{a}^{(2)} = \mathrm{i}e_0 \bar{u}(\mathbf{p}')A\!\!\!/_e(\mathbf{p}'-\mathbf{p})\mathrm{i}S_\mathrm{F}(p)\mathrm{i}e_0^2\Sigma(p)u(\mathbf{p}) \quad (9.3\mathrm{a})$$

$$\mathcal{M}_\mathrm{b}^{(2)} = \mathrm{i}e_0 \bar{u}(\mathbf{p}')\mathrm{i}e_0^2\Sigma(p')\mathrm{i}S_\mathrm{F}(p')A\!\!\!/_e(\mathbf{p}'-\mathbf{p})u(\mathbf{p}) \quad (9.3\mathrm{b})$$

$$\mathcal{M}_\mathrm{c}^{(2)} = \mathrm{i}e_0 \bar{u}(\mathbf{p}')\gamma^\lambda u(\mathbf{p})\mathrm{i}D_{\mathrm{F}\lambda\mu}(q)\mathrm{i}e_0^2\Pi^{\mu\nu}(q)A_{e\nu}(\mathbf{p}'-\mathbf{p}) \quad (9.3\mathrm{c})$$

$$\mathcal{M}_\mathrm{d}^{(2)} = \mathrm{i}e_0 \bar{u}(\mathbf{p}')e_0^2\Lambda^\mu(p',p)u(\mathbf{p})A_{e\mu}(\mathbf{p}'-\mathbf{p}) \quad (9.3\mathrm{d})$$

上で導入した3つの量 $(\Sigma, \Pi^{\mu\nu}, \Lambda^\mu)$ は，次のように定義される．

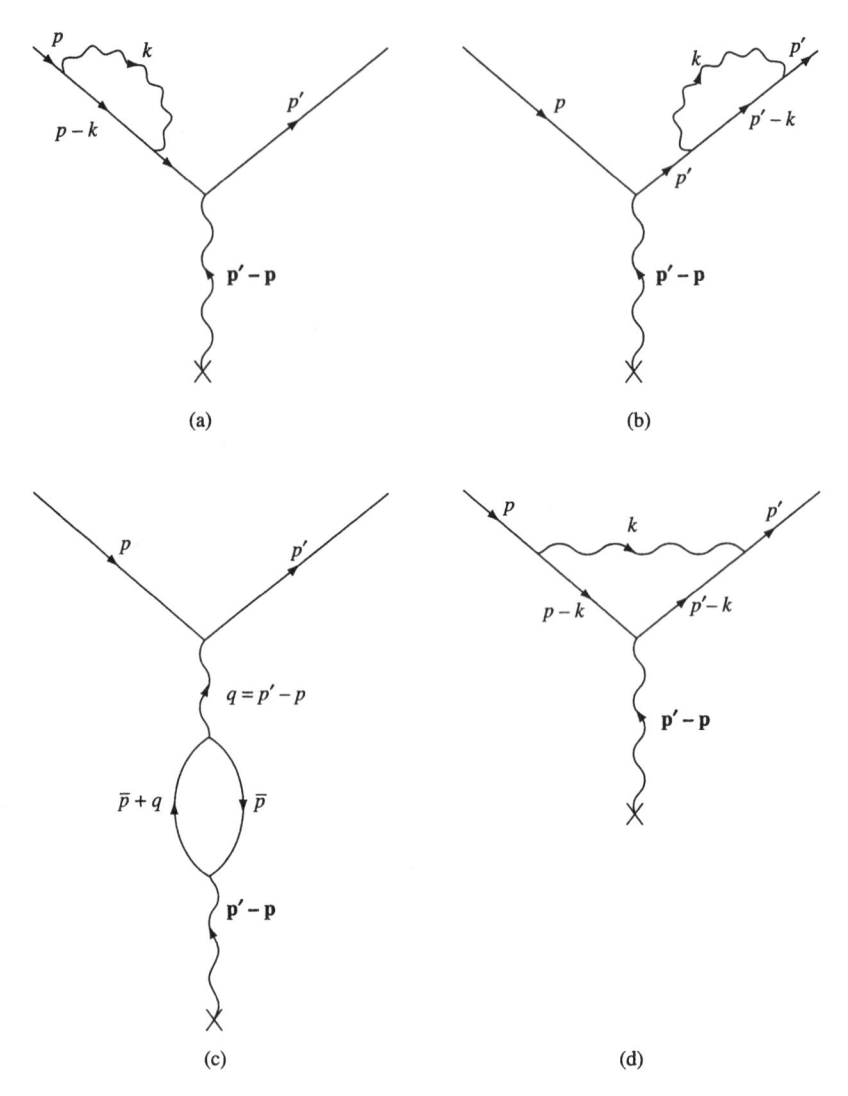

図9.2 電子散乱への2次輻射補正の4通りの寄与を表すグラフ.

$$\mathrm{i}e_0^2 \Sigma(p) = \frac{(\mathrm{i}e_0)^2}{(2\pi)^4} \int \mathrm{d}^4 k \, \mathrm{i}D_{\mathrm{F}\alpha\beta}(k) \gamma^\alpha \mathrm{i}S_{\mathrm{F}}(p-k) \gamma^\beta \tag{9.4}$$

9.1. QEDにおける2次の輻射補正

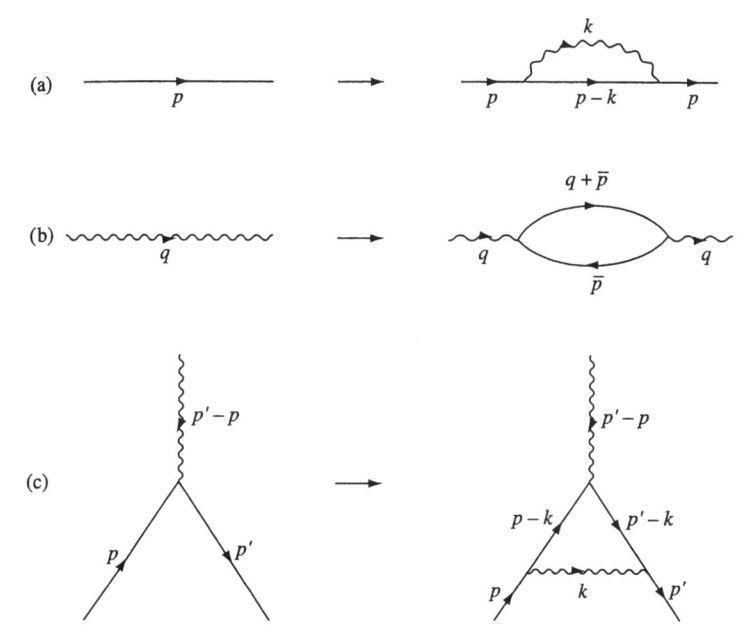

図9.3 フェルミオン線, ボゾン線, 結節点に対する2次補正. (a) フェルミオン自己エネルギー部分 $ie_0^2 \Sigma(p)$ (式(9.4)) ; (b) 光子自己エネルギー部分 $ie_0^2 \Pi^{\mu\nu}(q)$ (式(9.5)) ; (c) 結節部分 $e_0^2 \Lambda^\mu(p',p)$ (式(9.6)).

$$ie_0^2 \Pi^{\mu\nu}(q) = \frac{(ie_0)^2}{(2\pi)^4}(-1)\,\mathrm{Tr}\!\int d^4\bar{p}\,\gamma^\mu iS_F(\bar{p}+q)\gamma^\nu iS_F(\bar{p}) \tag{9.5}$$

$$e_0^2 \Lambda^\mu(p',p) = \frac{(ie_0)^2}{(2\pi)^4}\int d^4 k\,\gamma^\alpha iS_F(p'-k)\gamma^\mu iS_F(p-k)\gamma^\beta iD_{F\alpha\beta}(k) \tag{9.6}$$

電子の外部ポテンシャル散乱に対する2次の輻射補正を計算するためには, 3つのループ積分(9.4)-(9.6)を評価する必要がある.

残念ながら, 電子伝播関数や光子伝播関数の具体的な式を代入すると, これらのループ積分は3つとも積分変数の運動量が大きくなるところで発散する[1]. 次元の議論から, 積分(9.4)および積分(9.6)は $k \to \infty$ においてそれぞれ k および $\ln k$ のオーダーになり, 積分(9.5)は $\bar{p} \to \infty$ において $\bar{p}^2$ のオーダーになることが分かる[2].

---

[1] これに加えて, 積分(9.4)と(9.6)は, 低エネルギー極限 $k \to 0$ でも赤外発散が生じる. これらの赤外発散は, 本章の後の方で扱う.

[2] もちろん, このような次元による議論は, 各積分において最大として可能な発散の程度を与

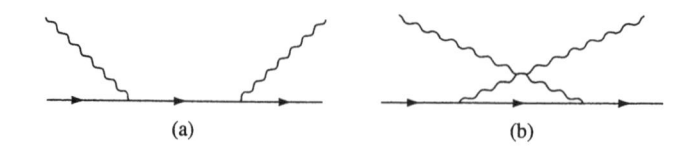

図9.4 Compton散乱を表す2つの最低次基本過程(2次過程)のグラフ.

この後の 9.2-9.5 節において，これら3種類の発散積分を正則化した後の繰り込み処方について論じる予定である．電荷と質量の繰り込みによって，観測不可能な裸の電荷 $-e_0$ と質量 m_0 ではなく，観測される電荷 $-e$ と質量 m を用いた形で，α のオーダーの有限な輻射補正を，曖昧さのない方法で抽出できることを示す．この解析は極めて重要なものとなる．任意の過程に対する最低次の輻射補正を計算する際に発散積分として現れるのは，必ずこれらと同じ3種類の積分であり，他のものはないからである．したがって一旦，これら3種類の積分の扱い方を確立すれば，任意の過程に対する2次の輻射補正の計算は，原理的にはすべて対処可能となる．

上述のような事情を，7.2.2項の Compton 散乱の例で見てみよう．Compton 散乱は図9.4の Feynman グラフで記述される．2次の輻射補正を含む過程は，4つの結節点(ヴァーテックス)と適正な外線を含む，すべての連結した4次の Feynman グラフで表される．

図9.4のグラフの基本要素に対して図9.3の置き換えを施すと，14種類の寄与が生じる．その内訳は，電子の自己エネルギー部分の挿入(電子の内線と外線を対象とする)によって6種類，光子の自己エネルギー部分の挿入によって4種類，結節点補正によって4種類である．これらのグラフのうちの4種類を図9.5に示す．全14種類のグラフに対応する Feynman 振幅は，3つの発散するループ積分(9.4)-(9.6)を因子として含む．これらは電子散乱の振幅(9.3)の場合と同様の方法で現れる．繰り込みを施した後では，これらの振幅を評価することに困難はなくなり，α のオーダーの有限な輻射補正が導かれることになる．

4次のダイヤグラムとしては，上に言及したように図9.4の2次ダイヤグラムに対して自己エネルギー部分の挿入や結節点補正を施すことで得られる14種類の Feynman ダイヤグラムの他に，あと4つのダイヤグラムが存在する．これらを図9.6(a)-(d)に示す．

図9.6の(a)と(b)のダイヤグラムに対応する Feynman 振幅を Feynman 規則に従って書き下すと，数学的によく定義された有限の振幅となり，α のオーダーの輻射

えるに過ぎない．主要な発散に掛かる係数がたまたまゼロになるようであれば，実際の発散は，見積りよりも弱いものになる.

9.1. QEDにおける2次の輻射補正

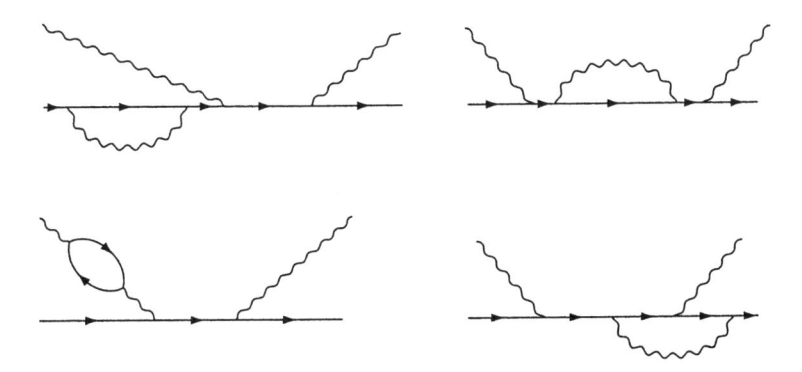

図9.5 Compton散乱を表す4次過程のうちの4例. これらは図9.4(a) のFeynmanグラフを基調として, 自己エネルギーもしくは結節点補正を挿入することによって得られる.

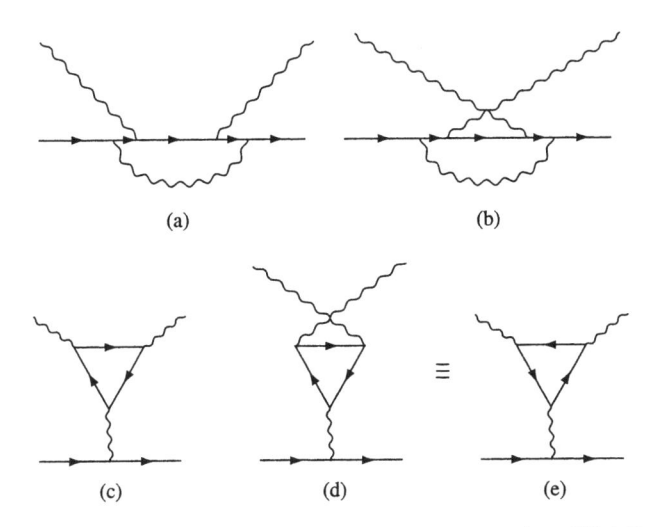

図9.6 図9.4の基本グラフ (2次過程) に対する自己エネルギーの挿入や結節点補正の導入によって得ることのできないCompton散乱の4次過程.

補正が得られる.

最後に図9.6の (c) と (d) に示した三角グラフを考察する必要がある. 両者の寄与は符号のみ異なり, 互いに正確に打ち消し合う. このことは図9.6(d) を, これと等価な図9.6(e) に置き換えてみると, よく理解できる. 図9.6の (c) と (e) の違いは, フェ

ルミオンループにおける矢の向きが，前者は時計まわり，後者は反時計まわりという点だけである．以前に行った議論によれば，フェルミオン線の矢の向きを逆転させることは，その伝播線の電子状態／陽電子状態を入れ換えることと等価である．したがって図9.6(c)において3本の伝播線の向きを逆転させることは，三角形の3つの頂点それぞれに付随するe_0を$(-e_0)$に置き換えることと等価である．つまり図9.6の(c)と(e)のFeynman振幅は，相対的に因子$(-1)^3$だけ異なる．(もちろん2つの三角グラフのFeynman振幅の式を直接書いてこの結果を得ることもできる．) この三角ダイヤグラムに関する結果は，いわゆるFurry(ファリ)の定理の一例にあたる．この定理によれば，閉じたフェルミオンループを含むダイヤグラムからの寄与は，ループが奇数個の結節点(ヴァーテックス)を持つ場合には相殺し合って残らない．このようなダイヤグラムは一般に，必ずフェルミオンループにおける矢の向きが逆のダイヤグラムと対(つい)になって現れ，上述の議論と同様にして寄与を互いに打ち消し合うことが示される．

ここでCompton散乱を対象として概説した状況は，輻射補正の一般的性質を反映している．任意の最低次過程に対する2次の輻射補正として，まずは元のグラフを基調として，その基本要素に対して図9.3 (p.189)に従って可能な置き換えを施すことで得られる一群の過程がある．式(9.4)-(9.6)の発散するループ積分に対して繰り込みを施した後は，上述のように修正して得たグラフから，有限の2次輻射補正が与えられる．さらに，最低次グラフの基本要素に対する自己エネルギー補正や結節点(ヴァーテックス)補正からは得られない追加的な2次の輻射補正も一般に存在する．しかしこれらの寄与は有限で数学的によく定義されており，発散に対する処方を必要としない．

9.2 光子の自己エネルギー

まず図9.3(b) (p.189)のような，光子の伝播関数に対する光子の自己エネルギー部分の挿入の効果について考察しよう．たとえばMøller散乱(電子-電子散乱)の最低次のダイヤグラムである図9.7(a)に対する2次の輻射補正の寄与のひとつとして，図9.7(b)が考えられる．図9.7の(a)から(b)への移行は，Feynman振幅の評価においては，次の置き換えに相当する．

$$\mathrm{i}D_{\mathrm{F}\alpha\beta}(k) \to \mathrm{i}D_{\mathrm{F}\alpha\mu}(k)\mathrm{i}e_0^2\Pi^{\mu\nu}(k)\mathrm{i}D_{\mathrm{F}\nu\beta}(k) \tag{9.7}$$

$\mathrm{i}e_0^2\Pi^{\mu\nu}(k)$は，式(9.5)によって定義されており，具体的には次のように書ける．

$$\mathrm{i}e_0^2\Pi^{\mu\nu}(k) = \frac{-e_0^2}{(2\pi)^4}\int \mathrm{d}^4p\, \frac{\mathrm{Tr}\left[\gamma^\mu(\slashed{p}+\slashed{k}+m_0)\gamma^\nu(\slashed{p}+m_0)\right]}{\left[(p+k)^2-m_0^2+\mathrm{i}\varepsilon\right]\left[p^2-m_0^2+\mathrm{i}\varepsilon\right]} \tag{9.8}$$

9.2. 光子の自己エネルギー

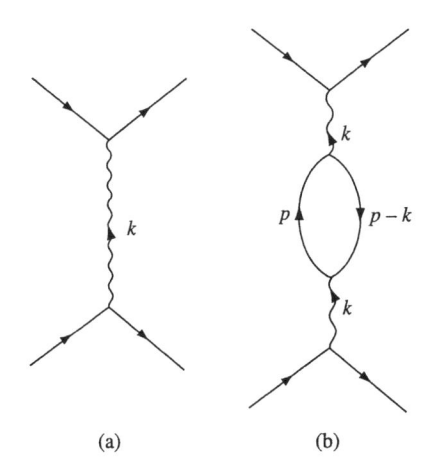

(a) (b)

図9.7 Møller散乱．(a)は最低次のダイヤグラム．(b)は(a)に対して2次の光子自己エネルギー補正を施したダイヤグラム．

この積分は，pが大きいところで2次の発散をする．これを扱うためには正則化の措置，すなわち数学的によく定義された有限積分への修正を施すことが必要となる．たとえば，式(9.8)の被積分関数に，次の収束因子を掛けることで，目的は達せられる．

$$f(p^2, \Lambda^2) = \left(\frac{-\Lambda^2}{p^2 - \Lambda^2}\right)^2 \tag{9.9}$$

Λは切断パラメーターである．Λの値を大きいけれども有限の値に設定すると，積分はpの大きいところで$\int d^4 p / p^6$のように振舞い，よく定義された積分として収束するようになる．$\Lambda \to \infty$とすると因子$f(p^2, \Lambda^2)$は1に近づき，元の理論が復元される．このような形で導入する収束因子のことを，現状のQEDにおける不満足な性質を回避するための単なる数式的な道具と見ることもできるし，あるいはQEDの高エネルギー領域(すなわち極めて短い距離)において本質的な修正であり，究極的な高エネルギー実験によって検証されるべき性質と見ることもできる．この問題については後で再び論じることにする．

収束因子(9.9)は，正則化の概念を簡単に提示するために導入した一例である．しかしこれは，このままではQEDに対して適切な正則化の手段にはならない．実光子の固有質量をゼロと保証できなくなるし，このことに関連して理論のゲージ不変性も破綻する．切断Λの値によらず，すべての摂動次数において，光子の固有質量がゼロになり，ゲージ不変性が保証されるような正則化の手続きが可能であれば，それを採

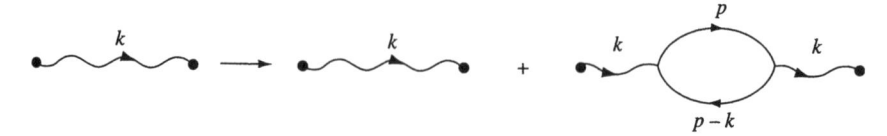

図9.8 光子伝播関数の修正.

用するのが自然であり望ましくもある．これらの要請を両方とも満足するような別の正則化の方法も存在する．そのような正則な理論に繰り込み処方を施しておいてから，元の理論を復元する極限操作を行った後には，正則化の過程で採用した手続きの詳細による影響は一切残らない．次章において正則化を詳しく論じる際に，このような状況がいかにして実現されるかを示す予定である．当面は，理論の正則化が既になされているものと仮定して，諸量は数学的によく定義された有限な形に与えられ，ゲージ不変性が保証されているものと考えておく．たとえば $\Pi^{\mu\nu}(k)$ と書く場合に，これはループ積分の式(9.8)そのものではなく，これを正則化したものと見なすことにする．$\Pi^{\mu\nu}(k, \Lambda)$ とは書かないが，正則化を含意しているものとして扱う．

図9.7(b)の輻射補正の効果を解釈するために，元になる最低次の基本過程の図9.7(a)と一緒に考察を行う．両方のダイヤグラムを合わせて考えることは，最低次のダイヤグラムに対する図9.8のような置き換えとして捉えることができる．すなわちこれは，次のような伝播関数の修正に相当する．

$$\mathrm{i}D_{\mathrm{F}\alpha\beta}(k) \to \mathrm{i}D_{\mathrm{F}\alpha\beta}(k) + \mathrm{i}D_{\mathrm{F}\alpha\mu}(k)\mathrm{i}e_0^2\Pi^{\mu\nu}(k)\mathrm{i}D_{\mathrm{F}\nu\beta}(k) \tag{9.10a}$$

式を具体的に書くと，次のようになる．

$$\frac{-\mathrm{i}g_{\alpha\beta}}{k^2+\mathrm{i}\varepsilon} \to \frac{-\mathrm{i}g_{\alpha\beta}}{k^2+\mathrm{i}\varepsilon} + \frac{-\mathrm{i}g_{\alpha\mu}}{k^2+\mathrm{i}\varepsilon}\mathrm{i}e_0^2\Pi^{\mu\nu}(k)\frac{-\mathrm{i}g_{\nu\beta}}{k^2+\mathrm{i}\varepsilon} \tag{9.10b}$$

この式を簡単にすることができる．Lorentz不変性により，$\Pi^{\mu\nu}(k)$ は必ず次の形で表現し得る．

$$\Pi^{\mu\nu}(k) = -g^{\mu\nu}A(k^2) + k^\mu k^\nu B(k^2) \tag{9.11}$$

何故なら，上式の右辺は4元ベクトル k^μ を用いて形成できる2階テンソルとして最も一般性を持った形だからである．その上，光子伝播関数は常に保存するカレントと結合しており，式(5.45)と類似の次の形の結合が現れる．

$$\int \mathrm{d}^4 k\, s_1^\alpha(-k)\mathrm{i}D_{\mathrm{F}\alpha\beta}(k)s_2^\beta(k)$$

9.2. 光子の自己エネルギー

もし，この式において式(9.10a)の置き換えを行い，$\Pi^{\mu\nu}(k)$ に式(9.11)を代入するならば，カレント保存則(式(5.47))により，光子の運動量 k に比例する項からの寄与はゼロになる．したがって，式(9.11)を式(9.10)に代入する際に，前者の中の $k^\mu k^\nu B(k^2)$ の項を省いてもよい．よって式(9.10)の置き換えは，次のように書き直される．

$$\frac{-\mathrm{i}g_{\alpha\beta}}{k^2+\mathrm{i}\varepsilon} \to \frac{-\mathrm{i}g_{\alpha\beta}}{k^2+\mathrm{i}\varepsilon}\left[1-e_0^2 A(k^2)\frac{1}{k^2+\mathrm{i}\varepsilon}\right] \tag{9.12}$$

式(9.12)の右辺は，光子の伝播関数を，2次の自己エネルギー効果を含むように修正したものである．式(9.12)を次の形に書き直す．

$$\frac{-\mathrm{i}g_{\alpha\beta}}{k^2+\mathrm{i}\varepsilon} \to \frac{-\mathrm{i}g_{\alpha\beta}}{k^2+\mathrm{i}\varepsilon+e_0^2 A(k^2)} + O(e_0^4) \tag{9.13}$$

式(9.12)と式(9.13)の等価性は，正則化を施した後で，すべての量，特にここでは $A(k^2)$ が有限になるということに依っている．e_0^2 が充分に小さいものと見るならば，摂動論の趣旨に従って式(9.13)の右辺を e_0^2 の冪(べき)に展開することができ，式(9.12)が再現される．

式(9.13)の左辺は，最低次の過程の基本要素となる光子伝播関数，すなわち相互作用をしていない裸の光子の伝播関数を表している．この伝播関数は $k^2=0$ において極を持ち，このことは裸の光子の固有質量がゼロであることに対応している．(一般に，固有質量が m の粒子の伝播関数は，引数の4元運動量 p が $p^2=m^2$ のところで極を持つ．式(3.58)と式(7.48)を見ると，それぞれ中間子とフェルミオンについてこれが成立していることが分かる．) 一方，式(9.13)の右辺は，2次の自己エネルギー補正を含んだ光子伝播関数，すなわち現実の光子の挙動(ただし $O(e_0^2)$ の精度まで)を表す伝播関数である．既に言及してあるように，現実の光子の質量もゼロであるならば，実光子の伝播関数も $k^2=0$ において極を持たなければならない．式(9.13)により，このことは次式を意味する．

$$A(0) \equiv A(k^2=0) = 0 \tag{9.14}$$

したがって $A(k^2)$ を，次のように書くことができる．

$$A(k^2) = k^2 A'(0) + k^2 \Pi_\mathrm{c}(k^2) \tag{9.15}$$

ここで，

$$A'(0) \equiv A'(k^2=0) = \left.\frac{\mathrm{d}A(k^2)}{\mathrm{d}(k^2)}\right|_{k^2=0}$$

であり，収束部分を表す $\Pi_{\mathrm{c}}(k^2)$ は $k^2=0$ の近傍で k^2 (の1次以上の冪) に比例してゼロに近づく．式(9.15)を式(9.12)に代入して e_0^2 を掛けると，次式を得る．

$$\frac{-\mathrm{i}g_{\alpha\beta}}{k^2+\mathrm{i}\varepsilon}e_0^2 \to \frac{-\mathrm{i}g_{\alpha\beta}}{k^2+\mathrm{i}\varepsilon}e_0^2\bigl[1-e_0^2A'(0)\bigr] + \frac{\mathrm{i}g_{\alpha\beta}}{k^2+\mathrm{i}\varepsilon}e_0^4\Pi_{\mathrm{c}}(k^2) \tag{9.16}$$

我々は Feynman 規則を構築する際に，各結節点(ヴァーテックス)に e_0 を充てた．式(9.16)では，光子伝播関数の修正によって2箇所の結節点を含む過程が加わることに対応して，修正前に比べて e_0 を2回分，余計に含む項が新たに生じている．

式(9.16)を解釈しなければならない．右辺の第1項は，左辺に対して定数 $\bigl[1-e_0^2A'(0)\bigr]$ を掛けたものにあたる．この部分を見ると，光子伝播関数を通じて相互作用する2つの電荷 (たとえば Møller 散乱ダイヤグラムの図9.7(b)における2つの電子の電荷) が e_0 ではなく，あたかも次式で定義される e に修正されたように捉えることができる．

$$e^2 = e_0^2\bigl[1-e_0^2A'(0)\bigr] \tag{9.17}$$

この式によって，"電荷の繰り込み" (charge renormalization) の概念が導入される．式(9.17)は"繰り込まれた電荷" $(-e)$ の定義となっている．すなわち $(-e_0)$ が相互作用をしない裸の電子の電荷を表すのに対して，この $(-e)$ は物理的な，相互作用をしている電子の電荷を表す．我々がここで考慮したのは，光子の2次の自己エネルギー部分だけである．もちろん，より高次の補正も存在するはずなので，式(9.17)を欠落のない形で書くと，次のようになる．

$$e \equiv Z_3^{1/2}e_0 = e_0\Bigl[1-\frac{1}{2}e_0^2A'(0)+O(e_0^4)\Bigr] \tag{9.18}$$

Z_3 は裸の電荷 e_0 と，実際の物理的な粒子の電荷 e (e_0 の全次数までを含める) の関係を与える定数であり，"繰り込み定数" (renormalization constant) と呼ばれる．式(9.18)の右辺は，この繰り込み定数を e_0 の2次までの範囲で具体的に与えている．

もちろん実際の物理的な電子の電荷として観測されるのは $(-e)$ の方であって，$(-e_0)$ ではない．後者は自由場の結合定数として導入したものである．したがって理論には，裸の e_0 ではなく実電荷 e を用いて断面積のような観測可能量を表す (予言する) ことが求められる．式(9.18)により，

$$e_0 = e\bigl[1+O(e^2)\bigr]$$

なので，式(9.16)は次のように書き直される．

$$\frac{-\mathrm{i}g_{\alpha\beta}}{k^2+\mathrm{i}\varepsilon}e_0^2 \to \frac{-\mathrm{i}g_{\alpha\beta}}{k^2+\mathrm{i}\varepsilon}e^2 + \frac{\mathrm{i}g_{\alpha\beta}}{k^2+\mathrm{i}\varepsilon}e^4\Pi_{\mathrm{c}}(k^2) + O(e^6) \tag{9.19}$$

式(9.19)が本節の最終的な結果である．これは，実光子の伝播関数(のe^2倍)を実電荷eを用いて，e^4の精度まで表した式である．右辺の第1項は元々の光子伝播関数に，裸の電荷e_0ではなく繰り込まれた電荷eの自乗を掛けたものである．第2項は，第1項に対して相対的にα ($\equiv e^2/4\pi$)のオーダーであり，最低次の摂動において光子伝播関数$\mathrm{i}D_\mathrm{F}(k)$を含む任意の過程に対して，このオーダーまでの観測可能な輻射補正を与える．

ここまで，切断パラメーターΛを有限の任意値として正則化した理論，すなわちQEDに再び帰着するような極限操作(非現実的な式(9.9)の例では$\Lambda \to \infty$)を行う前の理論について論じた[3]．ここで，このような極限操作を行うときに何が起こるかを考察する必要がある．正則化の詳細は次章に譲ることにして，ここでは結果だけを紹介しておく．元の理論を復元するような極限操作を行う前には，あらゆる量がよく定義されて有限になっている．極限操作を施すと，正則化した積分$\Pi_\mathrm{c}(k^2)$はよく定義された有限の極限値に近づく．この極限は正則化の手続きの詳細には依存しない．一方，この極限操作の下でeとe_0の関係(式(9.18))において発散量が現れる($A'(0)$と繰り込み定数Z_3が無限大になる)．しかしこれは観測可能な物理的粒子の電荷eと，理論構築の要素ではあるが決して観測できない相互作用のない裸の粒子の電荷e_0との関係である．つまり式(9.18)自体は実験検証の対象とはなりえず，発散が生じるのは，検証を為し得ない式の上だけのことになる．修正された光子伝播関数の最終的な形(9.19)を再び見ると，これはQEDの極限において，観測される素電荷eと，よく定義されたループ積分の有限な極限$\Pi_\mathrm{c}(k^2)$だけを含んでいる．したがって修正された伝播関数や，そこから導かれるFeynman振幅および各種の物理的予言は，正則化された理論からのQED極限においても，数学的によく定義された有限量を与える．ループ積分$\Pi_\mathrm{c}(k^2)$を与える具体的な式は10.4節で導出する予定であるが，本章の後の方ではその結果を先取りして採用し，外場散乱への輻射補正を考察する．

9.3 電子の自己エネルギー

本節ではフェルミオン伝播関数に対して，図9.3(a) (p.189)に示すように，フェルミオン自己エネルギー(式(9.4))を挿入する補正を考察する．この式をγ行列積の縮約に関する公式(A.14)によって簡単にすると，次のようになる．

$$\mathrm{i}e_0^2 \Sigma(p) = \frac{e_0^2}{(2\pi)^4} \int \mathrm{d}^4 k \frac{1}{k^2 + \mathrm{i}\varepsilon} \frac{2\not{p} - 2\not{k} - 4m_0}{(p-k)^2 - m_0^2 + \mathrm{i}\varepsilon} \qquad (9.20)$$

---

[3] 次のことを強調しておかなければならない．数学的によく定義された有限な理論であっても，断面積などの観測可能量を理論的に予言する場合，それを裸の電荷e_0のような観測できない量ではなく，実電荷eのような観測可能な基本量によって与えることが必ず必要である．

図9.9 フェルミオン伝播関数の修正.

このループ積分は紫外発散 ($k \to \infty$ で発散) する．扱い方は前節の光子自己エネルギーの場合とよく似ているので，違いが生ずる部分以外は簡単に済ますことができる．

光子の場合との違いのひとつとして，前節のように式(9.20) の正則化と繰り込みを行おうとすると，紫外発散のみならず赤外発散までが現れる．すなわち光子運動量 k がゼロの極限においても発散が生じてしまう．我々は既に電子の弾性および非弾性散乱において赤外発散を見ているし (8.9節)，その重要性については 9.7節で更に論じる予定である．ここでは簡便に，次のような置き換えによって，式(9.20) から赤外と紫外の発散を除くことにする．

$$\frac{1}{k^2 + i\varepsilon} \to \frac{1}{k^2 - \lambda^2 + i\varepsilon} - \frac{1}{k^2 - \Lambda^2 + i\varepsilon} \qquad (9.21)$$

λ は小さい赤外切断パラメーターであり，最終的にはゼロと置くべきものである．これは光子に対して一時的にゼロでない固有質量 λ を付与する効果を持つ．Λ はここでも紫外切断パラメーターであり，$\Lambda \to \infty$ の極限において QED を復元する．以下ではループ積分(9.20) が，式(9.21) のような形の置き換えを通じて，既に正則化されているものと仮定する．

前節と同様に議論を進め，図9.9に示すようにフェルミオン伝播関数を修正して，自己エネルギーのループを含むような寄与までを伝播関数に含めることにする．これは，次式のように表される．

$$\frac{i}{\not{p} - m_0 + i\varepsilon} \to \frac{i}{\not{p} - m_0 + i\varepsilon} + \frac{i}{\not{p} - m_0 + i\varepsilon} i e_0^2 \Sigma(p) \frac{i}{\not{p} - m_0 + i\varepsilon} \qquad (9.22)$$

この式を，次の恒等式を利用して書き換えることを考える．

$$\frac{1}{A - B} = \frac{1}{A} + \frac{1}{A} B \frac{1}{A} + \frac{1}{A} B \frac{1}{A} B \frac{1}{A} + \ldots \qquad (9.23)$$

この式は，任意の2つの演算子 A と B について成立する．両者は非可換であってもよい．(証明は $A - B$ を掛けることで容易に行える．) この恒等式を用いると，式(9.22) を e_0^2 までの精度で次のように書き直すことができる．

$$\frac{i}{\not{p} - m_0 + i\varepsilon} \to \frac{i}{\not{p} - m_0 + e_0^2 \Sigma(p) + i\varepsilon} + O(e_0^4) \qquad (9.24)$$

9.3. 電子の自己エネルギー

この式の左辺は，相互作用をしないフェルミオンの伝播関数である．相互作用をしない粒子が固有質量 m_0 を持つということから予想されるように，これは $\not{p} = m_0$ において極を持つ[4]．式(9.24)の右辺は，相互作用をしている物理的なフェルミオンの伝播関数を表している．その極の位置 $\not{p} = m$ は，相互作用をしない裸のフェルミオンの質量 m_0 とは異なっており，

$$m = m_0 + \delta m \tag{9.25}$$

と書ける．m が物理的なフェルミオンの質量を表すことになる．摂動の取扱いにおいて，δm は e_0^2 の冪級数で与えられるが，今，我々が扱っている最低次の寄与だけを見るならば，$\delta m = O(e_0^2)$ である．m は繰り込まれた質量と呼ばれ，式(9.25)によって m_0 を m に置き換える操作は"質量の繰り込み"(mass renormalization)と呼ばれる．これは電荷の繰り込みと類似の関係にあり，同等に基本的な概念である．実験的に観測される電子の質量は m_0 ではなくて m である．諸量に対する理論的な予想は，相互作用をしている物理的粒子に対して観測される質量 m を用いて表現されなければならない．

修正された伝播関数(9.24)の極 $\not{p} = m$ を特定するために，分母を書き直してみる．Lorentz不変性により，$\Sigma(p)$ は運動量ベクトル p に対して，$\not{p}$ と p^2 $(= \not{p}\not{p})$ だけを通じて依存する．$\Sigma(p)$ を $(\not{p} - m)$ の冪の形で，次のように展開すると便利である．

$$\Sigma(p) = A + (\not{p} - m)B + (\not{p} - m)\Sigma_c(p) \tag{9.26}$$

A と B は定数である (つまり p に依存しない)．$\Sigma_c(p)$ は $\not{p} = m$ 近傍で，$(\not{p} - m)$ の1次(以上)でゼロに近づく．必然的に，

$$A = \Sigma(p)\big|_{\not{p}=m} \tag{9.27}$$

である．式(9.25)と式(9.26)を，式(9.24)の右辺の修正された伝播関数に代入すると，極 $\not{p} = m = m_0 + \delta m$ のずれ δm は，

$$\delta m = -e_0^2 A \tag{9.28}$$

によって決まることが分かる．そして式(9.24)は次のようになる．

$$\frac{i}{\not{p} - m_0 + i\varepsilon} \to \frac{i}{(\not{p}-m)(1+e_0^2 B) + e_0^2(\not{p}-m)\Sigma_c(p) + i\varepsilon} + O(e_0^4) \tag{9.29}$$

---

[4] これは，実際には，

$$\frac{i}{\not{p} - m_0 + i\varepsilon} \equiv \frac{i(\not{p} + m_0)}{p^2 - m_0^2 + i\varepsilon}$$

が $p^2 = m_0^2$ において極を持つ，という表現を簡単にしたものである．

図9.10 質量相殺項 $-\delta m\bar{\psi}\psi$ を表す2伝播線結節点のグラフ.

あるいは $O(e_0^2)$ までだけを残すならば，次式となる．

$$\frac{\mathrm{i}}{\not{p} - m_0 + \mathrm{i}\varepsilon} \to \frac{\mathrm{i}}{\not{p} - m + \mathrm{i}\varepsilon}\left[(1 - e_0^2 B) - e_0^2 \Sigma_\mathrm{c}(p)\right] + O(e_0^4) \tag{9.30}$$

質量の繰り込みを行う別の方法として，QEDのハミルトニアンを，裸の電子質量 m_0 ではなく物理的な電子質量 m を用いて表現する方法がある．

$$\mathcal{H} = \mathcal{H}_0 + \mathcal{H}_\mathrm{I} \tag{9.31a}$$
$$\begin{aligned}\mathcal{H}_0 = &-\dot{A}_\nu(x)\dot{A}^\nu(x) + \frac{1}{2}\left(\partial_\mu A_\nu(x)\right)\left(\partial^\mu A^\nu(x)\right) \\ &+ \mathrm{i}\psi^\dagger(x)\dot{\psi}(x) - \bar{\psi}(x)(\mathrm{i}\not{\partial} - m)\psi(x)\end{aligned} \tag{9.31b}$$
$$\mathcal{H}_\mathrm{I} = -e_0 \bar{\psi}(x)\not{A}(x)\psi(x) - \delta m \bar{\psi}(x)\psi(x) \tag{9.31c}$$

添字に示すように，我々は $\mathcal{H}_0$ を自由場ハミルトニアン密度，$\mathcal{H}_\mathrm{I}$ を相互作用ハミルトニアン密度として扱う．ここでは相互作用のないフェルミオンが物理的な質量 m を持ち，Dirac方程式,

$$(\mathrm{i}\not{\partial} - m)\psi(x) = 0$$

を満たすものとする．フェルミオン伝播関数は，最低次において，

$$\frac{\mathrm{i}}{\not{p} - m + \mathrm{i}\varepsilon}$$

となる．相互作用のないフェルミオンに物理的な電子質量 m を用いたことの代償として，相互作用項(9.31c)に $-\delta m\bar{\psi}\psi$ という形の"質量相殺項"(mass counterterm)が加えられている．

この項はグラフ上では図9.10のように，2本の伝播線を中継する結節点 ^{ヴァーテックス} のように表され，その結節点において電子が一旦消滅し，即座に再生成する形になる．

我々がS行列展開(6.23)において，式(9.31a)-(9.31c)のようなハミルトニアン密度の分割方法を採用するのであれば，7.3節と8.7節で得たFeynman規則を，以下の2点において変更しなければならない．

第1に，全体を通じて(特にフェルミオン伝播関数において)裸の質量 m_0 を物理的フェルミオン質量 m に置き換える必要がある．(第7章では，規則3において式(7.48)

の中の m を裸の質量と見なしたが，これを修正して物理的粒子の質量を表すものと解釈しなければならない．)

第2に，相互作用密度として式(9.31c) を用いるので，S 行列展開において，図9.10 の2伝播線 結節点(ヴァーテックス)のグラフに対応する余分の寄与が加わる．式(6.23) において相互作用密度として式(9.31c) を適用することを考えると，グラフにおいて基本 結節点(ヴァーテックス)各々に因子 $ie\gamma^\alpha$ を充てるのと同様に (7.3節の規則1)，2伝播線 結節点(ヴァーテックス)各々には $i\delta m$ を充てて Feynman 振幅を計算すればよい．2伝播線 結節点(ヴァーテックス)の因子は，次式で与えられる．

$$i\delta m \equiv -ie_0^2 A = -ie_0^2 \Sigma(p)\big|_{\not{p}=m} \qquad \longrightarrow\!\!\!\times\!\!\!\longrightarrow \qquad (9.32)$$

自由フェルミオンの質量に対して，

$$m_0 \to m \tag{9.33a}$$

という置き換えを施す結果として，フェルミオンの自己エネルギーループを含むような各 Feynman グラフに対して，自己エネルギーループを2伝播線 結節点(ヴァーテックス) (図9.10) で置き換えただけで他は同じ構造を持つようなグラフを併せて考えなければならない．(対応するグラフは e_0 に関して同じ次数を持つ．) 両者のグラフを考慮することによる Feynman 振幅に対する正味の効果は，次の置き換えとして表される．

$$ie_0^2 \Sigma(p) \to ie_0^2 \Sigma(p) + i\delta m = ie_0^2(\not{p}-m)B + ie_0^2(\not{p}-m)\Sigma_c(p) \tag{9.33b}$$

上式では式(9.26)と式(9.32)を用いた．一般的な性質として，質量相殺項はループ項 $ie_0^2\Sigma(p)$ から生じる定数項 A を打ち消す効果を持つ．

式(9.24) に戻って，式(9.33a), (9.33b) の置き換えを施すならば，

$$\frac{i}{\not{p}-m+i\varepsilon} \to \frac{i}{(\not{p}-m)(1+e_0^2 B) + e_0^2(\not{p}-m)\Sigma_c(p) + i\varepsilon} + O(e_0^4) \tag{9.34}$$

となる．これは当然のことながら既に得ている結果(9.29)と一致する．2通りの導出方法において，全ハミルトニアンを自由場項と相互作用項の分ける方法が違っているけれども，全ハミルトニアンは同じだからである．

修正を施したフェルミオン伝播関数は，ここまでのところ裸の電荷 e_0 を用いて表されている．ここで繰り込まれた電荷 e を，次の関係式によって定義しよう．

$$e^2 \equiv Z_2 e_0^2 = e_0^2(1 - e_0^2 B) + O(e_0^6) \tag{9.35}$$

この電荷の繰り込みの捉え方は前節と同様であるが，もちろんその起源は異なる．ここでは光子の自己エネルギー部分でなく，フェルミオンの自己エネルギー部分に因っ

ている．式(9.30)に，伝播関数の端の2つの結節点(ヴァーテックス)に関わる電荷 e_0 を含めるために e_0^2 を掛け，e_0 を e によって表すと，式(9.30)は次のように書き直される．

$$\frac{ie_0^2}{\not{p}-m_0+i\varepsilon} \to \frac{ie^2}{\not{p}-m+i\varepsilon}\left[1-e^2\Sigma_c(p)\right]+O(e^6) \tag{9.36}$$

式(9.36)の右辺は，繰り込まれたフェルミオン伝播関数(の e^2 倍)を，e^4 の精度まで与えている．第1項の $ie^2(\not{p}-m+i\varepsilon)^{-1}$ は単純なゼロ次近似，すなわち裸の電子の式である(最低次では $e=e_0$, $m=m_0$)．Σ_c を含む項は，ゼロ次近似に対して α のオーダーの輻射補正を表す．

最後に QED を復元するために，$\Lambda \to \infty$ の極限操作を施さなければならない．式(9.20)からは，$\Sigma(p)$ のループ積分が，この極限において1次で発散するように見える．しかし10.2節で具体的に示す予定であるが，実際の発散は対数的になり，A は次式で与えられる．

$$A = -\frac{3m}{8\pi^2}\ln\frac{\Lambda}{m} \tag{9.37}$$

定数 B と定数 Z_2 も，この $\Lambda \to \infty$ の極限で対数的に発散することになる．しかし補正項 $\Sigma_c(p)$ はこの極限でもよく定義された有限値に留まり，その結果は正則化の手続きの詳細には依らない．そして，この項から測定可能な輻射補正(最低次で α のオーダー)が導かれることになる．これに対して，発散する定数 A, B, Z_2 は，物理的な量と裸の量を関係づける検証不可能な部分だけに現れる．

9.4 外線の繰り込み

ここまでの2つの節において，光子とフェルミオンの伝播関数に対する2次の自己エネルギー部分の挿入を考察した．輻射補正を考察する際には，もちろんこのような修正を外線にも施さなければならない．その影響は電荷の繰り込みだけに限られ，それ以外に有限の補正項が加わることはない．これらの結果を，始状態に存在する電子に関して導出してみよう．

前節と同様の手順で，図9.11に示すように，入射電子の線を，それに自己エネルギー部分を挿入したものと併せて考える．これに対応して Feynman 振幅に施される修正は，式(9.32)と式(9.33)により，次のように与えられる．

$$u(\mathbf{p}) \to u(\mathbf{p}) + \frac{i}{\not{p}-m+i\varepsilon}\left[ie_0^2(\not{p}-m)B + ie_0^2(\not{p}-m)\Sigma_c(p)\right]u(\mathbf{p}) \tag{9.38}$$

ここで，$(\not{p}-m)u(\mathbf{p})=0$ であり，また $\not{p}\to m$ において $(\not{p}-m)\Sigma_c(p)$ は $(\not{p}-m)$ の2次でゼロに近づくので(式(9.26)参照)，式(9.38)の最後の項を省くことができ

9.4. 外線の繰り込み

図9.11 始状態側の電子の外線に対する2次補正.

て，次のように書き直される．

$$u(\mathbf{p}) \to \left[1 - \frac{e_0^2}{\not{p} - m + i\varepsilon}(\not{p} - m)B\right]u(\mathbf{p}) \tag{9.39}$$

残念ながら，この式において B に比例する項は不定である．この曖昧さは，6.2節で言及したような，入射電子が裸の粒子から自己エネルギーの効果によって物理的粒子に変換する断熱仮説を導入することによって解消する．電荷 e_0 に適当な因子 $f(t)$ を掛けて，相互作用を $t \to \pm\infty$ で断熱的に消失させるならば，相互作用密度(9.31c)は次のように変更される．

$$\mathcal{H}_\mathrm{I} = -e_0 f(t)\bar{\psi}(x)\!\!\not{A}(x)\psi(x) - \delta m[f(t)]^2 \bar{\psi}(x)\psi(x) \tag{9.40}$$

$f(t)$ の関数形の詳細は重要ではない．$t \to \pm\infty$ において $f(t) \to 0$ であり，対象とする散乱過程の起こる時間よりも充分に長い時間 T のあいだ $f(t)$ がほとんど1になることだけを仮定する．Fourier変換により，

$$f(t) = \int_{-\infty}^{\infty} F(E)e^{iEt}dE = \int_{-\infty}^{\infty} F(E)e^{iqx}dE \tag{9.41}$$

とすると $(q \equiv (E, \mathbf{0}))$，$F(E)$ の規格化条件は，

$$f(0) = \int_{-\infty}^{\infty} F(E)\,dE = 1 \tag{9.42}$$

であり，$F(E)$ は $E = 0$ において幅 $1/T$ のピークを持つ，δ 関数に近い関数である．$F(E) \to \delta(E)$ とすると，本来の $f(t) = 1$ の理論に戻る．

修正された相互作用(9.40)は多くの面で，外場の相互作用のように振舞う．しかし静的な外場 $A_\mathrm{e}^\alpha(\mathbf{x})$ (式(8.85))がエネルギーを保存して3元運動量を保存しないのに対し，相互作用(9.40)は3元運動量を保存してエネルギーを保存しない．このエネルギー非保存相互作用(9.40)を用いる影響として，図9.12(a)に示した元々のフェルミオン自己エネルギーの挿入が，同図(b)に置き換わる．フェルミオン伝播関数におけるベクトル $q = (E, \mathbf{0})$ と $q' = (E', \mathbf{0})$ は，各結節点(ヴァーテックス)におけるエネルギー非保存の効果を記述する．これに対応して，式(9.39)は次式に変更される．

第9章 輻射補正

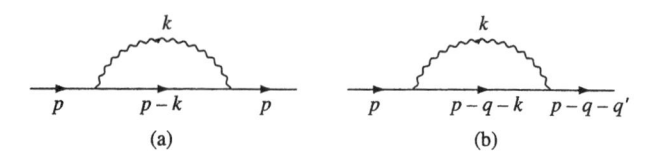

図9.12 フェルミオン自己エネルギーループ．(a) QED相互作用 (9.31c) の場合；(b) 修正した相互作用 (9.40) の場合；$q = (E, \mathbf{0})$ と $q' = (E', \mathbf{0})$ は，各結節点におけるエネルギー非保存を表している．

$$u(\mathbf{p}) \to \left[1 - \int \mathrm{d}E\mathrm{d}E' F(E) F(E') \frac{e_0^2 B}{\not{p} - \not{q} - \not{q}' - m + \mathrm{i}\varepsilon} (\not{p} - \not{q} - m)\right] u(\mathbf{p}) \tag{9.43}$$

ここで被積分関数の因子を次のように置き換えると，積分の評価が容易になる．

$$(\not{p} - \not{q} - m) \to (\not{p} - \not{q} - m) - \frac{1}{2}(\not{p} - m) = \frac{1}{2}(\not{p} - 2\not{q} - m)$$

この置き換えは，$(\not{p} - m)u(p) = 0$ によって正当化される．得られる積分において，さらに次の置き換えを施す．

$$\frac{1}{2}(\not{p} - 2\not{q} - m) \to \frac{1}{2}(\not{p} - \not{q} - \not{q}' - m)$$

これは，この因子以外は積分が q と q' に関して対称であることによる．これらの置き換えと $F(E)$ の規格化条件 (9.42) により，式 (9.43) は次式にまで簡約される．

$$u(\mathbf{p}) \to \left(1 - \frac{1}{2}e_0^2 B\right) u(\mathbf{p}) \tag{9.44}$$

最後の式は相互作用を断熱的に消失させる関数 $F(E)$ には依存しない．よって，これを既に $F(E) \to \delta(E)$ と置いて元々の $f(t) = 1$ の理論に戻した結果と見てもよい．

式 (9.44) は2次の結果である．これは次のようにも書ける．

$$u(\mathbf{p}) \to Z_2^{1/2} u(\mathbf{p}) \tag{9.45a}$$

Z_2 は式 (9.35) で定義した繰り込み定数と同じもので，裸の電荷 e_0 と物理的な粒子の電荷 e を関係づける．我々は式 (9.45a) を2次摂動によって導出したが，これは全次数の摂動において成立する関係である．

他のフェルミオンの外線についても同様の議論を適用すると，以下の結果を得る．

$$\bar{u}(\mathbf{p}) \to Z_2^{1/2} \bar{u}(\mathbf{p}), \quad v(\mathbf{p}) \to Z_2^{1/2} v(\mathbf{p}), \quad \bar{v}(\mathbf{p}) \to Z_2^{1/2} \bar{v}(\mathbf{p}) \tag{9.45b}$$

光子の外線に対して, 図9.3(b) (p.189) のように光子の自己エネルギー部分を挿入する場合も, 同様の議論により,

$$\varepsilon^\mu(\mathbf{k}) \to Z_3^{1/2} \varepsilon^\mu(\mathbf{k}) \tag{9.45c}$$

と結論される. Z_3 は式(9.18)で定義した電荷の繰り込み定数である.

式(9.45)に示された自己エネルギーの効果による外線粒子の波動関数に対する修正は, 外線の繰り込み, もしくは波動関数の繰り込みとして言及される. 前節までに光子とフェルミオンの伝播関数の修正を考察した際には, パラメーター Z_3 と Z_2 を, それぞれ光子伝播関数の端, フェルミオン伝播関数の端の結節点(ヴァーテックス)に作用する電荷の繰り込み定数と解釈した(式(9.18)および式(9.35)参照).

$$e_0 \to e = Z_3^{1/2} e_0, \quad e_0 \to e = Z_2^{1/2} e_0 \tag{9.46}$$

本節で示した波動関数の繰り込み(9.45)も, 同様に電荷の繰り込みとして解釈することが可能である. この目的のために, 式(9.45)における $Z_3^{1/2}$ と $Z_2^{1/2}$ を, 外線が接続する結節点(ヴァーテックス)に作用する電荷に対応させて考える. そうすると今や式(9.46)は結節点(ヴァーテックス)に接続する内線・外線のどちらについても一般に妥当する関係と見なし得る. 外線に関しては, 電荷の繰り込み"だけ"が自己エネルギーの効果である(質量相殺項とともに自動的に許容される質量の繰り込み $m_0 \to m$ は別である). このことは, 光子やフェルミオンの伝播関数に対する自己エネルギー補正(式(9.19), (9.36)参照)が有限の輻射補正項を生じることとは対照的である.

9.5 結節点補正

最後に, 図9.13に示すような2次の結節点(ヴァーテックス)補正を考察する. これは次の置き換えに相当する.

$$ie_0\gamma^\mu \to i\Gamma^\mu(p',p) = ie_0\left[\gamma^\mu + e_0^2 \Lambda^\mu(p',p)\right] \tag{9.47}$$

右辺第2項の $\Lambda^\mu(p',p)$ は, 式(9.6)から, 次のように与えられる.

$$\Lambda^\mu(p',p) = \frac{-i}{(2\pi)^4}\int \frac{d^4k}{k^2+i\varepsilon}\gamma^\alpha \frac{1}{\not{p}'-\not{k}-m+i\varepsilon}\gamma^\mu \frac{1}{\not{p}-\not{k}-m+i\varepsilon}\gamma_\alpha \tag{9.48}$$

(もちろん m は物理的なフェルミオンの質量を表す.) $\Lambda^\mu(p',p)$ は紫外でも赤外でも発散する. 我々はフェルミオンの自己エネルギーループに対して用いた光子伝播関数の置き換え(9.21)と同じ措置によって, これを正則化する.

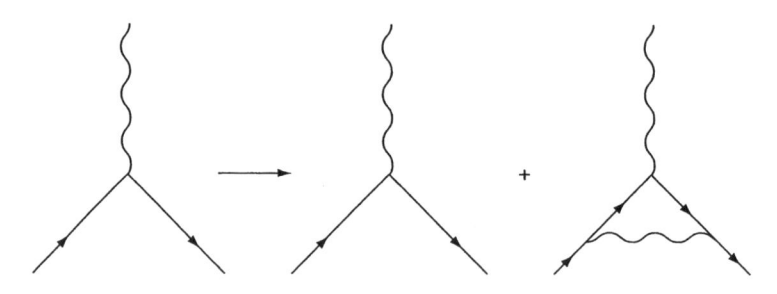

図9.13 2次の結節点補正.

フェルミオンの自己エネルギーを考察した際に，我々は自由粒子部分 $\Sigma(p)|_{\not{p}=m}$ (式(9.27)) を分離した．$\Lambda^\mu(p',p)$ において切断パラメーター Λ に対して対数的に発散する分離したい部分は，次のような自由粒子の値として与えられる．

$$\bar{u}(\mathbf{P})\Lambda^\mu(P,P)u(\mathbf{P}) \tag{9.49}$$

$u(\mathbf{P})$ は自由粒子スピノル，P は自由粒子の運動量ベクトル (すなわち $P^2=m^2$ を満たす) である．Lorentz不変性により，式(9.49)を次の形で表現できるはずである．

$$a\bar{u}(\mathbf{P})\gamma^\mu u(\mathbf{P}) + bP^\mu \bar{u}(\mathbf{P})u(\mathbf{P}) \tag{9.50}$$

a および b はスカラーの定数である．ただし Gordon の恒等式 (問題A.2) により，

$$P^\mu \bar{u}(\mathbf{P})u(\mathbf{P}) = m\bar{u}(\mathbf{P})\gamma^\mu u(\mathbf{P}) \tag{9.51}$$

が成り立つので，上の3本の式により，

$$\bar{u}(\mathbf{P})\Lambda^\mu(P,P)u(\mathbf{P}) = L\bar{u}(\mathbf{P})\gamma^\mu u(\mathbf{P}) \tag{9.52}$$

と書ける．L はスカラーの定数である．

一般の4元ベクトル p と p' に関して，$\Lambda_c^\mu(p',p)$ を次のように定義する．

$$\Lambda^\mu(p',p) = L\gamma^\mu + \Lambda_c^\mu(p',p) \tag{9.53}$$

式(9.52)により，自由粒子の4元運動量 P に関して次式が成り立つ．

$$\bar{u}(\mathbf{P})\Lambda_c^\mu(P,P)u(\mathbf{P}) = 0 \tag{9.54}$$

9.5. 結節点補正

$\Lambda^\mu(p', p)$ を式(9.53)のような形で書くことの動機は，QEDが復元される極限 $\Lambda \to \infty$ において L は発散するけれども，第2項の $\Lambda_c^\mu(p', p)$ はよく定義され，有限になるという点にある．このことを式(9.48)から見て取ることができる．省略記号を，

$$\Delta \equiv \slashed{P} - \slashed{k} - m + i\varepsilon, \quad q \equiv p - P, \quad q' \equiv p' - P$$

のように導入すると，恒等式(9.23)を利用して，式(9.48)の中のフェルミオン伝播関数を，$\slashed{q}$ と $\slashed{q}'$ の冪に展開することができる．

$$\frac{1}{\slashed{p}' - \slashed{k} - m + i\varepsilon} \gamma^\mu \frac{1}{\slashed{p} - \slashed{k} - m + i\varepsilon} \equiv \frac{1}{\slashed{q}' + \Delta} \gamma^\mu \frac{1}{\slashed{q} + \Delta}$$
$$= \left(\frac{1}{\Delta} - \frac{1}{\Delta}\slashed{q}'\frac{1}{\Delta} + \dots\right)\gamma^\mu \left(\frac{1}{\Delta} - \frac{1}{\Delta}\slashed{q}\frac{1}{\Delta} + \dots\right) \quad (9.55)$$

上式を式(9.48)に代入すると，$\Lambda^\mu(p', p)$ の最初の項は式(9.55)の $(1/\Delta)\gamma^\mu(1/\Delta)$ から生じ，これが $\Lambda^\mu(P, P)$ になることが分かる．この項は Δ が k の1次なので，$k \to \infty$ において対数的に発散する．他の項はすべて，分母に余分な因子 Δ が掛かるので，$k \to \infty$ において必ず収束する．

式(9.53)を式(9.47)に代入すると，次式を得る．

$$ie_0\gamma^\mu \to i\Gamma^\mu(p', p) = ie_0\left[\gamma^\mu(1 + e_0^2 L) + e_0^2 \Lambda_c^\mu(p', p)\right] \quad (9.56)$$

右辺の γ^μ に比例する部分は，元の基本結節点(ヴァーテックス) $ie_0\gamma^\mu$ に対して，電荷に繰り込みを施したものにあたる．ここでは電荷の繰り込み定数 Z_1 を，次のように定義する．

$$e \equiv \frac{e_0}{Z_1} = e_0(1 + e_0^2 L) + O(e_0^5) \quad (9.57)$$

$O(e_0^5)$ は，すべての結節点(ヴァーテックス)補正において，電荷の繰り込みに対する高次の寄与も存在することを表しているが，ここでは最低次にあたる2次の補正だけを考慮した．式(9.56)の右辺を繰り込まれた電荷 e を用いて書き直すと，次式になる．

$$ie_0\gamma^\mu \to i\Gamma^\mu(p', p) = ie\left[\gamma^\mu + e^2\Lambda_c^\mu(p', p)\right] + O(e^5) \quad (9.58)$$

ここでも $O(e^5)$ が高次補正の存在を表している．

式(9.58)が2次の結節点(ヴァーテックス)補正に関する最終的な結果である．結節点の修正手続きは，電荷の繰り込み(9.57)と，補正項 $\Lambda_c^\mu(p', p)$ の導入から成る．正則化された形では，諸量はすべてよく定義されて有限である．QEDを復元する極限 $\Lambda \to \infty$ において L（および Z_1）が無限大になるが，これは観測不可能な関係(9.57)にしか影響を及ぼさない．一方で $\Lambda_c^\mu(p', p)$ はよく定義された極限を持ち，その結果は正則化の流儀には依らず，結節点過程への最低次の輻射補正の寄与を与える．

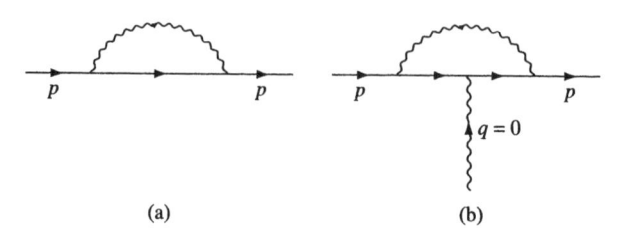

図9.14 (a) 2次のフェルミオン自己エネルギーループ．(b) (a)においてフェルミオン伝播関数にゼロエネルギー光子を接続して得た結節点補正．

ここで結節点(ヴァーテックス)補正から生じた電荷の繰り込み(9.57)を，光子やフェルミオンの自己エネルギー効果から生じた電荷の繰り込み(9.46)と組み合わせてみる．各結節点には1本の光子線と2本のフェルミオン線が接続しているので，これらの式による正味の効果としては，すべての結節点(理論全体)において裸の電荷 e_0 を，次の繰り込まれた電荷に置き換えればよい．

$$e = e_0 \frac{Z_3^{1/2} Z_2}{Z_1} \tag{9.59}$$

この式も，本章でこれまでに得てきた関係も，すべて2次摂動の下で導いた結果であるが，あらゆる次数において成立することを証明できる．

式(9.59)を更に簡単にできる．これはフェルミオンの自己エネルギー $\Sigma(p)$ (式(9.4)) と結節点(ヴァーテックス)補正関数 $\Lambda^\mu(p',p)$ (式(9.6)) が，次のWard(ウォード)恒等式によって関係づけられることによる(問題9.2参照)．

$$\frac{\partial \Sigma(p)}{\partial p_\mu} = \Lambda^\mu(p,p) \tag{9.60}$$

Ward恒等式は，図9.14(a)に示すフェルミオン自己エネルギーのグラフを，図9.14(b)に示すように，フェルミオン伝播関数にゼロエネルギー光子を接続して得られる結節点(ヴァーテックス)補正と関係づける式である．式(9.60)は2次の結果として得たものであるが，Ward恒等式はすべての摂動次数への適用が可能で，高次の結節点補正も，高次のフェルミオン自己エネルギーの微分によって与えることができる．この関係式によって，高次における輻射補正の計算は著しく簡単になる．

Ward恒等式は，電荷の繰り込み定数 Z_1 と Z_2 の関係も同時に含意している．これを導いてみよう．自由粒子スピノル $u(\mathbf{P})$ を利用して，式(9.60)により，次式を得る．

$$\bar{u}(\mathbf{P})\frac{\partial \Sigma(P)}{\partial P_\mu}u(\mathbf{P}) = \bar{u}(\mathbf{P})\Lambda^\mu(P,P)u(\mathbf{P}) \tag{9.61}$$

9.5. 結節点補正

式(9.26)を用いると，式(9.61)の左辺は次のように書き直される.

$$B\bar{u}(\mathbf{P})\gamma^\mu u(\mathbf{P})$$

何故なら，

$$\bar{u}(\mathbf{P})(\not{P}-m) = \Sigma_c(P)u(\mathbf{P}) = 0$$

だからである．式(9.53)と式(9.54)により，式(9.61)の右辺は，

$$L\bar{u}(\mathbf{P})\gamma^\mu u(\mathbf{P})$$

に等しい．したがって，

$$B = L \tag{9.62}$$

が結論される．式(9.35)と式(9.57)により，この関係を電荷の繰り込み定数 Z_1 と Z_2 の関係として表現することができる．

$$Z_2 = Z_1 \tag{9.63}$$

ここでは式(9.63)を2次摂動において導いたが，これもすべての摂動次数において正確に成立する関係式である．

式(9.63)の恒等関係を踏まえると，式(9.59)は簡単に次のようになる．

$$e = e_0 Z_3^{1/2} \tag{9.64}$$

電荷の繰り込みは結局のところ，フェルミオンの自己エネルギーの効果 (Z_2) や結節点補正の効果 (Z_1) には依存せず，光子の自己エネルギー効果 (Z_3)，すなわち真空偏極効果だけに起因することになる．このことはフェルミオンとして電子と陽電子だけでなく，他のレプトン $\mu^\mp$，$\tau^\mp$ も考慮する際に，興味深い結果をもたらす．式(9.63)や式(9.64)は他のレプトンにおいても成立し，やはり同じ定数 Z_3 が得られることが容易に示される[5]．したがって各荷電レプトンにおいて観測される物理的な電荷量が等しいことは，これらの裸の電荷も互いに等しいことを意味している．

以上で光子線，フェルミオン線，および結節点に対する2次補正の解析が完了したが，結果をまとめると次のようになる．我々が各レプトンに対して物理的な質量 (m_e, m_μ, m_τ) を充て，全体を通じて裸の電荷 e_0 を物理的な電荷 $e = e_0 Z_3^{1/2}$ に置き

---

[5] 光子の自己エネルギー部分は，電子-陽電子対による真空偏極以外に，$\mu^+ - \mu^-$ 対や $\tau^+ - \tau^-$ 対からの寄与も含むようになる．

換えるならば，QEDにおける2次の補正として必要な措置は，以下の3種類の補正ですべて尽くされる．すなわち伝播関数の自己エネルギー補正，

$$\frac{-\mathrm{i}g^{\alpha\beta}}{k^2+\mathrm{i}\varepsilon} \to \frac{-\mathrm{i}g^{\alpha\beta}}{k^2+\mathrm{i}\varepsilon}\left[1-e^2\Pi_{\mathrm{c}}(k^2)\right]+O(e^4) \tag{9.65a}$$

$$\frac{\mathrm{i}}{\not{p}-m+\mathrm{i}\varepsilon} \to \frac{\mathrm{i}}{\not{p}-m+\mathrm{i}\varepsilon}\left[1-e^2\Sigma_{\mathrm{c}}(p)\right]+O(e^4) \tag{9.65b}$$

と結節点補正，
<small>ヴァーテックス</small>

$$\mathrm{i}e_0\gamma^\mu \to \mathrm{i}e\left[\gamma^\mu+e^2\Lambda_{\mathrm{c}}^\mu(p',p)\right]+O(e^5) \tag{9.65c}$$

である．

前にも述べたように $\Lambda \to \infty$ の極限操作をして QED を復元しても，正則化された関数 Π_{c}, Σ_{c}, Λ_{c}^μ はよく定義された有限の極限値に収束するので，式 (9.65) の修正によって α のオーダーの輻射補正が導かれる．正則化を理論の発散を処理するための単なる数学的な工夫と見る代わりに，切断パラメーター Λ を有限に止めて，理論の正則化を QED 自体の本質的な修正と解釈することもできる．そうであれば我々は実験に基づいて，QED の成立限界を与える Λ の値を問う必要がある．最も強い実験的な制約条件はレプトン対の過程 $e^+e^- \to l^+l^-$ から得られる．8.4節で論じたように，これらの過程は光子伝播関数の挙動の $k^2=(2E)^2$ (E は重心系における電子のエネルギー) における検証になる．修正された伝播関数 (9.21) を，Λ を有限値に保って用いるならば，電子エネルギーが 15 GeV のオーダーの実験結果と正則な理論を整合させる条件は $\Lambda \gtrsim 150$ GeV であり，これは距離に換算すると $\Lambda^{-1} \lesssim 2\times 10^{-3}$ f というオーダーになる．したがって QED の修正が必要となる距離尺度は 10^{-3} f よりもはるかに短いものと考えられ，現在の実験で到達可能なエネルギー領域において，そのような修正の影響は顕在化していないものと結論される．

正則化された関数 Π_{c}, Σ_{c}, Λ_{c}^μ とは対照的に，δm は $\Lambda \to \infty$ とすると $\ln\Lambda$ に従って発散する．実際 QED において現れる発散量はすべて，対数的な発散を示す．我々の摂動の取扱いでは，最初の発散項は α のオーダーであり，裸の量と物理的な量の違いがはっきりするのは Λ が途方もなく大きいときに限られる．たとえば式 (9.28) と式 (9.37) より，電子質量の補正 δm が重要となる ($\delta m = O(m)$) ためには，

$$\Lambda = O\bigl(me^{2\pi/3\alpha}\bigr) \approx 10^{121} \text{ GeV}$$

でなければならない．$\Lambda \ll 10^{121}$ GeV であれば $\delta m \ll m$ であり，質量補正 δm を摂動論で扱うことは理に適うように見える．したがって摂動論において，非物理的な量であるにしても無限大量を扱うことを不安に思う読者は，Λ が実際には有限で，

10^{121} GeV よりかなり小さい値を持つものと見なせばよい.そして理論からの物理的な予言は,Λ が対象とする実験のエネルギー尺度よりもはるかに大きければ,$\Lambda \to \infty$ と置いたときの予言とほとんど違わない.

9.6 応用

ここまで α のオーダーにおいて,よく定義された輻射補正を計算する方法を調べてきた.これらの結果を応用することにより,現代物理において最も目覚ましい成功のいくつかが導かれる.特に電子やミュー粒子の異常磁気能率や,水素原子のエネルギー準位ずれ (Lambシフト) は,理論予想値と実験値が驚異的な精度で一致する.本節では,これら両方の問題について検討を行う.磁気能率に関してはDirac値に対して α のオーダーの輻射補正が導かれる.Lambシフトの問題は束縛状態の問題であり,その適正な取扱いのためには,我々が構築してきた理論のさらなる入念な展開が必要である.しかしここでは,それよりも遥かに単純なBetheによる近似方法だけを見ることにする.これは非相対論的な扱い方ではあるが,Lambシフトに対する主要な寄与の部分をかなり正しく算出できる.

9.6.1 異常磁気能率

粒子の磁気能率は,磁場による粒子の散乱を通じて明らかになる.この理由から,もう一度,静的な外場による弾性散乱を調べることにする.8.7節ではこの過程を最低次において扱い,これが図9.15(a) のFeynmanグラフで表され,そのFeynman振幅が式(8.88) で与えられることを見た.

$$ie\bar{u}(\mathbf{p}')A_e(\mathbf{q}=\mathbf{p}'-\mathbf{p})u(\mathbf{p}) \tag{9.66}$$

この過程に対して α のオーダーの輻射補正は,図9.15(b)-(g) のFeynmanグラフから生じる.繰り込みの後では,(b) と (c) のダイヤグラムだけが寄与を持ち,そのFeynman振幅は e^3 のオーダーである.式(9.65)により,次のように与えられる.

$$ie\bar{u}(\mathbf{p}')\gamma^\mu u(\mathbf{p})A_{e\mu}(\mathbf{q}) + ie\bar{u}(\mathbf{p}')\gamma^\mu u(\mathbf{p})\left[-e^2\Pi_c(q^2)\right]A_{e\mu}(\mathbf{q})$$
$$+ ie\bar{u}(\mathbf{p}')\left[e^2\Lambda_c^\mu(p',p)\right]u(\mathbf{p})A_{e\mu}(\mathbf{q}) \tag{9.67}$$

他のすべての効果は質量の繰り込みと電荷の繰り込みに吸収される.特に9.4節で見たように,(d)-(g) のような外線に対する修正は,観測可能な輻射補正を生じない.真空偏極グラフ (b) における電荷の繰り込みに関連して,要点をひとつ指摘しておく.

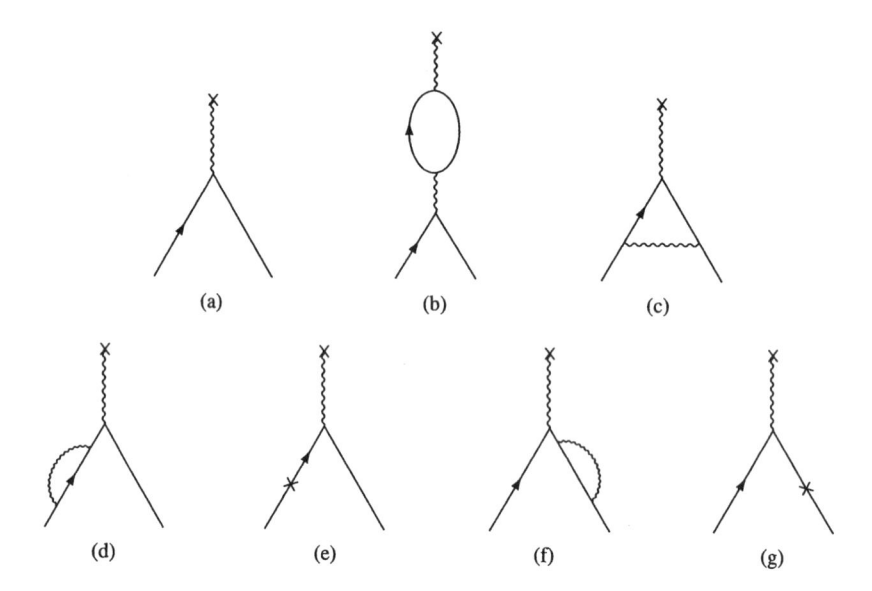

図9.15 外場による電子の散乱. (a) 最低次のグラフ ; (b)-(g) e^3 のオーダーのグラフ. 繰り込みを施した後は, (b) と (c) だけが有限の輻射補正の寄与を持つ. (接続している一連のフェルミオン線において1箇所だけしか矢印を付さない記法を採用する.)

9.2節で真空偏極ループを考察した際に, 我々は2箇所の光子伝播関数の端に働く電荷それぞれに, 電荷の繰り込み $e_0 \to e = e_0 Z_3^{1/2}$ を想定した. ここで考えるダイヤグラム (b) においては, この因子 $Z_3^{1/2}$ の一方は, 外場 $A_{e\mu}(\mathbf{q})$ の源として働く電荷の繰り込みへと吸収される.

式(9.67)を用いるためには, $\Pi_c(q^2)$ と $\Lambda_c^\mu(p',p)$ の具体的な表式が必要である. 10.4節において, 次式を導く予定である.

$$e^2 \Pi_c(q^2) = -\frac{2\alpha}{\pi} \int_0^1 dz\, z(1-z) \ln\left[1 - \frac{q^2 z(1-z)}{m^2}\right] \tag{9.68}$$

$q^2 \ll m^2$ であれば, 対数部分を展開できて, 次のようになる.

$$e^2 \Pi_c(q^2) = \frac{\alpha}{15\pi}\left(\frac{q^2}{m^2}\right) + \dots \quad (q^2 \ll m^2) \tag{9.69}$$

さらに10.5節では, $\Lambda_c^\mu(p',p)$ を評価する方法を示す予定である. 式(9.67)の第3項が, 次の項を含むことが明らかになる.

$$ie\bar{u}(\mathbf{p}')\left[\frac{i\alpha}{4\pi m}\sigma^{\mu\nu}q_\nu\right]u(\mathbf{p})A_{e\mu}(\mathbf{q}) \tag{9.70}$$

9.6. 応用

我々が解釈したいのは，まさにこの項の Feynman 振幅 (9.67) への寄与である．このために Gordon 恒等式 (問題 A.2) を用いて，最低次の散乱振幅 (9.66) を書き直す．

$$\frac{\mathrm{i}e}{2m}\bar{u}(\mathbf{p}')\bigl[(p'+p)^{\mu}+\mathrm{i}\sigma^{\mu\nu}q_{\nu}\bigr]u(\mathbf{p})A_{\mathrm{e}\mu}(\mathbf{q}) \tag{9.71}$$

非相対論極限において粒子の速度が遅く，磁場が静的であるならば，式 (9.71) の第 2 項は磁気能率 $(-e/2m)$ を持つスピン $\frac{1}{2}$ 粒子 (磁気回転比 $g=2$) の散乱振幅を表す．振幅 (9.70) は，式 (9.71) におけるスピン項と同じ形をしている．すなわちこれは Dirac 理論から与えられる電子の磁気能率の値に対する補正を表す．この異常磁気能率，

$$-\frac{e}{2m}\left(1+\frac{\alpha}{2\pi}\right)$$

は，g 因子のずれに対応しており，通常は次の形で引用される．

$$a_e \equiv \frac{g-2}{2} = \frac{\alpha}{2\pi} = 0.00116 \tag{9.72}$$

この理論値は Schwinger が 1948 年に初めて導いたものであるが，Kush and Foley が 1947 年と 1948 年に行った最初の実験の結果，

$$a_e = 0.00119 \pm 0.00005$$

にかなり近い数値であった．その後，理論も実験も著しく洗練され，理論的には a_e に対して更に高次の α^2, α^3, α^4 の補正まで計算された．この非常に骨の折れる計算 (α^4 の項は 891 個の Feynman グラフを含む) の結果は[6]，

$$10^{12}a_e = 1159652183 \pm 8$$

であり，実験値は，

$$10^{12}a_e = 1159652181 \pm 7$$

となった．驚くべき精度と評するしかない．

同様の議論をミュー粒子の異常磁気能率に対しても適用できる．式 (9.72) はレプトンの質量に依存しないので，最低次では電子の場合と同じ値が得られる．

$$a_\mu \equiv \frac{g_\mu - 2}{2} = \frac{\alpha}{2\pi} = 0.00116$$

g_μ はミュー粒子の g 因子を表す．高次過程では真空偏極のループが異なる種類のレプトン対によって構成され得るので，違いが生じてくる．図 9.16 の (a) と (b) は a_e に対

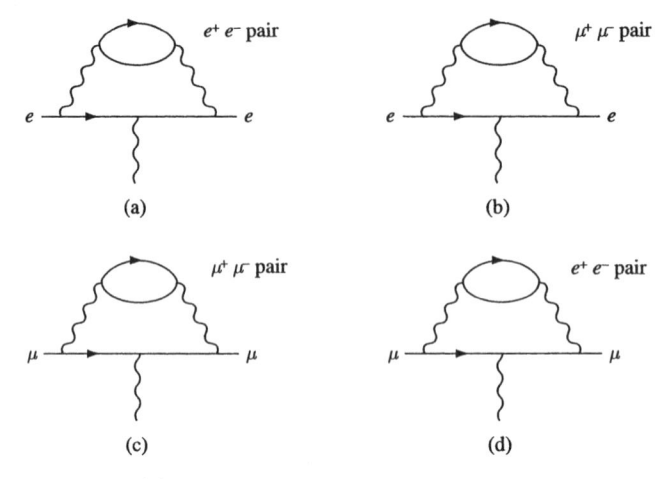

図9.16 g因子へのe^4真空偏極の寄与．(i)電子：(a)と(b)；(ii)ミュー粒子：(c)と(d)．

するe^4の寄与，(c)と(d)はa_μに対するe^4の寄与を表すダイヤグラムである．中間状態において生じるレプトンの質量は，その伝播関数の分母に現れる．$m_\mu/m_e \approx 207$なので，ミュー粒子対のダイヤグラム(b)による寄与は，電子対のダイヤグラム(a)による寄与に比べて極めて小さい．(表現を変えると，ミュー粒子の質量より電子質量の方が著しく軽いので，仮想ミュー粒子対よりも仮想電子-陽電子対の方が遥かに生成され易い．) 他方a_μに関して見ると，仮想電子対ダイヤグラム(d)の方が，同種の仮想ミュー粒子対を生成するダイヤグラム(c)よりも大きな寄与を持つ．真空偏極補正に対する寄与については，一般的に上述と同様の議論が成立する．

ミュー粒子の磁気能率も高精度で測定され，次の実験値が得られている[7]．

$$10^{10} a_\mu = 11659208 \pm 6$$

これに対して，QEDによる理論予想値は，

$$10^{10} a_\mu = 11658472$$

である．後者の計算誤差は，実験誤差と比べて問題にならない水準である．実験値と理論値にはわずかな違いがある．これは強い相互作用，たとえば$\pi^+\pi^-$対を含む真

---

[6] T. Aoyama et al., *Phys. Rev.* **D77** (2008) 053012 を参照．
[7] ミュー粒子の磁気能率の結果は A. Höcker and W. J. Marciano, Particle Data Group (2008), loc, cit. から採った．

空偏極グラフや，さらに僅かな弱い相互作用による寄与に帰せられる部分である．詳細な解析によれば，これらの寄与によってQED理論値と実験値の違いを充分に埋めることができる．他方において，これらの効果は電子の磁気能率に関しては非常に小さいので，QED理論値が充分に実験結果と整合する．

9.6.2　Lambシフト

第2の重要な応用例として，水素原子のエネルギー準位に対する輻射補正を見てみよう．歴史的には1947年のLamb and Retherford(ラム・レザフォード)による実験が，現代のQEDを進展させるための主要な刺激となった．Dirac理論によれば水素原子の$2s_{1/2}$準位と$2p_{1/2}$準位は縮退しているが，LambとRetherfordは最初の実験で，$E(2s_{1/2}) - E(2p_{1/2})$の準位ずれ(シフト)として約1000 MHzという値を与えた．この束縛状態のエネルギー準位のずれ(分裂)は，Lambシフトという呼称で知られるようになった．

前項では外部の静的ポテンシャルによる電子の散乱を考察し，αのオーダーの輻射補正が図9.15(b)-(g) (p.212)のFeynmanグラフから生じることを見た．これらのグラフにおいて，電子の線(伝播関数)を自由粒子状態ではなく，水素原子内の状態と解釈するならば，水素における束縛準位を記述するグラフと見なすこともできる．電子散乱の場合，電子の自己エネルギーを表す図9.15(d)-(g)のグラフは観測可能な輻射補正を起こさず$(\Sigma_c(p)u(\mathbf{p}) = 0$なので$)$，質量と電荷の繰り込みだけに寄与を持つことを見た．これに対して束縛状態では電子の自己エネルギーが観測可能な輻射補正を生じる．s状態では，これらのグラフが準位ずれに最大の寄与を持ち，真空偏極や結節点(ヴァーテックス)補正の寄与は数％程度に過ぎない．したがって準位ずれの計算において，束縛状態の性質を正確に考慮することが本質的に重要である．これは手の込んだ解析になるが，電子が捕獲されている原子核Coulomb場を，非摂動ハミルトニアンに含めてしまう束縛相互作用(bound interaction picture)を採用することが最良のアプローチとなる．Bethe(ベーテ)は1947に非相対論的な近似によってLambシフトを計算し，近似としては驚くほど良い結果を得た．ここでは，このBetheのアプローチだけを取り上げることにする．この方法は簡単でありながらLambシフトの主要な起源を明確に示してくれる[8]．

---

[8] 束縛相互作用描像を採用した厳密な取扱い方法に関してはJ. M. Jauch and F. Rohrlich, *The Theory of Photons and Electrons*, 2nd edn, Springer, New York, 1976, Sections 15-4 and S5-3を参照されたい．Betheの非相対論的な計算を利用するアプローチに関する議論は，たとえばJ. D. Bjorken and S. D. Drell, *Relativistic Quantum Mechanics*, McGraw-Hill, New York, 1964, Section 8.7や，C. Itzykson and J. B. Zuber, *Quantum Field Theory*, McGraw-Hill, New York, 1980, Section 7-3-2を参照．

Betheは束縛状態のエネルギー準位ずれの成因を，束縛状態における電子の自己エネルギーに求めた．しかしながら自己エネルギー効果の一部は，計算に裸の質量ではなく物理的な電子質量を用いることによって既に考慮されている．したがって真の準位ずれは，自由電子と束縛電子の自己エネルギーの差に対応する．

Betheの計算では，水素原子が非相対論的に扱われ，電子と横波光子の相互作用の計算に2次の摂動論が用いられた．これは第1章で与えた QED の定式化に沿う方法である．相互作用ハミルトニアンは，式(1.62)により，次のように与えられる[9]．

$$H_\mathrm{I} = -\frac{e}{m}\mathbf{A}(x)\cdot\mathbf{p} \tag{9.73}$$

水素原子内の状態 $|nl\rangle \equiv \phi_{nl}(\mathbf{x})$ (n は主量子数，l は角運動量量子数) の準位ずれは，次式で与えられる．

$$\delta E(nl) = -\sum_\lambda \sum_\mathbf{k} \sum_{r=1,2} \frac{|\langle\lambda, n_r(\mathbf{k})=1|H_\mathrm{I}|nl\rangle|^2}{E_\lambda + k - E_n} \tag{9.74}$$

中間状態 $|\lambda, n_r(\mathbf{k})=1\rangle$ は，水素原子状態の完全系をなす $|\lambda\rangle \equiv \phi_\lambda(x)$ のうちのひとつの状態と，横波光子がひとつある状態から成る．(E_λ と E_n はそれぞれ $|\lambda\rangle$ と $|nl\rangle$ のエネルギー固有値である．)

式(9.74)の行列要素は，式(1.65)によって与えられる．双極子近似を採用して，行列要素(1.65)の中の指数関数因子を1に置き換えることにする[10]．式(9.74)にこれを代入すると，次式が得られる．

$$\delta E(nl) = -\sum_\lambda \sum_\mathbf{k} \sum_{r=1,2} \left(\frac{e}{m}\right)^2 \frac{1}{2Vk} \frac{|\langle\lambda|\boldsymbol{\varepsilon}_r(\mathbf{k})\cdot\mathbf{p}|nl\rangle|^2}{E_\lambda + k - E_n} \tag{9.75}$$

1.3節と同様に，光子の偏極 ($r=1,2$) に関する和を取り，運動量に関する和を積分に変換して，光子の向きについて積分を実行する (式(1.53) の導出部分を参照)．この方法により，次の結果を得る．

$$\delta E(nl) = -\frac{1}{6\pi^2}\left(\frac{e}{m}\right)^2 \int_0^\infty k\,\mathrm{d}k \sum_\lambda \frac{|\langle\lambda|\mathbf{p}|nl\rangle|^2}{E_\lambda + k - E_n} \tag{9.76}$$

$$\langle\lambda|\mathbf{p}|nl\rangle = \int\mathrm{d}^3\mathbf{x}\,\phi_\lambda^*(\mathbf{x})(-\mathrm{i}\boldsymbol{\nabla})\phi_{nl}(\mathbf{x}) \tag{9.77}$$

式(9.76)の積分は，$k \to \infty$ において1次で発散する．

---

[9] 式(1.62)における $\mathbf{A}^2$ 相互作用項は電子の運動量に依存しない．したがってこれは束縛電子に関しては同じ電子の自己エネルギーを生成し，準位の相対的なずれには寄与を持たない．

[10] この措置は，式(9.74)の和において重要な寄与を持つ仮想光子の波長が Bohr 半径よりも充分に長いことにより正当化される．式(9.88)を参照．

9.6. 応用

これに対応する運動量 $\mathbf{p}$ の自由電子の自己エネルギー $\delta E_f(\mathbf{p})$ は，式(9.76) と同じ形の式で与えられるが，行列要素は式(9.77) の代わりに平面波状態間の対角要素に置き換わるので，次式となる．

$$\delta E_f(\mathbf{p}) = -\frac{1}{6\pi^2}\left(\frac{e}{m}\right)^2 \mathbf{p}^2 \int_0^\infty dk \tag{9.78}$$

この自己エネルギーは電子の運動エネルギーに比例しており，電子質量の補正効果と解釈される．状態 $|nl\rangle$ にある電子は運動量の分布を持つので，これに対応する自己エネルギーは次式で与えられる．

$$\delta E_f(nl) = -\frac{1}{6\pi^2}\left(\frac{e}{m}\right)^2 \langle nl|\mathbf{p}^2|nl\rangle \int_0^\infty dk \tag{9.79}$$

この積分は，式(9.76) と同様に $k \to \infty$ において 1 次で発散する．

我々が，物理的な電子質量を用いて状態 $|nl\rangle$ の準位ずれを計算するのであれば，自己エネルギー $\delta E_f(nl)$ は織り込み済みであり，観測される準位ずれに対応すべき量 $\Delta E(nl)$ は，次式で与えられる．

$$\Delta E(nl) = \delta E(nl) - \delta E_f(nl) \tag{9.80}$$

ここで，

$$\langle nl|\mathbf{p}^2|nl\rangle = \sum_\lambda |\langle \lambda|\mathbf{p}|nl\rangle|^2 \tag{9.81}$$

なので，式(9.76), (9.79), (9.80) から，次式を得る．

$$\Delta E(nl) = \frac{1}{6\pi^2}\left(\frac{e}{m}\right)^2 \sum_\lambda |\langle \lambda|\mathbf{p}|nl\rangle|^2 \int_0^\infty dk \frac{E_\lambda - E_n}{E_\lambda - E_n + k} \tag{9.82}$$

この積分は $k \to \infty$ において，もはや (1 次ではなく) 対数的にしか発散しない．これを収束させるために，積分の上限を無限大から有限の切断値 $k = K \sim m$ に置き換える．すなわちエネルギーが $k \gtrsim m$ の仮想光子からの自己エネルギーへの寄与を除いてしまう．この切断措置の正当化を試みてみよう．電子が仮想光子を放射するときに，電子自身は反跳する．電子の非相対論的な取扱いが意味を持つとすると，この反跳エネルギー，すなわち仮想光子エネルギー k は電子の静止質量 (固有質量) に比べて充分に小さくなければならない．言い換えると，非相対論的な水素原子状態への遷移と非相対論的な仮想光子 (エネルギー $k \ll m$) が重要である．よって式(9.82) における積分の上限を $k = K \sim m$ と置き，この式の λ の和において，関心の対象となるべき項に関しては，

$$|E_\lambda - E_n| \ll K$$

が成り立つものと仮定する.そうすると式(9.82)から次式が得られる.

$$\Delta E(nl) = \frac{1}{6\pi^2}\left(\frac{e}{m}\right)^2 \sum_\lambda |\langle\lambda|\mathbf{p}|nl\rangle|^2 (E_\lambda - E_n) \ln \frac{K}{|E_\lambda - E_n|} \tag{9.83}$$

この式から,任意の束縛状態のエネルギー準位ずれが求まる.これが切断 K に対して対数的にしか依存しないことは,得られる数値が K の値の選び方に対して鈍感であることを意味する.

式(9.83)における λ の和を評価するために,Bethe は次式によって,平均励起エネルギー $\langle E - E_n \rangle$ を定義した.

$$\sum_\lambda |\langle\lambda|\mathbf{p}|nl\rangle|^2 (E_\lambda - E_n)\{\ln\langle E - E_n\rangle - \ln|E_\lambda - E_n|\} = 0 \tag{9.84}$$

式(9.83)は,次のように書き直される.

$$\Delta E(nl) = \frac{1}{6\pi^2}\left(\frac{e}{m}\right)^2 \ln \frac{K}{\langle E - E_n \rangle} \sum_\lambda |\langle\lambda|\mathbf{p}|nl\rangle|^2 (E_\lambda - E_n) \tag{9.85}$$

上式の λ の和の計算は実行できて,次の結果を得る.

$$\sum_\lambda |\langle\lambda|\mathbf{p}|nl\rangle|^2 (E_\lambda - E_n) = \frac{1}{2}e^2|\phi_{nl}(\mathbf{0})|^2$$

$$= \begin{cases} \dfrac{e^2}{2\pi a^3 n^3} & \text{if } l = 0 \ (s \text{ 状態}) \\ 0 & \text{if } l \neq 0 \end{cases} \tag{9.86}$$

ここで $a = 4\pi/me^2$ は Bohr 半径である[11]).この結果を式(9.85)に代入すると,

$$\Delta E(nl) = \frac{8}{3\pi}\frac{\alpha^3}{n^3}\mathrm{Ry} \ln \frac{K}{\langle E - E_n \rangle} \delta_{l0} \tag{9.87}$$

となる.$\mathrm{Ry} \equiv e^2/(8\pi a) = 13.6\,\mathrm{eV}$ は Rydberg(リュードベリ)エネルギーである.

式(9.87)が Bethe の計算の最終結果である.これによると s 状態だけが電子の自己エネルギー効果による準位ずれを起こす.水素原子の $2s$ 状態について,Bethe は数値計算に基づき,

$$\langle E - E_{2s} \rangle = 17.8\mathrm{Ry} \tag{9.88}$$

---

[11]) この結果の簡単な導出方法は J. J. Sakurai, *Advanced Quantum Mechanics*, Addison-Wesley, Reading, Mass., 1967, pp.70-71 に与えられている.

という値を用いた[12]．したがって実際に水素原子において重要となる中間状態は，強く励起された連続準位状態ではあるが，非相対論的である．Betheは式(9.87)において $K = m$ と置き，Lambシフトの予想値として次の値を得た．

$$E(2s_{1/2}) - E(2p_{1/2}) = 1040 \, \text{MHz} \tag{9.89}$$

これは1953年に Triebwasser, Dayhoff and Lamb が，洗練された実験から得た値 1057.8 ± 0.1 MHz と比べても，よい一致を見せていると言える．

適正な相対論的計算を2次の輻射補正について行うと，$2s_{1/2} - 2p_{1/2}$ 準位分裂の数値として 1052.1 MHz が得られる[13]．そのような計算は，もちろん任意の切断パラメーター K を含まないし，電子の自己エネルギーに加えて，すべての e^2 輻射補正，すなわち真空偏極からの寄与や結節点(ヴァーテックス)補正からの寄与も含んだ計算になっている．s 状態以外の状態も，極めて小さいながら有限の準位ずれを起こし，たとえば $2p_{1/2}$ 準位は 12.9 MHz だけ低下する．

補足として真空偏極の寄与だけを考察しておこう．式(9.67)と式(9.69)を見ると，非相対論的な電子の Coulomb ポテンシャル(8.92)による散乱に対する真空偏極の影響は，Coulomb ポテンシャルの次のような置き換えに対応する．

$$\frac{Ze}{|\mathbf{q}|^2} \rightarrow \frac{Ze}{|\mathbf{q}|^2} \left(1 + \frac{\alpha}{15\pi} \frac{|\mathbf{q}|^2}{m^2} \right) \tag{9.90a}$$

静的な外場では $q = (0, \mathbf{q})$ だからである．これを座標空間における修正に直すと，式(8.85)により，

$$\frac{Ze}{4\pi|\mathbf{x}|} \rightarrow \frac{Ze}{4\pi|\mathbf{x}|} + \frac{Ze\alpha}{15\pi m^2} \delta(\mathbf{x}) \tag{9.90b}$$

となる．水素原子の束縛状態は完全に非相対論的なので，式(9.90b)の右辺において $Z = 1$ と置いた式を，真空偏極による水素原子の準位ずれを計算するための有効ポテンシャルとして用いることができる．1次摂動により，この準位ずれは次のように与えられる．

$$\Delta E_{nl}(\text{vac. pol.}) = \frac{-e^2 \alpha}{15\pi m^2} |\phi_{nl}(\mathbf{0})|^2 = -\frac{8\alpha^3}{15\pi n^3} \text{Ry} \, \delta_{l0} \tag{9.91}$$

この真空偏極による準位ずれは，$2s$ 準位に関しては -27 MHz となる．この結果を1935年に初めて示したのは Uehling(ユーリン) である．式(9.91)を見ると，真空偏極による準位ずれは s 状態だけに起こり，エネルギーを低下させる．このことは定性的には，

---

[12] より正確な計算によると 16.640 Ry である．
[13] これを含む我々が引用した結果とその詳しい参考文献は，p.215脚註に挙げた Jauch and Rohrlich や Itzykson and Zuber に与えてある．

Coulomb場が仮想電子-陽電子対の電子を引きつけ陽電子を退けることによる分極の効果として捉えられる．原子核電荷は仮想電子の雲によって一部遮蔽されている．しかしs状態の電子はこの遮蔽の内部に浸入して原子核電荷の総体を見るので，s状態以外の電子よりも強い引力を感受して束縛が強まる．

9.7 赤外発散

8.8節と8.9節において，外場による電子の散乱を考察した．現実の実験ではエネルギー分解能が有限なので，観測される弾性散乱断面積には，制動放射すなわち軟光子の放射を伴う非弾性散乱の成分が含まれる．そして後者の寄与は赤外発散を持ち，この発散が弾性散乱の α のオーダーの輻射補正による発散を正確に打ち消すことに言及した．この相殺関係を確認してみよう．

電子の弾性散乱に関する最低次の輻射補正を含むFeynman振幅は，式(9.67)で与えられる．断面積への $O(\alpha)$ の補正は，最低次の振幅(式(9.67)の第1項)と輻射補正項(式(9.67)の第2項と第3項)との干渉から生じる．Π_c は赤外において有限であり，赤外発散は Λ_c^μ の項から生じることをこれから見てゆく．

$\Lambda^\mu(p',p)$ の式(9.48)を，式(9.21)の置き換えによって正則化すると，次式を得る．

$$e^2 \Lambda^\mu(p',p) = \frac{-\mathrm{i}e^2}{(2\pi)^4} \int \frac{\mathrm{d}^4 k}{k^2 - \lambda^2 + \mathrm{i}\varepsilon} f(k)$$
$$\times \left\{ \frac{\gamma^\alpha (\slashed{p}' - \slashed{k} + m)\gamma^\mu (\slashed{p} - \slashed{k} + m)\gamma_\alpha}{\left[(p'-k)^2 - m^2 + \mathrm{i}\varepsilon\right]\left[(p-k)^2 - m^2 + \mathrm{i}\varepsilon\right]} \right\} \quad (9.92)$$

$$f(k) \equiv \frac{\lambda^2 - \Lambda^2}{k^2 - \Lambda^2 + \mathrm{i}\varepsilon} \quad (9.93)$$

ここで関心の対象となるのは $k \to 0$ のときの赤外発散であり，紫外発散 ($k \to \infty$) ではないので，切断因子 $f(k)$ を省くことにする．同様に，式(9.92)において分子と分母の丸括弧の中にある k の項と k^2 の項を落とす．$p^2 = p'^2 = m^2$ とDirac方程式を利用すると，式(9.92)は次のようになる．

$$e^2 \bar{u}(\mathbf{p}')\Lambda^\mu(p',p)u(\mathbf{p}) = \frac{-\mathrm{i}e^2}{(2\pi)^4} \bar{u}(\mathbf{p}')\gamma^\mu u(\mathbf{p}) \left[\int \frac{\mathrm{d}^4 k}{k^2 - \lambda^2 + \mathrm{i}\varepsilon} \frac{(p'p)}{(p'k)(pk)} + \cdots \right] \quad (9.94)$$

本節では，式中の"$\cdots$"は $\lambda \to 0$ において有限な，発散項に対して相対的に無視してもよい項を表すものとする．式(9.94)の積分を，次の恒等式を利用して評価する．

9.7. 赤外発散

$$\frac{1}{k^2 - \lambda^2 + i\varepsilon} \equiv P\frac{1}{k^2 - \lambda^2} - i\pi\delta(k^2 - \lambda^2)$$
$$= P\frac{1}{k^2 - \lambda^2} - \frac{i\pi}{2\omega_\lambda}\left[\delta(k^0 - \omega_\lambda) + \delta(k^0 + \omega_\lambda)\right] \tag{9.95}$$

ここで $\omega_\lambda = (\lambda^2 + \mathbf{k}^2)^{1/2}$ である. 式(9.94)において k^0-積分を実行し, 式(9.95) の主値にあたる有限の寄与を省くと, 次式が得られる.

$$e^2\bar{u}(\mathbf{p}')\Lambda^\mu(p', p)u(\mathbf{p}) = e^2\bar{u}(\mathbf{p}')\gamma^\mu u(\mathbf{p})A(p', p) + \ldots \tag{9.96a}$$

$$A(p', p) \equiv \frac{-1}{2(2\pi)^3}\int\frac{d^3\mathbf{k}}{\omega_\lambda}\frac{(p'p)}{(p'k)(pk)} \tag{9.96b}$$

式(9.67)において, 我々は式(9.96)の繰り込まれた部分を必要とするが, これは式(9.53)によって与えられる. すなわち,

$$e^2\bar{u}(\mathbf{p}')\Lambda_c^\mu(p', p)u(\mathbf{p}) = e^2\bar{u}(\mathbf{p}')\left[\Lambda^\mu(p', p) - L\gamma^\mu\right]u(\mathbf{p}) \tag{9.97}$$

である. 式(9.53), (9.54), (9.96) から, 次式が得られる.

$$e^2\bar{u}(\mathbf{p})\Lambda^\mu(p, p)u(\mathbf{p}) = e^2 L\bar{u}(\mathbf{p})\gamma^\mu u(\mathbf{p}) = e^2\bar{u}(\mathbf{p})\gamma^\mu u(\mathbf{p})A(p, p) + \ldots$$

p を p' に置き換えても, 同様の式が得られるので,

$$L = A(p, p) + \ldots = A(p', p') + \ldots \tag{9.98}$$

となる. 式(9.96)-(9.98)を組み合わせると, 次式を得る.

$$e^2\bar{u}(\mathbf{p}')\Lambda_c^\mu(p', p)u(\mathbf{p})$$
$$= e^2\bar{u}(\mathbf{p}')\gamma^\mu u(\mathbf{p})\left\{A(p', p) - \frac{1}{2}A(p', p') - \frac{1}{2}A(p, p)\right\} + \ldots$$
$$= e^2\bar{u}(\mathbf{p}')\gamma^\mu u(\mathbf{p})\left\{\frac{1}{4(2\pi)^3}\int\frac{d^3\mathbf{k}}{\omega_\lambda}\left[\frac{p'}{p'k} - \frac{p}{pk}\right]^2\right\} + \ldots$$

この式を, 式(9.67)に代入すると, 電子の弾性散乱に関するFeynman振幅が得られる.

$$\mathcal{M} = \mathcal{M}_0\left\{1 + \frac{e^2}{4(2\pi)^3}\int\frac{d^3\mathbf{k}}{\omega_\lambda}\left[\frac{p'}{p'k} - \frac{p}{pk}\right]^2\right\} + \ldots \tag{9.99}$$

ここで $\mathcal{M}_0$ は最低次の弾性散乱振幅,

$$\mathcal{M}_0 = ie\bar{u}(\mathbf{p}')\slashed{A}_e(\mathbf{p}' - \mathbf{p})u(\mathbf{p})$$

である.よって散乱断面積(8.91)は次のようになる.

$$\left(\frac{d\sigma}{d\Omega}\right)_{\text{El}} = \left(\frac{d\sigma}{d\Omega}\right)_0 \left\{ 1 + \frac{\alpha}{(2\pi)^2} \int \frac{d^3\mathbf{k}}{\omega_\lambda} \left[\frac{p'}{p'k} - \frac{p}{pk} \right]^2 \right\} + \cdots \qquad (9.100)$$

$(d\sigma/d\Omega)_0$ は最低次の弾性散乱断面積である.

断面積(9.100)は $\lambda \to 0$, $\omega_\lambda \to |\mathbf{k}|$ の極限において赤外発散する.実験的に観測される断面積(8.105)を形成する際に,8.9節で言及したように,この弾性散乱における赤外発散が,制動放射の断面積(8.106), (8.110)の $\lambda \to 0$ における赤外発散と正確に打ち消し合って有限になることを看取できる.前にも述べたように,この結論はすべての摂動次数について成立する.すなわち高次の輻射補正から生じる赤外発散は,複数個の軟光子放射を含む非弾性過程の赤外発散と打ち消し合う.

9.8 高次の輻射補正

ここまで α のオーダーだけで輻射補正を考察してきたが,この次数で展開してきた繰り込みの手続きを,すべての摂動次数において有限の輻射補正を得るように拡張することが可能である.この QED の繰り込み可能性の証明には基礎的な重要性があるが,複雑に過ぎるので,ここでは定性的な議論だけを与えることにする[14].

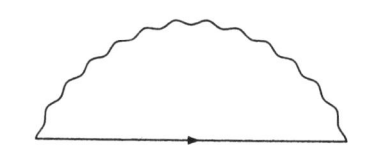

α のオーダーの輻射補正を考察した際に,これが2通りの方法で生じることを見た.すなわち最低次の Feynman グラフの中の伝播関数や基本結節点(ヴァーテックス)に対して e^2 の修正を施すことで得られる補正と,そのような手段から得られない補正である (Compton 散乱に関して p.191, 図9.5と図9.6を参照).このような状況は高次補正でも見られる.まずは伝播関数と結節点(ヴァーテックス)に対する高次補正を考察してみる.電子の伝播関数から議論を始めよう.

図9.17 2次の電子自己エネルギー部分 $ie_0^2 \Sigma(p)$.

---

[14] 完全な取扱い方法を知りたい読者は,p.215脚註に挙げた書籍や,J. D. Bjorken and S. D. Drell, *Relativistic Quantum Fields*, McGraw-Hill, New York, 1965, Chapter 19 を参照されたい.

9.8. 高次の輻射補正

電子の伝播関数への e^2 補正は，裸の電子伝播関数に図9.17に示す自己エネルギーのループ $ie_0^2 \Sigma(p)$ を挿入することによって生じ，図9.9 (p.198) と式(9.22)によって表される．より高次の過程では，たとえばそのような電子の自己エネルギーループが2つ，3つ，あるいはそれ以上繰り返される過程が生じる．それらをまとめた寄与は，図9.18のグラフで表され，次式で与えられる．

$$\frac{i}{\not{p}-m_0+i\varepsilon} \rightarrow \frac{i}{\not{p}-m_0+i\varepsilon} + \frac{i}{\not{p}-m_0+i\varepsilon} ie_0^2 \Sigma(p) \frac{i}{\not{p}-m_0+i\varepsilon}$$
$$+ \frac{i}{\not{p}-m_0+i\varepsilon} ie_0^2 \Sigma(p) \frac{i}{\not{p}-m_0+i\varepsilon} ie_0^2 \Sigma(p) \frac{i}{\not{p}-m_0+i\varepsilon}$$
$$+ \ldots \tag{9.101a}$$

$$= \frac{i}{\not{p}-m_0+e_0^2\Sigma(p)+i\varepsilon} \tag{9.101b}$$

最後の式を得るために，恒等式(9.23)を用いた．

もちろん上述以外にも，電子の自己エネルギーを挿入する方法はいろいろある．それらすべてを含めた考察を行うために，内線1本だけを切断することによってグラフをふたつの部分に分離できないようなグラフを"固有(proper)グラフ"と定義する．図9.19の(a)と(b)に，それぞれ電子の固有自己エネルギー，非固有自己エネルギーのグラフの例を示す．ここで我々は $ie_0^2 \Sigma(p)$ を図9.20に示すような，すべての固有自己エネルギーの総和と再定義する．このように $ie_0^2 \Sigma(p)$ を規定すると，式(9.101a)の無限級数は電子の自己エネルギーとして可能なグラフをすべて含むことになり，式(9.101b)は完全で正確な物理的電子の伝播関数を表す．

完全な電子伝播関数の式(9.101b)は，我々が前に得た2次の結果の式(9.24)において，$ie_0^2 \Sigma(p)$ の解釈を上述のように変更し，$O(e_0^4)$ の項を省いたものと同じ形をしている．したがって，式(9.24)から式(9.29)にかけての質量の繰り込みの議論を，そ

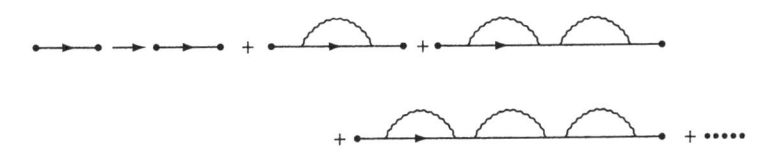

図9.18 e^2 のオーダーの自己エネルギーとその繰り返しを含めることによって得られる電子の伝播関数．

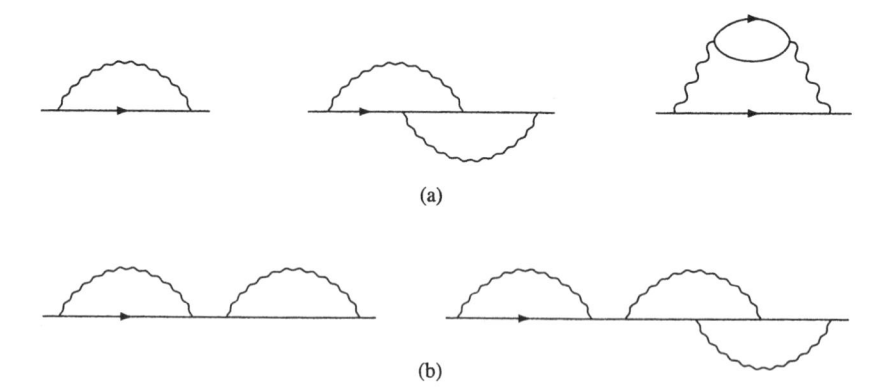

図9.19 電子の自己エネルギーグラフの例: (a) 固有グラフ; (b) 非固有グラフ.

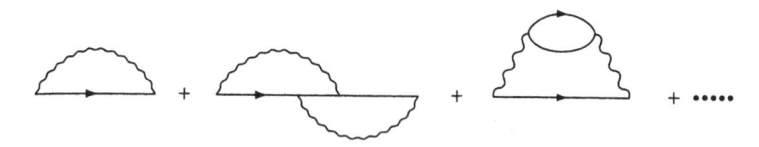

図9.20 すべての電子の固有自己エネルギーの総和として再定義した $ie_0^2 \Sigma(p)$ のグラフ.

のまま正確に辿ることができて，次式が得られる．

$$\frac{ie_0^2}{\not{p} - m_0 + i\varepsilon} \to \frac{ie_0^2}{(\not{p} - m)(1 + e_0^2 B) + e_0^2(\not{p} - m)\Sigma_c(p) + i\varepsilon} \tag{9.102}$$

式(9.102)において，裸の質量と繰り込まれた質量は，再び式(9.25), (9.27), (9.28)によって関係づけられるが，ここではすべての次数において関係が成立しており，Bも再び式(9.26)によって定義される．式(9.26)と式(9.27)における $ie_0^2 \Sigma(p)$ は，図9.20のような完全な電子の固有自己エネルギーを表すことになる．繰り込まれた電荷 e を，

$$e^2 \equiv Z_2 e_0^2 = e_0^2/(1 + e_0^2 B) \tag{9.103}$$

によって定義すると，式(9.102)から次式が得られる．

$$\frac{ie_0^2}{\not{p} - m_0 + i\varepsilon} \to \frac{ie^2}{(\not{p} - m) + e^2(\not{p} - m)\Sigma_c(p) + i\varepsilon} \tag{9.104a}$$

9.8. 高次の輻射補正

図9.21 すべての光子の固有自己エネルギー部分の総和として再定義した $ie_0^2 \Pi^{\mu\nu}(k)$ のグラフ.

この式は, e^2 のすべての次数について成立する. 式(9.103)と式(9.104a)は, 最低次では前に得ている式(9.35), (9.36)に帰着し, そこでは $\Sigma_c(p)$ が図9.20の第1のグラフから計算される.

上述の手続きの代わりに, これと等価的に, 式(9.31)のように質量相殺項を導入することもできる. 相殺項(9.32)が完全な固有自己エネルギーを表すように再定義して, 前と正確に同じように解析を進めると, 式(9.104a)の代わりに次式が得られる.

$$\frac{ie_0^2}{\not{p} - m + i\varepsilon} \to \frac{ie^2}{(\not{p} - m) + e^2(\not{p} - m)\Sigma_c(p) + i\varepsilon} \quad (9.104b)$$

これは前に得ている2次の結果(9.34), (9.35)と整合している. 以下では, このアプローチの方を採用する.

光子の伝播関数も同様に見直すことができる. すなわち図9.21のように, $ie_0^2 \Pi^{\mu\nu}(k)$ を固有な光子の自己エネルギー部分の総和の形で再定義する. 完全な光子の固有自己エネルギー部分を挿入すると, 式(9.101a)と同様に, 修正した伝播関数,

$$\frac{-ig_{\alpha\beta}}{k^2 + i\varepsilon} \to \frac{-ig_{\alpha\beta}}{k^2 + i\varepsilon} + \frac{-ig_{\alpha\mu}}{k^2 + i\varepsilon} ie_0^2 \Pi^{\mu\nu}(k) \frac{-ig_{\nu\beta}}{k^2 + i\varepsilon}$$
$$+ \frac{-ig_{\alpha\mu}}{k^2 + i\varepsilon} ie_0^2 \Pi^{\mu\nu}(k) \frac{-ig_{\nu\sigma}}{k^2 + i\varepsilon} ie_0^2 \Pi^{\sigma\tau}(k) \frac{-ig_{\tau\beta}}{k^2 + i\varepsilon} + \ldots \quad (9.105a)$$

は固有も非固有も含めたあらゆる光子の自己エネルギー部分を含むことになる. $\Pi^{\mu\nu}(k)$ の式(9.11)を代入し, 伝播関数が常に保存するカレントと結合することから $k^\mu k^\nu$ に比例する項を省くと, 式(9.105a)の級数の和として, 次式が得られる

$$\frac{-ig_{\alpha\beta}}{k^2 + i\varepsilon} \to \frac{-ig_{\alpha\beta}}{k^2 + i\varepsilon + e_0^2 A(k^2)} \quad (9.105b)$$

これは式(9.13)と同じ形をしているが, $ie_0^2 \Pi^{\mu\nu}(k)$ が再定義されていて, $O(e_0^4)$ までではなく e^2 のすべての次数に関して正確な式である. ここでも再び式(9.14)の条件 $A(0) = 0$ を要請する. 式(9.105b)に e_0^2 を掛けて, e_0^2 を繰り込まれた電荷,

$$e \equiv e_0 Z_3^{1/2} = e_0 \left[1 + e_0^2 A'(0) \right]^{-1/2} \quad (9.106)$$

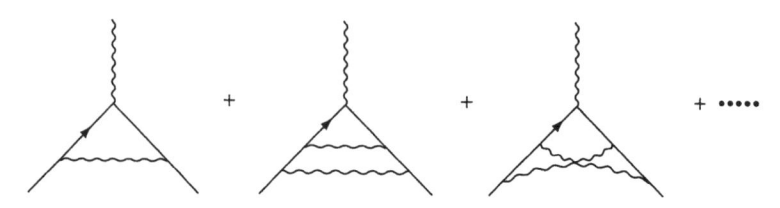

図 9.22 すべての固有結節点補正として再定義した $ie_0^3\Lambda^\mu(p',p)$ を表すグラフ.

で表すと,最終的に完全な光子の伝播関数が得られる.

$$\frac{-ig_{\alpha\beta}}{k^2+i\varepsilon}e_0^2 \to \frac{-ig_{\alpha\beta}}{k^2+i\varepsilon+e^2\Pi_c(k^2)}e^2 \tag{9.107}$$

$A'(0)$ と $\Pi_c(k^2)$ は再び,式 (9.15) によって定義される.最低次の摂動論では,式 (9.106) と式 (9.107) が,前に得ている結果 (9.18) と (9.19) に帰着する.

9.4 節において,外線の繰り込みを最低次の摂動について考察し,外線における自己エネルギーの効果は,質量と電荷の繰り込みだけに限られることを見た.この結果も,すべての摂動次数において成立することを示し得る.

最後に,結節点関数 $i\Gamma^\mu(p',p)$ を考察しなければならない.9.5 節で論じた 2 次の取扱いにおいて,$ie_0^3\Lambda^\mu(p',p)$ に図 9.22 のようなすべての固有結節点補正を含めるように再定義を施して議論を一般化することは容易である.このような $ie_0^3\Lambda^\mu(p',p)$ の再解釈の下でも,基本的な結果 (9.57), (9.58) は誤差項 ($O(e_0^5), O(e_5)$) を省いた形でそのまま成立する.Ward 恒等式 (9.60) を全次数において証明できるので,$Z_1=Z_2$ と $e=e_0Z_3^{1/2}$ (式 (9.63), (9.64)) も正確に成り立つ.

裸の質量と物理的な質量,裸の電荷と物理的な電荷の関係は,すべての摂動次数へ一般化された.これに対応して,裸の伝播関数と基本結節点関数の修正は,すべての次数に関して,次のように与えられる.

$$\frac{i}{\not{p}-m+i\varepsilon} \to \frac{i}{(\not{p}-m)+e^2(\not{p}-m)\Sigma_c(p)+i\varepsilon} \tag{9.108a}$$

$$\frac{-ig_{\alpha\beta}}{k^2+i\varepsilon} \to \frac{-ig_{\alpha\beta}}{k^2+i\varepsilon+e^2\Pi_c(k^2)} \tag{9.108b}$$

$$ie_0\gamma^\mu \to ie\left[\gamma^\mu+e^2\Lambda_c^\mu(p',p)\right] \tag{9.108c}$$

これらの式の右辺は,裸の電荷 e_0 にあらわに依存しないように見えるが,$\Sigma_c, \Pi_c, \Lambda_c^\mu$ が第一義的には e_0 によって表されるので,実質的には e_0 に依存する.しかし Dyson,

9.8. 高次の輻射補正

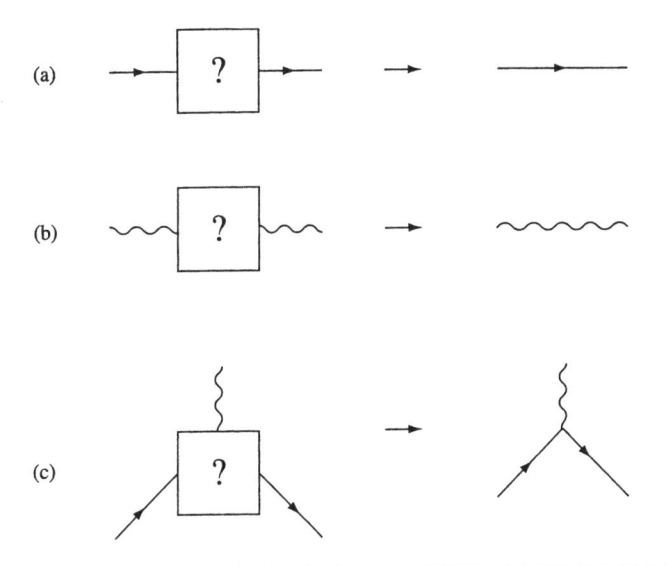

図9.23 グラフの簡約. (a) 電子伝播関数; (b) 光子伝播関数; (c) 結節部分(結節点).

　Salam, Ward やその他の人々は,あらゆる次数において,これらの量を物理的な電荷 e によって表現し得ることを証明した.したがって式(9.108)は,繰り込まれた伝播関数と繰り込まれた結節点関数を表しているものと見なされる.

　すべての輻射補正が,自己エネルギー部分や結節点補正に帰するものではない.この区別を明確にするために,グラフに対する"簡約"(reduction)という操作を定義する.これはグラフに含まれる自己エネルギー部分を除いて裸の伝播関数を残し,グラフに含まれる結節点補正部分を除いて基本結節点を残すという操作である.簡約の方法を図9.23に模式的に示す.自己エネルギー部分や結節点補正をすべて除いた後のグラフは,それ以上は簡約できないので,"既約グラフ"(irreducible graph) もしくは"骨格グラフ"(skeleton graph) と呼ばれる.たとえばCompton散乱を表すグラフでは,図9.4 (p.190) と図9.6 (p.191) は既約グラフだが,図9.5 (p.191) は"可約"(reducible) であって,図9.4(a) の骨格グラフへと簡約される.

　任意の過程に対する Feynman 振幅を n 次まで計算する際には,上記の結果を組み合わせて,以下のように作業を進める.最初に,その過程に寄与を持ち(つまり適正な外線を備えていて),結節点が n 個以下のすべての骨格グラフを描く.これら

の骨格グラフ(スケルトン)を基調として，裸の伝播関数や基本結節点(ヴァーテックス)を繰り込まれた伝播関数や繰り込まれた結節点(ヴァーテックス)関数に置き換えて (式(9.108))，これらの式を e^2 の適切な次数まで展開することによって，n 次過程に寄与するすべてのグラフが得られる．たとえば Compton 散乱の振幅を 4 次まで計算するのであれば，2 次と 4 次の骨格(スケルトン)グラフが必要である．これは図9.4と図9.6のグラフである．(9.1節で述べたように図9.6の (c) と (d) は寄与を持たないので省く.) 図9.4の2次の骨格グラフに対して式(9.108)を代入して $O(e^2)$ まで展開すると，図9.5に例示されているような可約な4次のグラフが生成される[15]．図9.6のグラフは，あらかじめ4次になっているので，ここで式(9.108)の置き換えを施すことで新たな4次グラフが生じることはない．これらの骨格(スケルトン)グラフに対しては，単に裸の電荷 e_0 を物理的な電荷 e に置き換えればよい．

9.9 繰り込み可能性

前節までで，物理的な電子の質量と電荷によって，高次の輻射補正を表すための一般的な方法を概説した．よく定義された有限量を扱うために，我々は切断パラメーターを導入して理論を正則化する必要があった．ここでは QED を復元するように切断パラメーターに極限操作を施した後も，輻射補正が有限にとどまるかどうかを考察する．

QED の発散を調べるには，理論の"基本発散"(primitive divergence) を考察すれば充分である．他の発散は，すべて基本発散によって構築されるからである．基本発散グラフとは，任意の内線が切断されると (すなわち2本の外線に置き換わると) 収束グラフに変換されるようなグラフのことである．基本発散グラフは必然的に固有グラフであって，発散するサブグラフを含んではならない[16]．基本発散の明白な例は，図9.3 (p.189) に示した2次の自己エネルギーと結節点(ヴァーテックス)補正である．

我々は，すべての基本発散グラフを同定しておきたい．基本発散グラフの定義から，そのグラフを表す Feynman 振幅において，任意の内部4元運動量をひとつ固定して (これは内線の切断に相当する) 他のすべての運動量について積分を施せば，収束する結果が得られるはずである．したがって，このような Feynman 振幅の発散次数は，単純な次元の議論から得られる．すなわち積分内の分子と分母における運動量変数の冪(べき)を勘定すればよい．

---

[15] 図9.5 の左側のグラフは外線だけが修正されている．9.4節で見たように，これらは輻射補正には寄与せず，実際に考慮する必要はない．
[16] 有限数の内線を切断することによってグラフ G から分離するような任意のグラフを，G のサブグラフと呼ぶ．

9.9. 繰り込み可能性

ここで，ある基本発散グラフ G が n 個の結節点(ヴァーテックス)を含み，f_i 本 (b_i 本) のフェルミオン内線 (光子内線) と f_e 本 (b_e 本) のフェルミオン外線 (光子外線) によって表されるものとする．結節点(ヴァーテックス)におけるエネルギー-運動量保存の条件によって固定されない内部運動量の数を d とすると，G の Feynman 振幅の発散次数は，

$$K = 4d - f_i - 2b_i \tag{9.109}$$

と与えられる．G の各結節点(ヴァーテックス)に付随して，n 個の δ 関数がある．これらの δ 関数のうちのひとつは，全体のエネルギーと運動量の保存を保証するもので，外線の4元運動量だけを含む．よって $(f_i + b_i)$ 個の内部運動量のうち，独立変数の個数は，

$$d = f_i + b_i - (n-1) \tag{9.110}$$

である．また，次の関係もある．

$$2n = f_e + 2f_i, \quad n = b_e + 2b_i \tag{9.111}$$

式(9.109)-(9.111) を組み合わせると，G が基本発散グラフであるための必要条件として，次式が得られる．

$$K = 4 - \frac{3}{2}f_e - b_e \geq 0 \tag{9.112}$$

$K = 0, 1, \ldots$ は，それぞれ可能性として，最大で対数発散，1次発散，$\ldots$ を起こし得ることを意味する．

式(9.112) は注目すべき結果である．つまり発散はグラフのフェルミオン外線と光子外線の本数だけに依存し，グラフの内部構造にはよらないのである．さらに重要な情報も得られる．基本発散をする可能性のあるグラフの外線本数の組合せは $(f_e, b_e) = (0, 2), (0, 3), (0, 4), (2, 0), (2, 1)$ に限られ，発散は最大でも2次である．これらの5種類のグラフのうち，2種類は実際には収束する．我々は $(f_e, b_e) = (0, 3)$ の最も単純な例を 9.1 節の図 9.6 (p.191) において見ている．これは互いに逆回りの三角ループを含むグラフの組が現れる条件であり，両者は正確に相殺し合う．この結果を同じ種類の高次のグラフにも一般化できるので，この種のグラフはすべて省いてよい．もう1種類として $(f_e, b_e) = (0, 4)$ のグラフは発散を起こさない．このグラフは光子による光子の散乱を表す．この過程の最も単純な Feynman グラフは，図 9.24 である．式(9.112) によれば，このようなグラフは対数的に発散する可能性がある．しかしゲージ不変性からの帰結として，これが強く収束することを証明できる．

残りの3種類のグラフは基本発散グラフである．これらは電子の自己エネルギー，光子の自己エネルギー，結節点(ヴァーテックス)補正のグラフである．基本発散にあたる自己エネルギー

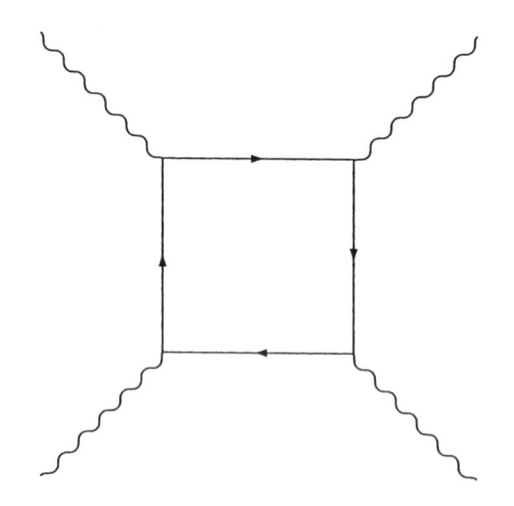

図 9.24 最も単純な光子-光子散乱のダイヤグラム.

グラフは，2次補正の図 9.3(a), (b) (p.189) だけである．図 9.3(c) の 2 次結節点(ヴァーテックス)補正も基本発散グラフであるが，結節点(ヴァーテックス)補正に関しては高次の基本発散グラフが無数に存在する．たとえば図 9.22 (p.226) の 3 番目のグラフも，基本発散グラフである．

　以上で基本発散グラフの種類の確認は完了した．任意の物理的な過程 ($f_e + b_e \geq 4$) に対して，既約グラフは有限な結果を与え，無限大量はこれらのグラフに対して自己エネルギー部分や結節点(ヴァーテックス)補正を加えることによってのみ現れる．したがって，式 (9.108) に現れる Σ_c, Π_c, Λ_c^μ が繰り込みによって修正された形で全次数において有限を保つならば，これらを既約グラフに対して挿入しても，もはや発散は起こらない．我々が 2 次補正の基本発散を解析するために採用したアプローチ (本質的に Feynman 振幅を表す積分の中の収束する被積分関数に対する Taylor 級数展開である) を用いて，すべての Σ_c, Π_c, Λ_c^μ の基本発散への寄与を，切断パラメーターを除いた極限において有限に保てることを証明できる．この結果はすべての固有自己エネルギーと固有結節点(ヴァーテックス)補正に拡張される．結論として，物理的な電子の質量と電荷を用いて表現された QED の予言は，切断パラメーターを除いた後も有限に保たれる．

　ある場の理論において，有限個のパラメーター (たとえばいくつかの質量といくつかの結合定数) による予言が，切断を除いても有限に保たれる場合，そのような場の理論は "繰り込み可能" (renormalizable) であると称する．繰り込み可能な理論では，運動量の切断 Λ を無限大に近づけても，結果はよく定義された有限値を保つので，Λ

が考察の対象とする過程の運動量尺度に比べて充分に大きいならば，得られる結果は切断の形に対して鈍感である．言い換えると QED に関して式 (9.65) に続く議論は，本質的にすべての次数において変わらず，有限の Λ を用いて得た理論予想は，それが実験におけるエネルギー尺度よりはるかに大きいならば，$\Lambda \to \infty$ において得た予想との間に有意の違いを生じない．他方において，仮に理論が繰り込み可能でないとしても，適当な切断パラメーター Λ を導入して，よく定義された有限な結果を得ることはできる．しかし繰り込み可能でない理論による予想は $\Lambda \to \infty$ の極限において発散するし，Λ を大きくすると，計算結果は切断の形と大きさに敏感に依存してしまう．

練習問題

9.1 9.1節において，2つの三角グラフ (p.191, 図9.6 の (c) と (d)) が，互いに符号だけが異なり，正確に打ち消し合うことを一般的な議論によって示した．この結果を，これらのグラフの振幅の具体的な式を用いて導け．(注意：この証明にダイヤグラムから生じる対角和の評価は不要である．2つの式を互いに関係づけるために，対角和の一般的な性質だけを利用すればよい．付録 A の A.3 節を参照．)

9.2 $[S_{\mathrm{F}}(p)]^{-1} = \not{p} - m$ と $[S_{\mathrm{F}}(p)][S_{\mathrm{F}}(p)]^{-1} = 1$ から，次式を導け．

$$\frac{\partial S_{\mathrm{F}}(p)}{\partial p_\mu} = -S_{\mathrm{F}}(p)\gamma^\mu S_{\mathrm{F}}(p)$$

そして，Ward 恒等式，

$$\frac{\partial \Sigma(p)}{\partial p_\mu} = \Lambda^\mu(p, p) \tag{9.60}$$

を導出せよ．

第 10 章　正則化

　前章では，QEDにおける輻射補正の計算が発散するループ積分を生じることを見た．このような発散は正則化，すなわち積分を適切に修正する措置によって除かれる．そうしておいて繰り込みを施した後には，正則化を解除して元の理論を復元しても，物理的な予言に関わる積分が有限値を保つようになる．正則化にはいくつかの異なる形式が存在し，正則化された積分も，採用した正則化の形式に依存して異なる．しかし元の理論を復元するための極限操作を施した後に得られる物理的な予言は，正則化の方法にはよらない．異なる方法を採用しても最終的には同じ結果が導かれるのである．本章では単一ループの積分を，具体的に2通りの正則化の手続きに基づいて評価してみる[1]．

　歴史的に，最も早く現れたのは切断法であるが，これについては前章でも言及した．この方法は発散を，理論における短距離(高エネルギー)の挙動に関係づけることができる利点がある．この方法を見るために，10.2節において電子質量のずれ δm を計算する．切断法は，簡単な一部の例を除いて一般には適用が難しい．特にこの方法では摂動の全次数にわたってゲージ不変性とWard恒等式を保証することが困難である．これを行うためには，Pauli-Villars法のように技巧的で複雑な切断の手続きを採用しなければならない[2]．

　その次に，もうひとつの方法として，次元正則化の呼称で知られる方法を展開する．切断法に比べてその解釈は簡単ではないが，応用がやりやすい．次元正則化の大きな利点として，すべての摂動次数において自動的にゲージ不変性が保証され，Ward恒等式が成り立つという性質がある．このため次元正則化はQEDにおいて重要であるのみならず，量子色力学やWeinberg-Salamの電弱統一理論のような非Abelゲージ理論において，ことさら重要性を増す．非Abelゲージ理論では，ゲージ不変性が複数のWard恒等式を含意する．これらは大変に強い制約になるので，切断法による正

---

[1]本章では正則化の手続きの技術的な詳細を扱う．これが必要となるのは第15章だけであり，読者がそれまで本章を後回しにするのも随意である．
[2]Pauli-Villars形式は，たとえば次の文献において論じられている．J. M. Jauch and F. Rohrlich, *The Theory of Photons and Electrons*, 2nd edn, Springer, New York, 1976, Section 10-9 ; C. Itzykson and J. B. Zuber, *Quantum Field Theory*, McGraw-Hill, New York, 1980, Section 7-1-1 and 8-4-2.

則化において，これらを満足させることは極めて困難である．次元正則化はこれとは対照的に，全摂動次数において自動的に，これらの恒等式とゲージ不変性を満足するので，非Abel理論に関しては，ほとんどこの形式が用いられている．Weinberg-Salam理論の繰り込み可能性の証明も，次元正則化を利用して与えられた．

この次元正則化の技法の定式化を10.3節で扱うことにする．その後の2つの節では，これを用いて真空偏極補正と電子の異常磁気能率の評価を行う．我々が取扱う対象はここでも最低次の摂動，すなわち単一ループの積分に限定してあるが，同じ方法を高次の摂動にも拡張することができる[3]．

正則化の後の有限なループ積分は，Feynmanが開発した技法を利用することによって，ある標準的な形へ還元して評価することができる．この技法を10.1節において示すことにする．

10.1 数学的な準備

10.1.1 標準的な積分

まず最初に，ループ積分の評価において最も頻繁に遭遇する，標準的な積分の式を列挙する．後から導出方法に関して言及する[‡]．

$$\int \frac{\mathrm{d}^4 k}{(k^2 - s + \mathrm{i}\varepsilon)^n} = \mathrm{i}\pi^2 (-1)^n \frac{\Gamma(n-2)}{\Gamma(n)} \frac{1}{s^{n-2}}, \quad n \geq 3 \tag{10.1}$$

$$\int \mathrm{d}^4 k \frac{k^\mu}{(k^2 - s + \mathrm{i}\varepsilon)^n} = 0, \quad n \geq 3 \tag{10.2}$$

$$\int \mathrm{d}^4 k \frac{k^\mu k^\nu}{(k^2 - s + \mathrm{i}\varepsilon)^n} = \mathrm{i}\pi^2 (-1)^{n+1} \frac{\Gamma(n-3)}{2\Gamma(n)} \frac{g^{\mu\nu}}{s^{n-3}}, \quad n \geq 4 \tag{10.3}$$

$$\int \frac{\mathrm{d}^4 p}{(p^2 + 2pq + t + \mathrm{i}\varepsilon)^n} = \mathrm{i}\pi^2 \frac{\Gamma(n-2)}{\Gamma(n)} \frac{1}{(t-q^2)^{n-2}}, \quad n \geq 3 \tag{10.4}$$

$$\int \mathrm{d}^4 p \frac{p^\mu}{(p^2 + 2pq + t + \mathrm{i}\varepsilon)^n} = -\mathrm{i}\pi^2 \frac{\Gamma(n-2)}{\Gamma(n)} \frac{q^\mu}{(t-q^2)^{n-2}}, \quad n \geq 3 \tag{10.5}$$

$$\int \mathrm{d}^4 p \frac{p^\mu p^\nu}{(p^2 + 2pq + t + \mathrm{i}\varepsilon)^n}$$
$$= \mathrm{i}\pi^2 \frac{\Gamma(n-3)}{2\Gamma(n)} \frac{[2(n-3)q^\mu q^\nu + (t-q^2)g^{\mu\nu}]}{(t-q^2)^{n-2}}, \quad n \geq 4 \tag{10.6}$$

---

[3] 次元正則化の完全な議論，その応用および関連文献については，次の文献を参照．G. Leibbrandt, *Rev. Mod. Phys.* **47** (1975) 849; G.'t Hooft and M. Veltman, *Nucl. Phys.* **B44** (1972) 189; C. Nash, *Relativistic Quantum Fields.* Academic Press, London, 1978.

[‡] (訳註) ガンマ関数の定義：$\Gamma(n) = \int_0^\infty t^{n-1} e^{-t} dt$. n が自然数ならば $\Gamma(n) = (n-1)!$.

式(10.1)-(10.6)の右辺では$\varepsilon=0$と置いた. 通常はこれが許容されるが, もし不定が生じるようであればsを$(s-\mathrm{i}\varepsilon)$, tを$(t+\mathrm{i}\varepsilon)$に戻せばよい. これ以降も, 通常は$\varepsilon\to 0$とする.

式(10.1)の$n=3$の場合の式は, k^0に関する積分を複素閉路において実行し, それから$\mathbf{k}$に関する積分を極座標で行うと得られる[4]. $n\geq 3$の一般的な結果は, sに関する微分を繰り返すことによって導く. 式(10.2)は対称性から自明である. 式(10.4)と式(10.5)は, それぞれ式(10.1)と式(10.2)において変数をkとsから,

$$p = k - q, \quad t = q^2 - s \tag{10.7}$$

へ変更することによって得る. 式(10.5)をq_νについて微分すると, 式(10.6)が導かれる. 式(10.6)において$q=0$と置くと式(10.3)になる.

被積分関数の分子に, さらに複雑なテンソルを含む積分も, 上に挙げた公式に微分を施したり, 変数を変更したりして導くことができる. しかし上記の公式は大抵の目的に関して充分に役に立つ.

10.1.2 Feynmanのパラメーター積分

積分(10.1)-(10.6)は被積分関数の分母が, 単一の2次因子のn乗の形になっている. しかし通常, 扱う必要の生じる積分は, 被積分関数の分母がいくつかの2次因子の積を含む. このような一般的な形の積分を, 望ましい積分の形に還元するための巧妙な技法がFeynmanによって与えられている.

2つの2次因子aとbに関する次の恒等式から議論を始める.

$$\frac{1}{ab} = \frac{1}{b-a}\int_a^b \frac{\mathrm{d}t}{t^2} \tag{10.8}$$

ここで "Feynmanパラメーター" zを, 次のように定義する.

$$t = b + (a-b)z \tag{10.9}$$

すると, 式(10.8)は, 次のようになる.

$$\frac{1}{ab} = \int_0^1 \frac{\mathrm{d}z}{[b+(a-b)z]^2} \tag{10.10}$$

Feynmanパラメーターzを導入することにより, $1/ab$が, 単一の2次因子の自乗を分母とする積分で表されることが見て取れる. この段階では式(10.10)の積分はむし

---

[4] この導出はJ. J. Sakurai, *Advanced Quantum Mechanics*, Addison-Wesley, 1967, p. 315に与えられている.

ろ複雑なように見えるが，Feynmanのパラメーター積分の技法によって，すべての積分を直接的に評価できることを，これから示す．

上述の方法を拡張するのは容易である．3つの因子の場合，

$$\frac{1}{abc} = 2\int_0^1 dx \int_0^x dy \frac{1}{[a+(b-a)x+(c-b)y]^3} \tag{10.11a}$$

$$= 2\int_0^1 dx \int_0^{1-x} dz \frac{1}{[a+(b-a)x+(c-a)z]^3} \tag{10.11b}$$

となる．これらは，それぞれ y, z に関して積分を行い，式(10.10) を利用することで証明される．式(10.11a)を，任意の因子数へと一般化できる．

$$\frac{1}{a_0 a_1 a_2 \ldots a_n} = \Gamma(n+1) \int_0^1 dz_1 \int_0^{z_1} dz_2 \ldots \int_0^{z_{n-1}} dz_n$$
$$\times \frac{1}{[a_0 + (a_1-a_0)z_1 + \cdots + (a_n-a_{n-1})z_n]^{n+1}} \tag{10.12}$$

この式は，帰納法によって導かれる．

他の有用な結果が，ひとつもしくはそれ以上のパラメーターに関する微分によって得られる．たとえば，式(10.10) を a について微分すると，次式が得られる．

$$\frac{1}{a^2 b} = 2\int_0^1 dz \frac{z}{[b+(a-b)z]^3} \tag{10.13}$$

最後に，修正された光子伝播関数(9.21) は，しばしば次の形に書かれることを指摘しておく．

$$\frac{1}{k^2-\lambda^2+i\varepsilon} - \frac{1}{k^2-\Lambda^2+i\varepsilon} = -\int_{\lambda^2}^{\Lambda^2} \frac{dt}{(k^2-t+i\varepsilon)^2} \tag{10.14}$$

これは，公式(10.8) と同じ関係である．

10.2 切断法による正則化：電子質量のずれ

正則化のための切断法を見てみるために，電子の自己エネルギー部分による質量のずれ δm を，2次の摂動論で計算してみよう．

式(9.27), (9.28), (9.4) から，δm は次のように与えられる．

$$\delta m = i\bar{u}(\mathbf{p})\left\{\frac{-e_0^2}{(2\pi)^4}\int d^4k \frac{\gamma^\alpha(\not{p}-\not{k}+m)\gamma_\alpha}{(p-k)^2-m^2+i\varepsilon}\left[\frac{1}{k^2-\lambda^2+i\varepsilon} - \frac{1}{k^2-\Lambda^2+i\varepsilon}\right]\right\}u(\mathbf{p}) \tag{10.15}$$

ここでは，式(9.4) の中の光子伝播関数を修正された形(9.21) に置き換えて，赤外発散から生じる困難を回避するようにした．式(10.15) は γ 行列の縮約の公式(A.14b) を利用し，$\not{p}u(\mathbf{p}) = mu(\mathbf{p})$, $p^2 = m^2$ と置くことで簡単になる．更に式(10.14) を代入すると，次式を得る．

$$\delta m = \frac{\mathrm{i}e_0^2}{(2\pi)^4} \bar{u}(\mathbf{p}) \left[\int d^4 k \frac{2(\not{k}+m)}{k^2 - 2pk + \mathrm{i}\varepsilon} \int_{\lambda^2}^{\Lambda^2} \frac{\mathrm{d}t}{(k^2 - t + \mathrm{i}\varepsilon)^2} \right] u(\mathbf{p}) \tag{10.16}$$

ここに，式(10.13) を適用する．

$$\delta m = \frac{\mathrm{i}e_0^2}{(2\pi)^4} \bar{u}(\mathbf{p}) \left[\int_{\lambda^2}^{\Lambda^2} \mathrm{d}t \int_0^1 \mathrm{d}z \int d^4 k \frac{4(\not{k}+m)z}{[k^2 - 2pk(1-z) - tz + \mathrm{i}\varepsilon]^3} \right] u(\mathbf{p}) \tag{10.17}$$

式(10.17) において，k に関する積分を式(10.4) と式(10.5) を用いて実行できる．

$$\begin{aligned}\delta m &= \frac{me_0^2}{8\pi^2} \int_0^1 \mathrm{d}z \int_{\lambda^2}^{\Lambda^2} \mathrm{d}t \frac{2z - z^2}{tz + m^2(1-z)^2} \\ &= \frac{m\alpha_0}{2\pi} \int_0^1 \mathrm{d}z (2-z) \ln \frac{\Lambda^2 z + m^2(1-z)^2}{\lambda^2 z + m^2(1-z)^2}\end{aligned} \tag{10.18}$$

この式は $\lambda \to 0$ の赤外極限においても有限に保たれるので，式(10.18) において $\lambda = 0$ と置くことができる．$\Lambda \to \infty$ とすると積分は対数的に発散し，その主要項は次のように与えられる．

$$\begin{aligned}\delta m &= \frac{m\alpha_0}{2\pi} \ln \frac{\Lambda^2}{m^2} \int_0^1 \mathrm{d}z(2-z) + O(1) \\ &= \frac{3m\alpha_0}{2\pi} \ln \frac{\Lambda}{m} + O(1)\end{aligned} \tag{10.19}$$

これが，9.3節で引用した式(9.37) と式(9.28) に相当する．

10.3 次元正則化

10.3.1 次元正則化の導入

場の理論に現れる発散するループ積分は，エネルギー-運動量空間における4次元積分である．次元正則化は，この積分の次元数を修正することによって，積分を有限にする方法である．最初の段階として，4次元空間から D 次元空間への一般化を考える．D は正の整数である．この空間における計量テンソル $g^{\alpha\beta} = g_{\alpha\beta}$ は，次のように定義される．

$$\left. \begin{array}{l} g^{00} = -g^{ii} = 1, \quad i = 1, 2, \ldots, D-1 \\ g^{\alpha\beta} = 0, \quad \alpha \neq \beta \end{array} \right\} \tag{10.20}$$

これに対応して，4元ベクトル k^α は D 個の成分を持つベクトル，

$$k^\alpha \equiv (k^0, k^1, \ldots, k^{D-1}) \tag{10.21}$$

に置き換わる．ベクトルの"自乗"は次のように規定される．

$$k^2 = k_\alpha k^\alpha = (k^0)^2 - \sum_{i=1}^{D-1} (k^i)^2 \tag{10.22}$$

ループ積分は D 次元空間における積分になり，体積要素は $\mathrm{d}^D k = \mathrm{d}k^0 \mathrm{d}k^1 \ldots \mathrm{d}k^{D-1}$ である．たとえば式(10.1)は次式へと一般化される[5]．

$$\int \frac{\mathrm{d}^D k}{(k^2 - s + \mathrm{i}\varepsilon)^n} = \mathrm{i}\pi^{D/2} (-1)^n \frac{\Gamma(n - D/2)}{\Gamma(n)} \frac{1}{s^{n-D/2}} \tag{10.23}$$

上式は $n > D/2$ の整数値に関して成立する．$n = D/2$ の場合(たとえば $D = 4$ 次元において $n = 2$ と置く)，式(10.23)の左辺は対数的に発散し，右辺も $\Gamma(z)$ の $z = 0$ における極のために特異となる．しかしながら D が整数値でないならば，式(10.23)の右辺はよく定義されていて有限である．したがって，右辺を用いて D が非整数値の場合まで一般化した式(10.23)の左辺の積分を"定義"できる．ここで特に $D = 4 - \eta$ を考える．η は微小な正のパラメーターとする．通常の4次元空間を(そして同時に，例えばQEDを)復元するには，$\eta \to 0$ の極限操作を施せばよい．

QEDに取り掛かる前に，まずはこれらの概念を，非現実的であるが単純な例において見てみる．発散する次のようなループ積分を扱うものとしよう．

$$\Pi(s) = \frac{1}{(2\pi)^4} \int \frac{\mathrm{d}^4 k}{(k^2 - s + \mathrm{i}\varepsilon)^2} \tag{10.24}$$

切断法を採用するならば，被積分関数に例えば $(-\Lambda^2)/(k^2 - \Lambda^2)$ を掛けて，その積分を10.1節で示した方法で評価すればよい．

$$\Pi_\Lambda(s) = \frac{1}{(2\pi)^4} \int \frac{\mathrm{d}^4 k}{(k^2 - s + \mathrm{i}\varepsilon)^2} \frac{-\Lambda^2}{k^2 - \Lambda^2} \tag{10.25}$$

$\Lambda \to \infty$ の極限において $\Pi_\Lambda(s)$ は対数的に発散する．しかしながら繰り込みの後では，差，

$$\Pi_\Lambda(s) - \Pi_\Lambda(s_0)$$

---

[5] このような積分を評価する方法については 't Hooft and Veltman の論文 (p.234脚註) を参照されたい．

10.3. 次元正則化

を扱うことになり,これはよく定義された極限を持つ.

$$\lim_{\Lambda \to \infty} \left\{ \Pi_\Lambda(s) - \Pi_\Lambda(s_0) \right\} = -\frac{i}{16\pi^2} \ln(s/s_0) \tag{10.26}$$

次元正則化を利用する場合は,式(10.23) を利用して,$\Pi(s)$ の定義を $D = 4 - \eta$ 次元へと拡張することによって正則化が実現する.次のように書くことにする.

$$\Pi(s) = \mu^{-\eta} \Pi_\eta(s) \tag{10.27a}$$

$$\begin{aligned}\Pi_\eta(s) &= \frac{\mu^\eta}{(2\pi)^{4-\eta}} \int \frac{d^{4-\eta} k}{(k^2 - s + i\varepsilon)^2} \\ &= \frac{i}{16\pi^2} \frac{1}{(4\pi)^{-\eta/2}} \frac{\Gamma(\eta/2)}{\Gamma(2)} \left(\frac{s}{\mu^2}\right)^{-\eta/2}\end{aligned} \tag{10.27b}$$

μ は質量尺度(mass scale)であるが,これについて以下に論じる.因子 μ^η は $\Pi_\eta(s)$ の自然次元が η に依存しないことを保証しており,4次元条件 $\eta = 0$ の近傍における展開のために必要とされる.$\eta \to 0$ の下で,任意の無次元量 x について,

$$x^{-\eta/2} = 1 - \frac{1}{2}\eta \ln x + \ldots \tag{10.28}$$

であり,

$$\Gamma\left(\frac{\eta}{2}\right) = \frac{2}{\eta} - \gamma + \ldots \tag{10.29}$$

となる.$\gamma = 0.5772\ldots$ は Euler 定数を表す[6].したがって,次の結果を得る.

$$\Pi_\eta(s) = \frac{i}{16\pi^2} \left[\frac{2}{\eta} - \gamma + \ln 4\pi\right] - \frac{i}{16\pi^2} \ln\left(\frac{s}{\mu^2}\right) \tag{10.30a}$$

よって,

$$\lim_{\eta \to 0} \left\{\Pi_\eta(s) - \Pi_\eta(s_0)\right\} = -\frac{i}{16\pi^2} \ln(s/s_0) \tag{10.30b}$$

が得られるが,これは質量尺度 μ によらず,切断法から導いた結果(10.26)と一致している.

これが次元正則化の特徴である.ループ積分を $D = 4 - \eta$ 次元へ一般化するときに,上の式(10.27b) のところで言及したように,整合性のために必ず因子 μ^η を同時に導入する必要がある.これは,式(10.27a) にある因子 $\mu^{-\eta}$ と相殺関係にあり,後

---

[6] たとえば M. Abramowitz and I. A. Stegun, *Handbook of Mathematical Functions*, Dover, New York, 1972, p.255 を参照.

表10.1 時空次元 $D = 4 - \eta$ のときの諸量の次元 (n.u.).

量	次元
作用	0
ラグランジアン密度	$D = 4 - \eta$
Klein-Gordon場 ϕ	$1 - \eta/2$
電磁場 A^μ	$1 - \eta/2$
Dirac場 ψ	$(3 - \eta)/2$
電荷 e	$\eta/2$

者は通常,結合定数の再定義において吸収される.たとえばQEDでは,各ループ積分が因子 e_0^2 に関係するが,これが,

$$\tilde{e}_0^2 = \mu^{-\eta} e_0^2 \tag{10.31}$$

に置き換えられる.この再定義された結合定数も η によらず無次元である.このことを見るために,$D = 4 - \eta$ 次元においても作用は依然として,

$$S = \int L\,\mathrm{d}t$$

と与えられることに注意する.一方,ラグランジアン密度 $\mathcal{L}$ は,次式によって定義される.

$$L = \int \mathrm{d}^{D-1}x\, \mathcal{L}$$

ここからラグランジアン密度 $\mathcal{L}$ は次元 $D = 4 - \eta$ を持つことが分かる.そして場と電荷の次元はラグランジアン密度(3.4), (5.10), (4.20), (4.68)から得られる.これを表10.1に示す.電荷の次元を見ると,再定義した $\tilde{e}_0^2$ は無次元を保ちながら,4次元の極限で $\tilde{e}_0 \to e_0$ になることが分かる.言い添えておくと,繰り込みの後に得られる有限の物理的な結果は常に,$D \to 4$ の極限において μ に依存しない.このことを10.4節と10.5節において具体的に見る予定である.

10.3.2 次元正則化に用いる一般的な技法

QEDに対して次元正則化を適用するために,上述の概念を2つの面で一般化しなければならない.第1に,式(10.23)の他にも積分が必要となる.第2に γ 行列を含む式を一般化する必要がある.

10.3. 次元正則化

式(10.1)から式(10.2)-(10.6)を導いたのと同様の方法で，式(10.23)から関連した積分公式が求まる．式(10.23)以外に必要な積分は，以下のものだけである．

$$\int d^D k \frac{k^\mu}{(k^2 - s + i\varepsilon)^n} = 0 \tag{10.32}$$

$$\int d^D k \frac{k^\mu k^\nu}{(k^2 - s + i\varepsilon)^n} = i\pi^{D/2}(-1)^{n+1}\frac{\Gamma(n - D/2 - 1)}{2\Gamma(n)}\frac{g^{\mu\nu}}{s^{n-D/2-1}} \tag{10.33}$$

$$\int d^D k \frac{k^2}{(k^2 - s + i\varepsilon)^n} = i\pi^{D/2}(-1)^{n+1}\frac{\Gamma(n - D/2 - 1)}{2\Gamma(n)}\frac{D}{s^{n-D/2-1}} \tag{10.34}$$

式(10.33)から式(10.34)を導くには，次式を用いればよい．

$$g_{\mu\nu}g^{\mu\nu} = D \tag{10.35}$$

式(10.32)-(10.34)に関して言うなら，これらは元々 D が整数値の場合について導かれる式である．それを踏まえて D が整数でない場合は，積分の定義が右辺で与えられているものと見なすことにする．再び $D = 4 - \eta$ と書いておいて，$\eta \to 0$ すなわち $D \to 4$ の極限を考察する．読者は式(10.33)の右辺を見て，D が整数でない場合の $g^{\mu\nu}$ の意味について不安を感じるかも知れない．しかしながら $\eta \to 0$ のとき，この式の特異性は因子 $\Gamma(n - D/2 - 1)$ から生じ，$g^{\mu\nu}$ はこの極限において特異性を持たない．したがって $D = 4$ のときの $g^{\mu\nu}$ の値だけが最終的な結果に影響し，結局必要とされるのは，この値だけである．

次に γ 行列を含む式を扱う方法を見てみよう．最初は再び D を一般の整数値と考え，ひと組の γ 行列 $\gamma^0, \gamma^1, \ldots, \gamma^{D-1}$ を導入し，これらが通常の反交換関係，

$$\gamma^\mu \gamma^\nu + \gamma^\nu \gamma^\mu = 2g^{\mu\nu} \tag{10.36}$$

を満たすものとする．この関係から，式(A.14)-(A.18)に類似した γ 行列の縮約や対角和(トレース)の関係式が得られる．もし γ 行列が $f(D) \times f(D)$ 行列であり，I が $f(D) \times f(D)$ 単位行列であるとするならば ($f(D=4) = 4$)，以下のような縮約の公式を得る．

$$\begin{aligned}
\gamma_\lambda \gamma^\lambda &= DI \\
\gamma_\lambda \gamma^\alpha \gamma^\lambda &= -(D-2)\gamma^\alpha \\
\gamma_\lambda \gamma^\alpha \gamma^\beta \gamma^\lambda &= (D-4)\gamma^\alpha \gamma^\beta + 4g^{\alpha\beta}
\end{aligned} \tag{10.37}$$

また，対角和(トレース)に関する公式も得られる．

$$\begin{aligned}
\text{Tr}(\gamma^\alpha \gamma^\beta) &= f(D) g^{\alpha\beta} \\
\text{Tr}(\gamma^\alpha \gamma^\beta \gamma^\gamma \gamma^\delta) &= f(D)\left[g^{\alpha\beta}g^{\gamma\delta} - g^{\alpha\gamma}g^{\beta\delta} + g^{\alpha\delta}g^{\beta\gamma}\right] \\
\text{Tr}(\gamma^\alpha \gamma^\beta \ldots \gamma^\mu \gamma^\nu) &= 0 \quad (\text{odd number } \gamma\text{-matrices})
\end{aligned} \tag{10.38}$$

式(10.38)の最後の式の$(\gamma^\alpha\gamma^\beta\ldots\gamma^\mu\gamma^\nu)$は，奇数個の$\gamma$行列を含んでいるものとする．

ここで，γ行列に関する上記の関係を$D=4-\eta$次元の場合に適用することにする．ηを小さな正数とする．非整数次元においてγ行列が存在することの意味は明らかではないが，その点には拘泥しないことにする．$D\to 4$の極限では，通常の関係が復元され，これらの関係は(積分とは異なり)この極限において特異性を持たないので，計算の最終的な結果には$D=4$の関係だけしか影響しない．このことを具体的に，続く2つの節において見てみる．

10.4　真空偏極

本節では次元正則化を利用して，次の真空偏極の収束部分の式を導く．

$$e^2\Pi_c(k^2) = -\frac{2\alpha}{\pi}\int_0^1 dz\, z(1-z)\ln\left[1-\frac{k^2 z(1-z)}{m^2}\right] \tag{9.68}$$

これは第9章で引用した式である．

出発点として，光子の自己エネルギー部分の式(9.8)を用いる．これを次元正則化すると，次式が得られる．

$$ie_0^2\Pi^{\mu\nu}(k) = \frac{-\tilde{e}_0^2\mu^{4-D}}{(2\pi)^D}\int d^Dp\, \frac{N^{\mu\nu}(p,k)}{[(p+k)^2-m^2+i\varepsilon][p^2-m^2+i\varepsilon]} \tag{10.39}$$

μは10.3.1項で導入した質量尺度であり，被積分関数の分子は，

$$N^{\mu\nu}(p,k) \equiv \mathrm{Tr}\left[\gamma^\mu(\slashed{p}+\slashed{k}+m)\gamma^\nu(\slashed{p}+m)\right] \tag{10.40}$$

である．対角和を式(10.38)を用いて評価すると，次のようになる．

$$N^{\mu\nu}(p,k) = f(D)\left\{(p^\mu+k^\mu)p^\nu + (p^\nu+k^\nu)p^\mu + [m^2-p(p+k)]g^{\mu\nu}\right\} \tag{10.41}$$

Feynmanのパラメーター積分を導入し，式(10.10)を利用すると，式(10.39)は次のように書き直される．

$$ie_0^2\Pi^{\mu\nu}(k) = \frac{-\tilde{e}_0^2\mu^{4-D}}{(2\pi)^D}\int_0^1 dz\int d^Dp\, \frac{N^{\mu\nu}(p,k)}{[p^2-m^2+(k^2+2pk)z+i\varepsilon]^2} \tag{10.42}$$

ここで，次の新たな変数を導入する．

$$q^\mu = p^\mu + zk^\mu \tag{10.43}$$

すると，式(10.42)は次式に変換される．

10.4. 真空偏極

$$\mathrm{i}e_0^2 \Pi^{\mu\nu}(k) = \frac{-\tilde{e}_0^2 \mu^{4-D}}{(2\pi)^D} \int_0^1 \mathrm{d}z \int \mathrm{d}^D q \, \frac{N^{\mu\nu}(q-kz,k)}{[q^2 + k^2 z(1-z) - m^2 + \mathrm{i}\varepsilon]^2} \qquad (10.44)$$

$$N^{\mu\nu}(q-kz,k) = f(D)\Big\{ \big[2q^\mu q^\nu - q^2 g^{\mu\nu}\big] + \big[m^2 - k^2 z(1-z)\big] g^{\mu\nu}$$
$$+ \big[-2z(1-z)(k^\mu k^\nu - k^2 g^{\mu\nu})\big] + \ldots \Big\} \qquad (10.45)$$

式中の $\ldots$ は，q に関する1次の項の省略を意味する．これらの項は式(10.32)により，積分結果へ寄与を持たない．上の2本の式を組み合わせて，次式を得る．

$$\mathrm{i}e_0^2 \Pi^{\mu\nu}(k) = \frac{-\tilde{e}_0^2 \mu^{4-D}}{(2\pi)^D} f(D) \int_0^1 \mathrm{d}z \sum_{i=1}^3 I_i^{\mu\nu}(k,z) \qquad (10.46)$$

ここで $I_i^{\mu\nu}(k,z)$ の部分に関しては，式(10.23)と式(10.32)-(1.34)を用いて計算される．

$$I_1^{\mu\nu}(k,z) \equiv \int \mathrm{d}^D q \, \frac{[2q^\mu q^\nu - q^2 g^{\mu\nu}]}{[q^2 + k^2 z(1-z) - m^2 + \mathrm{i}\varepsilon]^2}$$
$$= \frac{-\mathrm{i}g^{\mu\nu} \pi^{D/2} \Gamma(1-D/2)}{[m^2 - k^2 z(1-z)]^{1-D/2}} (1 - D/2) \qquad (10.47\mathrm{a})$$

$$I_2^{\mu\nu}(k,z) \equiv [m^2 - k^2 z(1-z)] g^{\mu\nu} \int \mathrm{d}^D q \, \frac{1}{[q^2 + k^2 z(1-z) - m^2 + \mathrm{i}\varepsilon]^2}$$
$$= [m^2 - k^2 z(1-z)] g^{\mu\nu} \frac{\mathrm{i}\pi^{D/2} \Gamma(2-D/2)}{[m^2 - k^2 z(1-z)]^{2-D/2}}$$
$$= -I_1^{\mu\nu}(k,z) \qquad (10.47\mathrm{b})$$

$$I_3^{\mu\nu}(k,z) \equiv [-2z(1-z)(k^\mu k^\nu - k^2 g^{\mu\nu})] \int \mathrm{d}^D q \, \frac{1}{[q^2 + k^2 z(1-z) - m^2 + \mathrm{i}\varepsilon]^2}$$
$$= -2z(1-z)(k^\mu k^\nu - k^2 g^{\mu\nu}) \frac{\mathrm{i}\pi^{D/2} \Gamma(2-D/2)}{[m^2 - k^2 z(1-z)]^{2-D/2}} \qquad (10.47\mathrm{c})$$

式(10.47a)-(10.47c) を式(10.46)に代入した結果は，偏極関数 $\Pi(k^2)$ を導入して，次のように表される．

$$e_0^2 \Pi^{\mu\nu}(k) = \big(k^\mu k^\nu - k^2 g^{\mu\nu}\big) \tilde{e}_0^2 \Pi(k^2) \qquad (10.48)$$

$$\Pi(k^2) = \frac{2\mu^{4-D} f(D) \Gamma(2-D/2)}{(4\pi)^{D/2}} \int_0^1 \mathrm{d}z \, \frac{z(1-z)}{[m^2 - k^2 z(1-z)]^{2-D/2}} \qquad (10.49)$$

式(10.48)により，任意の4元ベクトル k に関して，ゲージ不変性の条件，

$$k_\mu \Pi^{\mu\nu}(k) = 0 \qquad (10.50)$$

が成立する[7]. 次元正則化を利用すると, ゲージ不変性は自動的に満たされる. これは一般的な結果であり, 次元正則化の手続きが, ラグランジアンの持つゲージ不変性のような局所的対称性を保つという事実によっている.

最後に $D = 4 - \eta$ と置き, $\eta \to 0$ の極限操作を施す. $f(4 - \eta) = 4 - \eta f'(4) + \ldots$ と書いて式(10.28)と式(10.29)を利用すると, 偏極関数(10.49)は $\eta \to 0$ の極限において次式で与えられる.

$$\Pi(k^2) = \frac{1}{12\pi^2}\left(\frac{2}{\eta} - \gamma - \frac{f'(4)}{2} + \ln 4\pi\right)$$
$$- \frac{1}{2\pi^2}\int_0^1 dz\, z(1-z) \ln\left[\frac{m^2 - k^2 z(1-z)}{\mu^2}\right] \tag{10.52a}$$

式(10.48)を式(9.11), (9.15)と比べると,

$$\Pi(k^2) = A'(0) + \Pi_c(k^2) \tag{10.53}$$

であることが分かり, $\Pi_c(0) = 0$ なので, 上の2本の式から $\eta \to 0$ の極限において次式が得られる.

$$e_0^2 \Pi_c(k^2) = e_0^2\left[\Pi(k^2) - \Pi(0)\right]$$
$$= -\frac{2\alpha_0}{\pi}\int_0^1 dz\, z(1-z) \ln\left[1 - \frac{k^2 z(1-z)}{m^2}\right] \tag{10.54}$$

最低次では $e_0 = e$ なので, これはちょうど式(9.68)そのものにあたる. この結果にしても, 他の観測可能量に関する予言についても, $f'(4)$ の値には依存しないので, この値は任意である. これ以降, 慣例にしたがって,

$$f'(4) = 0$$

と置くことにする. 式(10.52a)は次式となる.

$$\Pi(k^2) = \frac{1}{12\pi^2}\left(\frac{2}{\eta} - \gamma + \ln 4\pi\right) - \frac{1}{2\pi^2}\int_0^1 dz\, z(1-z) \ln\left[\frac{m^2 - k^2 z(1-z)}{\mu^2}\right]$$
$$\tag{10.52b}$$

---

[7]式(10.50)がゲージ不変性の条件(8.32)からの帰結であることは, 次のように確認される. 外線に真空偏極ループを挿入すると (たとえば p.186, 図9.1 から p.188, 図9.2(c) への移行), Feynman振幅には次の修正が生じる.

$$\mathcal{M}_\alpha(\mathbf{k}) A_e^\alpha(\mathbf{k}) \to \mathcal{M}'_\alpha(\mathbf{k}) A_e^\alpha(\mathbf{k}) = \left[\mathcal{M}_\alpha(\mathbf{k}) + \mathcal{M}_\lambda(\mathbf{k}) i D_F^{\lambda\mu}(\mathbf{k}) i e^2 \Pi_{\mu\alpha}(\mathbf{k})\right] A_e^\alpha(\mathbf{k}) \tag{10.51}$$

$\mathcal{M}$ と $\mathcal{M}'$ がゲージ不変性の条件(8.32)を満たすならば, 式(10.50)は必然的に成立する.

10.5 異常磁気能率

次元正則化の2番目の応用例として，電子の異常磁気能率を α のオーダーまで求めてみる (式(9.72))．

9.6.1項において，この磁気能率の補正が，図9.15(c) (p.212) の結節点(ヴァーテックス)補正から生じ，これが式(9.48) で与えられることを見た．次元正則化を適用し，赤外切断 λ を導入すると，この式は次のように書き直される．

$$
\begin{aligned}
&e_0^2 \Lambda^\mu(p',p) \\
&= \frac{-i\tilde{e}_0^2 \mu^{4-D}}{(2\pi)^D} \int d^D k \frac{N^\mu(p',p,k)}{(k^2-\lambda^2+i\varepsilon)\left[(p'-k)^2-m^2+i\varepsilon\right]\left[(p-k)^2-m^2+i\varepsilon\right]}
\end{aligned}
\tag{10.55}
$$

μ は10.3.1項で導入した質量尺度であり，また，

$$
N^\mu(p',p,k) = \gamma^\alpha(\not{p}' - \not{k} + m)\gamma^\mu(\not{p} - \not{k} + m)\gamma_\alpha
\tag{10.56}
$$

である．Feynman のパラメーター積分 (式(10.11b)) を利用して，式(10.55) を書き直す．

$$
e_0^2 \Lambda^\mu(p',p) = \frac{-i\tilde{e}_0^2 \mu^{4-D}}{(2\pi)^D} \int_0^1 dy \int_0^{1-y} dz \int d^D k \frac{2N^\mu(p',p,k)}{[k^2 - 2k(p'y + pz) - r + i\varepsilon]^3}
\tag{10.57}
$$

$$
r \equiv \lambda^2(1-y-z) - y(p'^2 - m^2) - z(p^2 - m^2)
\tag{10.58}
$$

新しい変数，

$$
t^\mu = k^\mu - a^\mu \equiv k^\mu - (p'y + pz)^\mu
\tag{10.59}
$$

を導入すると，式(10.57) は次のようになる．

$$
e_0^2 \Lambda^\mu(p',p) = \frac{-i\tilde{e}_0^2 \mu^{4-D}}{(2\pi)^D} \int_0^1 dy \int_0^{1-y} dz \int d^D t \frac{2N^\mu(p',p,t+a)}{[t^2 - r - a^2 + i\varepsilon]^3}
\tag{10.60}
$$

t に関する積分を行うために，$N^\mu(p',p,t+a)$ を，t の異なる冪(べき)の和の形に直す．

$$
N^\mu(p',p,t+a) = \sum_{i=0}^{2} N_i^\mu(p',p)
\tag{10.61}
$$

各項は，以下のように与えられる．

$$N_0^\mu(p',p) \equiv \gamma^\alpha(\not{p}' - \not{q} + m)\gamma^\mu(\not{p} - \not{q} + m)\gamma_\alpha \tag{10.62a}$$

$$N_1^\mu(p',p) \equiv -\gamma^\alpha\left[\not{t}\gamma^\mu(\not{p} - \not{q} + m) + (\not{p}' - \not{q} + m)\gamma^\mu\not{t}\right]\gamma_\alpha \tag{10.62b}$$

$$N_2^\mu(p',p) \equiv \gamma^\alpha\not{t}\gamma^\mu\not{t}\gamma_\alpha \tag{10.62c}$$

(簡単に $N_i^\mu(p',p)$ と書いたが、引数は p' と p だけではなく、N_0^μ は a にも依存し、N_2^μ は t にも、N_1^μ は a と t にも依存する.) そこで、式(10.60)を次のように書く.

$$e_0^2 \Lambda^\mu(p',p) = \sum_{i=0}^{2} e_0^2 \Lambda_i^\mu(p',p) \tag{10.63a}$$

$$e_0^2 \Lambda_i^\mu(p',p) = \frac{-i\tilde{e}_0^2 \mu^{4-D}}{(2\pi)^D} \int_0^1 dy \int_0^{1-y} dz \int d^D t \, \frac{2N_i^\mu(p',p)}{[t^2 - r - a^2 + i\varepsilon]^3} \tag{10.63b}$$

式(10.63a)の3つの項のうちで、Λ_1^μ は被積分関数が t に関して奇なのでゼロになる (式(10.32)参照). $D \to 4$ の極限において Λ_0^μ はゼロでない有限値を取り、Λ_2^μ は発散する.

最初に Λ_2^μ の発散を考察する. 式(10.62c)を式(10.63b)に代入して、t-積分を式(10.33)によって評価すると、次式を得る.

$$e_0^2 \Lambda_2^\mu(p',p) = \frac{\tilde{e}_0^2 \mu^{4-D}}{(2\pi)^D} \frac{\pi^{D/2}\Gamma(2-D/2)}{\Gamma(3)} \int_0^1 dy \int_0^{1-y} dz \, \frac{\gamma^\alpha\gamma_\sigma\gamma^\mu\gamma^\sigma\gamma_\alpha}{[-(r+a^2)]^{2-D/2}} \tag{10.64}$$

上式において $D = 4 - \eta$ と設定し、式(10.37), (10.28), (10.29)を利用すると、次式が得られる.

$$e_0^2 \Lambda_2^\mu(p',p) = \gamma^\mu \frac{\tilde{e}_0^2}{8\pi^2} \int_0^1 dy \int_0^{1-y} dz \left\{\left(\frac{2}{\eta} - \gamma + \ln 4\pi\right) - 2 - \ln\left[\frac{r+a^2}{\mu^2}\right]\right\} \tag{10.65}$$

ここでは $\eta \to 0$ の極限においてゼロになる項を無視した.

第9章では結節点(ヴァーテックス)補正の観測可能な部分 $\Lambda_c^\mu(p',p)$ を、次式によって定義した.

$$\Lambda^\mu(p',p) = L\gamma^\mu + \Lambda_c^\mu(p',p) \tag{9.53}$$

我々は $\Lambda^\mu(p',p)$ の発散する部分が、$\Lambda_2^\mu(p',p)$ (式(10.65))の $1/\eta$ の項によって与えられることを示した. 式(9.53)を式(10.63a)に同定すると、この $1/\eta$ の項は、式(9.53)の $L\gamma^\mu$ の項に含まれる. したがって、9.5節で別の方法でも示した通り、$\Lambda_c^\mu(p',p)$ は有限ということになる.

10.5. 異常磁気能率

電子の異常磁気能率を導出するために,次に結節点補正 $e^2\Lambda^\mu(p',p)$(ヴァーテックス)が静的な外部電磁場の電子散乱への寄与することによる観測可能な補正を考察する.この過程の Feynman 振幅は,次式で与えられる.

$$\mathcal{M} = \mathrm{i}e_0\bar{u}(\mathbf{p}')e_0^2\Lambda^\mu(p',p)u(\mathbf{p})A_{\mathrm{e}\mu}(\mathbf{q}=\mathbf{p}'-\mathbf{p}) \tag{10.66}$$

この振幅の最も一般的な形を,Lorentz不変性を許容してLorentzゲージの条件,

$$q_\mu A_\mathrm{e}^\mu(\mathbf{q}) = 0 \tag{10.67}$$

と Gordon 恒等式 (問題 A.2) の下で決めると,

$$\mathcal{M} = \mathrm{i}e_0\bar{u}(\mathbf{p}')\left[\gamma^\mu F_1(q^2) + \frac{\mathrm{i}}{2m}\sigma^{\mu\nu}q_\nu F_2(q^2)\right]u(\mathbf{p})A_{\mathrm{e}\mu}(\mathbf{q}) \tag{10.68}$$

という形になる.F_1 と F_2 は q^2 の任意関数である.磁気能率を計算するには,式 (10.68) において第 2 項だけを考察すればよい.式 (10.68) と式 (10.65) を比較すると,Λ_2^μ は $F_2(q^2)$ に対して寄与を持たないことが分かるので,磁気能率への補正は式 (10.62a) と式 (10.63b) によって定義される Λ_0^μ だけから生じる.後者の式の t-積分は,式 (10.23) を利用して容易に計算できて,$D=4$ ($\eta \to 0$) において次式を得る.

$$\bar{u}(\mathbf{p}')e^2\Lambda_0^\mu(p',p)u(\mathbf{p}) = \frac{-\alpha}{4\pi}\int_0^1\mathrm{d}y\int_0^{1-y}\mathrm{d}z\frac{\bar{u}(\mathbf{p}')N_0^\mu(p',p)u(\mathbf{p})}{(r+a^2)} \tag{10.69}$$

最低次では $e_0 = e$ である.

式 (10.69) は数学的によく定義された有限な式である.異常磁気能率を得るための残りの計算は,直接的であるが長くなるので,ここでは省略する.スピノル行列要素 $\bar{u}(\mathbf{p}')N_0^\mu(p',p)u(\mathbf{p})$ を,γ 行列の交換関係や縮約の公式,Dirac 方程式,Gordon 恒等式,Lorentz ゲージ条件 (10.67) などを利用して評価することになる.磁気能率に寄与する唯一の項 (すなわち式 (10.68) の第 2 項の形を持つもの) として,次式が得られる.

$$F_2(q^2) = \frac{m^2\alpha}{\pi}\int_0^1\mathrm{d}y\int_0^{1-y}\mathrm{d}z\frac{(y+z)(1-y-z)}{\lambda^2(1-y-z)+(p'y+pz)^2}$$

この積分は $\lambda \to 0$ の極限においてよく定義されている.よって $\lambda = 0$,$p' = p$ と置き,$p^2 = m^2$ を利用して最終的に次式を得る.

$$F_2(0) = \frac{\alpha}{\pi}\int_0^1\mathrm{d}y\int_0^{1-y}\mathrm{d}z\frac{1-y-z}{y+z} = \frac{\alpha}{2\pi} \tag{10.70}$$

これが,前章において式 (9.72) として引用した磁気能率への 2 次の補正である.

練習問題

10.1 式(10.25)から，すなわち切断法の下で式(10.26)を導出せよ．

10.2 次元正則化により，電子の自己エネルギー(9.4)は次のように与えられる．

$$ie_0^2 \Sigma(p) = \frac{-\tilde{e}_0^2 \mu^{4-D}}{(2\pi)^D} \int d^D k \, \frac{\gamma^\alpha (\not{p} - \not{k} + m) \gamma^\beta}{(p-k)^2 - m^2 + i\varepsilon} \frac{g_{\alpha\beta}}{k^2 - \lambda^2 + i\varepsilon} \quad (10.71)$$

$D \to 4$ の極限を考える．μ は 10.3.1項で導入した質量尺度を表す．赤外発散を防ぐために小さい切断パラメーター λ も導入してある．

Feynmanのパラメーター積分と縮約の公式(10.37)を利用して，上式が次のように書き換えられることを示せ．

$$ie_0^2 \Sigma(p) = \frac{-\tilde{e}_0^2}{(2\pi)^D} \mu^{4-D} \int_0^1 dz \int d^D q \, \frac{[Dm - (D-2)(\not{p} - \not{q} - \not{p}z)]}{(q^2 - s)^2} \quad (10.72)$$

$$q = k - pz$$
$$s = m^2 z + \lambda^2 (1-z) - p^2 z(1-z)$$

最後に q に関する積分を公式(10.23), (10.32)を用いて評価し，$\eta = D - 4 \to 0$ と $\lambda \to 0$ の極限操作を施して，次の結果を導け[8]．

$$e_0^2 \Sigma(p) = \frac{\tilde{e}_0^2}{16\pi^2} (\not{p} - 4m) \left[\frac{2}{\eta} - \gamma + \ln 4\pi \right] + \tilde{e}_0^2 \Sigma_c(p) \quad (10.73a)$$

$$16\pi^2 \Sigma_c(p) = (2m - \not{p}) - 2 \int_0^1 dz \left[\not{p}(1-z) - 4m \right] \ln \left(\frac{m^2 z - p^2 z(1-z)}{\mu^2} \right) \quad (10.73b)$$

10.3 上の結果(10.73)を，次の展開式と比較してみる．

$$e_0^2 \Sigma(p) = -\delta m + (\not{p} - m)(1 - Z_2) + (\not{p} - m) e_0^2 \Sigma_c(p)$$

$\eta = D - 4 \to 0$ の極限において発散する項だけを考えて，δm と Z_2 への寄与が，

$$\delta m = \frac{1}{\eta} \left(\frac{3\alpha_0 m}{2\pi} \right) \quad Z_2 = -\frac{1}{\eta} \left(\frac{\alpha_0}{2\pi} \right)$$

と与えられることを示せ ($\Sigma_c(p)$ は有限を保つ)．

これに対応する結節点繰り込み定数 $Z_1 = (1 - e_0^2 L + \ldots)$ を式(9.53), (10.63), (10.65)を用いて評価せよ．そして Ward 恒等式から上の Z_2 の値の当否を検証せよ．

---

[8] この結果は，次の問題や 15.2節において必要になる．

付録 A　Dirac方程式

この付録では，Dirac方程式に関係する主要な結果を導出する[1]．

A.1　Dirac方程式

Dirac方程式は，次のように書かれる．

$$i\hbar\frac{\partial \psi(x)}{\partial t} = \left[c\boldsymbol{\alpha}\cdot(-i\hbar\boldsymbol{\nabla}) + \beta mc^2\right]\psi(x) \tag{A.1}$$

ここで $\boldsymbol{\alpha} = (\alpha_1, \alpha_2, \alpha_3)$ と β は 4×4 のエルミート行列であり，次の関係を満たす．

$$[\alpha_i, \alpha_j]_+ = 2\delta_{ij}, \quad [\alpha_i, \beta]_+ = 0, \quad \beta^2 = 1 \quad i,j = 1,2,3 \tag{A.2}$$

ここで，4×4 の γ 行列を，

$$\gamma^0 = \beta, \quad \gamma^i = \beta\alpha_i \tag{A.3}$$

のように導入すると，Dirac方程式は次のように表される．

$$i\hbar\gamma^\mu\frac{\partial \psi(x)}{\partial x^\mu} - mc\psi(x) = 0 \tag{A.4}$$

γ 行列 γ^μ ($\mu = 0,1,2,3$) は，反交換関係，

$$[\gamma^\mu, \gamma^\nu]_+ = 2g^{\mu\nu} \tag{A.5}$$

に従い，次のエルミート性の条件を満たす．

$$\gamma^{\mu\dagger} = \gamma^0\gamma^\mu\gamma^0 \tag{A.6}$$

---

[1] 読者は既に Dirac 方程式の初等的な概念，たとえば L. I. Schiff, *Quantum Mechanics*, 3rd edn, McGraw-Hill, New York, 1968, pp.472-488 に与えられているような議論に馴染んでいるものと仮定している．この付録の補足として更に適した完全な取扱いは H. A. Bethe and R. W. Jackiw, *Intermediate Quantum Mechanics*, 3rd edn, Addison-Wesley, 1997, pp. 349-390 において見出される．

付録 A　Dirac 方程式

"この付録では，末尾の A.8 節を除き，以下に示す性質はすべて式(A.4)-(A.6)だけに基づく帰結であり，γ 行列の表示の選び方には依存しない."

5 番目の反交換行列を，次のように定義する．

$$\gamma^5 \equiv i\gamma^0\gamma^1\gamma^2\gamma^3 \tag{A.7}$$

この γ^5 は，次の性質を持つ．

$$[\gamma^\mu, \gamma^5]_+ = 0, \quad (\gamma^5)^2 = 1, \quad \gamma^{5\dagger} = \gamma^5 \tag{A.8}$$

ギリシャ文字の添字は"常に"0, 1, 2, 3 であり，5 を表すことは決してないので注意されたい．

4×4 スピン行列を，次のように導入する．

$$\sigma^{\mu\nu} = \frac{i}{2}[\gamma^\mu, \gamma^\nu] \tag{A.9}$$

これは，次式を満たす．

$$\sigma^{\mu\nu\dagger} = \gamma^0 \sigma^{\mu\nu} \gamma^0 \tag{A.10}$$

そして $\boldsymbol{\sigma} = (\sigma^{23}, \sigma^{31}, \sigma^{12})$ とする．i, j, k に 1, 2, 3 を巡回的(サイクリック)な順序で充てるならば，次式が成り立つ．

$$\sigma^{ij} = -\gamma^0 \gamma^5 \gamma^k \tag{A.11}$$

ここまで γ 行列や，そこから導かれる行列を，上付き添字が付く形 (γ^μ, $\sigma^{\mu\nu}$ など) で定義した．これらに対応する下付き添字を持つ量を，次のような関係を通じて定義する[2]．

$$\gamma_\mu = g_{\mu\nu}\gamma^\nu \tag{A.12}$$

また，γ_5 を次式によって定義する．

$$\gamma_5 \equiv \frac{1}{4!}\varepsilon_{\lambda\mu\nu\pi}\gamma^\lambda\gamma^\mu\gamma^\nu\gamma^\pi = \gamma^5 \tag{A.13}$$

完全反対称因子 $\varepsilon_{\lambda\mu\nu\pi}$ は，(λ, μ, ν, π) が $(0, 1, 2, 3)$ の偶置換であれば $+1$，奇置換であれば -1，2 つ以上の添字が共通であればゼロと定義されている．

---

[2] しかしながら，これらの行列はテンソルとして変換するわけではない．この後に示すように，これらの行列を含んだ双一次形の量が，テンソルとしての変換性を持つことになる．式(A.53)を参照されたい．

A.2 縮約の公式

γ 行列を含んだ式は，以下の公式を利用することで簡単になることが多い．これらは反交換関係 (A.5) から容易に導かれる．

$$\gamma_\lambda \gamma^\lambda = 4, \qquad \gamma_\lambda \gamma^\alpha \gamma^\lambda = -2\gamma^\alpha$$
$$\gamma_\lambda \gamma^\alpha \gamma^\beta \gamma^\lambda = 4g^{\alpha\beta}, \qquad \gamma_\lambda \gamma^\alpha \gamma^\beta \gamma^\gamma \gamma^\lambda = -2\gamma^\gamma \gamma^\beta \gamma^\alpha$$
$$\gamma_\lambda \gamma^\alpha \gamma^\beta \gamma^\gamma \gamma^\delta \gamma^\lambda = 2\left(\gamma^\delta \gamma^\alpha \gamma^\beta \gamma^\gamma + \gamma^\gamma \gamma^\beta \gamma^\alpha \gamma^\delta\right) \tag{A.14a}$$

$A, B, \ldots$ が4元ベクトルを表し，"スラッシュ"を $\displaystyle{\not}A = \gamma^\alpha A_\alpha$ のように定義すると，式 (A.14a) から，以下の縮約の公式が得られる．

$$\gamma_\lambda \displaystyle{\not}A \gamma^\lambda = -2\displaystyle{\not}A$$
$$\gamma_\lambda \displaystyle{\not}A \displaystyle{\not}B \gamma^\lambda = 4AB, \qquad \gamma_\lambda \displaystyle{\not}A \displaystyle{\not}B \displaystyle{\not}C \gamma^\lambda = -2\displaystyle{\not}C \displaystyle{\not}B \displaystyle{\not}A$$
$$\gamma_\lambda \displaystyle{\not}A \displaystyle{\not}B \displaystyle{\not}C \displaystyle{\not}D \gamma^\lambda = 2\left(\displaystyle{\not}D \displaystyle{\not}A \displaystyle{\not}B \displaystyle{\not}C + \displaystyle{\not}C \displaystyle{\not}B \displaystyle{\not}A \displaystyle{\not}D\right) \tag{A.14b}$$

式 (A.13) において導入した反対称性因子 $\varepsilon^{\alpha\beta\gamma\delta}$ は，次の縮約公式を満たす．

$$\varepsilon^{\alpha\beta\mu\nu} \varepsilon_{\alpha\beta\sigma\tau} = -2\left(g^\mu_\sigma g^\nu_\tau - g^\mu_\tau g^\nu_\sigma\right)$$
$$\varepsilon^{\alpha\beta\gamma\nu} \varepsilon_{\alpha\beta\gamma\tau} = -6 g^\nu_\tau$$
$$\varepsilon^{\alpha\beta\gamma\delta} \varepsilon_{\alpha\beta\gamma\delta} = -24 \tag{A.14c}$$

A.3 対角和の公式

γ 行列の積の対角和(トレース)を評価する際に有用な規則と関係式を挙げてみる．その後に，これらの導出に関していくつかコメントを添える．

(i) 任意の2つの $n \times n$ 行列 U と V に関して，次式が成り立つ．

$$\text{Tr}(UV) = \text{Tr}(VU) \tag{A.15}$$

(ii) $(\gamma^\alpha \gamma^\beta \ldots \gamma^\mu \gamma^\nu)$ が奇数個の γ 行列を含むならば，その対角和(トレース)はゼロになる．

$$\text{Tr}(\gamma^\alpha \gamma^\beta \ldots \gamma^\mu \gamma^\nu) = 0 \tag{A.16}$$

(iii) 偶数個の γ 行列の積の対角和(トレース)については，次の公式がある．

$$\text{Tr}(\gamma^\alpha \gamma^\beta) = 4g^{\alpha\beta}, \qquad \text{Tr}\, \sigma^{\alpha\beta} = 0$$
$$\text{Tr}(\gamma^\alpha \gamma^\beta \gamma^\gamma \gamma^\delta) = 4\left(g^{\alpha\beta} g^{\gamma\delta} - g^{\alpha\gamma} g^{\beta\delta} + g^{\alpha\delta} g^{\beta\gamma}\right) \tag{A.17}$$

そして，式(A.17)から次の公式が得られる．

$$\mathrm{Tr}(\not{A}\not{B}) = 4(AB) \tag{A.18a}$$

$$\mathrm{Tr}(\not{A}\not{B}\not{C}\not{D}) = 4\{(AB)(CD) - (AC)(BD) + (AD)(BC)\} \tag{A.18b}$$

一般に，$A_1, A_2, \ldots, A_{2n}$ がすべて4元ベクトルであれば，次式が成立する．

$$\begin{aligned}\mathrm{Tr}(\not{A}_1\not{A}_2\ldots\not{A}_{2n}) = &\{(A_1A_2)\mathrm{Tr}(\not{A}_3\ldots\not{A}_{2n}) - (A_1A_3)\mathrm{Tr}(\not{A}_2\not{A}_4\ldots\not{A}_{2n})\\ &+ \cdots + (A_1A_{2n})\mathrm{Tr}(\not{A}_2\not{A}_3\ldots\not{A}_{2n-1})\}\end{aligned} \tag{A.18c}$$

具体的な計算では，多くの場合，式(A.18c)を直接に繰り返して用いるよりも簡単に対角和（トレース）を評価できる．この観点から式(A.14)の縮約公式は有用である．また，

$$\not{A}\not{B} = AB - i\sigma^{\alpha\beta}A_\alpha A_\beta = 2AB - \not{B}\not{A} \tag{A.19a}$$

も有用であり，この公式の特例として次のような関係も成り立つ．

$$\not{A}\not{A} = A^2; \qquad \not{A}\not{B} = -\not{B}\not{A} \quad \text{if } AB = 0 \tag{A.19b}$$

(iv) γ 行列の任意の積について，次式が成り立つ．

$$\mathrm{Tr}(\gamma^\alpha\gamma^\beta\ldots\gamma^\mu\gamma^\nu) = \mathrm{Tr}(\gamma^\nu\gamma^\mu\ldots\gamma^\beta\gamma^\alpha) \tag{A.20a}$$

これと関連して，次式も成立する．

$$\mathrm{Tr}(\not{A}_1\not{A}_2\ldots\not{A}_{2n}) = \mathrm{Tr}(\not{A}_{2n}\ldots\not{A}_2\not{A}_1) \tag{A.20b}$$

(v) 上述の結果を γ^5 を含む積の式へ拡張することができるが，最も重要となる関係は，次のものである．

$$\begin{aligned}\mathrm{Tr}\gamma^5 &= \mathrm{Tr}(\gamma^5\gamma^\alpha) = \mathrm{Tr}(\gamma^5\gamma^\alpha\gamma^\beta) = \mathrm{Tr}(\gamma^5\gamma^\alpha\gamma^\beta\gamma^\gamma) = 0\\ \mathrm{Tr}(\gamma^5\gamma^\alpha\gamma^\beta\gamma^\gamma\gamma^\delta) &= -4i\varepsilon^{\alpha\beta\gamma\delta}\end{aligned} \tag{A.21}$$

γ^5 を含む他の結果も式(A.15)-(A.21)および，γ^5 行列の定義と，その性質を表す式(A.7), (A.8)から得ることができる．

読者が自ら式(A.16)-(A.21)を導出するためには，以下のコメントがあれば充分であろう．

式(A.16)を得るには，$(\gamma^5)^2 = 1$ と式(A.15)を用いて，

$$\mathrm{Tr}(\gamma^\alpha\ldots\gamma^\nu) = \mathrm{Tr}\left[(\gamma^5)^2\gamma^\alpha\ldots\gamma^\nu\right] = \mathrm{Tr}(\gamma^5\gamma^\alpha\ldots\gamma^\nu\gamma^5)$$

と考える．最後の対角和(トレース)の中で左端の γ^5 を $[\gamma^\mu, \gamma^5]_+ = 0$ を利用して右端まで移動させると，$(\gamma^\alpha \ldots \gamma^\nu)$ が奇数個の γ 行列積であれば $-\mathrm{Tr}(\gamma^\alpha \ldots \gamma^\nu)$ となる．したがって式(A.16)が得られる．

式(A.17)は γ 行列の反交換関係(A.5)と，対角和(トレース)の巡回不変性(A.15)を繰り返し用いることによって導かれる．

式(A.20a)を導出するためには，転置行列 $\gamma^{\alpha\mathrm{T}}$ を導入する．式(A.5), (A.6)から，行列 $(-\gamma^{\alpha\mathrm{T}})$ も反交換関係(A.5)とエルミート性の条件(A.6)を満たす．したがってPauliの基本定理(A.61)により，次式を満たすユニタリー行列 C が存在する．

$$C\gamma^\alpha C^{-1} = -\gamma^{\alpha\mathrm{T}} \tag{A.22}$$

そして，次式から式(A.20a)が導かれる．

$$\begin{aligned}\mathrm{Tr}(\gamma^\alpha \gamma^\beta \ldots \gamma^\nu) &= \mathrm{Tr}\left[(-C^{-1}\gamma^{\alpha\mathrm{T}}C)(-C^{-1}\gamma^{\beta\mathrm{T}}C)\ldots(-C^{-1}\gamma^{\nu\mathrm{T}}C)\right] \\ &= \mathrm{Tr}(\gamma^{\alpha\mathrm{T}}\gamma^{\beta\mathrm{T}}\ldots\gamma^{\nu\mathrm{T}}) = \mathrm{Tr}\left[(\gamma^\nu \ldots \gamma^\beta \gamma^\alpha)^\mathrm{T}\right]\end{aligned}$$

最後に，式(A.21)は γ^5 の定義 $\gamma^5 = \mathrm{i}\gamma^0\gamma^1\gamma^2\gamma^3$ と反交換関係 $[\gamma^\mu, \gamma^5]_+ = 0$，対角和(トレース)の巡回不変性(A.15)，および式(A.16), (A.17)から得られる．たとえば，次のようになる．

$$\mathrm{Tr}\gamma^5 = \mathrm{Tr}\left[(\gamma^5\gamma^0)\gamma^0\right] = \mathrm{Tr}\left[(-\gamma^0\gamma^5)\gamma^0\right] = -\mathrm{Tr}\gamma^5 = 0$$

A.4 平面波解

Dirac方程式(A.4)は平面波解を持ち，次のように表される．

$$\psi(x) = \mathrm{const.}\begin{Bmatrix} u_r(\mathbf{p}) \\ v_r(\mathbf{p}) \end{Bmatrix} \mathrm{e}^{\mp \mathrm{i}px/\hbar} \tag{A.23}$$

ここで $p = (E_\mathbf{p}/c, \mathbf{p})$, $E_\mathbf{p} = +\left(m^2c^4 + c^2\mathbf{p}^2\right)^{1/2}$ である．単一粒子の理論では，$u_r(\mathbf{p})$ は運動量 $\mathbf{p}$，正エネルギー $E_\mathbf{p}$ を持つ粒子に対応し，$v_r(\mathbf{p})$ は運動量 $-\mathbf{p}$，負エネルギー $-E_\mathbf{p}$ を持つ粒子に対応する．添字 $r = 1, 2$ は各4元運動量 p における2つの独立な解の識別指標である．これらの解の組を，互いに直交するように選ぶことにする．

4元スピノルの定数部分 $u_r(\mathbf{p})$ と $v_r(\mathbf{p})$，およびこれらの随伴量，

$$\bar{u}_r(\mathbf{p}) = u_r^\dagger(\mathbf{p})\gamma^0, \qquad \bar{v}_r(\mathbf{p}) = v_r^\dagger(\mathbf{p})\gamma^0 \tag{A.24}$$

は，次の方程式を満たす.

$$(\not{p} - mc)u_r(\mathbf{p}) = 0, \qquad (\not{p} + mc)v_r(\mathbf{p}) = 0 \tag{A.25}$$

$$\bar{u}_r(\mathbf{p})(\not{p} - mc) = 0, \qquad \bar{v}_r(\mathbf{p})(\not{p} + mc) = 0 \tag{A.26}$$

これらのスピノルの規格化条件を，次のように設定する.

$$u_r^\dagger(\mathbf{p})u_r(\mathbf{p}) = v_r^\dagger(\mathbf{p})v_r(\mathbf{p}) = \frac{E_\mathbf{p}}{mc^2} \tag{A.27}$$

すると，式(A.25), (A.26)により，これらのスピノルの"直交関係"が次のように与えられる.

$$u_r^\dagger(\mathbf{p})u_s(\mathbf{p}) = v_r^\dagger(\mathbf{p})v_s(\mathbf{p}) = \frac{E_\mathbf{p}}{mc^2}\delta_{rs}$$
$$u_r^\dagger(\mathbf{p})v_s(-\mathbf{p}) = 0 \tag{A.28}$$

$$\bar{u}_r(\mathbf{p})u_s(\mathbf{p}) = -\bar{v}_r(\mathbf{p})v_s(\mathbf{p}) = \delta_{rs}$$
$$\bar{u}_r(\mathbf{p})v_s(\mathbf{p}) = \bar{v}_r(\mathbf{p})u_s(\mathbf{p}) = 0 \tag{A.29}$$

また，スピノル $u_r(\mathbf{p})$ と $v_r(\mathbf{p})$ $(r=1,2)$ は，次の"完全性の条件"も満足する.

$$\sum_{r=1}^{2}\left[u_{r\alpha}(\mathbf{p})\bar{u}_{r\beta}(\mathbf{p}) - v_{r\alpha}(\mathbf{p})\bar{v}_{r\beta}(\mathbf{p})\right] = \delta_{\alpha\beta} \tag{A.30}$$

4つの基本状態 $u_s(\mathbf{p})$ と $v_s(\mathbf{p})$ $(s=1,2)$ について，これが成立することを確認できる.

A.5 エネルギー射影演算子

エネルギー射影演算子は，次のように定義される.

$$\Lambda^{\pm}(\mathbf{p}) = \frac{\pm\not{p} + mc}{2mc} \tag{A.31}$$

これらの演算子は，式(A.25), (A.26)に基づいて，4つの平面波状態 $u_r(\mathbf{p})$ と $v_r(\mathbf{p})$ の1次結合から，正エネルギー解/負エネルギー解を射影する性質がある. すなわち，以下の関係が成り立つ.

$$\Lambda^{+}(\mathbf{p})u_r(\mathbf{p}) = u_r(\mathbf{p}), \qquad \Lambda^{-}(\mathbf{p})v_r(\mathbf{p}) = v_r(\mathbf{p})$$
$$\bar{u}_r(\mathbf{p})\Lambda^{+}(\mathbf{p}) = \bar{u}_r(\mathbf{p}), \qquad \bar{v}_r(\mathbf{p})\Lambda^{-}(\mathbf{p}) = \bar{v}_r(\mathbf{p}) \tag{A.32}$$

$$\Lambda^{+}(\mathbf{p})v_r(\mathbf{p}) = \Lambda^{-}(\mathbf{p})u_r(\mathbf{p}) = 0$$
$$\bar{v}_r(\mathbf{p})\Lambda^{+}(\mathbf{p}) = \bar{u}_r(\mathbf{p})\Lambda^{-}(\mathbf{p}) = 0 \tag{A.33}$$

定義式(A.31)から直接に，射影演算子の冪等性（べきとう）が証明される．

$$\left[\Lambda^{\pm}(\mathbf{p})\right]^2 = \Lambda^{\pm}(\mathbf{p}) \tag{A.34a}$$

($\not{p}\not{p} = p^2 = m^2c^2$ なので．) 次の関係も直ちに導かれる．

$$\Lambda^{\pm}(\mathbf{p})\Lambda^{\mp}(\mathbf{p}) = 0, \qquad \Lambda^{+}(\mathbf{p}) + \Lambda^{-}(\mathbf{p}) = 1 \tag{A.34b}$$

完全性の関係(A.30)を用いると，射影演算子 $\Lambda^{\pm}(\mathbf{p})$ を次のように書けることも容易に分かる．

$$\Lambda^{+}_{\alpha\beta}(\mathbf{p}) = \sum_{r=1}^{2} u_{r\alpha}(\mathbf{p})\bar{u}_{r\beta}(\mathbf{p}), \qquad \Lambda^{-}_{\alpha\beta}(\mathbf{p}) = -\sum_{r=1}^{2} v_{r\alpha}(\mathbf{p})\bar{v}_{r\beta}(\mathbf{p}) \tag{A.35}$$

A.6　ヘリシティ射影演算子・スピン射影演算子

4.2節において，Dirac方程式の平面波解 $u_r(\mathbf{p})$ と $v_r(\mathbf{p})$ を，次の 4×4 スピン行列の固有状態に選んだ．

$$\sigma_{\mathbf{p}} = \frac{\boldsymbol{\sigma} \cdot \mathbf{p}}{|\mathbf{p}|} \tag{A.36}$$

すなわち，次の固有値方程式が満たされている．

$$\sigma_{\mathbf{p}} u_r(\mathbf{p}) = (-1)^{r+1} u_r(\mathbf{p}), \quad \sigma_{\mathbf{p}} v_r(\mathbf{p}) = (-1)^r v_r(\mathbf{p}), \quad r = 1,2 \tag{4.35}$$

ここで，次のように演算子を定義する．

$$\Pi^{\pm}(\mathbf{p}) = \frac{1}{2}\left(1 \pm \sigma_{\mathbf{p}}\right) \tag{A.37}$$

この演算子が以下の性質を持つことは容易に分かる．

$$[\Pi^{\pm}(\mathbf{p})]^2 = \Pi^{\pm}(\mathbf{p}), \quad \Pi^{\pm}(\mathbf{p})\Pi^{\mp}(\mathbf{p}) = 0, \quad \Pi^{+}(\mathbf{p}) + \Pi^{-}(\mathbf{p}) = 1 \tag{A.38}$$

$$[\Lambda^{+}(\mathbf{p}), \Pi^{\pm}(\mathbf{p})] = [\Lambda^{-}(\mathbf{p}), \Pi^{\pm}(\mathbf{p})] = 0 \tag{A.39}$$

式(4.35)と式(A.37)により，スピノル $u_r(\mathbf{p})$ と $v_r(\mathbf{p})$ が，次式を満たすことが導かれる．

$$\begin{aligned}
\Pi^{+}(\mathbf{p})u_r(\mathbf{p}) &= \delta_{1r} u_r(\mathbf{p}), \quad \Pi^{+}(\mathbf{p})v_r(\mathbf{p}) = \delta_{2r} v_r(\mathbf{p}), \\
\Pi^{-}(\mathbf{p})u_r(\mathbf{p}) &= \delta_{2r} u_r(\mathbf{p}), \quad \Pi^{-}(\mathbf{p})v_r(\mathbf{p}) = \delta_{1r} v_r(\mathbf{p}), \quad r = 1,2
\end{aligned} \tag{A.40}$$

式(A.38)を見ると，演算子 $\Pi^{\pm}(\mathbf{p})$ は互いに直交する状態への射影演算子であることが分かる．式(4.35)の第1式により，$u_1(\mathbf{p})$ $[u_2(\mathbf{p})]$ はスピンが運動の向き $\mathbf{p}$ に対して平行[反平行]な正エネルギー電子を表している．すなわちこれは 4.3 節の式(4.48) のところで定義したヘリシティが正[負]の状態である．したがって $\Pi^{\pm}(\mathbf{p})$ はヘリシティ射影演算子と呼ばれる．

これに対応して，スピノル $v_r(\mathbf{p})$ も単一粒子理論の枠内において，電子の負エネルギー状態，もしくは空孔理論の見地から解釈することができる．第4章の場の量子論に基づく陽電子の議論は空孔理論に依拠していないが，空孔理論に馴染んでいる読者は，その関係に関心があるだろう．例としてスピノル $v_1(\mathbf{p})$ を考えよう．負エネルギー状態という観点では，$v_1(\mathbf{p})$ は運動量 $-\mathbf{p}$ を持つ負エネルギー電子を表しており，そのスピンは式(4.35)により $-\mathbf{p}$ に平行で，$v_1(\mathbf{p})$ は負エネルギー電子の正ヘリシティ状態にあたる．空孔理論の観点に移ると，この負エネルギー電子の欠如は，運動量 $+\mathbf{p}$ の陽電子を表しており，そのスピンは $+\mathbf{p}$ に平行である．すなわちこの陽電子も正のヘリシティを持つことになる．

質量がゼロの Dirac 粒子を考えると，ヘリシティ射影演算子を γ^5 によって表現できる．$m=0$ であれば $p_0 = |\mathbf{p}|$ であり，式(A.25)は次のようになる．

$$\gamma^0 |\mathbf{p}| w_r(\mathbf{p}) = -\gamma^k p_k w_r(\mathbf{p}) = \gamma^k p^k w_r(\mathbf{p}) \tag{A.41}$$

$w_r(\mathbf{p})$ は $u_r(\mathbf{p})$ または $v_r(\mathbf{p})$ を表す．この式に前から $\gamma^5 \gamma^0$ を掛けて，式(A.11)を用いると，次式を得る．

$$\gamma^5 w_r(\mathbf{p}) = \sigma_{\mathbf{p}} w_r(\mathbf{p}) \tag{A.42}$$

つまり，ヘリシティ射影演算子(A.37)は，$m=0$ のときには次のようになる．

$$\Pi^{\pm}(\mathbf{p}) = \frac{1}{2}\left(1 \pm \gamma^5\right) \tag{A.43}$$

質量 m がゼロでない場合でも，高エネルギー極限では，上式が $O(m/p_0)$ までの精度で成立する．

ここまでヘリシティ射影演算子だけを考察した．Dirac 粒子において，任意方向のスピン成分は一般によい量子数ではない．例外は，その粒子が静止している座標系を採用する場合に限られる．このような静止座標系では，任意方向の軸に沿ったスピン射影演算子を共変な方法で定義することができ，これに Lorentz 変換を施して任意の座標系に移行すれば，その座標系におけるスピン射影演算子の定義となる．

粒子の静止座標系におけるスピン量子化軸の3次元空間内の向きを，単位ベクトル $\mathbf{n}$ によって設定する．そして，この座標系における4元単位ベクトル n^{μ} を，

$$n^{\mu} = (0, \mathbf{n}) \tag{A.44}$$

と定義する．スカラー積の不変性により，他の任意の座標系においても，

$$n^2 = -1, \qquad np = 0 \tag{A.45}$$

となる．p は，この座標系における 4 元運動量である．必要とされるスピン射影演算子は，次のように与えられる．

$$\Pi^{\pm}(n) = \frac{1}{2}\left(1 \pm \gamma^5 \not{n}\right) \tag{A.46}$$

これらの演算子も，射影演算子の特徴である式(A.38)のような式を満たすことが容易に証明される．このスピン射影演算子は，式(A.45)を満たす全てのベクトル p に関して，エネルギー射影演算子 $\Lambda^{\pm}(\mathbf{p})$ と交換する．粒子が静止している座標系において，演算子(A.46)が必要とされる性質を持つことの証明は読者に委ねる．この目的に適した行列表示は，この後，式(A.63)-(A.66)において与える予定である．

A.7 相対論的な性質

$\psi(x)$ に関する Dirac 方程式と，その随伴量 $\bar{\psi}(x)$ の方程式,

$$i\hbar\gamma^{\mu}\frac{\partial\psi(x)}{\partial x^{\mu}} - mc\psi(x) = 0, \quad i\hbar\frac{\partial\bar{\psi}(x)}{\partial x^{\mu}}\gamma^{\mu} + mc\bar{\psi}(x) = 0 \tag{A.47}$$

は，スピノル $\psi(x)$ と $\bar{\psi}(x)$ が適切に変換するならば Lorentz 共変である．斉次の順時 Lorentz 変換,

$$x^{\mu} \to x'^{\mu} = \Lambda^{\mu}{}_{\nu}x^{\nu} \tag{A.48}$$

を考える．すなわち $\Lambda^0{}_0 > 0$ かつ $\det\Lambda^{\mu}{}_{\nu} = \pm 1$ であり，時間の反転は含まれないが，空間反転は含まれても含まれなくてもよい．そのような変換それぞれに対応するように，次の性質を持つ正則な 4×4 行列 $S = S(\Lambda)$ を構築できることを示せる[3]．

$$\gamma^{\nu} = \Lambda^{\nu}{}_{\mu}S\gamma^{\mu}S^{-1} \tag{A.49}$$

$$S^{-1} = \gamma^0 S^{\dagger}\gamma^0 \tag{A.50}$$

Dirac スピノル $\psi(x)$ の変換性を,

$$\psi(x) \to \psi'(x') = S\psi(x) \tag{A.51}$$

と定義すると，Dirac 方程式(A.47)の共変性は容易に確認される．

---
[3] たとえば Bethe and Jackiw (p.249 脚註), pp.360-365 を参照．

式(A.50)と式(A.51)から，随伴スピノル $\bar{\psi}(x)$ の変換性が，次のように導かれる．

$$\bar{\psi}(x) \rightarrow \bar{\psi}'(x') = \bar{\psi}(x) S^{-1} \tag{A.52}$$

式(A.49), (A.51), (A.52)により，Dirac理論における5つの基本的な双一次共変量が得られる．Lorentz変換の下で，

$$\left.\begin{array}{l} \bar{\psi}\psi \\ \bar{\psi}\gamma^\mu\psi \\ \bar{\psi}\sigma^{\mu\nu}\psi \\ \bar{\psi}\gamma^5\gamma^\mu\psi \\ \bar{\psi}\gamma^5\psi \end{array}\right\} \text{は，} \left\{\begin{array}{l} \text{スカラー} \\ \text{ベクトル} \\ \text{反対称な2階テンソル} \\ \text{擬ベクトル} \\ \text{擬スカラー} \end{array}\right\} \text{として変換する．} \tag{A.53}$$

最後に，変換(A.51)の具体的な形を，無限小Lorentz変換(2.46)，すなわち，

$$x_\mu \rightarrow x'_\mu = \Lambda_{\mu\nu} x^\nu = (g_{\mu\nu} + \varepsilon_{\mu\nu}) x^\nu \tag{A.54}$$

の下で求めよう．$\varepsilon_{\mu\nu} = -\varepsilon_{\nu\mu}$ である．式(2.47)は次のようになる．

$$\psi_\alpha(x) \rightarrow \psi'_\alpha(x') = S_{\alpha\beta}\psi_\beta(x) = \left(\delta_{\alpha\beta} + \frac{1}{2}\varepsilon_{\mu\nu} S^{\mu\nu}_{\alpha\beta}\right)\psi_\beta(x)$$

行列の記法を用いれば，これを次のように書ける．

$$\psi(x) \rightarrow \psi'(x') = S\psi(x) = \left(1 + \frac{1}{2}\varepsilon_{\mu\nu} S^{\mu\nu}\right)\psi(x) \tag{A.55}$$

$S^{\mu\nu}$ は反対称である．

$\Lambda_{\mu\nu}$ の直交関係(2.6)を用いて，式(A.49)を書き直す．

$$S\gamma^\lambda S^{-1} = \gamma^\nu \Lambda_\nu{}^\lambda \tag{A.56}$$

式(A.55)を用いて，式(A.56)の左辺を $\varepsilon_{\mu\nu}$ の1次までで次のように書ける．

$$\gamma^\lambda + \frac{1}{2}\varepsilon_{\mu\nu}[S^{\mu\nu}, \gamma^\lambda] \tag{A.57}$$

式(A.54)から，式(A.56)の右辺は次のようになる．

$$\begin{aligned} \gamma^\nu \left(g_\nu{}^\lambda + \varepsilon_\nu{}^\lambda\right) &= \gamma^\lambda + \gamma^\nu g^{\lambda\mu} \varepsilon_{\nu\mu} \\ &= \gamma^\lambda + \frac{1}{2}\varepsilon_{\mu\nu}\left(\gamma^\mu g^{\lambda\nu} - \gamma^\nu g^{\lambda\mu}\right) \end{aligned} \tag{A.58}$$

上の2本の式を等式で結ぶと，次式になる．

$$[S^{\mu\nu}, \gamma^\lambda] = \gamma^\mu g^{\lambda\nu} - \gamma^\nu g^{\lambda\mu}$$

この式が次の解を持つことを，直接に証明できる．

$$S^{\mu\nu} = \frac{1}{2}\gamma^\mu\gamma^\nu \tag{A.59}$$

したがって，式(A.55)と式(A.59)および$\sigma^{\mu\nu}$の定義式(A.9)から，Diracスピノルが無限小Lorentz変換の下で次のように変換することが見出される．

$$\psi(x) \;\to\; \psi'(x') = \psi(x) - \frac{\mathrm{i}}{4}\varepsilon_{\mu\nu}\sigma^{\mu\nu}\psi(x) \tag{A.60}$$

A.8　γ行列の具体的な表示

ここまでDirac理論を，表示に依存しない方法で調べてきた．すなわちγ行列に関して反交換関係(A.5)やエルミート性の条件(A.6)だけを用いてきた．式(A.5)と式(A.6)を成立させるように4つの4×4行列γ^μ ($\mu=0,1,2,3$)をつくる方法はたくさんある．γ^μ ($\mu=0,1,2,3$)と$\tilde{\gamma}^\mu$ ($\mu=0,1,2,3$)が，どちらもこのように式(A.5)と式(A.6)の要請を満たす行列の組であると仮定すると，Pauliの基本定理[4]によって，

$$\tilde{\gamma}^\mu = U\gamma^\mu U^\dagger \tag{A.61}$$

を満たすようなユニタリー行列Uが必然的に存在する．

ここでは実際的に有用な2つの表示を，以下に紹介する．

(i) Dirac-Pauli表示．この表示では非相対論極限が単純な形になる．Pauliの2×2スピン行列，

$$\sigma_1 = \begin{pmatrix} 0 & 1 \\ 1 & 0 \end{pmatrix}, \quad \sigma_2 = \begin{pmatrix} 0 & -\mathrm{i} \\ \mathrm{i} & 0 \end{pmatrix}, \quad \sigma_3 = \begin{pmatrix} 1 & 0 \\ 0 & -1 \end{pmatrix} \tag{A.62}$$

を用いると，この表示のDirac行列とγ行列は次のように表される．

$$\gamma^0 = \beta = \begin{pmatrix} 1 & 0 \\ 0 & -1 \end{pmatrix}, \quad \alpha_k = \begin{pmatrix} 0 & \sigma_k \\ \sigma_k & 0 \end{pmatrix}, \quad k=1,2,3$$

$$\gamma^k = \beta\alpha_k = \begin{pmatrix} 0 & \sigma_k \\ -\sigma_k & 0 \end{pmatrix}, \quad k=1,2,3 \tag{A.63}$$

4×4スピン行列とγ^5は，次のようになる．

---

[4] この定理の導出については，Bethe and Jackiw (p.249脚註)，pp.358-359を参照．

$$\sigma^{ij} = \begin{pmatrix} \sigma_k & 0 \\ 0 & \sigma_k \end{pmatrix}, \quad i,j,k = 1,2,3 \text{ in cyclic order} \tag{A.64}$$

$$\sigma^{0k} = \mathrm{i}\alpha_k = \mathrm{i}\begin{pmatrix} 0 & \sigma_k \\ \sigma_k & 0 \end{pmatrix}, \quad k = 1,2,3 \tag{A.65}$$

$$\gamma^5 = \begin{pmatrix} 0 & 1 \\ 1 & 0 \end{pmatrix} \tag{A.66}$$

今や,平面波状態の完全系を構築することは容易である.非相対論的な2成分スピノルは次のように定義されている.

$$\chi_1 \equiv \chi_2' \equiv \begin{pmatrix} 1 \\ 0 \end{pmatrix}, \quad \chi_2 \equiv \chi_1' \equiv \begin{pmatrix} 0 \\ 1 \end{pmatrix} \tag{A.67}$$

これらを用いて,粒子の静止状態を表す Dirac 方程式の正エネルギー解と負エネルギー解が,それぞれ次のように書かれる.

$$u_r(\mathbf{0}) = \begin{pmatrix} \chi_r \\ 0 \end{pmatrix}, \quad v_r(\mathbf{0}) = \begin{pmatrix} 0 \\ \chi_r' \end{pmatrix}, \quad r = 1,2 \tag{A.68}$$

ここで,

$$(mc \pm \not{p})(mc \mp \not{p}) = (mc)^2 - p^2 = 0$$

という関係を念頭に置くと,

$$u_r(\mathbf{p}) = \frac{(mc + \not{p})}{\sqrt{2mE_\mathbf{p} + 2m^2c^2}} u_r(\mathbf{0}), \quad r = 1,2 \tag{A.69}$$

$$v_r(\mathbf{p}) = \frac{(mc - \not{p})}{\sqrt{2mE_\mathbf{p} + 2m^2c^2}} v_r(\mathbf{0}), \quad r = 1,2 \tag{A.70}$$

が,それぞれエネルギー-運動量ベクトル $\pm p = (\pm E_\mathbf{p}/c, \pm \mathbf{p})$ の Dirac 方程式の解であることが分かる.式(A.69)と式(A.70)の分母によって,規格化条件(A.27)が保証される.表示(A.63)により,式(A.69)を次のように書ける.

$$u_r(\mathbf{p}) = A \begin{pmatrix} \chi_r \\ B\mathbf{p}\cdot\boldsymbol{\sigma}\chi_r \end{pmatrix}, \quad r = 1,2 \tag{A.71}$$

$$A \equiv \left(\frac{E_\mathbf{p} + mc^2}{2mc^2}\right)^{1/2}, \quad B \equiv \frac{c}{E_\mathbf{p} + mc^2} \tag{A.72}$$

A.8. γ行列の具体的な表示

式(A.62)と式(A.67)を用いると,式(A.71)から最終的に次式が得られる.

$$u_1(\mathbf{p}) = A \begin{pmatrix} 1 \\ 0 \\ Bp^3 \\ B(p^1 + \mathrm{i}p^2) \end{pmatrix}, \quad u_2(\mathbf{p}) = A \begin{pmatrix} 0 \\ 1 \\ B(p^1 - \mathrm{i}p^2) \\ -Bp^3 \end{pmatrix} \tag{A.73}$$

同様に,負エネルギーのスピノル(A.70)は,

$$v_r(\mathbf{p}) = A \begin{pmatrix} B\mathbf{p}\cdot\boldsymbol{\sigma}\chi'_r \\ \chi'_r \end{pmatrix}, \quad r = 1, 2 \tag{A.74}$$

であり,具体的に書くと次のようになる.

$$v_1(\mathbf{p}) = A \begin{pmatrix} B(p^1 - \mathrm{i}p^2) \\ -Bp^3 \\ 0 \\ 1 \end{pmatrix}, \quad v_2(\mathbf{p}) = A \begin{pmatrix} Bp^3 \\ B(p^1 + \mathrm{i}p^2) \\ 1 \\ 0 \end{pmatrix} \tag{A.75}$$

スピノル(A.73)と(A.75)は一般にヘリシティ固有状態ではないが,粒子の静止系ではスピンのz成分の固有状態である.

非相対論的な速度v(すなわち$v/c \approx |\mathbf{p}|/mc \ll 1$)におけるこれらの解の挙動を見ることは容易である.正エネルギー解u_rでは,上の2成分が下の2成分に比べて著しく大きくなる.これに対して負エネルギー解では,下の2成分が支配的になる.

(ii) Majorana表示. 4.3節において,Majorana表示を採用すると量子化されたDirac場の粒子-反粒子対称性が明白に表現されることを見た.この表示では4つのγ行列がすべて純虚数で表される.つまり,Majorana表示のγ行列に添字Mを付けることにすると,次の条件が要請される.

$$\gamma_\mathrm{M}^{\mu*} = -\gamma_\mathrm{M}^\mu, \quad \mu = 0, 1, 2, 3 \tag{A.76}$$

Majorana表示γ_M^μの一例は,Dirac-Pauli表示の式(A.63)-(A.66)に,次のようにユニタリー変換を施すことによって得られる(式(A.61)参照).

$$\gamma_\mathrm{M}^\mu = U\gamma^\mu U^\dagger \tag{A.77}$$

$$U = U^\dagger = U^{-1} = \frac{1}{2}\gamma^0\left(1 + \gamma^2\right) \tag{A.78}$$

このMajorana表示における各行列は,具体的には次のように与えられる.

$$\gamma_\mathrm{M}^0 = \gamma^0\gamma^2 = \begin{pmatrix} 0 & \sigma_2 \\ \sigma_2 & 0 \end{pmatrix}, \quad \gamma_\mathrm{M}^1 = \gamma^2\gamma^1 = \mathrm{i}\sigma^{12} = \begin{pmatrix} \mathrm{i}\sigma_3 & 0 \\ 0 & \mathrm{i}\sigma_3 \end{pmatrix}$$

$$\gamma_M^2 = -\gamma^2 = \begin{pmatrix} 0 & -\sigma_2 \\ \sigma_2 & 0 \end{pmatrix}, \quad \gamma_M^3 = \gamma^2\gamma^3 = -\mathrm{i}\sigma^{23} = \begin{pmatrix} -\mathrm{i}\sigma_1 & 0 \\ 0 & -\mathrm{i}\sigma_1 \end{pmatrix}$$

$$\gamma_M^5 = -\mathrm{i}\gamma^0\gamma^1\gamma^3 = \gamma^0\sigma^{31} = \begin{pmatrix} \sigma_2 & 0 \\ 0 & -\sigma_2 \end{pmatrix} \tag{A.79}$$

Pauli 行列の σ_1 と σ_3 は実数, σ_2 は純虚数から成るので, この表示では 5 つの γ 行列がすべて純虚数で構成されていることを見て取れる.

練習問題

A.1 式 (A.49) から,

$$S^{-1}\gamma^5 S = \gamma^5 \det \Lambda$$

を証明し, そこから $\bar{\psi}(x)\gamma^5\psi(x)$ が Lorentz 変換の下で擬スカラーとして変換することを示せ. 式 (A.53) における他の 4 つの共変量についても同様の方法で変換性を確認せよ.

A.2 Dirac 方程式の任意の 2 つの正エネルギー解 $u_r(\mathbf{p})$ と $u_s(\mathbf{p}')$ に関して, 次式を証明せよ.

$$2m\bar{u}_s(\mathbf{p}')\gamma^\mu u_r(\mathbf{p}) = \bar{u}_s(\mathbf{p}')\bigl[(p'+p)^\mu + \mathrm{i}\sigma^{\mu\nu}(p'-p)_\nu\bigr]u_r(\mathbf{p}) \tag{A.80}$$

式 (A.80) は Gordon 恒等式として知られている.

ヒント:任意の 4 元ベクトル a_μ に関する次の恒等式を考えよ.

$$\bar{u}_s(\mathbf{p}')\bigl[\slashed{a}(\slashed{p}-m) + (\slashed{p}'-m)\slashed{a}\bigr]u_r(\mathbf{p}) = 0$$

索引

〈あ行〉

Wickの定理, 109
Ward恒等式, 208
運動量
    Klein-Gordon場の—, 47
    Dirac場の—, 69
    ラグランジアンの場の理論の—, 41
運動量演算子, 9
運動量空間
    —の伝播関数, 60, 128
    —のFeynmanダイヤグラム, 128
S行列, 106
    —とFeynmanグラフ, 137
S行列展開, 108
エネルギー-運動量テンソル, 41
エネルギー-運動量保存, 39
エネルギー射影演算子, 152, 254
Euler-Lagrange方程式, 33

〈か行〉

カイラル位相変換, 85
角運動量
    Dirac場の—, 69, 74
    ラグランジアンの場の理論の—, 41
核子-核子散乱, 57
荷電共役, 62, 100
カレント
    電磁—, 51, 70
    保存する—, 37, 51, 88, 99
γ行列, 68
    —のDirac-Pauli表示, 259
    —のMajorana表示, 261
簡約(Feynmanグラフの), 227
基本発散グラフ, 228
共役な場, 34
極小置換, 82
Coulombゲージ, 3, 90
Coulomb散乱, 174
Coulomb相互作用, 17
Gupta-Bleulerの方法, 93
Klein-Gordon場, 34
    —の共変な交換関係, 53
    —の伝播関数, 57
    実—, 45
    複素—, 50
Klein-Gordon方程式, 34, 45
Klein-Nishina(仁科)の公式, 170
繰り込み, 126, 185
    質量の—, 199
    電荷の—, 196, 208
    電子の伝播関数における—, 199
    波動関数(外線)の—, 205
繰り込み可能性, 228
形状因子, 183
計量テンソル, 30
ゲージ変換, 3, 84, 88
結節点(ヴァーテックス)補正, 205
原子の遷移, 20
光子
    —の原子内電子による散乱, 21
    —の自己エネルギー部分, 126, 192
    —の偏極状態の和, 154
    —の偏極ベクトル, 5, 9, 90
光子-光子散乱, 229
光子の伝播関数, 92, 96
光子の放射・吸収(原子), 13, 20
骨格(スケルトン)グラフ, 227
古典的な電磁場, 2, 16, 87
コヒーレント(可干渉的)状態, 11, 27
Gordon恒等式, 213, 262
Compton散乱, 79, 151
    —に対する輻射補正, 190
    —の行列要素, 131

——の断面積, 164

＜さ行＞
作用積分, 32
時間順序化積（T積）, 56
磁気能率
　　　電子の——, 211, 245
　　　ミュー粒子の——, 213
次元（諸量の）, 102, 240
次元正則化, 233, 237
　　　——とゲージ不変性, 244
　　　——による異常磁気能率の計算, 245
　　　——による真空偏極の計算, 242
自己エネルギー, 126, 187
　　　光子の——, 126, 187, 192
　　　電子の——, 126, 136, 187, 197, 215, 236
自然単位系, 101
質量の繰り込み, 199
自発放射, 15
縮約, 111
縮約公式, 251
Schrödinger描像（S.P.）, 23
Schrödinger方程式, 23
消滅演算子
　　　光子の——, 9, 93
　　　フェルミオンの——, 66, 75
　　　ボソンの——, 47
真空状態, 10, 48, 67, 96
真空偏極, 127, 242
　　　——の次元正則化による計算, 242
水素原子のエネルギー準位, 215
スケルトン（骨格）グラフ, 227
スピン, 69, 74
　　　——状態の和, 151
スピン射影演算子, 257
スピン-統計定理, 77
正規積, 48, 73
正準量子化, 35
生成演算子
　　　光子の——, 9
　　　フェルミオンの——, 66, 76
　　　ボソンの——, 47
正則化, 185, 193
　　　次元——, 237
　　　切断法による——, 236
制動放射, 176, 220

赤外発散, 179, 220
占有数, 9, 67
占有数表示, 10, 65
双一次共変量, 258
相互作用描像（I.P.）, 25, 105

＜た行＞
対角和（トレース）の公式, 251
タウ粒子数, 142
単位系, 101
　　　Gauss有理化（Lorentz-Heaviside有理化）——, 2
　　　自然——, 101
断熱仮説, 109, 203
断面積, 148
中間子の伝播関数, 56
調和振動子, 5, 47
T積（時間順序化積）, 56
Dirac場
　　　——とゲージ不変性, 82
　　　——のMajorana表示, 75
　　　——の量子化, 71
Dirac-Pauli表示, 259
Dirac方程式, 67, 249
　　　——の平面波解, 253
電荷の繰り込み, 196, 201, 208, 209
電気双極子相互作用, 11
電子
　　　——とFermi-Dirac統計, 77
　　　——のCompton散乱, 79
　　　——の磁気能率, 213, 245
　　　——の自己エネルギー, 126, 136, 187, 197
　　　——の質量のずれ, 236
電子数, 142
電子-電子散乱, 121, 135, 192
電子の外場による散乱, 170, 220
　　　——と制動放射, 176
　　　——に対する輻射補正, 189
電子（フェルミオン）の伝播関数, 78
電磁場
　　　——と荷電粒子系（非相対論）, 16
　　　——と原子・原子核の相互作用, 11
　　　——と相対論的な電子, 82
　　　——の共変な量子化, 92
　　　——の古典的な記述, 2
　　　——の占有数表示, 10

索引 (第1巻)

―の量子化, 8
―のLorentz共変な形式, 87
外部の散乱場としての―, 170
電子-陽電子散乱, 124, 160
電子-陽電子対消滅, 116
―によるレプトン対生成, 156
伝播関数(プロパゲーター), 57
　光子の―, 92, 96
　中間子の―, 57
　フェルミオンの―, 78
Thomson散乱, 21

<な行>
Noetherの定理, 37

<は行>
Bhabha散乱, 124, 160
Heisenberg描像(H.P.), 8, 24
裸の質量, 200
裸の粒子, 126, 195
波動関数の繰り込み, 205
パリティ, 62
反交換子, 66
微視的因果律, 55, 77
Feynman規則, 137
Feynmanグラフ(Feynmanダイヤグラム), 59
　―の簡約, 227
　―の閉じたループ, 136
　固有(プロパー)―, 223
　Compton散乱の―, 81
　座標空間における―, 115
　輻射補正を表す―, 187
Feynman振幅, 131, 137, 144
Feynmanのパラメーター積分, 235
Furryの定理, 192
フェルミオン, 65
　―の占有数表示, 65
　―の伝播関数, 78
Fermi-Dirac統計, 72
輻射遷移, 20
輻射補正, 181
　―とLambシフト, 215
　結節点(バーテックス)に対する―, 207
　高次の―, 222
　最低次(2次)の―, 186
　磁気能率に対する―, 211
　水素原子の準位に対する―, 215

赤外発散と―, 181, 220
電子の自己エネルギーによる―, 202
Bloch-Nordsieckの定理, 182
ヘリシティ, 74
ヘリシティ射影演算子, 153, 255
Bose-Einstein統計, 77
ポジトロニウム, 103
保存則
　―と対称性, 35
　エネルギー-運動量―, 39
　角運動量―, 41
　電荷―, 50, 70
　電子数, ミュー粒子数, タウ粒子数の―, 142

<ま行>
Maxwellの方程式, 2
　―の共変な形, 88
Majorana表示, 75, 261
ミュー粒子, 141, 209
　―の磁気能率, 213
ミュー粒子数, 142
Møller散乱, 121, 135
　―に対する輻射補正, 192
Mott散乱, 173

<や行>
陽電子の散乱, 116, 134

<ら行>
Lagrange形式の場の理論, 29
　―の運動方程式, 33
　―のエネルギー, 41
　―の対称性と保存則, 35
　―の量子化, 35
Rutherford散乱, 174
Lambシフト, 211, 215
量子電磁力学(QED), 19, 84
　―における輻射補正, 186
　―に対するFeynman規則, 137
　―の基本発散, 228
　―の繰り込み可能性, 228
　―の座標空間におけるFeynmanダイヤグラム, 115
　―のラグランジアン密度, 104
レプトン, 141
　―対生成, 156

——の相互作用の不変性, 141
レプトン数(電子数, ミュー粒子数, タウ粒子数)
　　　の保存, 142
連続の方程式, 36
Rosenbluth断面積の式, 184
Lorentzゲージ, 89
Lorentz条件, 89, 95
Lorentz変換, 30, 257

＜わ行＞
Weyl場, 85

訳者略歴
1990年　大阪大学大学院基礎工学研究科物理系専攻前期課程修了
　　　　㈱日立製作所　中央研究所　研究員
1996年　㈱日立製作所　電子デバイス製造システム推進本部　技師
1999年　㈱日立製作所　計測器グループ　技師
2001年　㈱日立ハイテクノロジーズ　技師

著書
Studies of High-Temperature Superconductors, Vol. 1
　（共著，Nova Science，1989）
Studies of High-Temperature Superconductors, Vol. 6
　（共著，Nova Science，1990）

訳書
『多体系の量子論』（シュプリンガー，1999）
『現代量子論の基礎』（丸善プラネット，2000）
『メソスコピック物理入門』（吉岡書店，2000）
『量子場の物理』（シュプリンガー，2002）
『ニュートリノは何処へ？』（シュプリンガー，2002）
『低次元半導体の物理』（シュプリンガー，2004）
『素粒子標準模型入門』（シュプリンガー，2005）
『半導体デバイスの基礎（上/中/下）』（シュプリンガー，2008）
『ザイマン現代量子論の基礎―新装版』（丸善プラネット，2008）
『現代量子力学入門―基礎理論から量子情報・解釈問題まで』（丸善プラネット，2009）
『サクライ上級量子力学（I/II）』（丸善プラネット，2010）
『シュリーファー超伝導の理論』（丸善プラネット，2010）

場の量子論　第1巻　量子電磁力学

2011年5月20日　初版発行
2019年8月30日　第4刷発行

訳　者　樺　沢　宇　紀　　　　　Ⓒ 2011

発行所　丸善プラネット株式会社
　　　　〒101-0051　東京都千代田区神田神保町 2-17
　　　　電　話　03-3512-8516
　　　　http://planet.maruzen.co.jp/

発売所　丸善出版株式会社
　　　　〒101-0051　東京都千代田区神田神保町 2-17
　　　　電　話　03-3512-3256
　　　　https://www.maruzen-publishing.co.jp

印刷・製本/富士美術印刷株式会社

ISBN 978-4-86345-081-3 C3042